Fly by Night Physics
How Physicists Use the Backs of Envelopes

物理夜航船
直觉与猜算

［美］徐一鸿（A. Zee）著
姬扬 译

图书在版编目（CIP）数据

物理夜航船：直觉与猜算 / （美）徐一鸿著；姬扬译. -- 北京：世界图书出版有限公司北京分公司, 2024.10（2024.11重印）. -- ISBN 978-7-5232-1686-6

Ⅰ. O4-49

中国国家版本馆CIP数据核字第2024Y4A136号

书　　名	物理夜航船：直觉与猜算
	WULI YEHANG CHUAN
著　　者	［美］徐一鸿
译　　者	姬　扬
责任编辑	王艺霖　陈　亮
装帧设计	刘巨德　杨昶贺
出版发行	世界图书出版有限公司北京分公司
地　　址	北京市东城区朝内大街137号
邮　　编	100010
电　　话	010-64038355（发行）　64033507（总编室）
网　　址	http://www.wpcbj.com.cn
邮　　箱	wpcbjst@vip.163.com
销　　售	新华书店
印　　刷	中煤（北京）印务有限公司
开　　本	710 mm × 1000 mm　1/16
印　　张	24.5
字　　数	451千字
版　　次	2024年10月第1版
印　　次	2024年11月第2次印刷
版权登记	01-2023-4442
国际书号	ISBN 978-7-5232-1686-6
定　　价	99.00元

版权所有　翻印必究

（如发现印装质量问题，请与所购图书销售部门联系调换）

纪念已故的同事 Joseph Polchinski*

---
*我认为 Joe 肯定会喜欢这种物理学。

目 录

中译本序言 i
序　言 iii
量纲和基本常数 xi
第 1 章　量纲分析：从并不神秘的武器到传说中的秘密武器 1
　　1.1　量纲分析：并不神秘的武器 3
　　1.2　从开普勒定律到黑洞 11
　　1.3　玻尔的原子和海森堡的不确定性原理：竞争和妥协 . . . 20
　　1.4　简单函数的假设 25
　　1.5　扩散和耗散：跟爱因斯坦比聪明 30
　　1.6　第一次原子弹试验中释放的能量 35
　　1.7　数学小插曲 1 40
第 2 章　无线电通信不是梦 45
　　2.1　电磁学：奇怪的量纲 47
　　2.2　电磁波的发射 52
　　2.3　运动点电荷的电磁辐射和康普顿散射 57
　　2.4　推广和补全的相对论效应 69
第 3 章　量子物理学：恒星中的隧穿效应，标度律，原子和黑洞 . . 73
　　3.1　从绘制薛定谔的波函数到恒星里的隧穿效应 75
　　3.2　标度和清理的重要性 85
　　3.3　量子力学中的朗道问题 93
　　3.4　原子物理学 97
　　3.5　黑体辐射 102
　　3.6　被物理搞懵了？不要紧！ 111
第 4 章　普朗克给我们以单位：黑洞辐射和爱因斯坦引力 113
　　4.1　普朗克带来了天赐的单位 115
　　4.2　一盒光子和自然单位的威力 121

4.3 黑洞有熵：霍金辐射 ... 125
  4.4 当爱因斯坦引力遇到量子 ... 133
  4.5 数学小插曲2 ... 138
第5章 从理想气体到爱因斯坦凝聚 141
  5.1 理想的玻尔兹曼气体 ... 143
  5.2 范德华：信封物理学的大师 ... 146
  5.3 量子气体 ... 150
  5.4 猜测费米-狄拉克分布 ... 154
  5.5 爱因斯坦凝聚 ... 162
第6章 对称性和绝妙定理 167
  6.1 对称性：可畏的或者无畏的 ... 170
  6.2 伽利略、黏度和时间反演不变性 ... 176
  6.3 牛顿的两个绝妙定理，以及地狱在哪里 ... 183
第7章 恒星、黑洞、宇宙和引力波 189
  7.1 恒星 ... 191
  7.2 坍缩成黑洞 ... 201
  7.3 膨胀的宇宙 ... 203
  7.4 引力波的辐射功率 ... 213
  7.5 数学小插曲3 ... 222
第8章 从冲浪到海啸，从滴水的水龙头到哺乳动物的肺 227
  8.1 水波 ... 229
  8.2 海边的物理学家 ... 237
  8.3 表面张力和涟漪 ... 243
  8.4 从滴水的水龙头到哺乳动物的肺和水黾 ... 248
  8.5 阻力、黏度和雷诺数 ... 251
第9章 从专职专用的中微子到粲夸克 255
  9.1 粒子物理学和量子场论的简介 ... 259
  9.2 弱相互作用：几个基本事实 ... 269
  9.3 专职专用的中微子 ... 279
  9.4 奇异性和粲夸克 ... 287
附录 Cp：临界点 ... 299
附录 Del：δ 函数 ... 301
附录 Eg：爱因斯坦引力——快速的复习 ... 305
附录 ENS：从欧拉到纳维和斯托克斯 ... 315

附录 FSW：有限深的方阱 319
附录 Gal：伽利略不变性和流体的流动 323
附录 Gr：格林函数 325
附录 Grp：群速度和相速度 331
附录 L：拉普拉斯算符的径向部分 333
附录 M：麦克斯韦方程——简要的复习 339
附录 N：牛顿的两个绝妙定理和第二个平方根警报 345
附录 VdW：从第一性原理出发严格推导范德华定律 349
生卒年 351
部分练习解答 353
推荐阅读 361
译后记：夜航人自有夜行法 363

中译本序言

我非常高兴《物理夜航船：直觉与猜算》这本书的简体中文版由浙江大学才华横溢的姬扬教授翻译，并由国内知名的世界图书出版公司出版。正如我在该书英文原版的序言中所表述的，长期以来，我对国内外许多物理系大学生缺乏物理直觉的现象感到忧心。一些本来很有能力的大学生，大部分皆擅长于精密烦琐的计算，但若要求他们先透过物理推理的思考模式来推出解题中的可能结果，他们简直毫无头绪，不知所措，常漫无目的地迷失在繁杂的数堆中，从而模糊了解决问题的思考方向。

在我的大学时期，当我还是一名刚立志学习物理学的新手时，约翰·惠勒（John Wheeler）告诉我，看待一个物理问题，除非我推想出了可能正确的答案，否则千万不要一开始就埋头计算。这句金玉良言，正是如何做好物理的精髓，使我受用无穷。换句话说，遇到问题，首先应当以物理推理模式，沙盘推演，思考性地得到可能的答案，然后再进行计算印证。这套物理推理的思维模式应当反复进行，成为做物理的习惯。这样就可以从无到有，逐渐培养物理直觉，假以时日将其锻炼得更加剔透敏锐。

我常回到国内讲学，目睹我们的青年学子乐此不疲地追求物理的真理，这种努力上进的学习精神，令我相当欣慰与感动。本书在国内发表，我希望惠及更多的学生和有兴趣的人士，使他们锻炼好物理直觉与猜算的能力，从而能够更深刻地体会与享受做物理的乐趣。原书英文版出版至今，受到相当多的青睐与好评。我衷心希望国内学界与读者也能从中获益。此外，我要特别感谢清华大学吴冠中艺术研究中心主任、艺术家刘巨德教授，爽快地答应为这本书的封面作画，他说正是艺术直觉贯穿和导引他的画作与艺术生命。

最后我要感谢世界图书出版公司的陈亮先生和王艺霖女士，年轻有为，全力以赴，把这本书做到最好的品质呈现给读者。还要感谢杜军和先生的灵感，将此书联系到明代学问家张岱的百科类图书《夜航船》。张岱说："天下学问，惟夜航船中最难对付。"令人玩味。

徐一鸿 A. Zee
2024 年 9 月于加州圣巴巴拉

序　言

用手比划的物理学、骑马思考的物理学、信封背面的物理学

> 除非你已经知道答案，否则永远不要计算！
> ——惠勒对他亲自挑选的一群新生[1]说

在上大学的第一周，人生第一次物理作业*之前[2]，我听到了上述令人震惊的话。作为天真烂漫的新大学生，我当时认为理论物理学家就应该计算得头顶冒烟才对。惠勒是在一门实验性质的课程[3]（从教育学的意义上）上说这番话的，后来他再也不被允许[4]讲这门课了（至少我听说是这样的）。

惠勒想给这些倒霉的新生传授的那种物理学，也被称为"用手比划的物理学""骑马思考[5]的物理学"（惠勒使用的术语）和"信封背面[6]的物理学"。惠勒认为，需要培养的正确习惯是，在疯狂计算之前，你应该通过思考得到答案，如果做不到，就猜答案。

由于现在很少有物理学家习惯于骑马飞奔了，我选择把这种物理学称为"夜航物理学"。不是骑马旅行，而是在长途巴士或者红眼航班里的不眠之夜，没有笔或纸，也能思考物理问题。[7]不能写写画画，大脑反而更加敏锐，因为无法操心 2 和 π 这样的细节，往往可以让你深入问题的核心，看到的是森林而不是树木。

本书的读者对象

我把这本书送给"高年级"大学生，你应该对物理学的四个核心科目有所了解[8]：经典力学、量子力学、电磁学和统计物理学。但我希望其他人也能在这里找到有用的东西。当然，你自己决定怎么才算是"高年级"大学生。你

---

*作业的内容是，在爱因斯坦（当时早已去世）住过的房子前默哀 5 分钟。

甚至不需要是真正的大学生。以前我写过三本教科书，从收到的电子邮件中我了解到，许多读者都是离开学校很久的自学者，还有一些人甚至在上大学前就已经自学了。如果你觉得自己对物理学的掌握已经达到了高年级大学生的水平，你就可以读这本书。

本书的成因

很久以前我就想写这本书。几年前，我向物理系提议开设关于夜航物理学的专题课。负责大学生课程的同事尼尔森（Harry Nelson）给了我热情的支持。当我第二次讲授这门课的时候，我对本校大学生的能力和兴趣有了更好的认识，我决定开始写作。到本书出版时，我已经第四次（!）教这门课了。在此过程中，学生们的投入[9]发挥了重要作用。现在，我对高年级大学生的能力有了更多的了解。

我聘请了一位大学生助理帮我完成这本书。她叫阿什莉（Ashley Ong），她说："学物理的大学生渴望得到指导，但他们一直被引导着把物理学当成一套需要记忆和操作的方程式。这本书为他们揭示了理解方程的重要性，这样就可以做出有根有据的猜测，在夜行*时也能得到答案。"

精确计算的作用

> 如果我有办法可以不实际求解就找出方程的解的特征，我就真正理解了方程的含义。
> ——费曼（Richard Feynman）引用狄拉克（Paul Dirac）的话

我希望读者不会以为我不喜欢光天化日的物理学。我当然喜欢。我喜欢得不得了。关于它，我甚至已经写了三本教科书。事实上，我承认夜航物理学有时候会失败，例如在第 6.3 节。

当然，你不会认为我主张不做精确的计算。[10]如果可以的话，你当然应该精确计算。但即使你能做到，也要先做信封背面的计算，把基本的物理知识搞清楚。这将指导你进行精确计算，并为你的答案提供现实的检验。在精确计算以后，看看你能不能回忆起每个 2 和 π 是怎么来的。这将培养你的第六感，即使在夜里也能给出一些 2 和 π。

---

*译注：夜航船和夜行术是从不同的方面讲同一个事情：怎样在不利的环境里思考物理问题。夜航船侧重于环境，夜行术侧重于行动，而且我们也不想用"夜航法"让你误以为这里教的是如何在黑夜里开飞机。

因此，这本书不仅仅是估计数量级。实际上，我的目的之一是向读者展示，一点儿夜航物理学可以帮助你理解某些相当深刻的物理，如黑洞的霍金辐射或双中微子假设。我之所以把这些更"前沿"的课题[11]包括在内，是因为我清楚地知道，许多大学生都渴望学习超越电磁学和玻尔原子的知识。我还想传授另一个教训——在理论还没有完全成型的时候，做精确的计算是很愚蠢的！反之，在理论进入教科书以后，没有人会觉得你的精确计算能力有什么了不起。[12]

大学生倾向于认为物理学是合乎逻辑地精确推导出来的。出于必要和充分的理由，本科课程中的物理学表现为严密的推理。但是，计算太多了，理解太少了！当然我知道，理解往往只能来自于反复进行的详细计算。但是在很多时候，作业只是训练大学生（即便是比较好的大学生）翻阅课本中刚刚讲过的章节，找到一个看起来很有可能的方程，代入数字并得到精确的答案，几乎任何笨蛋都会做这种事。

作业与研究

但是，作业不等同于研究。[13]

有许多物理学研究是把已知的定律应用于新的情况。我绝不是在诋毁理论物理学的这个部分。应用已知的物理学，往往需要很多智慧和洞察力。但是，假设你不知道这些定律。20 世纪 50 年代和 60 年代的粒子理论提供了一些了不起的成功例子。作为另一个例子，在第 5 章中，我试图想象，在提出普朗克分布以后，如何猜测费米–狄拉克分布和玻色–爱因斯坦分布。（当然，任何标准的统计物理学教科书都会给出正确的推导。）

不精确的计算可能让你有机会做出重要的发现。让普朗克的精神鼓舞你！他的黑体辐射分布定律并不是推导出来的。他怎么可能推导呢？那时候还没有量子力学，更不用说量子统计了。

在某些物理学领域，例如天体物理学，即使基本定律是已知的，也不可能确定所有的输入变量。那么，夜航物理学不仅是好主意，而且是迫不得已的手段。

即使你不是在未知的边缘工作，粗略的猜测（也许再加上数量级的估计）在许多情况下就足够了，即使不够用，也聊胜于无。

本书的性质

为了说明这本书的性质，也许我可以说说这本书不是什么。当然，它不是教科书。相反，它试图教给你在黑暗中、在未知领域里开辟道路的技能，而不是引导你游览有路标的、灯火辉煌的城市。在研究的最前沿，这种技能尤其重要，因为人们实际上就是在黑暗中摸索。

当我提到我正在写一本关于夜航物理学的书时，许多同事马上猜测这本书是关于费米问题的，最著名的例子可能是估计芝加哥有多少钢琴调音师。*处理这种问题的成功秘诀在于它有很多因子，高估这个的影响可能会被低估的那个抵消了。另一个例子可能是估计全世界的人每年吃掉多少土豆片。一般人常常惊讶于物理学家能够得出粗略的估计，至少是大差不差。但是这往往很少或完全不涉及物理学。因此，我并没有过多地介绍这类问题。再说，关于这个问题已经有很多书了。[14]

当然，我也看了一些自称信封背面物理学的书，但肯定不是全部。有些我喜欢，[15]有些我不喜欢。举一个我不喜欢的例子吧。有一本书问读者，来自亚洲（比如日本）的海啸需要多长时间才能到达北美的西海岸。这本书接着说，这是水波速度的公式，这是太平洋的宽度，把这些数字代进去，答案就出来了。

如果我是学生，肯定不会喜欢这本书[16]——因为我想知道这个公式是怎么来的。

我认为高年级大学生肯定知道怎么往公式里代数字。事实上，当我教这本书的课程时，班上的学生并不希望我把宝贵的时间用来算数字。[17]当问到他们是否会代入数字的时候[18]，有些人甚至觉得受到了侮辱。[19]

我更感兴趣的是相关公式的大致推导或猜测，而不是把数字代到给定的公式里。毫无疑问，如果这本书有更多的数字，有些人就会更喜欢它。

总而言之，这本书的重点和风格跟现有的书明显不同。它不教你标准教科书讲过的物理知识，也不帮你算标准的物理作业问题，既不提倡为获得数字而代入数字的做法，也不认同能够形式推导就等于理解的那种普遍观念。

无论如何，我相信这本书的广度独一无二，从钟摆到粲夸克，从水黾到原子弹。

---

*必须把许多因子乘起来（如芝加哥的家庭数量，有钢琴的家庭比例，钢琴需要多长时间调音，等等），并对每个因子给出合理的估计。

快乐和有趣

伯恩（Zvi Bern）是加州大学洛杉矶分校杰出的量子场论家，他在《今日物理》（Physics Today）杂志上对我的量子场论教科书做了权威的评论，他认为我最想做的是让量子场"尽可能地有趣"。伯恩真的是知音啊！是的，物理学应该是有趣的。

事实上，在写那三本教科书*的时候，我试图重拾自己在学习量子场论、爱因斯坦引力和群论时的快乐。那么这本书让我重新收获了什么呢？是学习物理学能够描述现实世界的乐趣！本书强调的是乐趣，是理解的乐趣，而不是技术的掌握，当然更不是加减乘除的能力。

所以，对不起，这本书不适合那些基础知识掌握得不牢固，学习很吃力、考试吊车尾的学生。如果你担心随时会摔下马，就很难享受到骑马的乐趣。

根据我与高年级大学生的交谈以及我自己的学习经验，我相信到了大三或大四，许多物理学的学生觉得被贝塞尔函数、静磁学之类的东西压得喘不过气来，他们渴望学习更令人兴奋的东西，从量子场论到黑洞。我希望这本书不仅能加深他们的理解，还能激发他们的热情。因此，我为是否包括第 9 章犹豫了很久，该部分由粒子物理学的一些知识组成。确实有许多学生要求添加这部分内容，所以最后我把它包括进来了，部分原因在此说明。事实上，感兴趣的读者现在就可以读一读第 9 章的序言。†

简单地说，我希望自己在读本科时就有这样一本书。

主题的选择和安排

对于教科书来说，材料的选择和顺序是相当固定的。例如，在编写 QFT Nut 时，我知道有些主题必须先出场。相比之下，本书的性质决定了我有大量的主题可供挑选，并按照我喜欢的方式排列。选择的自由既是挑战，也是机会。最终的依据主要来自：我自己在读高年级本科时想学什么，以及我跟大学生的接触。也许可以准确地说，大多数学物理的大学生更感兴趣的是黑洞和霍金辐射，而不是黏性流动。

因此，我对主题的选择完全是独断专行的。我知道有些读者会说："为什么他讲这个，而不讲那个？"没有特别的原因，只是因为我喜欢。我还包括了

---

*Quantum Field Theory in a Nutshell、Einstein Gravity in a Nutshell 和 Group Theory in a Nutshell for Physicists，均由普林斯顿大学出版社出版。在本书中，我把这三本书分别简称为 QFT Nut、GNut 和 Group Nut。

†事实上，在 2020 年的秋天，我准备了这本书的目录并发给我这门课的学生。当我讲完第 1 章的时候，有几个学生问我可不可以马上跳到第 9 章。我说不行。

一些完全不物理的片段，例如费曼恒等式，因为我读大学的时候非常喜欢这样的东西。[20]因此，这本书里有 3 个数学小插曲，只是为了好玩。上我课的学生都喜欢它们。然而，这本书讨论的是物理，而不是数学技巧。

在讲这门课的时候，我觉得有必要快速复习一下经典力学、量子力学、电磁学和统计物理学的一些基本材料，尽管学生们应都已学过。这些材料放在书末的附录中，还介绍了记号和惯例。

你能从这本书中得到多少，显然取决于你知道多少。同样，根据这本书的性质，你不必从头读到尾。你可以随便挑选自己感兴趣的内容。

关于练习

有些读者可能会批评这本书的练习比较少。我当然可以提供那种只需要代入数字的练习，想要多少就有多少。但正如上面提到的，我和上我课的学生都认为，这样的练习没啥用。（当然，我们鼓励读者将数字代入本书得到的任何结果中，"感受"其中涉及的数量级。）不过，我的经验表明，在我不提供充足的背景材料和指导的情况下，只有少数优秀的学生能够从头开始推导出夜航物理学的结果。但是，如果我对练习做出详细的解释，给出各种建议和提示，那我为什么不把这个例子写成文章呢？

考虑第 2.3 节中的两个练习，一个要求对电子散射电磁波的汤姆孙截面进行数值估计，另一个要求猜测量子效应如何影响这个截面。第一个练习除了代入数字外，还要求学生认识到 e^2 应该用什么值，因此有一定的教育意义。第二个练习实际上是促使学生培养一些物理直觉，毕竟这也是本书的目标之一。

关于严谨性

朋友们告诉我，我以前的三本教科书的序言有点儿太严肃了。因为我不想让亚马逊网站上评论图书的老古板们吹毛求疵[21]，当然只能这么做了。我终于有机会反击了！这本书追求的就是不严谨，哈哈！*这些讨论肯定不严谨：它们甚至不精确！

要言不烦

因此，这本书的目标就是：怎么培养物理的直觉？

---

*当然，严格的定理在物理学中也很重要。我甚至引用了一些严格的定理，例如，见第 3.1 节和附录 N。

可能真正诚实的答案是，你生来就有这种能力，就像莫扎特。但是，同样诚实的答案是，你要练习，练习，再练习，就像亨德里克斯。本书就是试图提供练习的指南。

好了，开始讲物理吧！

致谢

我衷心感谢 Nima Arkani-Hamed、Yoni BenTov、Mark Bowick、Brandon Brown、Matteo Cantiello、Emily Jane Davis、Eric DeGiuli、Joshua Feinberg、Matthew Fisher、Sheldon Glashow、David Gross、Dan Holz、Greg Huber、Shamit Kachru、Pavel Kovtun、Paul Krapivsky、Ian Low、Harry Nelson、Ashley Ong、Sandip Pakvasa、Rafael Porto、Vikar Qahar、Srinivas Raghu、Eva Silverstein、Douglas Stanford、Arkady Vainshtein、David Wang 和 Tzu-Chiang Yuan。他们评论了章节，给我鼓励，为我加油。学生们的反馈也很有帮助。Ricardo Escobar、Alina Gutierrez 和 Craig Kunimoto 在计算机方面的帮助是不可缺少的。Ingrid Gnerlich 曾为我在普林斯顿大学出版社出版的所有著作工作过，从本项目一开始就给予热情的支持。她再次把编辑工作委托给我的长期合作者 Cyd Westmoreland，尽管我们在标点符号等细枝末节上一直有小的分歧，但是她给予了我非常大的帮助。我也感谢 Karen Carter 对制作过程的监督。最后，我还得益于 Janice 和 Max 的支持和陪伴。

注释

[1] 我也是其中的一员。

[2] 因为我在高中时没有机会学习物理学。

[3] 我后来得知，听说费曼正在加州理工学院讲一门实验性质的课程（最终变成了《费曼物理学讲义》），就想在普林斯顿也试一试。

[4] 知道的人都知道。译注：这是当事人才知道的笑话，发生在惠勒课堂上的事情，保留下来作为无法直译的例子。Too many bongs of the bell and egg crates (a joke for those who know what I am referring to).

[5] 虽然我多年以后才学会骑马，但是在我参加科罗拉多大学举办的博尔德物理学暑期班的时候，我立即明白，马背上颠得厉害，很难用纸和笔做计算。

[6] 在既不美妙也不痛苦的过去，物理学教授总是会收到很多的实体信件，因此手边总有一些信封可供涂鸦。我记得，在普林斯顿物理系的邮箱旁边，有一张供讨论的桌子和一个大垃圾桶，你可以不拆信就丢弃它，或者在拆开并把珍贵的信封保存起来之后，将信件丢弃在垃圾桶中。

[7] 我在脑海中做夜行计算的经历还包括：无休止的教师会议（有些人喜欢唠叨个不停）、沉闷的儿童篮球比赛，以及偶尔失眠的夜晚。当然，读者还可以想出其他一些场景。

[8] 但是我希望，教科书还没有让你僵化。

[9] 我宣布课堂参与度将计入最终成绩，从而吓阻那些跟不上趟的学生。

[10] 我经常讲群论的课，有时候紧接着夜航物理学的课。有些学生同时学习这两门课，因此他们必须在几个月的时间内切换思路。在许多情况下，需要"精确"的答案。如果实验学家想知道 $p+p \to d+\pi^+$ 和 $p+n \to d+\pi^0$ 的生成截面的比率，你不能只是告诉他，通过量纲分析，这个比率是 1 的量级。（答案见 *Group Nut* 第 306 页。）当然，夜行有术、有效但是也有限。

[11] 意识到这些话题已经有半个世纪甚至更长的历史，真是让人感慨啊。

[12] 见第 9.3 节。好奇的读者现在不妨读一下那里的注释 4。

[13] 考虑这样的现象：有些人学习的成绩非常好，却做不了原创性的研究。

[14] 例如，L. Weinstein and J. Adam, *Guesstimation: Solving the World's Problems on the Back of a Cocktail Napkin*, Princeton University Press, 2008。

[15] 几十年前，我非常敬佩的珀塞尔（Ed. Purcell）在《美国物理学杂志》（*American Journal of Physics*）上有一个专栏，叫作"信封背面的物理学"。例如，有一个问题是，用液氢罐里的氢填充氢气球，这个氢气球能不能带着这个液氢罐飞起来呢？本书第 2.3 节给出了信封背面物理学有多能干的一个实例。它不需要代入数字！

[16] 这里转述了关于我的量子场论教科书 *QFT Nut* 的一些广告。

[17] 作为例子，请你们推导次声波的衰减率（见第 6.2 节的练习 (4)），相比于把各种频率代到别人给你的衰减率公式里，这肯定更能锻炼你的大脑。

[18] 当然，并不是说班上的每个人都能做到这一点，但是那些做不到的人很快就退课不学了。

[19] 人们低估了大学生的能力——至少我低估了。在加州大学圣巴巴拉分校，在我的课堂上，那些刚从社区学院转来的学生热情最高，他们经常让我吃惊。

[20] 最后，还有很多材料都没有用上呢。然而，我的编辑英格丽德（Ingrid Gnerlich）说肯定可以有续集，我就没那么遗憾了。

[21] 我想让那些无知的人知道，我实际上接受了严谨的训练，我在维特曼（Arthur Strong Wightman, 1922—2013）的指导下，写了关于公理场论的本科毕业论文。虽然有些读者抱怨我的书不够严谨，但是一流的数学家和数学物理学家对它们评价颇高。

量纲和基本常数

正如第 1.1 节所述,我用方括号 $[X]$ 表示物理量 X 的量纲,质量 M、长度 L 和时间 T 是 3 个基本量。

温度用 T 表示,在大多数的情况下,不太可能把它跟时间单位 T 搞混了。尽管如此,我还是经常提醒读者。

通常用能量单位 E(当然不能跟电场 $\vec{E}$ 搞混了)代替 M,会更加方便。

量纲

举几个例子。

玻意耳定律 $P = nT$:$[P] = E/L^3 = [n][T] = (1/L^3)\,E$。

牛顿引力定律 $E = -GM_1M_2/r$:$[E] = [G]\,[M_1M_2]\,/[r] = M(L/T)^2$。

因此,$[G] = L^3/MT^2$。

$$[E] = M(L/T)^2 = ML^2/T^2$$

$$[g] = (L/T)/T = L/T^2$$

$$[P] = (ML/T^2)\,/L^2 = M/(LT^2) = (ML^2/T^2)\,/L^3 = E/L^3$$

$$[T] = E \ (温度)$$

$$[D] = L^2/T \ (扩散常数)$$

$$[\mu] = FT/L = ET/L^2 \ (摩擦系数)$$

$$[e^2] = EL = ML^3/T^2$$

$$[e] = M^{\frac{1}{2}}L^{\frac{3}{2}}/T = E^{\frac{1}{2}}L^{\frac{1}{2}}$$

$$[\vec{E}] = [e/r^2] = (M/L)^{\frac{1}{2}}/T$$

$$[\vec{B}] = [e/r^2] = (M/L)^{\frac{1}{2}}/T$$

$$[eE] = ML/T^2$$

$$[E^2] = [B^2] = M/LT^2 = (ML^2/T^2)\,/L^3 = E/L^3$$

$$[\vec{A}] = M^{\frac{1}{2}}L^{\frac{1}{2}}/T$$

$$[e\vec{A}/c] = \text{ML/T}$$
$$[G] = \text{L}^3/\text{MT}^2$$
$$[\omega] = 1/\text{T}$$
$$[\vec{k}] = 1/\text{L}$$
$$[\hbar] = \text{ML}^2/\text{T} = \text{ET}$$
$$[c] = \text{L/T}$$
$$[\hbar c] = \text{ML}^3/\text{T}^2 = \text{EL}$$
$$[\nu] = \text{L}^2/\text{T} \quad (\text{运动学黏度})$$
$$[\mu] = \text{M/LT} \quad (\text{动力学黏度})$$
$$[\gamma] = \text{E/L}^2 \quad (\text{表面张力})$$
$$[L] = \text{E/T} \quad (\text{光度})$$

自然单位，也称为普朗克单位

$$[\varepsilon] = [\rho] = \text{M}^4 \quad (\text{能量密度或质量密度})$$
$$[P] = \text{M}^4 \quad (\text{压强})$$
$$[S] = 1 \quad (\text{熵})$$
$$[G] = 1/\text{M}^2$$
$$[GM] = \text{L} \quad (\text{黑洞半径})$$

粒子物理学单位

$$\alpha \equiv \frac{e^2}{4\pi} \simeq \frac{1}{137} \quad (\text{亥维赛德–洛伦兹单位})$$
$$[G_F] = 1/\text{M}^2$$
$$[\tau] = 1/\text{M} \quad (\text{不稳定粒子的寿命})$$

记号

我不打算精确地说明"$\sim$"是什么意思，只想说"$\simeq$"比"$\sim$"更近似于相等，而"$=$"比"$\simeq$"更相等。

本书的性质决定了总体的符号并不重要，除非它们确实很重要。

记号：$p^2/(2m)$ 写为 $p^2/2m$，只在有歧义的时候，才用括号。

基本常数和一些有用的数值

物理量	符号	数值和单位
真空中的光速	c	2.998×10^{10} cm s^{-1}
引力常量	G	6.67×10^{-8} g^{-1} cm^3 s^{-2}
约化的普朗克常量	$\hbar = h/2\pi$	1.055×10^{-27} g cm^2 s^{-1}
	$\hbar c$	3.16×10^{-17} g cm^3 s^{-2} = 197 MeV fm
普朗克常量	h	6.625×10^{-27} g cm^2 s^{-1}
	hc	1.99×10^{-16} g cm^3 s^{-2}
普朗克质量	M_P	2.18×10^{-5} g $\sim 1.3 \times 10^{19} m_p$
普朗克长度	l_P	1.62×10^{-33} cm
普朗克时间	t_P	5.39×10^{-44} s
精细结构常数（亥维赛德–洛伦兹单位）	$e^2/4\pi\hbar c$	1/137.036
电磁耦合常数（采用 $\hbar c = 1$）	e	0.303
电磁耦合常数（不用 $\hbar c = 1$）	e	1.70×10^{-9} g$^{\frac{1}{2}}$ cm$^{\frac{3}{2}}$ s^{-1}
精细结构常数（高斯单位）	$e^2/\hbar c$	1/137.036
电子质量	m_e	0.911×10^{-27} g
质子质量	m_p	1.67×10^{-24} g
电子静止能量	$m_e c^2$	0.511 MeV
质子静止质量	$m_p c^2$	938.2 MeV
费米弱相互作用常数	G_F	1.17×10^{-5} GeV^{-2}
玻尔半径	a	5.29×10^{-9} cm
里德伯能量	$Ry = hcR_\infty$	13.6 eV
经典电子半径（高斯单位）	$e^2/m_e c^2$	2.82×10^{-13} cm
汤姆孙截面	σ_T	6.65×10^{-25} cm^2
太阳质量	$M_\odot$	1.99×10^{33} g
太阳半径	$R_\odot$	6.96×10^{10} cm
太阳光度	$L_\odot$	3.83×10^{33} erg s^{-1}
太阳表面温度	$T_\odot$	5.78×10^3 K

物理量	符号	数值和单位
地球质量	$M_\oplus$	5.97×10^{27} g
地球半径	$R_\oplus$	6.38×10^8 cm
重力加速度（地球表面）	g	9.81 m s^{-2}
大气压强	p_0	1.01×10^6 dyne cm^{-2}
水的密度（25°C）	ρ	0.997 g cm$^{-3} \sim 1$ g cm^{-3}
空气的密度（20°C）	ρ_0	1.225 kg m$^{-3} \sim 1$ kg m^{-3}
水和空气的界面的表面张力（20°C）	γ	72.8 dyne cm^{-1}
水的动力学黏度（20°C）	η	1.01×10^{-2} g cm^{-1} s^{-1}
水的运动学黏度（20°C）	ν	1.01×10^{-2} cm^2 s^{-1}
空气的动力学黏度（20°C）	η	1.82×10^{-4} g cm^{-1} s^{-1}
空气的运动学黏度（20°C）	ν	1.51×10^{-1} cm^2 s^{-1}
儒略年	yr	3.156×10^7 s
光年	ly	9.46×10^{17} cm
天文单位	AU	1.496×10^{13} cm
秒差距	pc	3.086×10^{18} cm $= 3.26$ ly
尔格	erg	1 cm^2 g s$^{-2} = 6.24 \times 10^{11}$ eV
电子伏	eV	1.16×10^4 K $= 1.602 \times 10^{-12}$ erg
飞米	fm	10^{-15} m $= 10^{-13}$ cm
埃	Å	10^{-8} cm
微米	μm	10^{-6} m
阿伏伽德罗常数	N_A	6.02×10^{23} mol^{-1}
原子质量单位	amu	1.66×10^{-30} g
斯特藩–玻尔兹曼常量	σ	5.67×10^{-5} erg cm^{-2} s^{-1} K^{-4}
玻尔兹曼常量	k	1.38×10^{-16} erg K^{-1}
1000 吨 TNT		4.18×10^{19} erg

一些评论

在本书所依据的课程中，所有作业和考试中的数值结果都只用一位有效数字，符合夜航物理学的精神。因此，这个表格的内容最初也只有一位有效数字。然而，我的同事胡贝尔（Greg Huber）强烈反对，他坚持认为物理书中的数值表应该总是给出三位（或更多位）的有效数字，以便让使用表格的人自己决定如何舍入。因此，我听从传统的智慧。胡贝尔法则还规定，如果第四个有效数字是 5，那么 5 应该保留。当然，读者不应该把这些常数塞进夜行法得到的公式中，然后声称得到的结果更准确。

我们避免使用大多数人不熟悉的单位*，例如 cSt（厘米–斯托克斯制，centi-Stokes），并省略了有人可能认为重要但是在本书中没有提及的内容。

"fermi" 是飞米（femtometer，10^{-15} m）。记忆的窍门："fermi" 和 "femtometer" 都以 "fe" 开头。另一个记忆的窍门：丹麦语和挪威语中的 "femten" 与英语中的 "fifteen" 发音相同。

关于 e 的奇特单位（即，不把 $\hbar c$ 设置为 1），见第 2.1 节。

---

*编者注：本书单位的使用尊重原书作者的习惯，有些单位非国家标准《量和单位》中的推荐单位。

第1章

量纲分析：从并不神秘的武器到传说中的秘密武器

1.1 量纲分析：并不神秘的武器
1.2 从开普勒定律到黑洞
1.3 玻尔的原子和海森堡的不确定性原理：竞争和妥协
1.4 简单函数的假设
1.5 扩散和耗散：跟爱因斯坦比聪明
1.6 第一次原子弹试验中释放的能量
1.7 数学小插曲1

1.1 量纲分析：并不神秘的武器

看似平淡无奇，其实出人意料

夜航物理学家的秘密武器是量纲分析。

美国的许多小镇都有一块木牌，竖在通往村庄的路上，上面写着关于这个地方的一些基本数字，例如[1] "欢迎来到达姆达姆镇，愤怒的鸭子之家[2]，建立于 1869 年，人口 12，海拔 233 英尺，总计 2114"。

你笑了。很好，这意味着你理解了物理学的一个基本原则。只有当各种量用相同的单位表示时，我们才能把它们加起来。达姆达姆镇的标志应该给出人口为 24 英尺。[3]此外，有意义的数值应该不依赖于传统惯例，而 1869 年并非如此。由此可见，在物理学里，我们不应该根据华伦海特的腋窝来标记温度。[4]

即使各种量的单位相同，仍然有可能无法相加。为了强调这一点，请允许我提到，在以色列死海附近的沙漠公路上，我和家人曾经待在一个公共汽车站，那里的高科技显示板给出了公共汽车的目的地和它们的预计到达时间。耶路撒冷 35 分钟，贝尔谢巴 14 分钟，埃拉特 29 分钟。我的儿子麦克斯当时才 6 岁，刚刚学会了加法，他宣布总和是 78。（我告诉麦克斯，有意义的是，每当显示板刷新的时候，这个和就会减少 3 的倍数。这个预言[5]很快就得到了观察验证。）

只有当各种量以相同的单位表示时，我们才可以将其相加或相减。因此，在物理学里，方程的左边和右边必须有相同的物理量纲。[6]读者肯定知道，这个声明看似平淡无奇，其实在物理学里非常重要，但是物理学以外的人往往会感到惊讶。

简谐摆

我们从物理学早期的一个经典例子开始。故事是这样的：有一天在教堂里，伽利略（Galileo Galilei）观察各种吊灯的来回摆动，默默地用自己的脉搏测量它们摆动的周期。

考虑长度为 l 的摆，在重力加速度 g 的影响下，它的振荡周期是什么呢？

本书采用的惯例，以及关于字母数量不足的警告

为了搞物理，我们需要质量、长度和时间的单位。有且只有 3 个量纲，分别用 M、L 和 T 表示。关于这一点，请看第 4.1 节。为什么只有 3 个呢？没有人知道。还会有更多吗？非常不可能，至少在我们需要更多量纲的那一天到来之前。

不，同学们，华氏度不是物理学的基本单位。温度是一种能量，应该用适合能量的单位来测量。同样，更多内容请见第 4.1 节。

现在我想说的是，我坚持用方括号 [X] 表示物理量 X 的量纲。例如，动能是 $E = \frac{1}{2}mv^2$，所以能量的量纲是 $[E] = M(L/T)^2 = ML^2/T^2$。本书前面给出了量纲的表格。

加速度是速度随时间的变化率：因此 $[g] = (L/T)/T = L/T^2$。事实上，刚开始学习物理的时候，就有人告诉我们，从数值上看，$g = 32$ 英尺/秒^2，或 9.8 米/秒^2，这依赖于你的位置。

今后，我将使用三个字母——M、L 和 T 分别标记质量、长度和时间的量纲。在许多情况下（现在就会出现一个），我不得不用一个字母表示一个以上的物理量。请不要觉得困惑——字母表只包含这么几个字母。

另外，有些时候使用能量 E 比质量 M 更方便，我们接下来会看到的。

摆的周期

那么，摆的周期 T 是什么呢？好吧，我们要用 l 和 g 给出一个时间量纲的表达式，l 和 g 的量纲分别是 $[l] = L$ 和 $[g] = L/T^2$。

为了消除 L，唯一的可能是比值 l/g，量纲为 $[l/g] = L/(L/T^2) = T^2$。（我提醒过你们：T 在这里代表两个不同的概念。）因此，这个周期必然是

$$T \sim \sqrt{l/g} \tag{1.1}$$

值得注意的是，我们已经确定了 T 对 l 的依赖关系，似乎很轻松啊。例如，如果把摆的长度增加一倍，我们知道周期 T 应该增加 $\sqrt{2} \simeq 1.4$ 的系数。周期依赖于长度的平方根，这是可以用实验验证的预言。

据称，瑞利勋爵（Lord Rayleigh）是第一个系统地利用量纲分析法的人，那是 19 世纪末，他称之为"相似法"。我很惊讶它出现得这么晚，但可以肯定的是，物理学中的量纲必须匹配，物理学的奠基者们都熟悉这个要求，他们当然是非常聪明的家伙。

仔细看看简单的计算

物理学家不做详细计算就能预测摆的行为，外行往往对此感到惊讶，但是，可能你也知道，我们的推理隐藏了很多重要的，甚至深刻的物理学知识，这些知识人们用了几百年才能够理解。

因为这是第一个例子，我们要详细地研究它，试着把它彻底搞定。本节的其余部分只是一系列的评论。

偶尔，但不是太经常，有些学生会过度担心各种可能的复杂情况。[7]空气阻力有影响吗？如果摆是由拴在绳子上的重物组成的，那么绳子的伸缩要考虑吗？这样的问题可以有很多。

随着时间的推移，有几个人物闯入了我以前的三本教科书，从学生和其他人的评论来看，最受欢迎的似乎是糊涂蛋[8]。焦虑怪倒是不糊涂，只是担心得太多了。让焦虑怪放心的答案是，夜航物理学的精神是首先处理最简单的情况。如果焦虑怪担心，摆的质量变化（比如说灰尘的积累）怎么考虑，地球的旋转又有什么影响，最好的答案也许是：理想化是理论物理学的重要组成部分。

圆频率和频率

通过量纲分析得到的结果（例如 (1.1)），很容易偏离 10 倍（或更大的因子）。事实上，众所周知，摆的周期的精确结果是（见下文）$T = 2\pi\sqrt{l/g}$。

通常（比如在这里），根据物理学意义和处理类似问题的经验的线性组合，可以确定 2π 之类的因子，至少可以猜到。在日常应用中，频率（也就是周期的倒数）$f = 1/T$ 被定义为单位时间内的重复次数。但在物理学中，当我们面对周期性的时候，在建立运动方程、求解微分方程之后，通常会得到与 $\sin\omega t$ 和 $\cos\omega t$ 有关的解，有些人可能还会得到与更复杂的复指数 $e^{\pm i\omega t}$ 有关的解，其中 ω 即所谓的圆频率。

显然，这些周期函数经过时间 $T = 2\pi/\omega$ 后会重复。但根据经验，在我们求解的微分方程中，对时间取微分会得到因子 ω。所以适用于量纲分析的不是 T，而是 $\omega \sim \sqrt{g/l}$。因此，我们期望 $T = 2\pi/\omega \simeq 2\pi\sqrt{l/g}$。

考虑 1 米长的摆。我们有 $T \simeq 6\sqrt{1/10}\,\text{s} \simeq 2\,\text{s}$。如果没有 2π，我们得到的周期就是 $\sim \frac{1}{3}\,\text{s}$。就算你做实验不太灵光，也会知道 $2\,\text{s}$ 更合理。

这个故事的教训是：永远用 ω，而不是 f。

事实上，在本书的其余部分，我将放弃"圆频率"这个词，而是简单地把 ω 称为频率。对于好奇的同学，这里有一个启发性的练习：随便找一本高级课程的教科书（例如，量子场论），看看 ω 或 f 哪个用得多。

本书并不追求得到的结果与实验数据符合到第 n 位有效数字。但是，如果简单地使用一个更好的变量，就可以得到更好的预测，而且惠而不费，那么干吗不用呢？

简单函数的假设

同样众所周知的是，这个问题里实际上有一个无量纲参数，即摆的初始角度 θ_0，所以，严格地说，量纲分析只告诉我们 $T \simeq 2\pi f(\theta_0)\sqrt{l/g}$。不言而喻的假设是，$f(0)$ 是一个数，是 1 的量级。

有时候学生会问：我们怎么知道 $f(0)$ 是否消失（也就是等于 0）呢？这是个问题。但是你必须给出 $f(0)$ 可能等于 0 的理由。

同样基于感觉和经验的不言自明的假设是，物理学中出现的大部分函数都是相当简单的函数，没有特别疯狂的性质。当然，也有一些例外。[9]但那里通常会有相当明显的理由。否则，我们总是会碰到物理学中这个主要的未解之谜。

在这个特殊的例子中，我们很容易看到，在小角度的极限下，周期不依赖于 θ_0。让势能等于动能，我们有 $mgl\theta_0^2 \simeq \frac{1}{2}mv^2$，这就给出了 $v \simeq \sqrt{gl}\theta_0 \propto \theta_0$。当 $\theta_0 \to 0$ 时，摆的来回运动就会越来越慢，但根据几何学，运动的距离 $\simeq l\theta_0$，也趋近于 0。用距离除以速度，就得到 $T \propto \theta_0/\theta_0 = 1$，从中我们可以明确地看到，$\theta_0$ 不见了。

我们将在第 1.4 节再次讨论简单函数的假设。

精确的计算当然要做，但只能在做了信封背面的计算以后再做

下面是另一段话：

> 先思考，再做积分。*
> ——派尔斯（Rudolf Peierls）对年轻的贝特（Hans Bethe）说

摆的精确计算是大一物理学的内容，一点儿也不难。

高年级大学生应该会的技巧是，最好用能量守恒

$$E = \frac{1}{2}m(l\dot\theta)^2 + mgl(1-\cos\theta) \simeq \frac{1}{2}m(l\dot\theta)^2 + \frac{1}{2}mgl\theta^2 \tag{1.2}$$

而不是运动方程。实际上，我们已经对运动方程做了一次积分，把对时间的二阶导数变成了一阶导数的平方。这个主题很重要，我们经常遇到它，例如，在第 7.3 节。

把 $\theta = \theta_0\cos\omega t$ 代入 (1.2) 并除以 $ml^2\theta_0^2$，可以看到，最右边的表达式（包含 $\sin^2\omega t$ 和 $\cos^2\omega t$）只有当 $\omega^2 = g/l$ 时才会是常数，因此有 $T = 2\pi\sqrt{l/g}$。

---

*在数学小插曲中，我们将严格按照这种方式做事情。

顺便说一下，θ_0 不一定小的问题也很容易解决——只是要用一个没啥意思，也没啥意义的积分。根据 (1.2) 的左半部分，可以解出 $\dot\theta$：它正比于某个东西加 $\cos\theta$ 的平方根，即，$\dot\theta = $ (因子) $\sqrt{\cos\theta - \cos\theta_0}$。（不需要任何烦琐的代数，我们就知道平方根内的常数必然是 $\cos\theta_0$，因为 $\dot\theta$ 在 θ 达到 θ_0 时等于 0。）因此，

$$T = \int \mathrm{d}t = \int \frac{\mathrm{d}\theta}{\mathrm{d}\theta/\mathrm{d}t} = 4 \times (因子) \times \int_0^{\theta_0} \frac{\mathrm{d}\theta}{\sqrt{\cos\theta - \cos\theta_0}} \tag{1.3}$$

上面提到的这个积分并没有什么了不起，但对于小的 θ_0 来说，它就变成了

$$\int_0^{\theta_0} \frac{\mathrm{d}\theta}{\sqrt{\theta_0^2 - \theta^2}} = \int_0^1 \frac{\theta_0\,\mathrm{d}u}{\theta_0\sqrt{1 - u^2}} \tag{1.4}$$

用 $\theta = u\theta_0$ 进行缩放，就可以看到，问题中的 θ_0 消失了。

缩放的技巧很重要，我们会经常用到。可以这样说，我们拒绝按照巴比伦人[10]的方式来测量角度，即把一个直角分成 90 等份。相反，以 θ_0 为单位测量角度 θ 更合理。

把微积分老师逼疯

当然，我们也可以用牛顿的运动方程* $F = ma$：

$$ml\frac{\mathrm{d}^2\theta}{\mathrm{d}t^2} = -mg\theta \tag{1.5}$$

这相当于把 (1.2) 对 t 做微分。

当然，我们都知道怎么解这种微分方程。然而，夜航物理学家更喜欢"把微积分老师逼疯"的方法。把 $\frac{\mathrm{d}^2\theta}{\mathrm{d}t^2}$ 写成 $\frac{\mathrm{d}}{\mathrm{d}t}\frac{\mathrm{d}\theta}{\mathrm{d}t}$，然后消掉 d：

$$\frac{\not{\mathrm{d}}}{\not{\mathrm{d}}t}\frac{\not{\mathrm{d}}\theta}{\not{\mathrm{d}}t} \sim \frac{\theta}{t^2} \tag{1.6}$$

请注意，在这方面，莱布尼茨的记号[11]比牛顿的更好。继续这样的消除，即 $\not{m}l\frac{\theta}{t^2} \sim \not{m}g\theta$，(1.5) 就变成了 $t^2 \sim l/g$，答案正确。

你们的微积分老师要被气疯了。但这种夜行法基本上是正确的[12]，本质上相当于量纲分析。

在第 7.3 节讨论膨胀的宇宙时，我们将发挥这种方法的巨大优势。

---

*奇怪的是，这句话说的是 $F = ma$，但是写成了 $ma = F$。刚学物理的时候，这让我有些懵。

爱因斯坦引力背后的奥义

假设你现在就是伽利略，对摆的观察使你得出 $T \propto \sqrt{l}$。在历史上，伽利略也知道重力会产生普遍存在的加速度 g（记得比萨斜塔扔铁球的传说吧），他甚至有相当合理的 g 值，通过让球从倾角不同的斜面上滚下来而得到。但是，要构建能够产生 $T \propto \sqrt{l}$ 的理论仍然很困难，必须等待牛顿的天才。熟悉会让人轻视，但 (1.5) 包含了非常多的概念上的奥义。对于基础物理学中的一些尚未解决的问题，如宇宙学常数之谜，我们的情况可能是类似的。[13]

我们现在要接触到一个奥义，它是物理学中最伟大的奥义之一。

对牛顿来说，质量衡量的是物质的总量。[14]他很自然地认为，万有引力定律中的质量 m 和牛顿运动定律中的质量 m 是一样的。[15]

但是，如果你是吹毛求疵的律师，或者经常阅读悬疑小说，肯定会发现这里隐藏了一个假设。有人看到金发女郎[16]亲吻管家，还有人看到金发女郎在谋杀当晚离开房子，这两个金发女郎真的是同一个人吗？这两个质量真的是同一个质量吗？

在 (1.2) 中出现的两个 m 有不同的概念来源，你有没有注意到呢？

躺平的人不想动，可是引力不答应

为了区分出现在牛顿万有引力定律中的质量和牛顿运动定律中的质量，物理学家把它们分别称为引力质量 m_G 和惯性质量 m_I。对于躺平的人来说，前者衡量的是引力对他的要求，后者衡量的是他不愿意奋斗的意愿。从概念上讲，它们截然不同，仅从逻辑上讲，它们有可能不相等。

与大学里其他院系的教师不同，物理系的教师不接受权威的证明，甚至不接受一位科学巨人的证明（传说他从斜塔上往下扔东西）。因此，匈牙利男爵厄缶（Loránd Eötvös），不像 19 世纪的其他男爵那样做事情，而是将一生的大部分时间用于做更加精确的实验，以确定引力质量和惯性质量相等。在我们的时代，一系列的实验（统称为厄缶实验）已经确定了引力质量等于惯性质量 $m_G = m_I$，精确度非常高。[17]

因此，原则上，我们只能说，摆的周期 $T = 2\pi \sqrt{m_I l / m_G g}$。

事实证明，引力质量等于惯性质量这件奇事是爱因斯坦引力理论的关键[18]，见附录 Eg。

练习

(1) 物理专业有个学生打算当高中物理教师（高尚的职业！），她告诉我，在高中的时候，她被教导要记住"四大"。我问她那是什么。结果是类似这样的公式：具有恒定加速度 a 和初始速度 v_0 的物体，在时间 t 内运动的距离是 $\Delta x = v_0 t + \frac{1}{2} a t^2$。事实上，这些运动学公式基本上来自于各种概念的定义，例如加速度和量纲分析。请说明这一点，并论证应该有因子 $\frac{1}{2}$。

(2) 翻开你的高中物理课本，找一些可以用量纲分析得出的结果。

(3) 要想在初级物理学考试中取得好成绩，就要用好量纲分析。例如，假如你不清楚做功应该是力乘以其作用的距离，还是力乘以其作用的时间，你该怎么做呢？

(4) 当胡克常数为 k 的弹簧被拉长了 Δl 时，施加的力为 $F = k\Delta l$。求连接在该弹簧上质量为 m 的质点的振荡频率。

(5) 考虑粒子在势 $V(x) = g|x|^\alpha$ 中的一维运动。让 t 和 d 分别表示这个运动的特征时间和特征距离。用量纲分析表明

$$t \propto d^{1-\frac{\alpha}{2}}$$

把这个结果应用于：(a) 谐振子；(b) 在地球表面自由下落的粒子；(c) 沿着半径方向朝着恒星奔去的行星。

注释

[1] 根据几年前网络上流传的一张照片（很可能是经过 PS 的）。
[2] 不熟悉美国文化的读者可能不知道这个名字，因为这个橄榄球队早就不存在了。
[3] 并且把 1869 光年换算成英尺。
[4] 公平地说，华伦海特（Daniel Gabriel Fahrenheit）实际上是他那个时代的大物理学家。
[5] 任何偏离这个规律的情况都可以得到解释，即，某一辆公交车晚点了。
[6] 我认为这句话太明显了，所以我坚决拒绝用 30 多页的篇幅来解释为什么这一定是真的，还有什么白金汉（Buckingham）定理之类的东西（顺便说一下，在开始写这本书和查阅文献之前，我从来没有听说过这个定理）。
[7] 应一位挑剔的读者的要求，我添加了如下两段。但事实上，当学生上我在序言中提到的课程的时候，他们肯定都明白，理想化是物理学的必要组成部分。
[8] 他首次出现在 QFT Nut 的舞台上。
[9] 它们有时候会开辟新的研究领域。
[10] 巴比伦人非常聪明。例如，见 GNut，第 214 页。
[11] 我在某处读到，事实上，他"设想" $\frac{dy}{dx}$ 是两个无穷小量相除，dy 除以 dx。
[12] LaTeX 的创造者也是这样认为的：导数被写成 "\frac"。

[13] 例如，*GNut*，第 X.7 章。

[14] 牛顿物理学里没有零质量的粒子。

[15] 下面这段话摘自我的书 *On Gravity*, Princeton University Press, 2018。

[16] 至于是哪种类型的金发女郎，见伊雷因（Natalia Ilyin）的学术研究《像我这样的金发女郎》(*Blonde Like Me*, Simon & Schuster, 2000) 中的分类。

[17] 特别是由我以前在华盛顿大学（University of Washington）的同事阿德尔贝格尔（Eric Adelberger）领导开展的一个巧妙的实验，这个实验被亲切地称为"Eöt-Wash 实验"。见 https://www.npl.washington.edu/eotwash/node/1。这里充分体现了书呆子的幽默。

[18] 更多的细节，见 *GNut*。简单的讨论，见 T. P. Cheng, *Einstein's Physics*, Oxford University Press, 2013。

1.2　从开普勒定律到黑洞

> 在这个焦灼不安和动荡不宁的时代，我们很难在人性、世事和实务中找到乐趣，想起开普勒的宁静和伟大，就会特别感到欣慰。在开普勒所处的时代，人们还根本不能确认自然界受到规律的支配。他专心致志地、艰苦而耐心地工作了几十年，观测行星的运动，研究这种运动的数学定律，没有人支持，只有极少数人理解，完全靠自己，因为他坚信自然规律一定存在，这是多么真挚的信仰啊！
>
> ——爱因斯坦（Albert Einstein），*Essays in Science*, 1934

牛顿常数

牛顿的万有引力定律指出，质量分别为 M 和 m 的两个质点之间的引力 $\vec{F}$ 由以下公式得出

$$\vec{F} = \left(\frac{GMm}{r^2}\right)\frac{\vec{r}}{r} \tag{1.7}$$

G 是牛顿的引力常量，$\vec{r}$ 是两个质点之间的距离矢量（也称为向量）。两个质点之间的引力势能就是

$$V = -\frac{GMm}{r} \tag{1.8}$$

你可能已经注意到，牛顿常数 G 从来不单独出现*，它总是与质量 M 结合在一起。为了方便起见，我们定义 $\kappa \equiv GM$。使用 $ma = GMm/r^2$，就得到 $a = GM/r^2$，我们看到 GM 的量纲是加速度乘以长度的平方：

$$[\kappa] = [GM] = (\mathrm{L/T^2})\,\mathrm{L}^2 = \mathrm{L}^3/\mathrm{T}^2 \tag{1.9}$$

开普勒定律的快速推导：为什么用"墨丘利"命名水星？

> 我仿佛读到了一段神圣的文字，刻在世界本体上的不是字母，而是物质的基元："人啊，发挥你的才智，努力理解这些东西吧。"
>
> ——开普勒（Johannes Kepler）[1]

令 $\kappa = GM$，M 是太阳的质量。一颗行星在半径为 R 的圆轨道上绕太阳转动，为了确定它的周期 T，你可以让引力等于离心力，或者用高级点儿的数学，可以解微分方程[2]来确定它的运动。最后就会发现 R 是 T 的函数（反

---

*这个说法的一个略复杂的版本对爱因斯坦引力也成立。

之亦然)。但无论如何,通过量纲分析,由于 $[\kappa] = L^3/T^2$,结果必然有以下形式:

$$R^3 \sim \kappa T^2 \tag{1.10}$$

不费吹灰之力,我们就得到了开普勒定律[3],该定律指出,行星的轨道周期正比于它到太阳的距离的 $\frac{3}{2}$ 次方,木星到太阳的距离大约是日地距离的 $\simeq 5.2$ 倍,公转一周需要 $\simeq (5.2)^{\frac{3}{2}} \simeq (140)^{\frac{1}{2}} \simeq 12$ 年。

为什么用"墨丘利"命名水星?开普勒定律解释了原因。作为离太阳最近的行星,水星的轨道周期最短。墨丘利是赫尔墨斯的罗马名字,赫尔墨斯是希腊的速度之神,是旅行者和小偷的保护神。[4]难怪爱因斯坦提议[5]用水星而不是木星的进动作为广义相对论的三个检验之一。

我们在第 1.1 节遇到的焦虑怪可能会精神错乱,毁掉开普勒定律这个漂亮的推导。他会问:"行星的自转呢?轨道的椭圆度呢?哦,天哪。"好吧,如果不能迅速脱身,我们总是可以用爱因斯坦的建议来安抚他:"物理学应该尽可能地简单,但不能简单过头了。"

你总是可以努力做得更好

这个标题不是谚语,也不是励志书里的格言。相反,它说的是你可以用个更大些的信封。

在推导开普勒定律的过程中,我们认为太阳的质量远大于轨道上行星的质量。如果我们谈论两个质量相当的黑洞相互绕行,就像不久前通过引力波"看到"的那样,该怎么办呢?我们可以把量纲分析的结果修改为 $R^3 \sim GMT^2 f(m/M)$,f 是两个质量之比的未知函数。

真的未知吗?啊哈,我们可以应用交换对称性!因此 $R^3 \sim GmT^2 f(M/m)$。让这两个表达式相等,我们得到 $f(x) = xf(1/x)$。这个结果告诉我们,如果我们知道 f 在 $x = a$ 的某个邻域里的值,就立即知道 f 在 $x = 1/a$ 的某个邻域里的值。

别忘了,我们还知道 $f(0)$ 是某个常数,即 (1.10) 中的乘数。你们自己解决 $f(x) = xf(1/x)$ 吧,很有趣的。见本节练习 (2)。

每本经典力学的教科书中都会处理这个问题,但我们这里做得轻松惬意。当然,这个问题"仅仅"是为了理解质心的概念而已。但是请注意,即使没有听说过这个术语,我们也能过关。

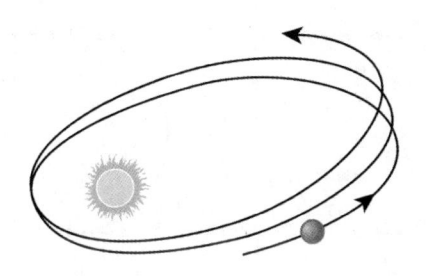

图 1.1 水星近日点的进动（极大地夸张了）。取自 Zee, A. *Einstein Gravity in a Nutshell*, Princeton University Press, 2013

爱因斯坦引力和水星的进动

> 当我在瑞士学习时，我甚至不知道我是犹太人。我只知道我是人，这就够了。
>
> ——爱因斯坦 1923 年在上海的演讲

在爱因斯坦引力中，水星的近日点在公转一周后并没有回到原来的位置，而是移动了一个微小的角度 $\Delta\phi$。轨道不是闭合的，跟（理想化的）牛顿引力的情况不一样（见图 1.1）。[6]

在标准教科书[7]里，我们可以找到 $\Delta\phi$ 的精确计算，但是在这里，我们用量纲分析给出粗略的概念。我们必须用 $\kappa = GM$、光速 c（因为广义相对论也是相对论）和水星轨道的半径 R 构建无量纲的 $\Delta\phi$。利用 $[\kappa] = L^3/T^2$，最简单的[8]可能性是

$$\Delta\phi \sim \frac{GM}{c^2 R} \tag{1.11}$$

这个估计虽然差了 6π 的系数，但是当你代入数字，可以看到结果非常小，每公转一周大约是 10^{-8} 弧度。*

读者可能会问：为什么不把水星的速度 v 包括进去呢？好吧，v 不是独立变量——可以通过 (1.10) 用 κ 和 R 表示它。

更好地近似 1

对于牛顿来说，要想计算出行星（或月球）的轨道并获得 (1.10) 的精确版本，他必须知道在半径为 r 的圆轨道上以速度 v 运动的物体的加速度 a。几百年以后的今天，随便哪个学生都可以简单地把 $x = r\cos\omega t$ 和 $y = r\sin\omega t$

---

*把 6π 用上，就可以得到著名的每一百年进动 43 角秒！

14 | 物理夜航船：直觉与猜算

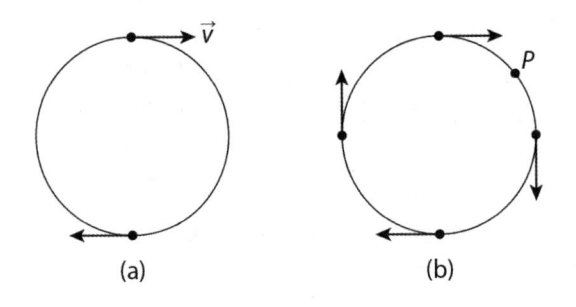

图 1.2 向心加速度的夜行法分析

微分两次来得到*

$$a = \frac{v^2}{r} \tag{1.12}$$

但是牛顿那时还没有发明微积分呢。

试试夜行法吧。让物体绕半圈。见图 1.2(a)。在时间 $\Delta t = (\pi r)/v$ 之后，它的速度已经改变了方向，因此 $\Delta v = 2v$。由此得到，

$$\frac{\Delta v}{\Delta t} = \frac{2v}{\pi r/v} = \frac{2}{\pi}\frac{v^2}{r} \tag{1.13}$$

呵呵，$2/\pi$ 是 1 的相当好的近似值。

豪情勃发啊！试着做得更好些。现在让它只走四分之一圈，见图 1.2(b)。现在 $\frac{\Delta v}{\Delta t} = \frac{\sqrt{2}v}{(\pi r/2)/v} = \frac{2\sqrt{2}}{\pi}\frac{v^2}{r}$，而 $2\sqrt{2}/\pi \simeq 2.8/3.14$ 对 1 的近似更好。请注意，P 点的加速度 $\vec{a}$，指向圆心。

你们正在发现一系列不断改进的对 1 的近似值，你甚至可能，也许，大概，发明了微积分！

一个粒子以恒定的速度 v 做圆周运动，它的加速度指向圆心。一位同事告诉我，研究物理教育的人说，这是普通人最难理解的物理事实之一。布置个作业吧，试着给他们解释加速度指向圆心。

尘埃云的自由落体时间

κ 的量纲 L^3/T^2 带有长度的立方，立刻启发我们考虑某种密度。考虑星际空间中的尘埃云。尘埃的正式定义是，尘埃颗粒之间的碰撞可以忽略不计。用 ρ 表示尘埃云的质量密度，量纲为 M/L^3。那么 $[G\rho] = [GM/L^3] = [\kappa/L^3] = (L^3/T^2)/L^3 = 1/T^2$ 是时间平方的倒数。随即得出坍缩的时间尺度 τ：

$$\tau \sim \frac{1}{\sqrt{G\rho}} \tag{1.14}$$

---

*$a = r\omega^2 = r(2\pi/T)^2 = r(2\pi v/2\pi r)^2 = v^2/r$，啊哈，很多等号啊。

随着尘埃云的收缩，其密度增大，因此相关的时间尺度就变得更短。失控的过程！但是在某个时刻，尘埃粒子之间的碰撞不能再被忽略不计了，由此产生的热量和压力阻止了进一步的坍缩。我们稍后再回到这一点，这显然具有宇宙学和天体物理学意义。

每个质量都有长度

$\kappa \equiv GM$ 的量纲为 $L^3/T^2 = (L/T)^2 L$，这导致了很多超出了开普勒定律的有趣的物理学。对于任何的质量 M，可以给出一个特征长度 $r_S \equiv 2GM/c^2$，称为该质量的史瓦西半径。

这个长度是多大呢？让我们估算我们附近质量最大的物体——太阳的史瓦西半径。即使太阳的质量 $M_\odot$ 如此巨大，$GM_\odot/c^2$ 仍然是很小的长度，大约 1.5 km，因为与其他三种相互作用[9]（电磁相互作用、弱相互作用和强相互作用）相比，引力的作用简直是微乎其微。

但是等一下，与什么相比是小的？作为刚入门的物理学家，这句话应该一直挂在你的嘴边。

与太阳的史瓦西半径唯一相关的长度是太阳的实际半径 $R_\odot$。我们发现 $GM_\odot/c^2 R_\odot \sim 10^{-6}$。事实上，我们将看到，甚至不必查找太阳常数 $M_\odot$ 和 $R_\odot$，我们就可以认识到，这个无量纲的比值是很小的。

光线弯曲：从牛顿到爱因斯坦

> 难道物体不在远处作用于光，并通过这种作用使得光线弯曲吗？
> ——牛顿（Isaac Newton）

许多大学生没有意识到，牛顿猜测过光的弯曲，他的理论认为光是由微小的"粒子"组成的，具有未知的微小质量 m（你们应该知道，它不会体现在弯曲的角度上，因为惯性质量等于引力质量）。历史抛弃了牛顿的想法，因为人们发现光是电磁波。

爱因斯坦的理论一劳永逸地预言了光的弯曲。像其他任何东西一样，光也会受到时空曲率的影响。因此，在太阳引力的作用下，掠过太阳的星光会弯曲（此时光的弯曲程度最大），尽管仍然很小。

爱因斯坦是个天真的理论家，他写信给威尔山天文台台长黑尔（George Hale），想知道"在白天可以看到离太阳多近的恒星"（着重号标注的是爱因斯坦强调的部分）。黑尔解释说，利用日食更有希望。这就导致 1919 年到巴西[10]和非洲的著名科学探险。

让我们把光线经过太阳的偏转角写成*

$$\Delta\varphi = 2\eta \frac{GM_\odot}{c^2 R_\odot} \tag{1.15}$$

其中 η 是实数。现在你明白了，量纲分析确定了[11]这个形式；在牛顿、爱因斯坦或者随便谁的理论中，$\Delta\varphi$ 将由这个表达式给出，除非有其他相关的基本常数进入该理论。在牛顿引力中，$\eta = 1$，而在爱因斯坦引力中，$\eta = 2$。笼统地说，2 是因为牛顿只弯曲了时间，而爱因斯坦弯曲了空间和时间。

爱因斯坦的好运[12]

> 关于太阳导致的光线弯曲，我得到的结果是以前的两倍。
> ——爱因斯坦写给索末菲（Arnold Sommerfeld），1915 年底

在爱因斯坦引力的三个经典检验中，光线弯曲[13]让爱因斯坦成为全世界的大名人——很难指望普通人关心水星的近日点进动。但是空间弯曲呢？那就完全不一样了！

但是，爱因斯坦闻名全球的过程一波三折，充满了悬念。

第一，爱因斯坦不知道，德国物理学家索德纳（John Soldner）把光当作牛顿的"粒子"，在几十年前就已经得到了 $\eta = 1$。第二，在计算偏转角的时候，爱因斯坦犯了一个错误，他也得到了 $\eta = 1$。第三，前往克里米亚验证爱因斯坦惊人预言的远征队，是由德国军火制造商克虏伯资助的。

对爱因斯坦来说，幸运的是，第一次世界大战爆发了，俄国人迅速把远征队的成员当作间谍逮捕了。在战争阴云密布的地平线上，一群由外国军火商资助的书呆子拿着望远镜什么的到处乱逛，嘀咕着一些关于时空曲率的胡言乱语。如果你是负责人，难道不会怀疑吗？

在这个耽搁的期间，爱因斯坦发现了自己的错误，正如他在 1915 年给索末菲的信中提到的。因此他避免了观察不符合预测的尴尬。

几十年后，纳粹官员在反犹太主义运动中指责爱因斯坦从一名德国雅利安物理学家那里窃取了空间弯曲的著名预言。他们不知道的是，即使真是偷来的，小偷也只能带着错误的东西溜走。

黑洞的一丝暗示

你肯定听说过黑洞，除非你是深山老林里的原始人。米歇尔（John Michell）在 1783 年，而拉普拉斯（Pierre-Simon Laplace）在 1796 年指出，

---

*显然，这不应与 (1.11) 混淆，那里的 R 表示水星轨道的半径。

即使是光也不可能逃离一个极其巨大的物体。

现在这"只是"大一的物理学了。在质量为 M、半径为 R 的物体表面，质量为 m 的粒子具有引力势能 $-GMm/R$，动能 $\frac{1}{2}mv^2$。让这两个能量相等，就可以得到逃逸速度 $v_{逃逸} = \sqrt{2GM/R}$。将 $v_{逃逸}$ 设为 c，就可以知道，如果 $2GM > Rc^2$，即使光也无法逃脱，这个物体就是黑洞[14]。值得注意的是，尽管这个论证[15]背后的物理肯定不正确，但这个判据（包括系数 2）在爱因斯坦的理论中是成立的。

一个更现代的启发式论证用到了爱因斯坦的 $E = mc^2$。在到质量为 M 的物体距离为 R 的地方，质量为 m 的小粒子感受到 GMm/R 的引力势能。随着粒子越来越接近大质量物体（也就是说，随着 R 越来越小），引力势能就越来越大。

在什么时候，粒子将无法承受引力的压迫呢？嗯，根据爱因斯坦的说法，如果粒子完全转化为能量，这个能量将达到 $E = mc^2$。因此，当引力势能等于这个能量时，粒子就无法继续忍受了。

这就像压榨成性的老板，把超过忍耐极限的负能量扣到了逆来顺受的员工头上。最后必然会出事。当 $GMm/R \sim mc^2$ 时，就达到了这种临界状态，m 又被抵消掉了。这样就得到了黑洞的米歇尔–拉普拉斯判据（见图 1.3）：

$$GM/c^2 \gtrsim R \tag{1.16}$$

这个论证的好处是，它播下了霍金辐射的种子，我们将在第 4.3 节看到。

事实上，在质量为 M 和半径为 R 的物体附近，光线偏转角的公式是 $\Delta\varphi \sim GM/c^2R$，同样可以给出米歇尔–拉普拉斯判据。如果 $\Delta\varphi \gtrsim 2\pi$，光就被困住了。

由于光几乎不可能被困在太阳周围，我们不用查任何数字就知道，$GM_\odot/c^2R_\odot \ll 1$，正如前文所述。

正如开普勒所说，物理学的目的是为了阐明天道（解读神圣的文本）。

有趣的单位

英国物理学家爱丁顿（Arthur Eddington）在领导日食考察之前，就因为爱因斯坦理论的美学价值而成为其忠实的信徒。他进行公开演讲，还写了一本畅销书，向公众宣传爱因斯坦。[16]爱丁顿是科普大师，他用当时的英国读者可以直接感受的语言来表达这个结果。他说，你为这种新式的电灯付了大价钱，但由于光已经被证明是有重量的，你可以算算一块钱能买几克光，然后把光的成本跟黄金做比较。

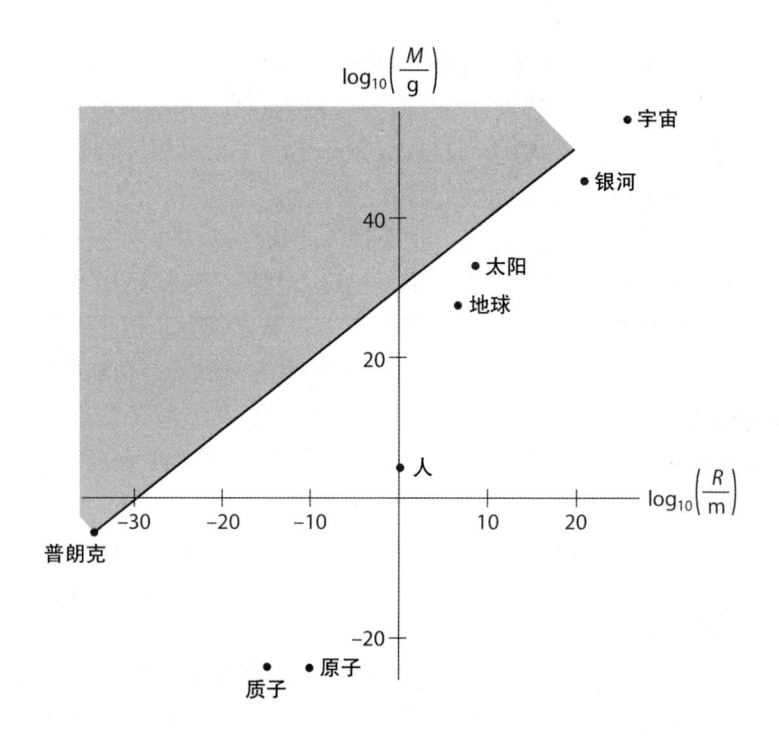

图 1.3 米歇尔–拉普拉斯判据的图表。纵轴是物体的质量 M，横轴是它的特征尺度 R。请注意，这是对数图，质量和尺度都是以 10 的幂来绘制的，否则就很难在同一张图中同时显示宇宙和质子。标有"普朗克"的点代表该物体具有普朗克质量和普朗克长度（这两个量将在第 4.1 节里定义）。摘自 Zee, A. *Einstein Gravity in a Nutshell*, Princeton University Press, 2013

因此，我最喜欢的（貌似的）无量纲单位当然是镑每磅*。我忍不住要提一提历史上的这个怪事。

练习

(1) 继续正文中用来近似 1 的序列：$2/\pi$，$2\sqrt{2}/\pi$，……。

(2) 少干加巧干，寻找 $R^3 \sim GmT^2 f(M/m)$ 的精确版本，包括因子 2π。

(3) 说明 $GM_\odot/c^2 \simeq 1.5$ km，所以水星的进动是 1.5 km 除以水星的轨道半径，因此是非常小的数字。

(4) 验证 r_S 得出的结果大约是 10^{-9}（地球）、10^{-6}（太阳）、10^{-4}（白矮星）和 10^{-1}（中子星）。

---

*译注：这是语言游戏，因为英镑是货币单位，而磅是重量单位，它们对应的英语单词都是"pound"。中文也有类似的文字游戏。你可以去中药店问一下："一钱人参多少钱？"这里的无量纲单位就是钱每钱。

注释

[1] 仿照惠勒要求物理专业的大一学生为爱因斯坦默哀的精神，我要求你们为开普勒默哀致敬。如果没有他毕生致力于细致入微的观察，物理学也许就不会有今天的发展。

[2] 例如，见 *GNut*，第 28—30 页。

[3] 历史上，开普勒定律的发现早于牛顿的万有引力定律。

[4] 在美国，有一家配送鲜花的大型连锁花店也叫墨丘利。

[5] 当然，这是因为对于跑得最快的水星来说，这种影响最明显，因此也是天文学家最好测量的效应。

[6] 在非理想化的世界中，来自其他行星的扰动也导致水星轨道的进动，这比爱因斯坦引力造成的影响大得多。见 *GNut* 第 372 页的脚注。

[7] 例如，*GNut*，第 372 页。

[8] 严格地说，量纲分析本身可以让 $\Delta\phi$ 有一些 $\frac{GM}{c^2R}$ 的高次幂，但这就引出一个问题：为什么 G 的一次项对 $\Delta\phi$ 的贡献恰好等于 0 呢？

[9] 见我的书，*On Gravity*，Princeton University Press，2018，第 15 页。

[10] 我推荐巴西电影《沙之屋》(*House of Sand*)。有一次，在讲授这门课的时候，我提到人们通常把巴西和丛林联系在一起，而不是大片的沙漠，一个学生说他很熟悉电影中的沙漠。原来他是巴西人。

[11] 关于 $\Delta\phi$ 的注释 8 在这里也适用。

[12] 见 J. Waller, *Einstein's Luck*，被引用在 *GNut*，第 370 页。

[13] 汤姆孙（J. J. Thomson）是电子的发现者，在主持为宣布日食考察结果而召开的皇家学会特别会议时，他称赞这是自牛顿工作以来最重要的成果，而爱因斯坦的理论则是"人类思想的最高成就之一"，遗憾的是，他还补充说，这个理论是无法理解的。

[14] 近 200 年后由惠勒命名。

[15] 牛顿的这个论证经常被引用，但实际上，它并没有确定黑洞的存在，黑洞被定义为任何东西都无法逃脱的物体。逃逸速度是指某个东西能够飞到外太空的初始速度。在牛顿的世界里，只要乘坐的火箭有足够强大的引擎，我们当然可以逃离任何巨大的星球。

[16] 戴森（Freeman Dyson）告诉我，他的父亲冲出去买了这本书。我很感谢戴森借给我这本特别的书，上面有他父亲的签名。

1.3 玻尔的原子和海森堡的不确定性原理：竞争和妥协

玻尔原子

从开普勒定律出发，我们转向氢原子的玻尔模型[1]，这个模型就像微型的太阳系，一个电子围绕着一个质子转动。让库仑吸引力等于离心力，我们有

$$ma = \frac{mv^2}{r} \sim \frac{e^2}{r^2} \tag{1.17}$$

乘以 r，就得到 $mv^2 \sim e^2/r$。换句话说，夜航物理学家一开始可以这样说：动能和势能大致相等。[2]

但无论如何，如果你是玻尔，你面临的情况是，你有一个方程，但是有两个未知数：v 和 r。这实际上是有道理的。在经典物理学中，你可以让电子有任何速度，而电子的速度越大，其轨道越小。相形之下，在原子的未知领域中，v 和 r 是以某种方式固定的。

在这个未知的领域里，玻尔迫切需要另一个方程。线索来自于对普朗克在 1900 年提出的神秘常数 $\hbar$ 的量纲分析*。普朗克的建议是，电磁辐射由光子组成（正如后来爱因斯坦的解释），每个频率为 ω 的光子携带的能量为 $E = \hbar\omega$。[3]

$\hbar$ 的量纲是什么呢？它的量纲是能量除以频率：

$$[\hbar] = E/(1/T) = \left(ML^2/T^2\right)/(1/T) = ML^2/T = (ML/T)L \tag{1.18}$$

因此，等价地，普朗克常量也有动量乘以长度的量纲。

但动量乘以长度是角动量的量纲。所以呢？

玻尔是最伟大的夜航物理学家，他在黑暗中摸索并猜测，电子的角动量是 $\hbar$：

$$mvr \sim \hbar \tag{1.19}$$

这就提供了他所需要的第二个方程。

把能量方程 $mv^2 \sim e^2/r$ 乘以 mr^2，就得到 $\hbar^2 \sim (mvr)^2 \sim e^2mr$，因此

$$r \sim \frac{\hbar^2}{e^2 m} \tag{1.20}$$

能量就是

$$E \sim \frac{e^2}{r} \sim \frac{e^4 m}{\hbar^2}$$

---

*我们将在第 3.5 节讨论这个问题。

精确的答案是

$$E = -\frac{e^4 m}{2\hbar^2} \tag{1.21}$$

当我还是学生的时候，就学到了它在数值上等于 13.6 eV，称为 1 里德伯（Rydberg）。请注意，我们对符号很马虎——E 当然是负的，它是束缚态的能量。

让我们做一次快速检查，确保 $\hbar$ 在正确的地方。当 $\hbar \to 0$ 时，我们回到了经典物理学，$r \to 0$，$E \to -\infty$，正如预期。电子撞到原子核上了。

玻尔的大胆猜测推动了物理学的发展

顺便说一句，如果把 (1.17) 和 (1.19) 里的 $\sim$ 符号替换为等号（=），我们发现 (1.20) 里的 $\sim$ 符号可以写为等号（=），从而得到 $E = \frac{1}{2}mv^2 - \frac{e^2}{r} = -\frac{e^4 m}{2\hbar^2}$，这是精确的结果。然而，这只是令人高兴的巧合：我们现在知道，玻尔灵感爆发提出的猜测实际上是错的，错的，错的。

作为量子力学入门课程的标准练习，学生们经常通过解薛定谔方程来得到氢原子的基态，显示出波函数实际上是球对称的，而且角动量为零。将电子的角动量设为 $\hbar$ 是完全不正确的。

但是我要问你，在物理学上永垂不朽的是玻尔，还是那个作业成绩优秀的学生呢？显而易见吧。一个疯狂的、最终不正确的猜测，成功地推动了整个物理学领域的发展。面对现实吧，薛定谔的氢原子方程问世近百年后，没有人关心你我会不会解这个方程*。这基本上就是我在序言里说的，在漆黑一团的环境中摸索前进。

喃喃自语的唠叨者也可能抱怨说，玻尔的"夜行"方法依靠的是纯粹的经典概念，而量子 $\hbar$ 是通过 (1.19) 溜进来的。

不确定性原理

玻尔原子出现在 1913 年。1926 年，海森堡提出了不确定性原理

$$\Delta p \, \Delta x \sim \hbar \tag{1.22}$$

（请注意，这符合前面说的 $\hbar$ 具有角动量的量纲。）

不确定性原理也可以充当玻尔需要的第二个方程。把上面的能量方程写成 $p^2/2m \sim e^2/r$。由于电子被限制在半径为 r 的区域，根据不确定性原理，其动量应该为 $p \sim \hbar/r$。因此，$\hbar^2/mr^2 \sim e^2/r$，从而导致 (1.20) 和 (1.21)。

---

*我们将在第 3.2 节解这个方程。

竞争和妥协

玻尔原子的两种方法在算术上是相同的，但可以说，不确定性原理的论证更接近物理事实：基态波函数是半径为 r 的模糊的球。事实上，正如刚才提到的，我们知道实际的基态是球对称的，而且角动量为零。然而，这两种方法共有的主题，即竞争和妥协，在物理上是相同的。这里的势能 $\propto -1/r$ 希望 $r \to 0$，而动能 $\propto +1/r^2$ 希望 $r \to \infty$。在玻尔半径处，双方达成了妥协。

顺便说一句，虽然玻尔原子现在是标准的教科书内容，在当时却受到广泛的怀疑。[4]斯特恩（Otto Stern，著名的斯特恩–格拉赫实验就以他的名字命名）和劳厄（Max von Laue）发誓说，他们将退出物理学界，"如果玻尔的这种无稽之谈被证明是正确的。"泡利（Wolfgang Pauli）把这个誓言称为"Utlischwur"，这是对传统瑞士誓言"Rütlischwur"的发挥，"Rütlischwur"来自于对奥地利统治者的反抗，其中包括威廉·退尔（William Tell）的传说：他引弓射箭，一箭射中放在他儿子头顶上的苹果。

谐振子

不确定性原理的论证在许多情况下都很有效，特别是对一维谐振子。在振荡过程中，动能变成势能，然后又变成动能。将动能和势能设置为大致相等，我们有 $p^2/2m \sim kx^2$。同样，x 越小，$p \sim \hbar/x$ 就越大，当 $p^2/2m \sim \hbar^2/mx^2 \sim kx^2$ 时，达成妥协，因此给出 $x^4 \sim \hbar^2/mk$ 和基态能量的量级

$$E \sim kx^2 \sim \hbar\sqrt{\frac{k}{m}} \sim \hbar\omega \tag{1.23}$$

这里的 $\omega \sim \sqrt{\frac{k}{m}}$ 就是经典谐振子的频率。

使用合适的单位

当然，谁都可以把数字代入 (1.21)，并获得以尔格（erg，如果你喜欢，也可以用 BTU，英国热量单位）为单位的结合能 E。但不同领域的物理学家使用不同的单位，这是有原因的。采用的单位应该适合手头的物理学。

(1.21) 中的结果与 m 成正比，几乎明明白白地告诉我们要比较 E 和电子的静止能量 mc^2（大约 50 万电子伏）。[5]所以，

$$E = -\frac{e^4 m c^2}{2\hbar^2 c^2} = -\frac{1}{2}\left(\frac{e^2}{\hbar c}\right)^2 mc^2 \equiv -\frac{1}{2}\alpha^2 mc^2 \tag{1.24}$$

物理学要求我们定义所谓的精细结构常数[6]

$$\alpha = \frac{e^2}{\hbar c} \simeq \frac{1}{137} \tag{1.25}$$

我们把静电势写成 e^2/r，表明使用的是高斯单位，其中 α 具有这里给出的值，如附录 M 解释的那样。因此，$-E \simeq \frac{1}{2}\left(\frac{1}{\sqrt{2}} \times 10^{-2}\right)^2 \left(\frac{1}{2} \times 10^6\right)$ eV $\simeq \frac{100}{8}$ eV $\simeq 13$ eV。干得不错！

玻尔的好运

一位同事读了这一章后，说我太照顾玻尔了。我大吃一惊，我确实批评了他呀，轨道角动量不等于 $\hbar$，还讲了"Utlischwur"的故事。当然，物理学家并不认为玻尔是爱因斯坦和薛定谔这样的伟大人物，尽管他的影响巨大，而且玻尔模型对破解量子力学至关重要。

但是我认为，将原子的神秘性与黑体辐射联系起来绝非平庸。[7]确实，一旦引入 $\hbar$，大部分结果都可以用量纲分析得到：$[e^2]$ = EL（因为库仑势），$[\hbar]$ = ET，以及 $[m]$ = M = E/(L/T)^2 = ET^2/L^2（因为牛顿的动能公式）。为了抵消 L 和 T，以便得到结合能的表达式，我们就必然得到* $me^4/\hbar^2$。

玻尔非常幸运，得到了[8]表达式 (1.21) 中的 $\frac{1}{2}$。

练习

(1) 利用不确定性原理，确定质量为 m 的粒子在宽度为 a 的无穷深方势阱中的基态能量。

(2) 估计氢原子中电子的速度，并说明我们不必担心相对论的影响。

(3) 考虑原子序数为 Z 的原子中的最内层电子，当 Z 多大的时候，我们必须开始担心相对论效应呢？

注释

[1] 奥地利人哈斯（A. E. Haas）比玻尔早三年提出了这个模型，他受到了很多嘲笑。他第一个得到了现在所谓的玻尔半径。见维基百科链接 https://en.wikipedia.org/wiki/Arthur_Erich_Haas。

[2] 更博学的人说"位力定理"，在这种情况下，动能等于势能的一半。

[3] 我们有 $\hbar\omega = hf$，因此 $\hbar = h/2\pi$。同样，2π 的出现是因为，对于物理学家来说，圆频率比频率 f 更有意义，正如第一节解释的那样。

---

*这个例子表明，有时候最好用 E 而不是 M。

[4] 见 S. Pakvasa, The Stern-Gerlach Experiment and the Electron Spin, arXiv:1805.09412。

[5] 另一个值得记住的数字是质子质量 $m_\text{p} \simeq 1\text{ GeV} = 10^9\text{ eV}$，即 10 亿电子伏特。顺便说一下，大的无量纲比值 $m_\text{p}/m_\text{e} \simeq 2000$ 在固态物理学中起着重要作用。

[6] 关于如何区分民科和通常的物理学家，杰出的物理学家曾写过文章。像许多物理学家一样，我也收到过民科的来信。如果一封信从一开始就声称要推导出整数 137，我就知道这个理论肯定是瞎扯淡。首先，α^{-1} 只是近似的整数。其次，在现代量子场论中，它随着能量标度的不同而变化。例如，见 *QFT Nut*，第 VI.8 章。在这一切被理解之前很久，第 1.2 节中提到的爱丁顿在生命的最后阶段，声称自己计算出了 $1/\alpha$，当时的测量值为 136。后来，当 $1/\alpha$ 被证明接近 137 时，他试图修改自己的理论。戴森告诉我，值得赞扬的是，爱丁顿总是小心翼翼地说，他的理论是一种疯狂的猜测。

[7] 的确，普朗克和爱因斯坦等人从未想过这个问题。

[8] 使用等号。那么，$mvr = \hbar$ 和 $F = ma$ 给出 $e^2/r^2 = mv^2/r = \hbar^2/mr^3$，所以 $r = \frac{\hbar^2}{e^2 m}$。因此，$E = \frac{1}{2}mv^2 - \frac{e^2}{r} = \frac{1}{2}\frac{e^2}{r} - \frac{e^2}{r} = -\frac{e^2}{2r} = -\frac{e^4 m}{2\hbar^2}$，这是正确的结果。

1.4　简单函数的假设

极限行为：只有三个数字

夜航物理学家的存亡成败决定于简单函数的假设。物理学中大多数无量纲变量的函数都很简单，有些平淡无奇，但有时会出现幂律或指数，其原因通常不言自明。或者，它们是由对称性决定的，例如球谐函数。偶尔，可能会有一个共振峰，能够用 δ 函数近似，物理学家就会欢呼庆祝。

更多的时候，如果你能弄清楚一个函数在其参数趋于零、无穷大或者一些特殊值（例如，角度为 $\frac{\pi}{2}$）的时候的极限行为，那么聪明的插值就可能成功。下一小节有一个基本的例子，另一个例子将在关于水波的第 8.1 节给出。

在我早期的学习中，一位著名的教授告诉我，在实验物理学中，有无数个数字，但在基础物理学中，只有三个数字：0、1 和 ∞。当然，他的意思是，你要用适当的单位，使得感兴趣的数字是无量纲的[1]，还要进行量纲分析，这样做了以后，结果就只能是：(a) 比你的预期小得多，(b) 跟你的预期差不多，或者 (c) 比你的预期大得多。事实上只有两个数字——0 和 1，因为 ∞ 跟 0 是反比的关系。

因此，在物理中有趣的极限下，函数要么变成常数，要么变成 0（或等价地，∞）。默认的猜测是常数。如果你猜是 0 或 ∞，就必须给出解释。

当然，你要根据手头的具体情况来调整这些一般性的考虑。

炮弹的射程

下面这道题是大一物理的水平。炮弹以速度 v 发射，角度为 θ。它的射程 R 是多少？见图 1.4 和图 1.5。

虽然这个问题很简单，但是在历史上，它让无数的物理学家得到了国王和将军们的青睐。许多杰出的物理学家曾担任过炮兵指挥官。[2]

由于 $[v] = $ L/T 和 $[g] = $ L/T^2（炮弹的质量又一次被抵消了），所以就可

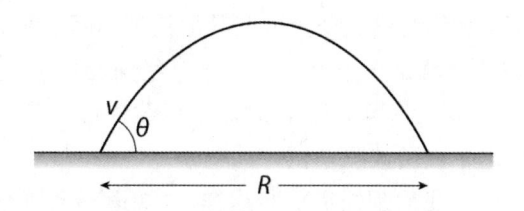

图 1.4　炮弹的射程 R 是角度 θ 的函数

图 1.5 我给美国内战时期的大炮点火，按照工作人员的指示，将身体向左扭，拉动皮制的火绳。右下方勉强可以看到摄像师，以及电视片导演戴的帽子

以立即得出
$$R = \frac{v^2}{g} f(\theta) \tag{1.26}$$

其中 $f(\theta)$ 是未知的函数。

好吧，如果你水平发射，炮弹就会直接扑倒在地。如果你愚蠢地垂直发射，就要当心了！你无法传宗接代了。因此，$f(0)$ 和 $f(\pi/2)$ 等于 0。一个简单的猜测是，$f(\theta)$ 是两个函数的乘积：一个函数在 $\theta = 0$ 时等于 0，另一个在 $\theta = \pi/2$ 时等于 0。如果你有点儿物理学常识，就会拒绝类似 $\theta\left(\frac{\pi}{2} - \theta\right)$ 的东西。把矢量分解成垂直和水平分量时，就会出现三角函数。因此，你猜的是 $\sin\theta\cos\theta$，或者 $\sin 2\theta$（与前者相差一个系数 2）。[3]

从两端了解函数

在许多情况下，我们知道某个函数在其取值范围两端的数值。第 3.2 节中库仑问题的量子波函数就是一个例子。当某个径向变量 r 趋于无穷大时，波函数以指数形式趋于零，而当 $r \to 0$ 时，它以线性形式趋于零。不用解薛定谔方程，你能猜出这个波函数吗？试一试吧。

焦虑怪开口了——我们都知道他会这样，"知道一个函数的两端，并不能唯一确定这个函数"，他说。是的是的，我们知道。那么，我们就继续吧。

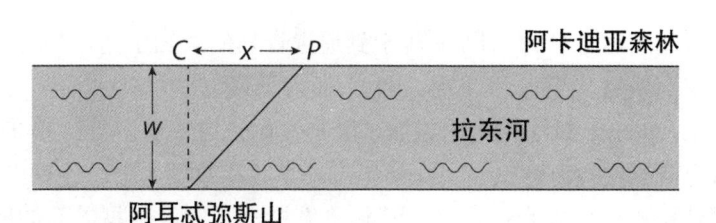

图 1.6 刻律涅亚的雌鹿游过拉东河到达 P 点，然后沿着河岸跑到阿卡迪亚森林

生擒刻律涅亚的雌鹿：赫拉克勒斯的第三大任务[4]

赫拉克勒斯必须[5]生擒刻律涅亚的雌鹿，它是阿耳忒弥斯女神的圣物，是速度最快的鹿。[6]这头雌鹿打算从阿耳忒弥斯山（这里被视为河岸上的一个点，见图 1.6）下来，（以速度 v_w）游过拉东河（宽度 w）到 P 点，然后沿着河岸（以速度 v_l）跑到阿卡迪亚森林的避难所。为了使鹿尽快到达避难所，P 应该在哪里？当然，假设 $\gamma \equiv v_l/v_w > 1$。忽略河水的流速。（请注意，这里提出的问题当然跟赫拉克勒斯没有关系。）

我选择这个问题的一个原因是，按部就班的计算很容易解决这个问题，即使用勾股定理和二分法找到最短的时间。[7]但我们仍将采用一个关于量纲分析的有启发性的、基本的观点。

所以，看我表演夜行术！

让 x 表示 P 和 C 之间的距离，C 点正对着阿耳忒弥斯山，与它隔水相望。我们要利用 v_l、v_w、w 和 P 到阿卡迪亚森林的距离来确定 x。

乍一看，量纲分析似乎无能为力，因为有两个距离可供 x 参考。但稍加思考就会发现，到阿卡迪亚森林的距离是不相关的。一种方法是考虑将森林向右移动 10 km，如图 1.6 右侧所示。这只是增加了这头鹿到达森林的时间，但并不影响 P 的最佳位置。

另一种方法是让这头鹿从 P 点向后跑到 C 点，然后再从 C 点跑到森林里。从 P 回到 C 所消耗的时间应该算作对这头鹿的时间预算的负贡献。这头鹿从 C 到森林的时间是固定的，完全不依赖于 x。到森林的距离是不相关的。

教训是，我们不应该盲目地计算问题中的量纲变量的数量。因此，量纲分析意味着 $x = f(\gamma)w$。换句话说，河流的宽度 w 设定了 x 的大小。

正如我说的，按部就班的计算很容易确定 $f(\gamma)$[8]，但是本着夜行法的精神，我们还是猜一猜吧。

当 $\gamma = v_l/v_w$ 趋于无穷大时，如果这头鹿跑得比游得快多了，那么 x 应该趋于零。最简单的猜测是 $f(\gamma \to \infty) \sim 1/\gamma$。

如果 $\gamma \to 1$，这头鹿游得跟跑得一样快。对它来说，趟水犹如平地。这头鹿可以沿直线到达森林，所以 x 等于到遥远森林的未知距离，与 w 相比是无限远的。我们期望，当 $\gamma \to 1$ 时，$f(\gamma)$ 变为无穷大。

事实上，$\gamma = 1$ 对这个问题施加了限制。如果这头鹿游得比它在陆地上跑得快，这个问题就没有意义了。在初级物理学（和数学）中，计算出错的最简单方法是让结果变成虚数。也许是某种平方根。因此，根据前面的所有考虑，一个"合理的"猜测可能是 $f(\gamma) \sim 1/\sqrt{\gamma^2 - 1}$。

在数学上，这肯定是不严谨的。事实上，夜航人也许早就忘记数学系的大门朝哪儿开了。

请你试试内插法

给你一个更难的挑战。猜一猜什么函数具有这样的属性：当 $x \to 0$ 时，$g(x) \to x$，当 $x \to \infty$ 时，$g(x) \to e^x$。

总是会有些大学生告诉我，有无数个函数的行为是这样的。好吧，我知道这一点。但是本着夜航物理学的精神，我想看到的是具有这些特性的最简单的函数。不，我不想讨论"简单"是什么意思，随便给一个你可以用最少的算术符号写出来的函数。

这个"正确"的猜测，将在第 3.5 节中揭示。在物理学史上，它非常非常重要。事实上，它带来了一场名副其实的革命。大学生通常的印象是，物理学的发展是有逻辑的，每个结果都是一步步推导出来的。亲爱的读者，你当然知道这往往与事实相去甚远。物理学中真正深刻的进步来自信仰的飞跃，来自疯狂但有根据的猜测。[9]

重新考察摆函数

第 1.1 节已经分析了摆函数，其定义为 $f(\theta_0) \equiv \int_0^{\theta_0} \frac{d\theta}{\sqrt{\cos\theta - \cos\theta_0}}$，在极限 $\theta_0 \to 0$ 下，它变成了常数。那么，对于 θ_0 的一般值，比如 47° 呢？根据日常经验，我们知道不会发生什么大事情。让我们确认一下，这个积分并没有什么不妥的。在接近上限的时候，$\cos\theta \simeq \cos\theta_0 - (\theta - \theta_0)\sin\theta_0$，我们有一个软的平方根奇点 $\sim \int^{\theta_0} \frac{d\theta}{\sqrt{\theta_0 - \theta}}$，而且积分是挺正常的，甚至有些无聊。

简单函数的假设，再加上敏锐的感觉和大胆的猜测，可以让你在物理学上走得更远。

练习

(1) 验证猜测 $f(\theta) \propto \sin 2\theta$，并计算总体的数值系数。

(2) 猜测一个函数，使得当 $x \to 0$ 时，$f(x) \to 1/x$，当 $x \to \infty$ 时，$f(x) \to e^{-x}$。

注释

[1] 而不是某个古怪的数字，带着奇特的量纲，比如说，尔格英寻每小时什么的。

[2] 例如，薛定谔（Erwin Schrödinger），还有图恩（Rudolf Thun），我在大学里学物理的同学。据我所知，拉普拉斯之所以能在法国大革命期间保住命，部分原因是他在法国炮兵部队服役。D. I. Duveen and R. Hahn, Laplace's Succession to Bézout's Post of Examinateur des Elèves de l'Artillerie, *Isis* **48**, no. 4 (Dec. 1957), pp. 416–427, https://doi.org/10.1086/348608.

[3] 一个物理学家朋友告诉我，在炮兵训练中，当他试图向军士长解释正弦和余弦时，那个人吼道：“让你的整钱和余钱见鬼去吧！”（Shove your sinus and conus up you know where!）。这就是掉书袋的下场。（你可以推断出，这段逸事不是发生在美国军队中。）

[4] 改编自 M. Huber, *Mythematics: Solving the Twelve Labors of Hercules*, Princeton University Press, 2009，第 22 页。

[5] 为什么？我们并不在乎，但如果你一定要知道，这十大任务是对他把自己的孩子和他兄弟的孩子扔进火里的惩罚。

[6] 关于刻律涅亚雌鹿的故事，见维基百科链接 https://en.wikipedia.org/wiki/Ceryneian_Hind。

[7] 事实上，这个希腊故事让我想起了一个类似的，但更现代的故事，主人公是 20 世纪物理学的一位大英雄。见 *GNut*，第 3 页。

[8] 实际上，$\frac{d}{dx}\left(v_w^{-1}\sqrt{w^2+x^2} - v_l^{-1}x\right) = 0$ 给出 $f(\gamma) = 1/\sqrt{\gamma^2-1}$。

[9] 向第 1.3 节的年轻玻尔致敬。

1.5 扩散和耗散：跟爱因斯坦比聪明

> 再也不会有人问我："为什么你没有得诺贝尔奖？"（我每次都回答说："因为我不是颁奖人。"）
>
> ——爱因斯坦得知自己获奖后写给阿伦尼乌斯（S. Arrhenius）的一封信[1]

扩散

将一滴墨水滴到水杯里，墨水会扩散。随着时间的推移，墨水的密度 $n(\vec{x},t)$ 作为位置 $\vec{x}$ 和时间 t 的函数，会通过扩散而达到恒定的值。[2]

扩散用流 $\vec{J}(\vec{x},t)$ 描述，它从高密度区域流向邻近的低密度区域。唯象地看，这个流由以下公式给出

$$\vec{J} = -D\vec{\nabla}n \tag{1.27}$$

扩散常数 $D > 0$ 是唯象参数，取决于流体的各种特性。为了确认 (1.27) 中的符号是正确的，我们只需要检查 n 只依赖于 x 坐标的情况。那么 $J_x = -D\frac{\mathrm{d}n}{\mathrm{d}x}$，事实上，对于 n 随 x 减小的情况，扩散流朝着 x 增大的方向。

(1.27) 中对扩散的描述显然相当普适。除了两种液体（墨水和水）的情况外，它还适用于密度在整个空间内变化的单一液体或气体。

摩擦和耗散

想象一下，在流体中对一个粒子施加一个力 $\vec{F}$。（粒子可能是流体中的一个分子。）由于周围流体的存在，粒子不会像在真空中那样加速。相反，这个力会让粒子具有如下速度[3]

$$\mu\vec{v} = \vec{F} \tag{1.28}$$

μ 是摩擦系数[4]，依赖于流体和粒子的特性。

得到爱因斯坦关系的三种方法

停下来想一想。准备好跟爱因斯坦比聪明了吗？你觉得上面描述的两种物理学现象（扩散和摩擦）可能有关系吗？

从微观上看，它们都涉及分子碰撞。想一想，前后左右上下的碰撞会怎么影响 μ 和 D 呢？

分子碰撞越少，意味着摩擦越小，因此 μ 就越小。

然而，如果不跟周围的粒子碰撞，扩散的粒子就会直接通过，这实际上对应于无限大的扩散常数 D。因此，μ 越小，D 越大。

此外，如果没有热躁动，扩散粒子只能待在原地不动。扩散是由于周围粒子的推推搡搡，所以在零温度下应该停止。反过来，我们期望 D 随着温度的升高而增加。

是的，D 和 μ 有关系，该关系被称为爱因斯坦关系。[5]

一旦你认为可能存在关系，我可以想到三种你们能理解的方法：

（1）严肃认真的学术方法，你会写下一些花里胡哨的方程式（鬼知道是什么，也许是福克–普朗克方程什么的），用来描述分子碰撞等。

（2）通过夜行法猜测，辅以量纲分析。

（3）巧妙地设置一种情况，使得这两种效应相互对抗。回忆一下竞争和妥协！

说实话，这三种方法我都喜欢，但（1）不属于这本书。

夜行法的猜测

因此，首先是夜行法的猜测。上面的启发式讨论表明，随着碰撞的增加，D 减少，而 μ 增加，这表明[6] $D \propto 1/\mu$。由于热躁动有利于 D，所以我们猜测 $D \sim T/\mu$。

接下来，使用量纲分析。从 (1.27) 中可以看出，由于流是单位时间内通过单位面积的粒子数，而密度是单位体积内的粒子数，我们有 $[J] = 1/(L^2 T)$ 和 $[n] = 1/L^3$。因此，$[D] = LL^3/(L^2 T) = L^2/T$。

根据 (1.28)，摩擦系数 μ 的量纲是力除以速度，我们有 $[\mu] = [F]/[v] = [F]T/L = [FL](T/L^2)$。*因此，$\mu$ 的量纲等于 D^{-1} 乘以力，再乘以距离。但力乘以距离是能量，因此 $[\mu] = ET/L^2$。这个能量只能是环境温度 T。†我们的猜测 $D \sim T/\mu$ 在量纲上是正确的。

热平衡

下一个方法是建立一种情况，既有扩散也有摩擦。把液体或气体放在外部势 $V(\vec{x})$ 中，分子被力 $\vec{F} = -\vec{\nabla} V$ 推动，产生了流 $\vec{J} = n\vec{v} = -n\vec{\nabla}V/\mu$。最后一步使用了 (1.28)。（同样，为了确定符号，我们可以考虑一维的情况，其中 $\frac{dV}{dx} > 0$，所以 $J < 0$。）

---

*这就是我以前说的，在量纲分析中，有时最好使用 M、L、T 以外的符号。这里我们使用 F、L、T 和 E、L、T。

†再次强调，如果你被 T 的两种用法搞晕了，就请重新开始。

另一方面，根据玻尔兹曼的观点，在热平衡状态下，粒子倾向于聚集在势能低的区域，粒子的密度由 $n \propto e^{-V/T}$ 给出。啊哈！问题里的温度就这样出现了。我们有 $\vec{\nabla} n \propto -(\vec{\nabla} V/T) e^{-V/T}$，因此

$$\vec{\nabla} n \sim -(\vec{\nabla} V/T) n \tag{1.29}$$

请注意，为了得到这个关系，我们并不需要知道比例系数。上我这门课的大多数学生都知道，$\frac{df}{dx}/f = \frac{d\log f}{dx}$ 称为函数 f 的对数导数，对数把比例因子变成了一个可以加的数，而微分会把它干掉。显而易见，$\vec{\nabla} n/n = \vec{\nabla} \log n$ 是对数梯度。在第 5.1 节讨论气体时，我们将再次讨论这个"非常宽容的"操作。

扩散流为 $\vec{J} = -D\vec{\nabla} n \sim +D(\vec{\nabla} V/T)n$。（对于 $\frac{dV}{dx} > 0$，我们有 $\frac{dn}{dx} > 0$，这样就可以确定符号。）在平衡状态下，两个流必然相互碰撞，达到静止状态[7]。其中一个流向左移动，另一个流向右，因此，让两个流的大小相等，就得到爱因斯坦关系（见图 1.7）：

$$D \sim T/\mu \tag{1.30}$$

请注意，n 和 $\vec{\nabla} V$ 都抵消了。这个关系表明，在绝对零度时，扩散就会停止。

顺便说一句，我认为这个关系* 是爱因斯坦最漂亮的物理学贡献之一。

随机行走

把扩散方程 (1.27) 与连续性方程结合起来[8]，

$$\frac{\partial n}{\partial t} + \vec{\nabla} \cdot \vec{J} = 0 \tag{1.31}$$

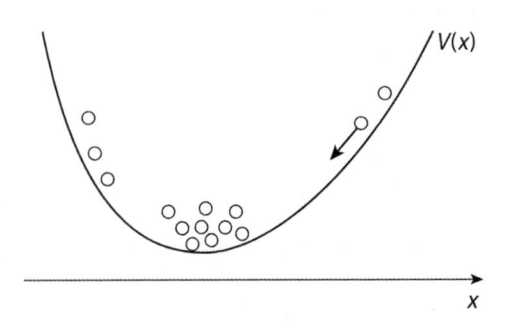

图 1.7 扩散常数 D 和摩擦系数 μ 的爱因斯坦关系

---

*最终就是所谓的"涨落–耗散定理"。

这说明粒子是守恒的（也就是说，密度随时间的变化是由粒子的净流入决定的），我们可以得到

$$\frac{\partial n}{\partial t} = D\nabla^2 n \tag{1.32}$$

这个方程也称为扩散方程，它清楚地表明，D 的量纲为 L^2/T。

从量纲分析来看，扩散的粒子在时刻 t 到它的起始点有多远，由下式给出[*]

$$r^2 \sim Dt \tag{1.33}$$

这个平方根定律 $r \propto \sqrt{t}$ 可以由众所周知的随机行走（或醉汉行走）模型而轻易得出。[9] 考虑一个醉汉，他一步的长度为 l，每走一步后，他都以相等的概率向各个方向走。用 (x_i, y_i) 表示第 i 步的位移。那么在走了很多步（N 很大）之后，根据毕达哥拉斯定理，醉汉到起点的距离平方的平均数（用符号 $[\cdot]$ 表示）就等于

$$\begin{aligned} r^2 &\equiv \left[\left(\sum_{i=1}^N x_i\right)^2 + \left(\sum_{i=1}^N y_i\right)^2\right] \\ &\simeq \sum_{i=1}^N x_i^2 + \sum_{i=1}^N y_i^2 \\ &= \sum_{i=1}^N \left(x_i^2 + y_i^2\right) = Nl^2 \end{aligned} \tag{1.34}$$

这里的关键是注意到 $\simeq$ 符号成立，因为求和项 $\sum\sum_{i\neq j} x_i x_j$（以及类似的 $\sum\sum_{i\neq j} y_i y_j$）中的交叉项，平均后大约是零，因为每个项都是可正可负的。因此，事实上遵循 N 的平方根定律，$r \propto \sqrt{N}$。扩散常数 D 由单位时间内的碰撞次数和两次碰撞之间的平均自由程决定。

请注意，有趣的是，扩散方程 (1.32) 跟自由粒子的薛定谔方程具有相同的形式，只相差一个因子 $(-i)$ 和普朗克常量：$i\hbar \frac{\partial \psi}{\partial t} = -\frac{\hbar^2}{2m}\nabla^2\psi$。

没有 k

你可能也注意到，我认为在物理学中没有必要使用玻尔兹曼常量 k。你怎么看呢？第 4.1 节有更多关于这方面的内容。

练习

(1) 在像太阳这样的典型恒星中，一个光子的平均自由程（在被电子散射之前）大约是 1 mm。（可以用第 2.3 节讨论的汤姆孙截面估计出来。实际

---

[*] 只需要用"把微积分老师逼疯"的方法求解 (1.32)。

上，其他相互作用也有可能是重要的。）估计一个光子要花多长时间才能离开太阳。

注释

[1] Z. Rosenkranz, *The Travel Diaries of Albert Einstein*, Princeton University Press, 2018, p. 257.

[2] 日常生活中的例子比比皆是。如果你不愿意把墨水滴到水中，你总是可以把牛奶倒入咖啡里。

[3] 我们可以说（开个玩笑），这里成立的是亚里士多德动力学，而不是牛顿动力学。

[4] 值得一提的是，μ 的倒数称为迁移率。

[5] 这里也发生了马太效应。萨瑟兰（W. Sutherland）和斯莫鲁霍夫斯基（M. Smolukowski）也独立得出了同样的结果。

[6] 一位严谨的读者断言，我只能说 D 是 μ 的某个幂的倒数。哦，是的，当然了。这种话在这本书里随便哪个地方都可以说的。

[7] 第 1.3 节谈到了竞争和妥协。

[8] 见附录 ENS。

[9] 我是通过阅读伽莫夫的物理科普书《从一到无穷大》知道这个的。（G. Gamow, *One Two Three ... Infinity*, Bantam Books, 1971.）

1.6 第一次原子弹试验中释放的能量

图片杂志泄露的国家机密

1945 年在新墨西哥州进行了首次原子弹试验。关于它释放的能量，我知道两个故事。

在爆炸产生的冲击波到达的瞬间，费米摊开手掌，让手里的碎纸片飞向地面，由此就能估计出释放的能量。

这里我讲的是第二个故事。几年后，美国一份畅销的图片杂志出版了一系列照片，展示了爆炸后不断扩大的火球[1]。爆炸之后的实际时间也印在了照片的一角，如图 1.8 所示。

在公布这些照片的时候，爆炸释放的能量仍然是保密信息。我读到，英国政府曾要求获得这一信息，但被拒绝了。然而，英国物理学家泰勒（Geoffrey Ingram Taylor）却能够推断出爆炸释放的能量，让两个情报机构都感到震惊。这次还是物理学家说了算！

你能从几张照片里发现国家机密吗？在继续阅读之前，先试试吧。

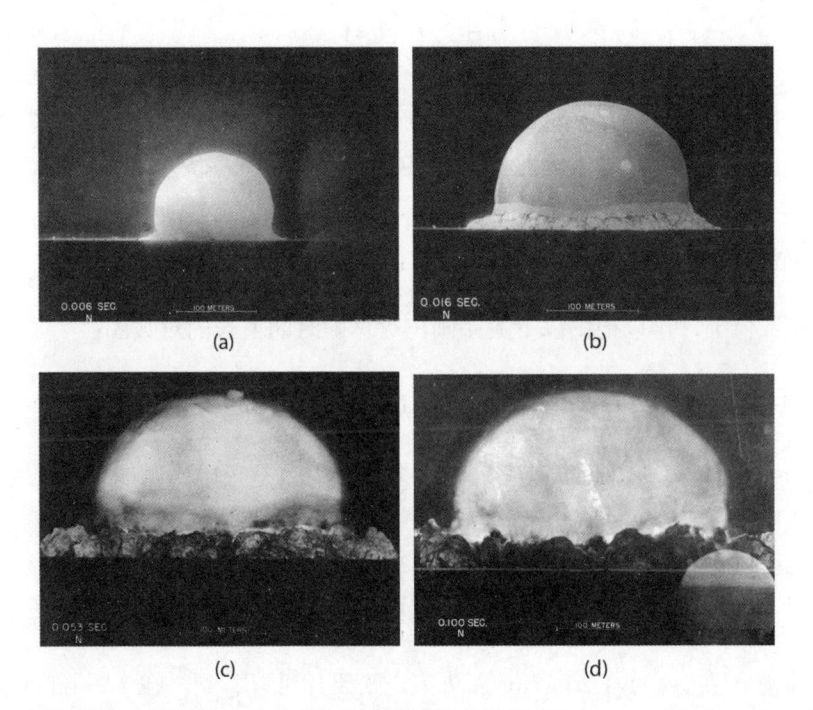

图 1.8 原子弹产生的膨胀火球。来自美国科学家联合会（Federation of American Scientists）的网站，洛斯阿拉莫斯国家实验室提供

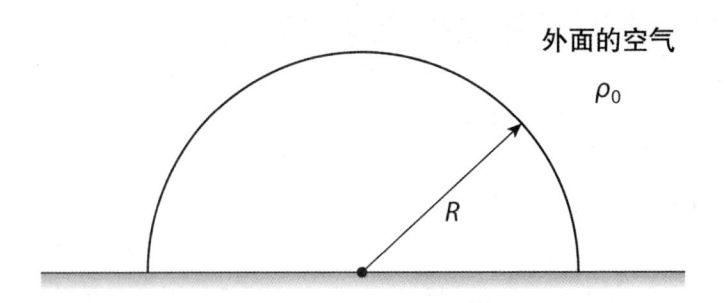

图 1.9 原子弹爆炸产生的火球把周围的空气向外推

假设一个球形的火球

假设火球是球形的，也就是说，地面的影响可以忽略不计。能量基本上是瞬间从一个点释放出来的，因为炸弹的大小比火球小得多。用 ρ_0 表示静止空气的密度，即火球外面的空气密度（见图 1.9）。

注意 $[E] = \mathrm{ML^2/T^2}$，而 $[\rho_0] = \mathrm{M/L^3}$。我们想得到 R 和 t 的关系，所以需要干掉 M。因此，注意 $[E/\rho_0] = \mathrm{L^5/T^2}$。我们的结论是

$$R \sim \left(\frac{Et^2}{\rho_0}\right)^{\frac{1}{5}} \tag{1.35}$$

做一个快速的检查：R 随时间增长；E 越大，在给定的时间内 R 就越大；ρ_0 越大，火球就越难推动，因此 R 也就越小。都很合理。

估算炸弹的当量

在数值上，可以根据以下关系画出火球随时间增长的对数图：

$$\log R \simeq \frac{2}{5} \log t + \frac{1}{5}(\log E - \log \rho_0)$$

斜率为 $\sim \frac{2}{5}$，泰勒由此可以确定，这个分析大致是正确的。能量几乎是瞬间就释放出来了。

也可以将 (1.35) 改写为

$$E \sim \frac{\rho_0 R^5}{t^2} \tag{1.36}$$

空气的密度 ρ_0 约为 $1.2\ \mathrm{kg/m^3}$。从第一张照片可以看到，在 $t = 0.006\ \mathrm{s}$ 时，$R \sim 90\ \mathrm{m}$，因此 $E \sim 2 \times 10^{14}\ \mathrm{J}$。查表可知，1000 吨 TNT $\simeq 4 \times 10^{12}\ \mathrm{J}$，我们得到的炸弹当量约为 50 000 吨 TNT。请注意，由于 E 依赖于 R 的 5 次

方，这个结果敏感地依赖于我们对半径的估计。*为了得到更好的估计，我们应该使用所有四张照片，而不仅仅是一张，并进行上面概述的对数分析。

火球产生的压强 P

我们可以用同样的方法来确定其他的量，比如说火球产生的压强 P。我留给你们证明（在本节练习 (1) 中），即

$$P \sim \left(\frac{E^2 \rho_0^3}{t^6}\right)^{\frac{1}{5}} \tag{1.37}$$

压强随着时间的推移而减小，并随着释放的能量和火球所要推动的空气密度而增加——这是合理的。

假设你站在距离爆炸点 R 的地方。过了时间 t，爆炸到达你那里。施加在你身上的压强是多少？根据 (1.35)，我们有 $t^2 \sim \rho_0 R^5/E$。把它代入 (1.37)，我们得到 $P \sim E/R^3$。如果释放的能量大致均匀地分布在半径为 R 的球体中，那么压强就是火球中包含的能量密度。

顺便说一下，在初级物理学中，压强被定义为单位面积上的压力，但正如我们在本书里看到的，把它视为单位体积的能量往往是有用的：$[P] = [F/A] = (ML/T^2)/L^2 = M(L/T)^2/L^3 = [E/V]$，这里使用了不言自明的符号。换句话说，能量是力乘以长度。

结果 $P \sim E/R^3$ 里没有 ρ_0，你会感到惊讶吗？可以说，一旦我们得到了 P 的正确量纲，就没有 ρ_0 的容身之地了。

由于释放的能量大约是 $E \sim 2 \times 10^{14}$ J，距离炸弹爆炸点 10 km 处的压强大约为 $E/R^3 \sim 200$ N/m^2。

夜行法的教训

泰勒让军方审查人员大吃一惊，这个故事给夜航物理学家上了很好的一课。

听到"原子弹爆炸"，我们可能会认为，我们需要掌握一些非常难的核物理学知识。但事实上，核物理学的作用是产生能量 E，一旦产生了 E，它的任务就完成了。目前的问题只要求 E 几乎在一瞬间产生在远小于 R 的区域里。

接下来，我们可能以为会涉及各种复杂的流体动力学和冲击波什么的。也许吧，但是最终，爆炸只是产生了一个热气球，把周围的空气向外推。

---

*例如，如果我们采取 $R \sim 80$ m，得到的当量就是大约 25 000 吨，因为 $(9/8)^5 \simeq 2$。

练习

(1) 求火球产生的压强 P。

(2) 在克拉皮夫斯基（P. Krapivsky）、雷德纳（S. Redner）和本–奈姆（E. Ben-Naim）的书[2]里，他们讨论了下面这个有趣的问题。考虑一种由硬球（称为粒子）组成的经典气体，其中所有的粒子都处于静止状态（即气体的温度等于零），并且充满了整个空间。如果一个粒子突然开始在这个气体中高速运动，会发生什么？它与气体中的粒子相撞，后者又与其他粒子相撞，如此继续下去。可以把这种级联的碰撞看作是一种爆炸。数值模拟（见刚才这本书的第 76 页）表明，级联的碰撞最终发展为大致的球形。通过量纲分析，估计半径 R，它是时间 t 和高速粒子注入的能量 E 的函数。假设 R 只微弱地依赖于粒子的半径 a。

顺便说一下，如果气体最初被限定在一半的空间内，比如说，$x \geqslant 0$ 的区域，而且一个粒子沿 x 方向高速射入气体，一些粒子最终会被射入 $x < 0$ 的区域。这种反向散射的细节（如刚才这本书的封面所示，图 1.10）还没有被完全理解。

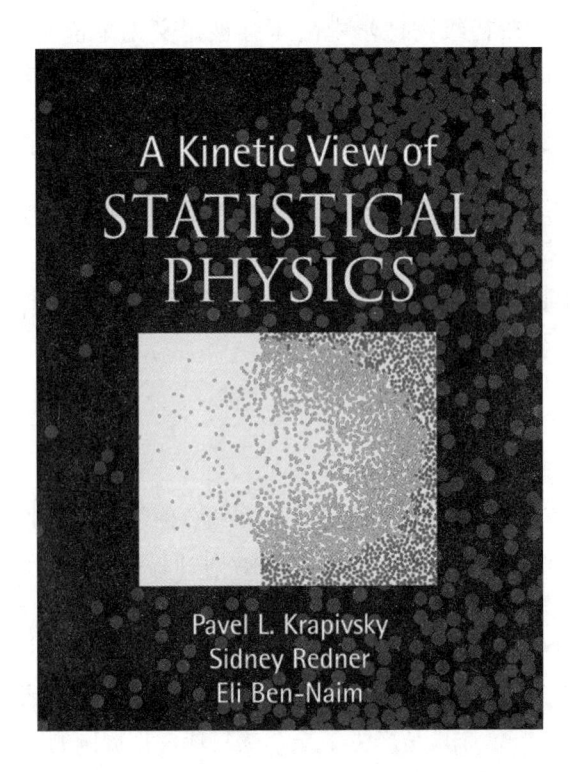

图 1.10 *A Kinetic View of Statistical Physics* 的封面

注释

[1] 一位研究爆炸的专家同事提醒说，通常使用的术语"火球"可能有误导性。球内没有火焰！用"球形爆炸波"这个词更准确。

[2] P. Krapivsky, S. Redner, and E. Ben-Naim, *A Kinetic View of Statistical Physics*, Cambridge University Press, 2010.

1.7 数学小插曲1

我引入这个数学小插曲，不仅是为了打断物理学的叙述，更重要的是为了说明，我们正在开发的工具往往适用于物理学家可能遇到的"纯数学"问题。在我的课程中，学生们喜欢这些简短的题外话。在这里，我们将欣赏循环对称、量纲分析、取极限等的综合力量。

不算之算

给定一个边长为 a、b、c 的三角形，它的面积 A 是多少？

粗暴的方法是选择 c 为底边，从底边出发，做一条垂线到对面的顶点，这就是高（阅读时画一下图，这是高中的基本知识）。这个高把原三角形分成了两个直角三角形，应用勾股定理两次，就可以确定三角形的高 h。经过一些烦琐的代数运算，我们得到高度 $h = h(a,b,c)$，它是 a、b 和 c 的函数。然后 $A = \frac{1}{2}ch$。可以预期，这样得到的公式很不对称、很难看，因为这里 c 有特权，破坏了 a、b 和 c 之间固有的对称性。

相反，我们这样来论证。如果 $a+b = c$，三角形塌缩为一条线，$A = 0$。所以，A 应该与 $(a+b-c)$ 成正比。因此，根据民主的原则，它与乘积 $Q \equiv (a+b-c)(b+c-a)(c+a-b)$ 成正比。但是这个积的量纲是长度的立方。仅仅考虑量纲分析，你可能会认为 A 必须由 $Q^{\frac{2}{3}}$ 给出。

但是这肯定错了。你的数学意识（类似于物理直觉）开始发挥作用。前面那种粗暴的方法不可能给出立方根！勾股定理只涉及平方和平方根。这个有趣的案例表明，不用计算也能想象出计算的结果！

因此，根据量纲分析，所寻求的公式应该是 A^2，而不是 A，并且涉及用 Q 乘以三个给定长度的线性函数，根据对称性，必须是 $(a+b+c)$。面积平方 A^2 应该与 $\Pi \equiv (a+b-c)(b+c-a)(c+a-b)(a+b+c)$ 成正比。

现在考虑 $a = b \to \infty$ 而 c 固定的极限（等腰三角形）情况，可以确定比例常数。面积应该是 $A \to \frac{1}{2}ca$，所以 $A^2 \to \frac{1}{4}c^2a^2$，但经过检验可知，$\Pi \to (2a)cc(2a) = 4c^2a^2$。

因此，我们得到了漂亮的对称性结果

$$A^2 = \frac{1}{16}(a+b-c)(b+c-a)(c+a-b)(a+b+c) \tag{1.38}$$

这就是久为人知的海伦公式[1]。

检查 (1.38) 是很有趣的。例如，以 $45°$ 的直角三角形为例，$a = b = 1$，$c = \sqrt{2}$。那么，$A^2 = \frac{1}{16} \times (2-\sqrt{2}) \times \sqrt{2} \times \sqrt{2} \times (2+\sqrt{2}) = \frac{1}{16} \times (4-2) \times 2 = \frac{1}{4}$。哈哈，数学搞对了。

顺便说一下，当我说，根据量纲分析，所寻求的公式应该是 A^2，你可能反对说："为什么公式不能是 A 等于 Q 除以 $(a+b+c)$ 呢？"但这样就不能通过 $a=b \to \infty$ 的检验。你可以想出其他吹毛求疵的反对意见，但是它们都很容易回答。

A 是 (1.38) 中的表达式的平方根，这提供了另一种检验方式。它很聪明地"告诉"我们，例如，当 $c > a+b$ 时，三角形就不存在。

顺便说一下，你在反对意见中提出的量 $Q/(a+b+c)$ 的量纲是 L^2，因此定义了长度的平方。这个长度实际上有很好的几何意义，可以通过做本节练习 (2) 来发现它。

我觉得这个例子很奇妙：一个问题的错误答案实际上可能是另一个问题的正确答案，因为这个答案是基于对称性和量纲分析等一般性的考虑，而不是基于某种无厘头的近似。

勾股定理的另一个证明

勾股定理有很多种证明。（甚至有一种证明来自于一位美国总统。[2]）把 (1.38) 应用于直角三角形，我们就得到另一种证明。我把解决这个问题的乐趣留给你们。

尽可能地保持对称性

在物理学和数学中，尽可能地保持计算的对称性通常都是有利的，这里给出的海伦公式的优雅推导就突出地说明了这一点。交换（或者更一般性地说，置换）对称性，是理论物理学的一个重要主题（第 1.2 节给出了一个特别简单的例子）。这里再举一个例子。

考虑一个任意的三角形，其顶点用 3 个二维矢量 $\vec{1}, \vec{2}, \vec{3}$ 表示，这些矢量是相对于某个原点 O 而言的。如图 1.11 所示。用 $(12) \equiv \sqrt{(\vec{1}-\vec{2}) \cdot (\vec{1}-\vec{2})}$

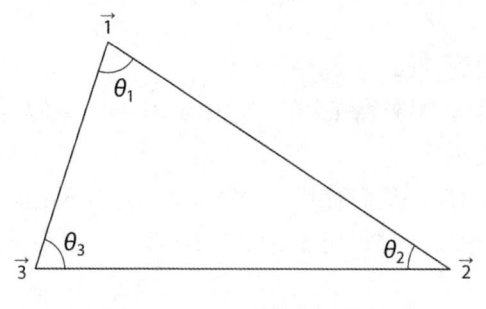

图 1.11　一个任意的三角形

表示连接顶点 1 和 2 的边的长度。类似的有 (23) 和 (31)。回忆矢量叉乘的定义（注意，这里是旋转的标量，因为我们是在二维空间），顶点 1 处的角度 θ_1 的正弦值由下式给出

$$\sin\theta_1 = \frac{(\vec{1}-\vec{2})\times(\vec{1}-\vec{3})}{(12)(31)} = \frac{(\vec{2}\times\vec{3})+(\vec{3}\times\vec{1})+(\vec{1}\times\vec{2})}{(12)(31)} \tag{1.39}$$

让 $\vec{1} \to \vec{1}+\vec{x}$，$\vec{2} \to \vec{2}+\vec{x}$，以及 $\vec{3} \to \vec{3}+\vec{x}$，其中 $\vec{x}$ 为任意矢量，根据定义就可以知道，在我们移动 O 时，$\sin\theta_1$ 这样的几何量保持不变。

我们当然注意到，虽然这个表达式的分子在 $1 \to 2$、$2 \to 3$、$3 \to 1$ 的情况下是循环不变的，但分母不是。唉！但是，我们很容易地让它保持循环不变性：用它除以长度 (23)。换句话说，

$$\frac{\sin\theta_1}{(23)} = \frac{(\vec{2}\times\vec{3})+(\vec{3}\times\vec{1})+(\vec{1}\times\vec{2})}{(12)(23)(31)} \tag{1.40}$$

是循环对称的。

随之而来的是，

$$\frac{\sin\theta_1}{(23)} = \frac{\sin\theta_2}{(31)} = \frac{\sin\theta_3}{(12)} \tag{1.41}$$

你们肯定认识到，这就是正弦定理[3]，中学生都学过，但是很少有人往这里想[4]。

关于三线共点的定理

小时候，几何学中三线共点（三条线相交于一点）的所有定理都让我感到惊奇。你们知道我说的那些定理[5]。我们在这里推导其中的一个。

保留刚才使用的记号。考虑顶点 $\vec{3}$。与该顶点相对的一边的中点是 $\frac{1}{2}(\vec{1}+\vec{2})$。连接 $\vec{3}$ 与该中点的线是

$$\vec{3} + 2\lambda_{12}\left(\frac{1}{2}(\vec{1}+\vec{2}) - \vec{3}\right) = \lambda_{12}(\vec{1}+\vec{2}) + (1-2\lambda_{12})\vec{3} \tag{1.42}$$

参数 λ_{12} 从 $-\infty$ 跑到 $+\infty$。

根据循环对称性，另外两条线由 $\lambda_{23}(\vec{2}+\vec{3}) + (1-2\lambda_{23})\vec{1}$ 描述（λ_{23} 是另一个参数），以此类推。

通过考察和对称性，我们看到，当 $\lambda_{12} = \lambda_{23} = \lambda_{31} = \frac{1}{3}$ 时，这些直线相交。三角形的三条中线同时相交于 $\frac{1}{3}(\vec{1}+\vec{2}+\vec{3})$。* 我小时候的惊奇，转变为对对称性的尊重。

---

*这个表达式还告诉我们这个交点离三个顶点有多远。

练习

(1) 用海伦公式 (1.38) 证明勾股定理。（根据其性质，这是按部就班的计算练习。）

(2) 给定一个边长为 a、b、c 的三角形，证明其内切圆（这个圆跟每个边都相切）的半径为

$$R = \sqrt{\frac{(a+b-c)(b+c-a)(c+a-b)}{4(a+b+c)}}$$

(3) 给定一个边长为 a、b、c 的三角形，证明其外接圆（这个圆经过所有 3 个顶点）的半径由以下公式给出

$$R = \frac{abc}{4A}$$

其中 A 是三角形的面积。利用循环对称性和量纲分析等进行论证。

(4) 证明 (1.41) 中的每个分式都等于 $1/2R$，R 是三角形外接圆的半径。

注释

[1] 以亚历山大的海伦（Heron）命名。这个公式有很多种形式。例如，用 $s = \frac{1}{2}(a+b+c)$ 表示三角形周长的一半，那么 $A^2 = s(s-a)(s-b)(s-c)$。根据维基百科，这个公式是由中国人独立发现的，发表于《数书九章》。译注：秦九韶（1208 年—1268 年），字道古，南宋著名数学家，1247 年完成著作《数书九章》。

[2] 加菲尔德（James Garfield），在白宫工作 6 个半月后被暗杀，享年 50 岁。

[3] 根据维基百科，这个定理是由胡詹迪（Abu-Mahmud Khujandi）、瓦法（Abu al-Wafa' Buzjani）、纳绥尔丁（Nasir al-Din al-Tusi）或者曼苏尔（Abu Nasr Mansur）在 10 世纪发现的。

[4] 另一个简单的方法是，用三种方式，即依次以三条边作为底计算三角形的面积。例如，以 (23) 为底，我们有 $A = \frac{1}{2}(12)(23)\sin\theta_2$。

[5] 三角形的三个高相交于一点，这个定理有一个优雅的证明，见 *Group Nut* 第 202 页注释 8 中引用的参考文献。

第 2 章
无线电通信不是梦

2.1 电磁学：奇怪的量纲

2.2 电磁波的发射

2.3 运动点电荷的电磁辐射和康普顿散射

2.4 推广和补全的相对论效应

2.1 电磁学：奇怪的量纲

电磁学的量纲

我假设你们熟悉电磁学。附录 M 简要地复习了麦克斯韦方程。但是对夜航物理学家来说，细节并不重要——这里只关心大致的轮廓。事实上，本节主要关注的是相关量的量纲和对称性。

由于库仑电势 e^2/r 是能量，我们有

$$[e^2] = \text{EL} = \text{ML}^3/\text{T}^2 \tag{2.1}$$

因此

$$[e] = \text{E}^{\frac{1}{2}}\text{L}^{\frac{1}{2}} \quad \text{或者} \quad [e] = \text{M}^{\frac{1}{2}}\text{L}^{\frac{3}{2}}/\text{T} \tag{2.2}$$

由此可见，电场 $\vec{E}$ 的量纲为

$$[E] = [e/r^2] = (\text{M}/\text{L})^{\frac{1}{2}}/\text{T} \tag{2.3}$$

在本书使用的惯例中（见下文），我们坚持认为 $\vec{E}$ 和 $\vec{B}$ 具有相同的量纲 $[E] = [B]$，因此，作用于带电荷 e、以速度 $\vec{v}$ 运动的粒子的洛伦兹力就是

$$\vec{F} = e\left(\vec{E} + \frac{\vec{v}}{c} \times \vec{B}\right) \tag{2.4}$$

快速的检查：$[eE] = \text{ML}/\text{T}^2$ 是力的量纲。

奇特的量纲

戴森曾说过，由于电荷 e 和电场 E 具有特殊的分数量纲，它们并不是"物理的"。他反问道，实验者怎么能测量一厘米的平方根呢？的确，他们不能。但我认为，这种分数量纲只是因为 e 从来没有单独出现过，总是在 e^2 的组合中出现（例如，在 eE 这样的量里隐含着），就像牛顿的引力常量 G 出现时总是乘以质量（见第 1.2 节）。不过，电场只能通过它对带电粒子的影响来测量，让学生认识到这一点，对他们有好处。

事实上，量纲 $[e^2] = \text{ML}^3/\text{T}^2$ 应该让你想到，第 1.2 节里 L^3/T^2 的组合作为 $\kappa \equiv GM$ 的量纲出现。这一切都说得通了，因为根据牛顿定律和库仑定律，GM_1M_2 和 e^2 具有相同的量纲。

电磁对偶

当你学习电磁学时，你也许模糊地察觉到电场和磁场之间有某种互换对称性。事实上，你可以检查一下，在真空里，在 $\vec{E} \to \vec{B}$ 和 $\vec{B} \to -\vec{E}$ 的操作下，麦克斯韦方程组保持不变。例如，方程 $\vec{\nabla} \times \vec{E} + \frac{1}{c}\frac{\partial \vec{B}}{\partial t} = 0$ 被转换为 $\vec{\nabla} \times \vec{B} - \frac{1}{c}\frac{\partial \vec{E}}{\partial t} = 0$，反之亦然。这种神秘的对称性被称为电磁对偶，直到今天仍然没有被完全理解。[1] "在真空中"这个警告是必要的，因为虽然电荷是普遍存在的，但相应的磁荷（即狄拉克理论中的磁单极）还没有被实验发现。

能量密度和能量流

在电磁学课程中，你肯定已经推导出了电磁场中包含的能量密度 ε 和电磁波携带的能量流 $\vec{S}$ 的公式。

夜航物理学家可以很轻松地写下这些公式。根据旋转不变性，标量 ε 只能依赖于 $\vec{E}$ 的大小，而不是方向。因此，它应该用 $\vec{E}^2$ 表示。根据电磁对偶，ε 不应该区分 $\vec{E}$ 和 $\vec{B}$。此外，从 (2.3) 中可以看到，$\vec{E}^2$ 和 $\vec{B}^2$ 有量纲 $[E^2] = [B^2] = M/(LT^2) = (ML^2/T^2)/L^3$，即，能量密度的量纲。从这些考虑来看，电磁场的能量密度只能是

$$\varepsilon \sim \left(\vec{E}^2 + \vec{B}^2\right) \tag{2.5}$$

你可能考虑过标量 $\vec{E} \cdot \vec{B}$。由于它也有能量密度的量纲，你可能会天真地认为，它可以带着某种系数[2]加到 (2.5) 中。排除这种可能性的一个原因是，$\vec{E} \cdot \vec{B}$ 的符号在电磁对偶（电和磁互换）的情况下变号。（在第 6.1 节将看到，空间反演和时间反演也排除了这种可能性。）

电磁波携带的能量流，即单位时间内通过单位面积的能量，由矢量 $\vec{S}$ 描述，称为坡印亭矢量。[3]利用旋转对称性和量纲分析，可以立即写下[4]

$$\vec{S} \sim c\vec{E} \times \vec{B} \tag{2.6}$$

我们有 $[S] = (L/T)[E]^2 = (L/T)(M/L)/T^2 = M/T^3 = (ML^2/T^2)/L^2T$，这实际上是单位时间内单位面积上的能量。请注意，它在电磁互换的情况下是不变的。

正如序言里解释的那样，你应该在得到 (2.5) 和 (2.6) 以后再关心那些 2 啊，π 啊什么的，而不是在此之前。事实上，要证明 (2.5) 里面的系数是 $\frac{1}{8\pi}$，(2.6) 里面的是 $\frac{1}{4\pi}$，并不太困难[5]。

电磁学的单位：我就简单说一句

你们知道，物理学家关于如何正确选择电磁学单位[6]的争论，往往有可能演变成战斗，但各人有各人的选择。* 看不惯我你打我呀！（De gustibus non est disputandum.[7]）对不起。

你们可以看到，我倾向于在高斯和亥维赛德–洛伦兹单位制之间来回切换[8]，哪个对我正要做的事情更方便，我就用哪个。

猜测电磁的拉格朗日量

为了以后使用，我需要告诉你关于电磁的拉格朗日量（拉氏量）。在第 2 章这里不需要，所以完全不熟悉拉氏量的读者可以跳过这个部分。事实上，只有在第 7.4 节谈到环绕彼此的两个黑洞发射引力波时，我才会需要这个拉氏量，即使那时候也并非必不可少的。然而，拉氏量在第 9 章是至关重要的。

一步一步来吧。首先，自由的牛顿点粒子的拉氏量就是它的动能，即 $L = \frac{1}{2}m\dot{q}^2$，显然具有能量的量纲。如果我们记得拉氏量 L 和哈密顿量 H 是通过勒让德变换联系起来的，这一点就很清楚了。[9]接下来，一个点粒子在势场中的能量（或哈密顿量）等于（利用 $p = m\dot{q}$）$H = \frac{p^2}{2m} + V(q) = \frac{1}{2}m\dot{q}^2 + V(q)$，即动能和势能之和。相反，拉氏量 $L = \frac{1}{2}m\dot{q}^2 - V(q)$ 等于动能和势能之差。学过的人就会知道，我在这里回避了一些技术性问题。[10]

电磁学是物理学中的第一个场论，这要归功于法拉第。与粒子相比，电磁场存在于空间中的每一个点。换句话说，电场 $\vec{E}$ 和磁场 $\vec{B}$ 都是 $\vec{x}$ 和 t 的函数。电磁的拉氏量 L 由三维空间的积分给出。因此，对于场论来说，谈论拉氏量密度 $\mathcal{L}$ 就更为明智和方便，$L = \int d^3x\, \mathcal{L}$ 的定义是显然的。

也许你们知道电磁的拉氏量密度，但我们也可以轻而易举地猜测。同样，由于勒让德变换把拉氏量 L 和哈密顿量 H 联系起来，拉氏量密度 $\mathcal{L}$ 和能量密度 $\varepsilon \sim \left(\vec{E}^2 + \vec{B}^2\right)$ 具有相同的量纲。通过旋转对称性、宇称（空间反演）和时间反演，$\mathcal{L}$ 只能是 $\vec{E}^2$ 和 $\vec{B}^2$ 的线性组合。但是它们的和已经用过了，所以只剩下差：

$$\mathcal{L} \sim \left(\vec{E}^2 - \vec{B}^2\right) \tag{2.7}$$

正如我说的，很久以后我们才需要这些东西。

说实话，也许和你们一样，当我在大学里第一次遇到拉氏量时，我也认为它只是形式化的重新包装，没什么用处。[11]事实上，几十年后，每当我提

---

*标准的教科书都提供了转换表，例如杰克逊（Jackson）、加格（Garg）或赞格威尔（Zangwill）的教科书。非常有用的是，加格还用两种不同的单位制写了所有重要的方程式和公式。关于单位的进一步说明，见附录 M。

到拉氏量，一位获得诺贝尔奖的凝聚态物理学家就会假装从未听说过它。他反问道："我干吗要用拉氏量呢？给我哈密顿量，我就给你找到它的特征值和特征函数。"态度很嚣张啊。

练习

(1) 假设你知道 (2.6) 中的系数是 $1/8\pi$，推导出 (2.5) 中的系数。

提示：将 ε 对时间求微分，并使用麦克斯韦方程。

注释

[1] 这是个庞大的课题，关于它的简介，见 J. M. Figueroa-O'Farrill, Electromagnetic Duality for Children, https://www.maths.ed.ac.uk/jmf/Teaching/Lectures/EDC.pdf.

[2] 我们当然不能简单地让 $\varepsilon \sim \vec{E} \cdot \vec{B}$，因为 ε 显然是正的，而 $\vec{E} \cdot \vec{B}$ 的符号可正可负。

[3] 当我在本科阶段了解到这个指向电磁波方向的矢量时，我认为坡印亭（J. H. Poynting）命中注定要发现这个矢量。*现在，我对麦克斯韦不知道这件事感到疑惑——他很可能知道的。坡印亭的另一个伟大贡献是提出，人类的活动会通过温室效应而提高全球温度。

[4] 与按部就班的推导做个对比吧。例如，见杰克逊的教材，第 189—190 页。

[5] 普通的学生可能会把点电荷周围的库仑场求平方，再进行积分，然后就会碰到臭名昭著的无限自能 $\sim \int d^3x \left(e/r^2\right)^2 = \infty$。如果不用量子电动力学，这个自能的问题是无法解决的，所以，这里的正确操作是忽略它，考虑周围有大量电荷存在的情况。那么，静电能量等于 $E = \frac{1}{2}\sum_i \sum_{j \neq i} q_i q_j / |\vec{x}_i - \vec{x}_j| = \frac{1}{2}\sum_i q_i \phi(\vec{x}_i)$，其中 $\phi(\vec{x}_i) = \sum_{j \neq i} q_j / |\vec{x}_i - \vec{x}_j|$ 是在电荷 i 处由于所有其他电荷而产生的静电势。这里需要因子 $\frac{1}{2}$，因为双重求和既计算了 7 作用于 9 的能量（知道关于 7 和 9 的儿童笑话吗？[†]），也计算了 9 作用于 7 的能量，而限制 $j \neq i$ 是为了忽略自能。在连续性的极限下，通过 $\nabla^2 \phi = -4\pi\rho$ 将静电势 ϕ 与电荷密度 ρ 联系起来。因此，$E = \frac{1}{2}\int d^3x \rho(\vec{x})\phi(\vec{x}) = -\frac{1}{8\pi}\int d^3x \phi(\vec{x})\nabla^2\phi(\vec{x}) = \frac{1}{8\pi}\int d^3x (\vec{\nabla}\phi(\vec{x}))^2 = \frac{1}{8\pi}\int d^3x \vec{E}^2$。证明完毕。顺便说一下，之所以因子是 $\frac{1}{8\pi}$，而不是 $\frac{1}{4\pi}$，是因为附录 M 里涉及两个叉乘的这个恒等式包含了两项。

[6] 更不用说实验物理学家、应用物理学家和其他真正的物理学家在实践中使用的诸如静电库仑（statcoulomb）、特斯拉（tesla）和伏特（volt）这样的单位了。在学生时代，我学的是杰克逊的教材——我无法忍受 ϵ_0 和 μ_0 到处出现。我的一位同事把实验学家和工程师更喜欢的 SI 单位称为"物理学的诅咒"。加格的教材中给出了电磁单位的简史（在其书的第 15 页），解释了所有这些混乱的根源。

[7] 如果你愿意的话，还可以用意第绪语："那就告我吧！"或者用在美国新泽西州常听到的意大利语说："你想不想挨揍？"（Would you like a knuckle sandwich?）

[8] 详情见附录 M。

---

*译注：这是文字游戏，"Poynting" 和 "Pointing" 发音相同，拼写近似，后者是"指向"的意思。

[†]译注：这也是英语的文字游戏。Q: Why was 6 afraid of 7? A: Because 7, 8, 9! 英语听起来像是 7 吃了（ate）9，所以 6 害怕了。

[9] 也就是说，$H(p,q) = p\dot{q} - L(\dot{q}, q)$，动量的定义是 $p = \frac{\delta L}{\delta \dot{q}}$。

[10] 让那些循规蹈矩的人们去指责辛结构（symplectic structures）吧。

[11] 学生第一次接触时的典型困惑是，他们认为 q 对应于 $\vec{E}(x)$ 中的 x。见 *QFT Nut* 第 19 页的表格。

2.2 电磁波的发射

明显的悖论

下次你碰到物理系的学生，如果是物理系教授就更好了，问他这个问题。

电荷周围的电场会以 $1/r^2$ 的形式迅速减小，r 是与电荷的距离。那么，电磁辐射是如何产生的呢？即使在探测时通常有一些放大，电磁波又怎么能长距离传播呢？

我相信，许多理论物理学的教授都无法回答这个问题。（请注意，我排除了实验学家——他们一直在处理电磁学问题。）不知何故，摇动电荷就改变了世界。你知道答案吗？

让我们试着把这个明显的悖论再量化一下。利用"单纯的"旋转对称性和量纲分析，我们在第 2.1 节中推导出，电磁波在单位时间内传输的单位面积能量为 $\sim c\vec{E} \times \vec{B}$。我们不知道 B 在辐射电荷周围是如何减小的，但至少没有理由认为它减小的速度会低于 E（否则，在远离电荷的地方，磁场就会比电场更强）。因此，假设 B 也像 $1/r^2$ 一样减小。事实上，这是由电磁对偶暗示的。考虑一个半径为 R 的大球体，它包围着辐射电荷。每单位时间内，通过球面的能量是 $\sim 4\pi R^2 (1/R^2)^2 \sim 1/R^2$，随着 R 的增加而迅速趋于零。

显然，这种推理方式是错误的，我们很快就会看到原因。

麦克斯韦方程

在解决这个明显的悖论之前，我提醒你们，（在某种规范下）麦克斯韦方程可以导致波动方程（如果你需要快速复习，请看附录 M。）

$$\left(\nabla^2 - \frac{1}{c^2}\frac{\partial^2}{\partial t^2}\right) A_\mu(t, \vec{x}) = -\frac{1}{c} J_\mu(t, \vec{x}) \tag{2.8}$$

静电势和矢量势被打包成 $A_\mu = (A_0, A_i) = (\varphi, \vec{A})$；电荷和电流被打包成 $J_\mu = (J_0, J_i) = (c\rho, \vec{J})$。

附录 Gr 中给出了 (2.8) 的解：

$$A_\mu(t, \vec{x}) = \frac{1}{c} \int d^3x' \int dt' \frac{\delta\left(t - t' - \frac{1}{c}|\vec{x} - \vec{x}\,'|\right)}{|\vec{x} - \vec{x}\,'|} J_\mu(t', \vec{x}\,') \tag{2.9}$$

这看起来很可怕，但实际上并不可怕，如附录 Gr 所述。而且，对于目前的问题，它可以被极大地简化。

不失一般性，我们可以假设这个源以单一的频率 ω 稳定地振荡了很长时间（因为我们总是可以把解叠加起来）。写为 $J_\mu(t', \vec{x}\,') = e^{-i\omega t'} J_\mu(\vec{x}\,')$，我们

立即对 t' 进行积分

$$\int \mathrm{d}t' \delta\left(t-t'-\frac{1}{c}|\vec{x}-\vec{x}\,'|\right) J_\mu(t',\vec{x}\,') = \mathrm{e}^{-\mathrm{i}\omega t} \mathrm{e}^{\mathrm{i}\frac{\omega}{c}|\vec{x}-\vec{x}\,'|} J_\mu(\vec{x}\,') \tag{2.10}$$

δ 函数指示我们，应该让 t' 等于 $t - \frac{1}{c}|\vec{x}-\vec{x}\,'|$。

远离源的电磁势

公式 (2.10) 里的因子 $\mathrm{e}^{-\mathrm{i}\omega t}$ 表明，电磁波也以频率 ω 振荡。事实上，我们不需要数学就知道这个直观的结果：在一个周期 $T = 2\pi/\omega$ 之后，源回到了同一个点，所以，世界应该没有变化。[1]

所以，写出 $A_\mu(t,\vec{x}) = \mathrm{e}^{-\mathrm{i}\omega t} A_\mu(\vec{x})$，并定义 $k \equiv \omega/c$。那么

$$A_\mu(\vec{x}) = \frac{1}{c} \int \mathrm{d}^3 x' \frac{\mathrm{e}^{\mathrm{i}k|\vec{x}-\vec{x}\,'|}}{|\vec{x}-\vec{x}\,'|} J_\mu(\vec{x}\,') \tag{2.11}$$

为了解决在本章开始时提出的明显的悖论，我们把观察者放在很远的地方，距离远远大于辐射系统的尺度 a 和发射波的波长 λ。换句话说，$|\vec{x}| = r \gg a, \lambda$。那么 $|\vec{x}-\vec{x}\,'| \simeq r(1+\mathrm{O}(a/r))$，因此 (2.11) 可以大幅简化为

$$A_\mu(\vec{x}) \sim \frac{\mathrm{e}^{\mathrm{i}kr}}{r} \frac{1}{c} \int \mathrm{d}^3 x' J_\mu(\vec{x}\,') + \cdots \tag{2.12}$$

这个悖论马上就要解决了。你明白怎么做了吗？

悖论解决了

关键是 (2.12) 中出现的因子 $\mathrm{e}^{\mathrm{i}kr}$。

如你们所知，在电磁学中，我们必须处理规范的问题。最好的办法是关注规范不变量，即磁场 $\vec{B} = \vec{\nabla} \times \vec{A}$ 和电场 $\vec{E}$。一旦知道 $\vec{B}$，电场 $\vec{E}$ 就由真空（远离辐射系统）中的麦克斯韦方程之一决定：$\frac{1}{c}\frac{\partial \vec{E}}{\partial t} = \vec{\nabla} \times \vec{B}$。

为了得到磁场 $\vec{B} = \vec{\nabla} \times \vec{A}$，我们要做的就是估计 (2.12) 中的 $\vec{\nabla}\left(\mathrm{e}^{\mathrm{i}kr}/r\right)$。（该积分显然不依赖于 $\vec{x}$。）

当 $\vec{\nabla}$ 作用于 $1/r$ 时，它产生了静态电磁场的 $1/r^2$ 的依赖性。相比之下，当 $\vec{\nabla}$ 作用于 $\mathrm{e}^{\mathrm{i}kr}$ 时，它只是产生了一个系数 $\mathrm{i}k$。根据假设，$k \sim 1/\lambda \gg 1/r$。我们离源头的距离比一个波长要远得多。$\vec{\nabla}\left(\mathrm{e}^{\mathrm{i}kr}/r\right)$ 中的两个项，一个赢了，另一个输了。磁场 $\vec{B}$ 和电场 $\vec{E}$ 的下降速度与 $1/kr$ 相似，比 $1/r^2$ 慢得多。

这样就解决了这个谜：为什么电磁波可以传播，而库仑场却以 $1/r^2$ 的速度迅速下降呢？

在空间中振荡的关键因子 $\mathrm{e}^{\mathrm{i}kr}$ 使我们的文明成为了可能*，并达成了今天

---

*不仅如此，它还能让我们了解到远得难以想象的浩渺宇宙。

的成就！

事后看来，你可以说，我们甚至不需要所有这些"数学"。毕竟，我们谈论的是波啊。因子 e^{ikr} 必须出现，这并不令人惊讶。然而，许多物理学家不会对这种解释感到满意。

在加格的电磁学教科书中，他一开始就有力地断言，电磁场就像犀牛一样真实[2]，大概是为了回答某个学生的问题。

电磁场不仅是真实存在的，还可以离家出走，独立于产生它的电荷和电流而生存。

总结一下。在得知电荷产生的电场以 $1/r^2$ 的速度减小后，我们可能会悲观地得出结论：无线电通信是不可能的。根据量纲分析，我们唯一的希望是用 r 的两个因子中的一个换取另一个长度，但在懒洋洋地坐着不动的电荷附近，看不到任何长度。我们需要创造一个长度，而事实证明，大自然给出了这个长度。频率为 ω 的电荷的振荡产生了一个波长为 $\lambda = 2\pi c/\omega$ 的波。与其说是 $1/r^2$，不如说是 $1/\lambda r \sim \omega/cr$，这是很大的增益！重要的是，在我们生活的宇宙中，$c$ 保持不变。

幸亏这不是电磁学的教科书……

如果这是一本电磁学教科书，[3]我们现在可以用几十页来计算电磁辐射的各个方面。但它不是。不过，我们还是把 (2.12) 往前推一推吧。

为方便起见，定义

$$i\omega \vec{p} \equiv \int d^3x' \vec{J}(\vec{x}\,') \tag{2.13}$$

这是辐射系统的矢量特征。请注意，从量纲上讲，电流是单位时间内的某种东西，所以 $[\vec{J}] \propto 1/T$。剔除因子 $i\omega$ 后，$\vec{p}$ 在量纲上与时间无关，可以在物理上更容易地将其视为偶极矩，我们很快就会看到。这也使得后面的公式更简洁。

现在对 (2.12) 中的 $\vec{A}(\vec{x}) \sim \frac{e^{ikr}}{cr}(i\omega \vec{p})$ 做微分，得到磁场 $\vec{B}$。注意这个有用的公式 $\partial_i r = x^i/r = \hat{r}^i$（见附录 Del）*，其中，$\hat{r}$ 是辐射方向上的单位矢量。把波矢定义为 $\vec{k} \equiv k\hat{r}$。

因此，在大 r 的情况下，磁场的主导项

$$\vec{B} \sim \omega(\vec{k} \times \vec{p})/cr \tag{2.14}$$

是再简单不过的了！

---

*符号的含义：$\partial_i = \frac{\partial}{\partial x^i}$，$\partial_0 = \frac{\partial}{\partial x^0} = \frac{\partial}{\partial t}$。

为了认识 $\vec{p}$ 代表的内容，我们利用电流守恒[4]，$\partial_0 J_0 = \partial_i J_i$，消除电流 J_i，保持电荷分布 J_0。由于 $\partial_j x^i$ 等于零（除非 $j=i$，此时它等于 1），我们可以写出

$$\begin{aligned} i\omega p_i &= \int d^3x \, J_j(\vec{x}) \, \partial_j x^i \\ &= -\int d^3x \, (\partial_j J_j(\vec{x})) \, x^i = -\int d^3x \, (\partial_0 J_0(\vec{x})) \, x^i \\ &= i\omega \int d^3x \, J_0(\vec{x}) \, x^i \end{aligned} \tag{2.15}$$

因此，矢量 $\vec{p} = \int d^3x \, \rho(\vec{x}) \, \vec{x}$ 正是辐射系统的电偶极矩。

我们得出了一个著名的定理：电单极不能辐射，需要电偶极才行。直观地讲，这个结果来自于：电荷（即单极子）是守恒的，因此是恒定的，而辐射需要时间变化。（我们以后会看到，引力辐射需要一个四极矩。）

根据 (2.14)，磁场垂直于传播方向 $\vec{k}$（以及偶极矩 $\vec{p}$）。如前所述，电场可以用麦克斯韦方程由磁场来确定，$\frac{1}{c}\frac{\partial \vec{E}}{\partial t} + \vec{\nabla} \times \vec{B} = 0$，在此即为 $\omega \vec{E} = -c\vec{k} \times \vec{B}$。因此，$\vec{E}$ 垂直于 $\vec{k}$ 和 $\vec{B}$，其大小与 $\vec{B}$ 相等。

总之，为了使得通过以辐射系统为中心的半径为 r 的大球传输的总功率恒定，$4\pi r^2 S \sim$ 常数（$\vec{S} = c\vec{E} \times \vec{B}$ 是第 2.2 节得出的坡印亭矢量），我们需要 $S \sim 1/r^2$，$E \sim 1/r$ 和 $B \sim 1/r$。从能量守恒（以及 $\vec{E}$ 和 $\vec{B}$ 的对偶），我们看到，在传播的电磁波中，磁场必须以 $1/r$ 的形式下降。事实上，(2.14) 告诉我们，情况就是这样。

物理学真管用。

夜航物理学家尊重阳光灿烂的日子

当一个分子或原子被电磁波摇动时，它就会产生辐射。入射的电磁波被有效地散射了。根据 (2.14)，$B \sim \omega k p/cr = k^2 p/cr$，因此 $S \sim cEB = cB^2 \sim ck^4 p^2/r^2$。辐射的总功率等于

$$P \sim ck^4 p^2 \sim \frac{p^2}{c^3}\omega^4 \tag{2.16}$$

做一个快速的量纲检查：$[p^2] = [e^2 d^2] = [e^2] L^2 = (EL)L^2 = EL^3$，所以，$[P] = EL^3/((L/T)^3 T^4) = E/T$。一切正常。

在 (2.16) 中给出了辐射功率对频率的 4 次方[5]的依赖关系，这是 19 世纪末物理学的著名成果。自古以来，人类很想知道天为什么是蓝的。[6]瑞利勋爵[7]给出了答案：在人眼可以适应的可见光谱中，蓝光的散射比红光多得多。

一个推论是，夕阳看起来是红色的。

牛顿的二阶导数与亚里士多德的一阶导数

本小节为爱因斯坦引力奠定了基础。我想告诉你，电磁学中的动力学变量不是电磁场 $\vec{E}$ 和 $\vec{B}$，而是电势 A_μ，它的时空导数决定了电磁场的情况。

当你初次接触到静电势和矢量势时，它们似乎只是为了数学上的便利而发明的。这个初次印象是不正确的。在更深的层次上，量子电动力学的表达基于 A_μ 而不是 $\vec{E}$ 和 $\vec{B}$。在量子物理学中，A_μ 比 $\vec{E}$ 和 $\vec{B}$ 更真实[8]。就这门课的目的而言，不需要知道这一切，但我想问你一个问题。

物理学始于牛顿的 $ma = F$，它涉及二阶导数，即加速度 $a = \frac{d^2 q}{dt^2}$（q 为质点的位置），而不是亚里士多德的 $mv = F$，它涉及一阶导数，即速度 $v = \frac{dq}{dt}$。我的问题来了。当你从经典力学转向电磁学时，你觉不觉得麦克斯韦方程只有一阶（偏）导数 $\frac{\partial}{\partial t}$ 和 $\vec{\nabla}$ 很奇怪呢？

应该如此，但我认为，当我们在努力学习电磁学时，很少有人问这个问题。事实证明，电磁学的基本动力学也涉及二阶导数，$\frac{1}{c^2}\frac{\partial^2}{\partial t^2}$ 和 ∇^2，如 (2.8) 所示。在 19 世纪，A_μ 似乎是数学上的奢侈品，但随着量子的出现，它成为生活的必需品。[9]

练习

(1) 为什么天空不是紫色的？

注释

[1] 检测到的频率可能是 ω 的某个整数倍，但这只有在非线性理论中才可能。

[2] 对此，我回应说，量子场和量子犀牛一样真实。

[3] 例如，杰克逊、加格或赞格威尔的教科书。

[4] 不熟悉爱因斯坦的重复指标求和惯例的人请注意，$\partial_i J_i = \sum_i \partial_i J_i = \vec{\nabla} \cdot \vec{J}$。

[5] 了解量子场论的人能看到，*QFT Nut* 的第 457 页用一行字就给出了这个事实的推导。

[6] 这个问题挑战了无数智者，从达芬奇和牛顿到丁达尔（Tyndall）和洛伦茨（L. V. Lorenz）。见 Pedro Lilienfeld, *Optics & Photonics News*, 2004, p. 32。洛伦茨也获得了与瑞利勋爵相同的 ω^4，但是因为他只用自己的母语丹麦语发表文章，所以没有人注意到。他还提出了洛伦茨规范，见附录 M。

[7] 由于我经常责备那些对物理学历史了解不够多的学生（我只是为了增加点儿物理学的乐趣），所以我在这时告诉学生们，最终考试的一个问题是："瑞利勋爵的名字是什么？"顺便说一下，我很惊讶地读到，与我开始学习物理学时所默认的相反，他被封为勋爵，并不是因为在物理学方面的成就。

[8] 这里指的是阿哈罗诺夫–玻姆效应（Aharonov-Bohm effect）。

[9] 见 *QFT Nut*，第 2 版，第 474 页。

2.3 运动点电荷的电磁辐射和康普顿散射

加速电荷的辐射

在第 2.2 节，我们确定了以单一频率 ω 振荡的源发出的电磁波。但是在粒子物理学和天体物理学中，我们经常处理来自点电荷的电磁辐射，它们不是简单地振荡，而是像从地狱里出来的蝙蝠一样，尖叫着向着空间的无穷远处运动。

观察者位于 $\vec{x}$ 处，在时刻 t 观察，电荷为 e 的粒子在时刻 t' 位于 $\vec{r}(t')$ 处。当 t' 从 $-\infty$ 到 $+\infty$ 变化时，粒子在空间中的运动轨迹由 $\vec{r}(t')$ 描述。位于 $\vec{x}$ 的观察者到粒子的距离为 $R(t') \equiv |\vec{x} - \vec{r}(t')|$。见图 2.1。为了方便起见，我们把在 $\vec{x}$ 处和时刻 t 观察到的电磁辐射称为信号。

有限的光速

我们感兴趣的是粒子在特定时刻 t'（而不是以前的任意时刻 t'）的位置，在时刻 t 和 $\vec{x}$ 处观察到的信号于此时发射出来，把这个时间称为 t_e。由于光速 c 是有限的，电磁波需要 R/c 的时间来移动距离 R。因此，t_e 是如下方程的解，

$$t - t_e = \frac{1}{c}|\vec{x} - \vec{r}(t_e)| \equiv \frac{R(t_e)}{c} \tag{2.17}$$

有些学生可能期望 $R(t_e)$ 有一个简单的公式，但是不可能有明确的公式，因为你可以自由指定任何你喜欢的轨迹 $\vec{r}(t')$。然而，一旦你指定了轨迹，我们就可以求解 (2.17) 中的 t_e，然后计算 $R(t_e) \equiv |\vec{x} - \vec{r}(t_e)|$ 来得到 $R(t_e)$ 是什么。请注意，t_e 是 t、$\vec{x}$ 和轨迹 $\vec{r}(t')$ 的复杂函数。

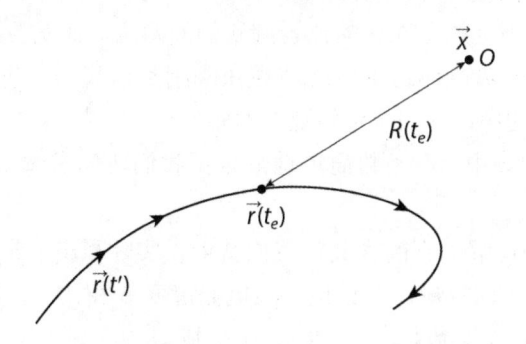

图 2.1 带电粒子随着 t' 变化的轨迹由 $\vec{r}(t')$ 表示。位于 $\vec{x}$ 的观察者在时刻 t 观察到一个信号，该信号在时刻 t_e 发出

在 $\vec{x}$ 处和 t 时观察到的电磁场

好的,情况已经清楚了,让我们确定观察到的电磁场。在某种意义上,我们已经解决了这个问题。回忆附录 Gr 和第 2.2 节所述的中心结果(据称包含了所有的电磁学):

$$A_\mu(t,\vec{x}) = \frac{1}{c}\int d^3x' \int dt' \frac{\delta\left(t-t'-\frac{1}{c}|\vec{x}-\vec{x}\,'|\right)}{|\vec{x}-\vec{x}\,'|} J_\mu(t',\vec{x}\,') \tag{2.18}$$

只需代入给定的 J_μ,通过积分得到 A_μ,然后再微分得到电场 $\vec{E}$ 和磁场 $\vec{B}$。就是这么简单!

让我们专注于 $\mu=0$ 的分量,电势 $\varphi \equiv A_0$ 和电荷密度 $\rho \equiv J_0$。以后再研究 $\vec{A}$。

对于我们的问题,$\rho = e\,\delta^3\left(\vec{x}\,'-\vec{r}(t')\right)$。因此,把它代入 (2.18),得到 φ。很容易对 $\vec{x}\,'$ 积分[1]:

$$\int d^3x'\,\delta\left(t-t'-\frac{1}{c}|\vec{x}-\vec{x}\,'|\right) e\,\delta^{(3)}\left(\vec{x}\,'-\vec{r}(t')\right)$$
$$= e\,\delta\left(t-t'-\frac{1}{c}|\vec{x}-\vec{r}(t')|\right) = e\,\delta\left(t-t'-\frac{R(t')}{c}\right) \tag{2.19}$$

我们只是按照三维 δ 函数的规定,设定 $\vec{x}\,' = \vec{r}(t')$。

根据我的经验,偶尔会有学生莫名其妙地被这些 δ 函数弄得晕头转向,其实这些操作很简单的。(2.19) 中的 δ 函数只是说,t' 就是它应该发生的时刻。这样就得到一个很简单的结果:

$$\varphi(t,\vec{x}) \sim e\int dt' \frac{1}{R(t')}\,\delta\left(t-t'-\frac{R(t')}{c}\right) \sim e\int \frac{1}{R}\,\delta \tag{2.20}$$

再简单不过了,正如爱因斯坦所言

事实上,正如爱因斯坦所说,这再简单不过了。结果就是库仑定律 $\varphi \sim e/R$,只不过 R 不是粒子现在的位置到我们的距离,而是粒子在 t' 时发射电磁波时到我们的距离,而这个电磁波现在刚刚到达我们这里。如果你觉得不清楚,再读一下这句话。完全说得通,对吧?

在对 t' 的积分中,δ 函数简单地规定了我们要先求解 (2.17) 来确定 t_e,然后计算 $R(t_e)$。

得到了 φ 并理解了它的含义,我们就可以实际写出矢量电势 $\vec{A}$。只要代入 (2.18) 的 $\mu=i$ 的分量,并记住,与电荷密度 ρ 相比,电流 $\vec{J}$ 有个额外的系数,简单地将这个系数代入 (2.20),就得到

$$\vec{A}(t,\vec{x}) \sim e\int dt' \frac{\vec{v}(t')}{cR(t')}\,\delta\left(t-t'-\frac{R(t')}{c}\right) \sim \frac{e}{c}\int \frac{\vec{v}}{R}\,\delta \tag{2.21}$$

同样，对大学生的建议跟序言是一样的。偶尔，有些大学生习惯于在入门课程中使用明确、整齐的公式，他们期望得到正在讨论的问题的"标准答案"，即他们可以强调的东西。但是不可能有明确、整齐的公式：你必须先指定轨迹 $\vec{r}(t')$。

别动手，用脑子做微分

现在你只要做一下微分，就可以得到电场和磁场，例如 $\vec{E} = -\vec{\nabla}\varphi - \frac{1}{c}\frac{\partial \vec{A}}{\partial t}$。对 (2.20) 和 (2.21) 进行快速的量纲检查：$[\varphi] = [A] = [e]/L$，这意味着 $[eE] = [e^2]/L^2$，根据库仑定律，这实际上是力的量纲。概念虽然很简单，但是做起来就会变得很棘手，正如你在电磁学的标准教科书[2]里看到的那样。

现在，就像禅宗的剑客一样，夜航物理学家只用脑子做微分，不需要实际动手。为了获得电场，你要把 ∂（通常可以是 $\frac{\partial}{\partial t}$ 或 $\frac{\partial}{\partial x}$）作用于

$$\varphi \sim e \int \frac{1}{R} \delta \tag{2.22}$$

和

$$\vec{A} \sim \frac{e}{c} \int \frac{\vec{v}}{R} \delta \tag{2.23}$$

请注意，如果作用在 δ 函数上，你总是可以用分部积分。

所以我们只需要依次对 $1/R$ 和 $\vec{v}$ 微分。

挑选赢家

关键的观察是，如果作用于 $1/R$，就会得到 $1/R^2$，你就完蛋了。正如第 2.2 节解释的，这在远距离上是真正的输家。因此，为了得到传播的电磁波，我们必须作用在 $\vec{v}$ 上。从 (2.22) 和 (2.23) 可以清楚地看到，只有 $\vec{A}$ 提供了这样的机会。

在物理上，这有很大的意义，因为我们希望是加速度导致带电粒子的辐射。熟悉相对论的读者都知道，匀速运动的带电粒子是不可能辐射的，因为我们总是可以将其变换到粒子静止不动的参考系中。

作用在 $\vec{v}(t')$ 上，产生所需的加速度：$\vec{a}(t') \equiv \frac{\mathrm{d}\vec{v}(t')}{\mathrm{d}t'}$。

事实上更简单，我们可以通过量纲分析来论证。要想赢，你必须得到 $1/R$。我们的目标是避免成为输家 $1/R^2$，要得到 $1/R$。由于赢家和输家必须有相同的量纲，我们需要用 $1/R$ 乘以某个长度的倒数（不是 $1/R$）。唯一有物理意义的就是让加速度除以 c^2：从量纲上看，$[a] = \mathrm{L/T^2}$，所以 $[a/c^2] = (\mathrm{L/T^2})/(\mathrm{L/T})^2 = 1/\mathrm{L}$。

夜航物理学家认为，通过跟静电场 e/R^2 做比较，电场必须是

$$E \sim \frac{e}{R}\left(\frac{1}{c^2}\frac{\mathrm{d}v}{\mathrm{d}t}\right) \simeq \frac{ea}{c^2R} \tag{2.24}$$

磁场由麦克斯韦方程得出，$\vec{B} = c\vec{k} \times \vec{E}/\omega$。如第 2.2 节所述，在 $E \sim 1/R$ 和 $B \sim 1/R$ 的情况下，$E \times B \sim 1/R^2$，通过半径为 R 的球面的辐射功率 $\sim 4\pi R^2/R^2 \sim 1/R^0$，符合预期。

夜航物理学家不是动嘴巴"只管去做"，而是用脑子去做。

我们的夜行法漏掉了什么吗？

如果更仔细地区分，我们会遇到各种相对论的因子。[3]从概念上讲，这些因子当然比我们放弃的类似 2 和 π 的各种因子更重要，第 2.4 节将讨论其中的一些因子。

加速电荷的辐射功率：拉莫尔公式

现在我们可以把这些东西合在一起，以得到在非相对论情况下加速电荷辐射功率的拉莫尔公式。单位时间内辐射出去的能量对物理学（以及科学和工程）的许多领域有多么重要，当然用不着强调了。

因此，把 $E \sim B \sim \frac{ea}{c^2R}$ 代入坡印亭矢量 $S \sim c(\vec{E} \times \vec{B})$，然后 $S \sim \frac{e^2a^2}{c^4R^2}$，乘以半径为 R 的球体的面积 $4\pi R^2$，就得到辐射功率为

$$P \simeq \frac{e^2}{c^3}a^2 \tag{2.25}$$

非常简单的公式。再次强调，这是非相对论的结果。

由于 P 根据定义是正数，但 e 可以有任何符号，所以 e^2 的出现不会让我们感到惊讶。同样地，旋转不变性要求 $\vec{a}^2$。[4]因此，(2.25) 中唯一值得评论的特征是 c^3。

奇数次方的出现总是有点奇怪，因此让我们用量纲分析来检查它。根据第 2.1 节可知，$[e^2] = \mathrm{EL}$，因此 $\left[\frac{e^2}{c^3}a^2\right] = \mathrm{EL}\,(\mathrm{L}/\mathrm{T}^2)^2\,(\mathrm{T}/\mathrm{L})^3 = \mathrm{E}/\mathrm{T}$，这确实是单位时间内的能量。

奇怪的事实。由于功率 P 与能量成正比，因此 $[P]$ 包含了 M，我们可能认为辐射粒子的质量可能会出现。但是麦克斯韦的方程里没有质量。想到 M 隐藏在 e^2 中，这个问题就可以解决了。

关于量纲分析的几个有用的观点

当然，这个小检查也意味着，如果能够说服自己（我认为挺容易），带电粒子的质量不起作用，我们就可以用量纲分析得到拉莫尔公式。事实上，我

认为拉莫尔公式提供了一些关于量纲分析的宝贵经验。

我们希望得到功率 P，其量纲为 $[P] = (\mathrm{ML}^2/\mathrm{T}^2)/\mathrm{T} = \mathrm{ML}^2/\mathrm{T}^3$。在我看到的一些关于量纲分析的讨论中，答案首先是以相关量的任意幂的形式出现，形式为 $e^\alpha a^\beta c^\gamma \ldots$，其中 α, β, γ 什么的都有待确定。

但我更愿意从一开始就注入一些物理学知识。我们知道，电场与 e 成正比，因此 $P \propto e^2$。如前所述，我们还知道，加速度 $\vec{a}$ 是矢量，根据旋转不变性，它必须以偶数次方出现，很可能是 2，除非我们能想到其他理由。另一种方法如下。我们知道，$\vec{E}$ 和 $\vec{B}$ 是通过 ∂ 对 A_μ 作用一次而得到的，因此它们跟 a 只能是线性关系。所以，$P \propto e^2 a^2$，量纲为 $[e^2 a^2] = (\mathrm{ML}^3/\mathrm{T}^2)(\mathrm{L}^2/\mathrm{T}^4) = \mathrm{ML}^5/\mathrm{T}^6$。将其除以 c^3，就可以得到 $\mathrm{ML}^2/\mathrm{T}^3$，即 P 的量纲，这样就检验了一致性。

事实上，假设我们错误地认为，匀速运动的电荷可以辐射，那么我们只有速度 v（而不是 a）来构建 P。由于 $[e^2] = \mathrm{ML}^3/\mathrm{T}^2$ 和 $[v] = [c] = \mathrm{L}/\mathrm{T}$，所以这是不可能的。L 的幂指数总是比 T 的幂指数多一个。因此，量纲分析告诉了我们一些相对论的信息。

你可能会问：为什么我们没有在拉莫尔公式中包括 v 呢？因为我们把自己限制在非相对论的区域。是的，我们应该包括 v，并写成 $P \simeq \frac{e^2}{c^3} a^2 f(v/c)$。显然，量纲分析无法确定未知函数 f 的形式[5]，它很可能（也确实如此）包含诸如 $\sqrt{1 - \frac{v^2}{c^2}}$ 的因子。我们只是采用了简单函数的假设，并假设 $f(0) \sim 1$：静止不动的粒子如果突然加速，就会产生辐射。

为了今后使用的方便，我们把加速度写成 $\vec{a} = \frac{\mathrm{d}\vec{v}}{\mathrm{d}t} = \frac{1}{m}\frac{\mathrm{d}\vec{p}}{\mathrm{d}t}$，这样就有

$$P \simeq \frac{e^2}{m^2 c^3} \left(\frac{\mathrm{d}\vec{p}}{\mathrm{d}t}\right)^2 \tag{2.26}$$

拉莫尔公式来自偶极子，反之亦然

现在，夜航物理学家想要展翅高飞了。我们跳过从 (2.18) 开始的整个讨论，看看能不能用第 2.2 节的偶极辐射公式 $P \sim ck^4 p^2$ 得到拉莫尔公式 (2.25)。

但是你反对。偶极辐射公式描述的是在有限范围里以给定频率 ω 进行振荡的偶极子。拉莫尔公式可不这样，它描述的加速粒子奔跑的范围可以不受限制。

好吧，也许吧，但是先不要担心，让我们继续前进。把偶极子想象成一个电子围绕着固定不动的正电荷，在特征距离 d 上振荡，整个体系是电中性的，因此 $p \sim ed$。电子的位置由 $x \simeq d\sin\omega t$ 给出，加速度 $\ddot{x}$ 等于 $a = \ddot{x} \simeq$

$\omega^2 d\sin\omega t$，因此，平均而言，$p \sim ed \sim ea/\omega^2$。将此代入第 2.2 节得到的偶极辐射公式里，我们得到

$$P \sim ck^4 p^2 \sim ck^4 e^2 a^2/\omega^4 \sim e^2 a^2/c^3 \tag{2.27}$$

正是拉莫尔公式!

当然，我们也可以从另一个方向出发，从拉莫尔公式推导出偶极辐射公式。

顺便说一下，我们看到了 c 的奇数次方的起源：坡印亭矢量具有 c 的负一次方。

因果关系：内部观察者和外部观察者的差别

带电粒子只有在加速时才会产生辐射[6]，这是一种更物理的理解。众所周知，静止电荷会向外辐射电场线。对于匀速运动的电荷，我们只需对电场做洛伦兹变换，就会导致磁场的产生。如今，即使在非物理专业的教科书中，电场线也是平滑而漂亮的。[7]然而，如果粒子受到突然的冲击（我想象的是电荷突然发生了车祸），可以预期，冲击被传递到磁场线上，其方式仿佛流体动力学中的冲击波[8]。我们熟悉快艇"辐射"出的尾流和喷气飞机"辐射"出的声波。笼统地说，我们希望电磁波也能被"辐射"出来。

根据这个概念，珀塞尔对电磁辐射做了优雅的图解和定量描述。[9]我说了是图解，所以详细研究图 2.2 是非常关键的。关键的一点是，场线必须调和"外部观察者"和"内部观察者"的期望，下文将介绍这一点。

考虑一个带电荷 e 的非相对论粒子，其运动速度 v 显著小于 c（为了明确起见，假设 $v \sim c/10$）。在时间 $t = 0$ 时，粒子位于 $x = 0$，它在很短的时间间隔 τ 内（发生了车祸）均匀地减速（$a = v/\tau$），变为静止状态。初等物理学告诉我们，粒子在 $x_s = \frac{1}{2} v\tau$ 处停止。

图 2.2(a) 描述了时间 $t = T \gg \tau$ 时的情况。该图显示了两个圆的弧线，一个以 $x = 0$ 为中心，半径 $R = cT$，另一个以 $x_s = \frac{1}{2} v\tau$ 为中心，半径略小一些，为 $c(T - \tau) \lesssim cT$。这两个半径（$\sim cT$）远远大于两个弧线之间的间隔（$\sim c\tau$）。这个间隔又比 x_s 大得多。因此，这个图很难按比例来画。

考虑位于远处的观察者，他在以 $x = 0$ 为中心的圆弧之外。他并不知道粒子已经停止。根据因果关系，这个以光速传播的信息还不可能到达他那里。相反，他认为粒子继续以速度 v 移动，它正位于 $x_e = vT \gg x_s$，发出他现在看到的辐射。（下标 e 代表"发射"，s 代表"停止"。）他希望看到场线与 x 轴成 θ 角，与大圆相交于 B 点，如图 2.2(b) 所示。

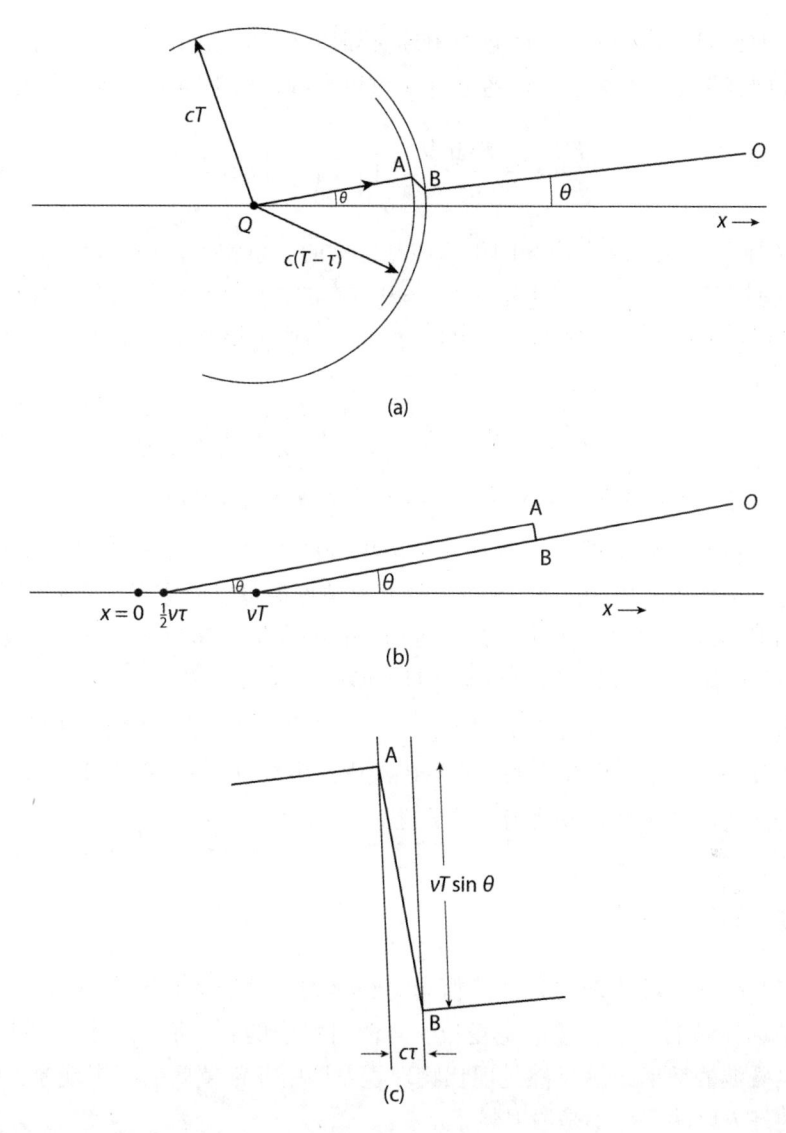

图 2.2 珀塞尔的电磁辐射论证（这个图画得很不成比例）。(a) 电荷（图中用 Q 表示）突然变为静止状态。该图描述了 O 点的观察者看到的情况。详细情况见正文 (b) 电荷静止时的位置，以及观察者观察到电荷时猜测的电荷位置。详情见正文 (c) 电场线必须从 A 快速地移动到 B

现在考虑另一个观察者，他在以 x_s 为中心的较小圆弧之内，意识到粒子已经停止。如图所示，注意从 x_s 延伸的电场线，它与 x 轴成一个角度 θ。这条电场线与小圆弧相交的点用 A 表示。

根据连续性，电场线必须迅速从 A 点跑到 B 点。由于 $T \gg \tau$，这种情况的构型表明，从 A 点到 B 点的电场必须加强。电场的角向分量 E_θ 要比电场的径向分量 E_r 大得多。从图 2.2(c) 可以看到，增强因子在几何上依赖于

$$\frac{E_\theta}{E_r} = \frac{vT\sin\theta}{c\tau} = \left(\frac{v}{c}\right)\left(\frac{T}{\tau}\right)\sin\theta \qquad (2.28)$$

因为 $T/\tau \gg c/v$，这个增强因子可能是巨大的。事实上，由于 $T = R/c$，我们有增强因子 $\frac{vT}{c\tau} = \frac{vR}{c^2\tau} = \frac{a}{c^2}R \propto R$，与观察者的距离成正比（这个距离很大）。

在很远的距离上，微弱的静电场 $E_r = e/R^2$ 被增强了一个正比于 R 的因子，达到

$$E_\theta \sim \left(\frac{a}{c^2}R\sin\theta\right)E_r \sim \left(\frac{a}{c^2}\right)\left(\frac{e}{R}\right)\sin\theta \propto \frac{1}{R} \qquad (2.29)$$

这样就实现了无线电通信，以及我们这个时代的其他奇迹！

为了得到辐射的能量，我们必须求电场的平方，$E^2 = E_\theta^2 + E_r^2 \simeq E_\theta^2$，在球壳上平均 $\sin^2\theta$，积分，等等，这些事情你们可以回家做。我们精确地得到了辐射功率的拉莫尔结果：$P = 2e^2a^2/3c^3$。（你甚至可以看到，$\frac{2}{3}$ 来自于 $\sin^2\theta$ 的平均。提示：三维空间中有两个横向方向。）

我认为这个物理推导很吸引人，尤其是为了得到 (2.23) 所做的更多数学推导也支持。这个论证还表明，在电磁波中，电场 $\vec{E}$ 垂直于传播方向。

这一次，光速的有限性仍然是关键。

散射截面：汤姆孙

我假设你们熟悉散射截面的概念，经典物理学里就有这个概念，本节也一直是这样做的。它衡量的是靶粒子对散射粒子的有效面积。我们将讨论电子对电磁波的散射，这显然是现代物理学发展中非常重要的一个现象。因此，进来的是入射波，而不是散射粒子。

经典的图像是，电磁波摇晃电子，使其发出辐射（见图 2.3）。散射截面 σ 被定义为电子在单位时间内辐射的能量除以入射电磁波在单位时间内携带的单位面积的能量，这显然是面积：$\sigma = $（单位时间内辐射的能量）/（单位时间内单位面积的入射能量）。

对于分子，代入拉莫尔公式 $P \simeq \frac{e^2a^2}{c^3}$。当我们第一天开始学习物理，牛顿就告诉我们如何计算加速度：$a = F/m = eE/m$，其中 E 是入射波的电场。因此，电子的辐射功率是 $P \simeq \frac{e^2}{m^2c^3}E^2$。

对于分母，代入入射波的单位面积的功率。由于这个值 $\sim c(\vec{E}\times\vec{B}) \sim cE^2$，我们看到 E^2 在截面 σ 中抵消了——本来就应该这样。再做除法，就得

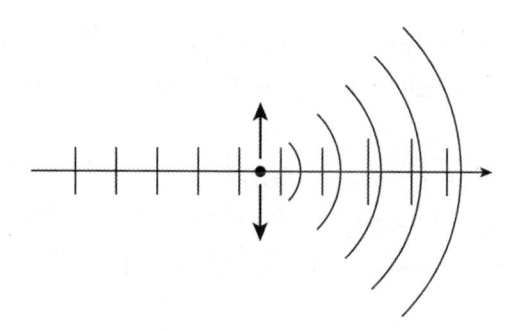

图 2.3　平面波摇晃电子，让它产生辐射

到了所谓的汤姆孙截面

$$\sigma_{\text{汤姆孙}} \sim \left(\frac{e^2}{mc^2}\right)^2 \tag{2.30}$$

有趣的是，质量出现了！顺便说一下，确切的结果等于该结果乘以 $8\pi/3$。你几乎可以看到这个因子是怎么出现的。电子的汤姆孙截面 $\sim 6.6 \times 10^{-25}$ cm^2，即约为 0.66 barn。[10]

值得注意的是，这里得出的带电粒子的电磁散射截面是从 ω^0 阶开始的，即在低频时与频率无关，这与第 2.2 节中讨论的中性物体（如原子或分子）的电磁散射截面形成鲜明对比。瑞利散射是从 $\propto \omega^4$ 开始的。

显然，我们也可以通过量纲分析得到汤姆孙截面。由于 $[e^2]$ 具有能量乘以长度的量纲，我们注意到 $\frac{e^2}{mc^2}$ 是一个长度，称为电子的经典半径。请注意，电子的经典半径是电子的库仑能量 e^2/r 与静止能量 mc^2 具有同一个量级时的长度 r。因此，$\sigma_{\text{汤姆孙}}$ 实际上是电子的经典截面。

光子发现电子是一种波

这种经典的图像什么时候失效呢？

当电磁波听从爱因斯坦的意见，表现其量子特性的时候。它实际上是由一群光子组成的，每个光子都具有能量 $\hbar\omega$。

有趣的是，波的频率 ω 甚至没有出现在上面的经典讨论中。能量 $\hbar\omega$（与 $\hbar$ 成正比）显然衡量了波的量子化程度。我们应该把它跟谁比较呢？电子的静止能量是附近唯一的候选者。因此，我们预计，当 $\hbar\omega$ 超过 mc^2 时，也即电磁波的波长 $\lambda \lesssim \hbar/mc$ 的时候，经典结果 (2.30) 就会失效。

长度 $\hbar/mc$ 称为电子的康普顿波长[11]。德布罗意告诉我们，物质粒子的波长是 $\simeq \hbar/p$，这个见解打开了量子难题的大门。有趣的是，在这里 mc 扮演了靶电子的动量 p 的角色。

量子力学始于普朗克的提议，电磁场实际上由离散的粒子（称为光子）组成。在这里，当光子发现电子也是一种波的时候，经典的汤姆孙散射就失效了。太搞笑了！

请注意，长度是有等级的。[12]玻尔半径比电子的康普顿波长大 137 倍：$(\hbar^2/me^2)/(\hbar/mc) = \hbar c/e^2 = 1/\alpha$。电子的康普顿波长又比其经典半径大 137 倍：$(\hbar/mc)/(e^2/mc^2) = \hbar c/e^2 = 1/\alpha$。这里有一个记忆法，也许对你有用：

> 小小的电子绕着质子转啊转，
> 玻尔的原子显得大呀大呀大。
> 量子的电子长啊长啊长毛毛，
> 显得经典的电子小呀小呀小。*

康普顿散射

实验学家康普顿（Arthur Compton）在 1927 年因电子 e^- 对光子 γ 的散射而获得诺贝尔奖：即，$\gamma + e^- \to \gamma + e^-$，明确地证实了光的粒子性质。

康普顿散射截面最容易用费曼图来计算（见图 2.4）。[13]我们将在第 9 章讨论这些图的含义。

顺便说一下，克莱因（Oskar Klein）和仁科芳雄（Yoshio Nishina）[14]在 1928 年（费曼 10 岁的时候）使用相对论量子力学的原始版本，计算出了散射截面，这件事给我的印象非常深刻。

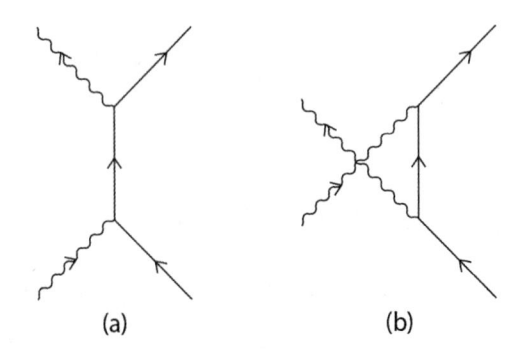

图 2.4 康普顿散射的费曼图。(a) 一个光子（波浪线）被一个电子（直线）吸收，随后发射出一个光子。(b) 实验者观察到的出射光子实际上是入射电子发出的，入射电子随后吸收了入射光子。根据量子场论，这两种可能性都必须考虑

---

*译注：原文是，With a tiny electron zinging around the proton, the Bohr atom is big. Growing some fuzz, the quantum electron in turn dwarfs the teeny classical thingy it emerges from.

在频率 $\hbar\omega \gg 2mc^2$ 时，高能光子能够在 $\gamma + e^- \to \gamma + e^- + e^+ + e^-$ 等过程中产生正负电子对。

让我们用量纲分析写出过程 $\gamma + e^- \to \gamma + e^-$ 的克莱因–仁科截面 $\sigma_{\text{KN}} = \sigma_{汤姆孙} f\left(\frac{mc^2}{\hbar\omega}\right)$，其中 f 是某个函数。[15]根据定义，在低频时，当 $x \to \infty$ 时，$f(x) \to 1$。请你猜测 $f(x)$ 在 $x \to 0$ 时的高频行为。

知识的连续性

理论物理学的迷人之处在于，虽然克莱因–仁科基于一些概念（例如，光子、狄拉克方程、费米子的传播子和电子–光子耦合。在任何量子场论的教科书中都有解释）的计算（我指的是使用费曼图的现代版本），与完全基于经典概念（电磁波、牛顿定律、拉莫尔辐射、坡印亭矢量，等等）的汤姆孙散射的计算大相径庭，但是，当 $\omega \to 0$ 时，$\sigma_{\text{KN}}(\omega)$ 必然趋近于 $\sigma_{汤姆孙}$。这就是物理学知识的连续性，其他领域对此只能是羡慕嫉妒恨。

谁害怕电磁辐射？

我把本节讨论的内容总结如下。基本上只需要做量纲分析，也许还要初步理解相对论，聪明的学生就可以写下拉莫尔公式，然后从这个公式跳到偶极辐射公式。汤姆孙散射也就顺理成章了。有不少物理学的学生对电磁辐射感到困惑，但正如你们在这里看到的，不需要太多的努力，就可以理解基本的物理学知识。

我们不得不限制辐射粒子必须是非相对论性的。我将在下一节展示，如何轻松地解除这个限制。

练习

(1) 找到汤姆孙截面的数值。
(2) 猜测克莱因–仁科公式中 $f(x)$ 在 $x \to 0$ 时的行为。

注释

[1] 回顾一下，在第 2.2 节中，我们首先对 t' 做积分。
[2] 例如，杰克逊的教科书。
[3] 见杰克逊的教科书，第 466—467 页，那里有这些因子的全貌。
[4] 我在前面的章节中已经说过，夜行法的精神基于我们对简单性的信仰。所以，请不要再问为什么不使用 $(\vec{a}^2)^6$。

[5] 你可能会问，为什么 f 不能依赖于 a。量纲分析可以排除这个问题。另外，$\vec{E}$ 和 $\vec{B}$ 是通过一次微分从 A_μ 中得到的，所以 P 只能依赖于 a 的二次方。

[6] 关于如何解决跟爱因斯坦等效原理的明显矛盾，见 *GNut*。上大学的时候，这个问题困扰了我很长一段时间。

[7] 见 R. Freedman, T. Ruskell, P. R. Kesten, and D. L. Tauck, *College Physics*, W. H. Freeman, 2017。

[8] 当然，这里的物理完全不一样——电磁波仍然是完美的正弦波。

[9] 这个结果在许多资料中都有解释，在这里我沿用珀塞尔的教科书，*Electricity and Magnetism*, Cambridge University Press, 2011, 第 459 页。

[10] 在二战期间，由普渡大学的物理学家为了保密而发明的。我认为 barn 是物理学中最酷的单位。见 *Physical Review Letters* **3** (1959), p. 161。

[11] 许多作者用 h 代替这里的 $\hbar$ 来定义康普顿波长，他们通常把 $\hbar/mc$ 称为"约化的康普顿波长"。

[12] 这里使用的是高斯单位制。

[13] 例如，见 *QFT Nut*，第 152—155 页。

[14] 他的学生包括汤川秀树（Hideki Yukawa）、朝永振一郎（Sinitiro Tomonaga）和坂田昌一（Shoichi Sakata）。

[15] 有些书用积分的形式给出，例如 Bjorken and Drell, *Relativistic Quantum Mechanics*, McGraw-Hill College, 1965, vol. 1, 第 132 页。

2.4 推广和补全的相对论效应

从非相对论领域跃升到相对论领域

大学生对旋转对称性的利用很熟悉。在平面上计算了一个物理过程以后，他们很容易把它推广到三维空间。例如，他们认识到，应该把二维动量 (p_x, p_y) 推广到三维矢量 $\vec{p} = (p_x, p_y, p_z)$，把表达式 $p_x^2 + p_y^2$ 推广为 $p_x^2 + p_y^2 + p_z^2 = \vec{p} \cdot \vec{p} = \vec{p}^2$。

洛伦兹对称性是难度并不明显的提升。要让结果具有洛伦兹不变性，只需将该结果扩展到四维时空。将三维动量矢量（符号略有变化）$\vec{p} = (p^1, p^2, p^3)$ 提升为四维动量矢量 $p = (p^0, p^1, p^2, p^3)$，其中 p_0 为能量。[1] 用洛伦兹标量积 $p^2 = \vec{p}^2 - (p^0)^2$ 代替标量积 $\vec{p}^2$：这就像从二维空间到三维空间，但从三维空间到 $(3+1)=4$——四维时空，需要放一个减号来区分空间与时间。"推广和补全"[2] 是这个游戏的名字。

回忆第 2.3 节。缓慢但加速运动的电荷所辐射的功率*用拉莫尔公式描述为

$$P = \frac{2e^2}{3m^2c^3}\left(\frac{d\vec{p}}{dt}\right)^2 \qquad (2.31)$$

计算相对论粒子的相应表达式，需要做更多的工作，但夜航物理学家可以几乎不做任何繁重的工作。[3]

按照承诺，我现在向你们展示，可以把非相对论粒子的拉莫尔公式扩展到相对论领域。当然，我必须假设你们熟悉狭义相对论。

拉莫尔的功率

第一步是认识到，功率 P 是在无限小的时间间隔 dt 内辐射的能量 dE：$dE = Pdt$。接下来，注意 dE 和 dt 分别代表洛伦兹四矢量 $dp^\mu = (dE, d\vec{p})$ 和 $dx^\mu = (dt, d\vec{x})$ 的时间分量。因此，功率 P 在洛伦兹变换下像标量一样变换。换句话说，P 保持不变（根本就没有变换）。

夜航物理学家的任务是推广 (2.31)，使得 P 从旋转标量变为洛伦兹标量。我们把三维矢量 $\frac{d\vec{p}}{dt}$ 推广为四维矢量的空间分量 $\frac{dp^\mu}{d\tau}$，其中[4]

$$d\tau \equiv +\sqrt{dt^2 - d\vec{x}^2} = dt\sqrt{1-v^2} \qquad (2.32)$$

定义了粒子的洛伦兹不变的固有时。[5] 当然，还是那句话，我必须假设你们知道狭义相对论，并且对这种形式有一定的了解。如果确实如此，你就可以立

---
*那时候我们没有得到因子 $\frac{2}{3}$，但不妨在这里写出来。

即写出 (2.31) 的推广。

$$P = \frac{2e^2}{3m^2c^3} \left(\frac{\mathrm{d}p}{\mathrm{d}\tau}\right)^2 \tag{2.33}$$

这里隐含着四矢量 $\frac{\mathrm{d}p^\mu}{\mathrm{d}\tau}$ 与自身的洛伦兹标量积：$\left(\frac{\mathrm{d}p}{\mathrm{d}\tau}\right)^2 = \left(\frac{\mathrm{d}\vec{p}}{\mathrm{d}\tau}\right)^2 - \left(\frac{\mathrm{d}E}{\mathrm{d}\tau}\right)^2$。值得注意的是，这个结果是由法国物理学家李纳德（Liénard）在 1898 年得到的，比狭义相对论早了很多年。

相对论世界的原住民

这里我们感兴趣的不是相对论的拉莫尔公式及其许多重要的应用[6]，而是推广和补全它的方法，你们可以将其应用于其他情况。

关键是要入乡随俗，使用目的地的本土概念，而不是出发地的本土概念。

在目前的情况下，动量 $\vec{p} = m\vec{v}$ 比速度 $\vec{v}$ 更自然，而相对论的四动量 p^μ 比 $\vec{p}$ 更自然。同样地，固有时 τ 比 t 更自然。第 2.3 节迈出了重要的第一步，即用 $\frac{1}{m}\frac{\mathrm{d}\vec{p}}{\mathrm{d}t}$ 代替 $\vec{a}$。在这里，我们把 $\mathrm{d}\vec{p}$ 提升为 $\mathrm{d}p^\mu$，把 $\mathrm{d}t$ 提升为 $\mathrm{d}\tau$。通过实践，你几乎不用多想就能从 (2.31) 跳到 (2.33)。

毫不奇怪，公式和结果在其自然环境中看起来更恰当。这个"秘密"通常没有教给大学生（我认为至少是教得不够）。更高的对称性通常会使表达式更简单。例如，如果坚持用 $\vec{v}$ 的方式表达 (2.33)，你最好先确定（在把 c 放回去之后）$\vec{\beta} \equiv \vec{v}/c$ 和 $\gamma = 1/\sqrt{1-\vec{\beta}^2}$，就像在狭义相对论的教科书中那样。通过一些直接但烦琐的代数，你可以验证 (2.33) 成为

$$P = \frac{2e^2}{3c} \gamma^6 \left(\dot{\vec{\beta}}^2 - (\vec{\beta} \times \dot{\vec{\beta}})^2\right) \tag{2.34}$$

(2.33) 或 (2.34) 哪个看起来更恰当呢？单纯从实践层面来看，你更容易记住 (2.33) 还是 (2.34) 呢？

事实上，为了让你更好地欣赏夜行法，我强烈要求你从附录 Gr 里的一般结果 $A_\mu(t, \vec{x}) = \int \mathrm{d}^3 x' \int \mathrm{d}t' \delta\left(t - t' - \frac{1}{c}|\vec{x} - \vec{x}'|\right) J_\mu(t', \vec{x}')/|\vec{x} - \vec{x}'|$ 逐步推导出 (2.34)。好吧，夜行法得不到 (2.33) 中的 $\frac{2}{3}$，但如果真的需要[7]，通过研究最简单的粒子从静止状态缓慢加速的情况，我可以做到这一点。

电磁辐射的总结

总结过去三节所涉及的内容。

在静电学中，电荷周围的电场由 $\frac{e}{R^2}$ 给出，在大 R 时迅速减小。

对于以频率 $\omega = ck$ 振荡的单色光源，平方反比律 $1/R^2$ 中的一个 R 被波长 $\lambda \sim 1/k$ 取代。因此，出射波的电场由 $\frac{e}{\lambda R}$ 给出，按照 $1/R$，而不是 $1/R^2$ 的形式减小。

对于加速度为 a 的非相对论带电粒子来说，平方反比律 $1/R^2$ 中的一个 R 被 c^2/a 所取代。因此，出射波的电场会像 $1/R$，而不是 $1/R^2$ 那样减小。长度 c^2/a 是什么意思？把它写成 $(c/a)c$。那么 c/a（在形式上）就是加速粒子达到光速所需的时间。因此，长度 c^2/a 是光在这段时间内所要走的距离。只有当 $a \gg c^2/R$，也就是 R 大时，我们才会赢。

虽然偶极辐射和拉莫尔辐射这两个结果的推导看起来很不一样，但夜航物理学家却能轻松地从一个转向另一个。

在夜行法的推导中，加速带电粒子在非相对论体系中的限制很容易通过推广和补全而解除。

注释

[1] 为了防止后排的学生尖叫，我要说，这里讲的是方法，而不是供你计算的公式，所以我在这里省去了 c。
[2] 见 *GNut*，第 218 页。
[3] 我采用杰克逊书中的方法，第 470 页。
[4] 同样，除非明确需要这个因子，我设定 $c = 1$。
[5] 事实上，在狭义相对论中，速度是一个极其尴尬的概念。见 *GNut*，第 218 页。
[6] 例如，回旋加速器与直线加速器的辐射损失。
[7] 这种情况什么时候发生过呢？

第 3 章
量子物理学：恒星中的隧穿效应，标度律，原子和黑洞

3.1 从绘制薛定谔的波函数到恒星里的隧穿效应

3.2 标度和清理的重要性

3.3 量子力学中的朗道问题

3.4 原子物理学

3.5 黑体辐射

3.6 被物理搞懵了？不要紧！

3.1 从绘制薛定谔的波函数到恒星里的隧穿效应

在量子力学课里，学生们在精确求解薛定谔方程上花了太多的时间，当然我读大学时也是。然而，绘制波函数草图的能力却没有得到足够的强调。

我希望读者至少对本节所讲的一些内容有所了解。

分段的常数势

一维的薛定谔方程

$$-\frac{\hbar^2}{2m}\frac{\mathrm{d}^2\psi}{\mathrm{d}x^2} + V(x)\psi = E\psi \tag{3.1}$$

通常不能解。

但是如果 $V(x)$ 等于常数，则很容易求解。

对于 $E > V$ 的情况，写成

$$\frac{\mathrm{d}^2\psi}{\mathrm{d}x^2} = -\frac{2m}{\hbar^2}(E-V)\psi = -k^2\psi \tag{3.2}$$

有不同的振荡解 ψ 等于 $\cos kx$ 和 $\sin kx$，或者等价地，$\mathrm{e}^{\pm\mathrm{i}kx}$。对于 $\psi > 0$，$\frac{\mathrm{d}^2\psi}{\mathrm{d}x^2} < 0$，因此 ψ 是向上凸的（就像 $-x^2$ 一样）。对于 $\psi < 0$，$\frac{\mathrm{d}^2\psi}{\mathrm{d}x^2} > 0$，所以 ψ 是向下凸的（就像 $+x^2$ 一样）。

对于 $E < V$ 的情况，与 (3.2) 不同，可以写成

$$\frac{\mathrm{d}^2\psi}{\mathrm{d}x^2} = \frac{2m}{\hbar^2}(V-E)\psi = \kappa^2\psi \tag{3.3}$$

有指数增长或指数衰减的解 ψ 等于 $\mathrm{e}^{\kappa x}$ 或 $\mathrm{e}^{-\kappa x}$。见图 3.1。

对于一个分段的常数势 $V(x)$，在每个区间，我们可以使用 (3.2) 或 (3.3) 的解，然后在各区间匹配 ψ 和 $\frac{\mathrm{d}\psi}{\mathrm{d}x}$。读者应该熟悉这一切。作为快速复习，附录 FSW 简要总结了著名的有限深方势阱的情况。

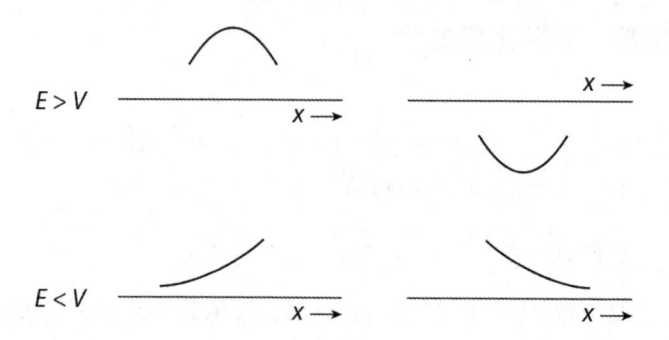

图 3.1 波函数的分段。对于 $E > V$，波函数可以是正数或负数；但对于 $E < V$，指数增长（衰减）函数的总体系数取为正数，只是为了让图最小化

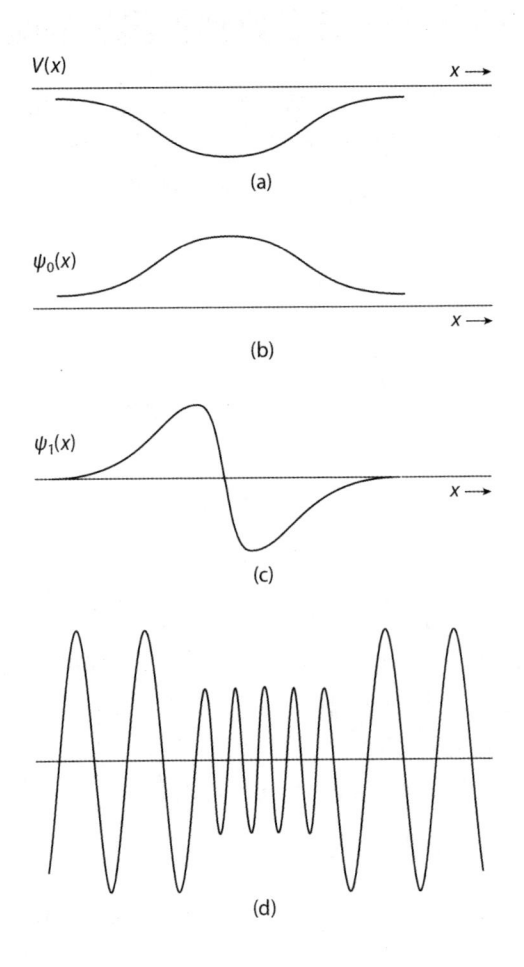

图 3.2 波函数的草图。(a) 势 (b) 基态波函数 (c) 第一激发态 (d) 典型的散射态

通过画波函数来解薛定谔方程

如果 $V(x)$ 作为 x 的函数缓慢变化，其中有一些区间或多或少是恒定的，我们可以得到波函数 $\psi(x)$ 画在信封背面的草图。见图 3.2。

有一些定理很有用。

如果势是偶函数（$V(x) = V(-x)$），那么波函数必须要么是偶函数（$\psi(x) = +\psi(-x)$），要么是奇函数（$\psi(x) = -\psi(-x)$）。[1]

我们只考虑势为偶函数的情况。[2]

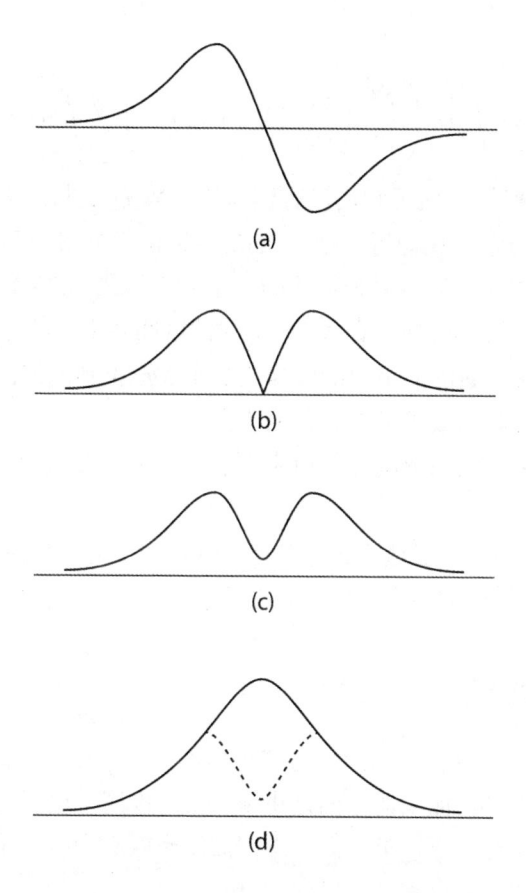

图 3.3 波函数的示意图。(a) 所谓的基态波函数 (b) 波函数所谓的"翻转" (c) 磨削了尖头的波函数 (d) 这个波函数的能量比 (a) 里的波函数更低

波函数的零点

另一个有用的定理指出，对于一般的吸引势，基态波函数没有零点。*该证明提供了一个漂亮的图像化思维的例子。见图 3.3。

假设有个女孩向我们推销带有一个零点的基态波函数 $\psi(x)$，如图 3.3(a) 所示。（这里还是考虑势为偶函数的一维情况。）她坚持认为，我们不可能找到价格更低，啊不，能量更低的波函数。我们会买账吗？

不，我们首先让 $\psi \to -\psi$，把 ψ 的负值部分反转符号，同时保持 ψ 的正值部分不受影响。现在我们就有了图 3.3(b) 中所示的波函数。能量由以下公

---

*对于自由粒子或处于排斥势中的粒子来说，波函数就像 $\cos kx$ 和 $\sin kx$，能量 $\propto k^2$，严格来说，基态是不确定的。当 $k \to 0$ 时，无数个零点之间的间隔变得越来越远。

式给出：

$$E = \int dx \left(\frac{\hbar^2}{2m} \left(\frac{d\psi}{dx} \right)^2 + V(x)\psi^2 \right) \bigg/ \int dx \, \psi^2 \tag{3.4}$$

所以，能量是不变的。（这里我们没有假设波函数 ψ 是归一化的。）

如图 3.3(c) 所示，我们可以把 ψ 的尖头磨削得光滑一些。此外，如果尖头区间的势是负的，我们可以把波函数"翻转"到图 3.3(d) 所示的形式，从而降低能量 E，因为此时我们在 $V(x) < 0$ 的区间有更多的 ψ^2。

我们发现，这个新的波函数的能量比那个女孩推销的波函数更低。

这证明了基态波函数不可能有任何零点。

在三维空间中，我们把这种推理应用于径向波函数 $u(r) \equiv r\psi(r)$，详情见附录 L。

基态波函数让能量 E 达到最小值[3]，这构成了变分原理的基础。波函数"倾向于待在"势最低的地方，同时试图保持 (3.4) 中的 $\left(\frac{d\psi}{dx} \right)^2$ 尽可能地小。

正交性和第一激发态

第三个定理是，对应不同的能量特征值的两个波函数 ψ_a 和 ψ_b 必须彼此正交：$\int dx \, \psi_a^* \psi_b = 0$，如果谈论的是束缚态，可以简单地写为 $\int dx \, \psi_a \psi_b = 0$。由于基态波函数没有零点，第一激发态的波函数就必须有一个零点[4]，第二激发态的波函数必须有两个零点，以此类推。

再说一遍，我希望读者接触过量子力学后，能够了解所有这些论证。

一旦我们知道了基态的波函数，正交性就大致确定了激发态的样子。下面举一个谐振子的例子。

绘制波函数的草图

有了这些观察结果，我们很容易勾勒出波函数 ψ 的大致模样，就像图 3.2 里做的那样。简而言之，如果给定的势类似于方势阱，那么它的能谱就应该跟具有类似宽度和深度的方势阱差不多。

读者可能知道，缓慢变化的势最好是用标准的 WKB 方法来处理。虽然基本的想法很简单，但实际做起来往往需要一些工作，特别是，涉及匹配条件的（我认为）相当乏味的讨论。[5]由于几乎所有的教科书都有这方面的内容，所以我就不讲了。相反，我将讨论夜行术，将"合理的"缓慢变化的电势粗略地替换成分段的常数势。我用恒星燃烧中遇到的一个"现实"问题来说明这一点。

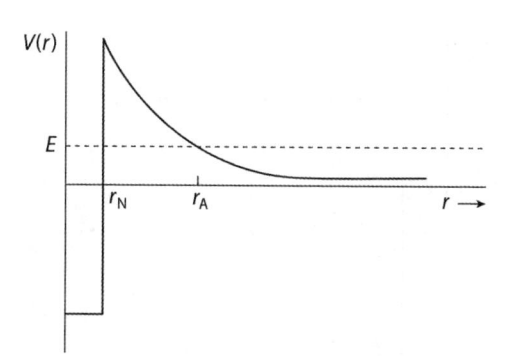

图 3.4　参与恒星燃烧的两个核之间的势能简图，画得完全不成比例

恒星燃烧

对于恒星燃烧，我们必须从一维空间转到三维空间。让我们定义 $u = r\psi$，其中 $r > 0$ 为球坐标中的径向变量。正如你在学校学到的，以及我在附录 L 中复习的，u 满足一维的薛定谔方程。

在核过程中，两个原子核之间的电排斥作用阻止它们靠近得足以通过强相互作用（或弱相互作用）发生反应。势 $V(r)$ 看起来就像图 3.4 中的草图，包括库仑电势（$\propto 1/r$）加上短程势，后者近似于很深的有限方势阱。

这个势 $V(r)$ 在恒星结构理论中很重要，因为过程 $p + p \to d + e^+ + \nu_e$（两个质子变成一个氘核、一个正电子和一个电子型中微子）控制着像太阳这样的典型恒星中产生能量的第一步。发射正电子是因为电荷必须守恒，发射中微子说明必须涉及弱相互作用。（见第 9.2 节。）这个显著的事实在恒星燃烧中发挥了重要作用[6]，对我们特别重要的当然是太阳的燃烧。

请注意核反应的典型能量标度（大约几个 MeV）和范围（大约 $1\,\text{fm} = 10^{-13}\,\text{cm}$，用 r_N 表示）。因此，这张图画得完全不成比例。

恒星内部的典型温度约为 $1\,\text{keV}$。一个靠近恒星中心且能量为 $E \sim 1\,\text{keV}$ 的质子在最接近的距离* $r_A \gg r_N$ 处折返。

在下文中，把库仑势写成 $V_C = E r_A / r$ 是很方便的，因为根据定义，库仑势在 $r = r_A$ 时等于 E。由于最接近的距离 r_A 是由库仑势（$\propto 1/r$）与 E 相等的位置决定的，所以我们注意到 $r_A \propto 1/E$ 并且应该牢记。你的能量越高，你就冲得越近。

因此，如果你是恒星内的一个核子，你就会看到问题：为了点燃反应，你需要靠近，但强大的电排斥力不断地把你推开。你该怎么做呢？

---

* "A" 代表"接近"（approach）。

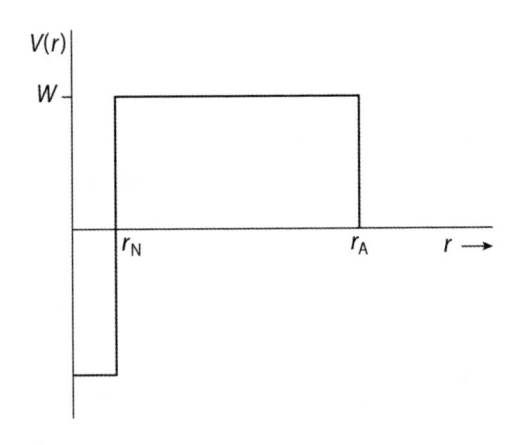

图 3.5 用分段的常数势取代参与恒星燃烧的两个核之间的真实势

核物理学中的伽莫夫隧穿效应

隧穿！伽莫夫发明了隧穿来解决这个问题（最初是关于 α 粒子的放射性发射问题，解释了 α 粒子如何从母核中跑出来[7]）。

请看图 3.4 里的势，我们简单地用分段的常数势代替它。事实上，常用的近似方法[8]是，当 $r_N < r < r_A$ 时，用常数势 $= W$ 来代替库仑势，当 $r_A < r$ 时，常数势 $= 0$。见图 3.5。

"但是等等，W 是什么？"细心的读者问道。

一个有道理的猜测是让 W 等同于 r_N 和 r_A 之间的库仑势 $V_C = Er_A/r$ 的体积平均值（让严谨的家伙们哭去吧）。

$$W = \int_{r_N}^{r_A} \left(\frac{Er_A}{r}\right) r^2 \mathrm{d}r \bigg/ \int_{r_N}^{r_A} r^2 \mathrm{d}r \simeq Er_A \left(\frac{1}{2}r_A^2\right) \bigg/ \left(\frac{1}{3}r_A^3\right) = \frac{3}{2}E \quad (3.5)$$

我们利用了近似条件 $r_A \gg r_N$。

这个问题的一个有趣的特点是，有效势的高度与 E 成正比。接近核的能量越高，排斥性方势阱就越高、越窄（因为 $r_A \propto 1/E$）。

这可不像标准教科书上的薛定谔方程。相反，在相关区域 $r_A > r > r_N$ 里，（径向 s 波的）薛定谔方程（即 (3.3) 的三维版本）成为（这里的 m 是两个核的某种约化质量）

$$\frac{\mathrm{d}^2(r\psi)}{\mathrm{d}r^2} = \frac{2m}{\hbar^2}(V-E)r\psi = \frac{2m}{\hbar^2}\left(\frac{1}{2}E\right)r\psi = \kappa^2 r\psi \quad (3.6)$$

它的解是 $r\psi \propto e^{\sqrt{\frac{mE}{\hbar^2}}r}$。

我们感兴趣的是在 r_N 处发现原子核的概率 $P(r_N)$（我们在这里进入正题）与在最接近的地方 r_A 处发现原子核的概率 $P(r_A)$ 的比值 $\mathcal{R}$。因此，第

一步，

$$\mathcal{R} = \frac{P(r_N)}{P(r_A)} = \frac{r_N^2 |\psi(r_N)|^2}{r_A^2 |\psi(r_A)|^2} = e^{2\sqrt{\frac{mE}{\hbar^2}}(r_N - r_A)} \simeq e^{-2\sqrt{\frac{mE}{\hbar^2}}r_A} = e^{-\sqrt{\frac{E_G}{E}}} \quad (3.7)$$

第二步，记住几何因子 $\propto r^2$！第三步，我们代入解 $r\psi \propto e^{\sqrt{\frac{mE}{\hbar^2}}r}$。第四步，我们再次使用条件 $r_A \gg r_N$。在关键的最后一步，回忆我要求你们记住的事情：最接近的距离 r_A 与 $1/E$ 成正比。

夜行法的一个很好的特点是，我们不必费力地跟踪核子的质量、静电耦合常数 e、普朗克常量，等等。所有这些都聚集在一起形成 E_G，这是由量纲分析得到的特征能量（G 代表伽莫夫）。

有趣的结果是对 E 的依赖关系不寻常，$1/\sqrt{E}$ 出现在指数上，这个东西可不是你每天都能看到的。相对隧穿概率 $\mathcal{R}$ 在 $E \to 0$ 时接近 0，而在 $E \gg E_G$ 时接近 1，符合我们的预期。

物理是讲道理的。（我喜欢这种物理学！）不幸的是，这种近似计算正在成为失传的艺术：人们要么试图精确地解相关的势，要么就像现在更有可能的那样，简单地用计算机狂算一通。无论是哪种方法，都很难完全把握正在发生的事情。

这里不讨论恒星里的核合成，所以我仅仅略述其余部分，并鼓励读者继续努力。首先，把相对隧穿概率 $\mathcal{R} \simeq e^{-\sqrt{\frac{E_G}{E}}}$（随着能量 E 的增加而增加）乘以玻尔兹曼因子 $e^{-\frac{E}{T}}$（支配能量 E 的分布，随着 E 的增加而减小）。我们看到，核反应速率在特征能量 E_* 达到峰值，称为伽莫夫峰，能量宽度为 Γ。接下来，使用最速下降近似法对 E 进行积分，这需要给出 $\sqrt{\frac{E_G}{E}} + \frac{E}{T}$ 的最小值，等等。[9]技术细节就留给循规蹈矩的朋友吧，哈哈！

把简谐势当作分段的常数势？

即使是明显偏离分段常数的势，在夜行方法中也经常可以当作分段的常数势。

假设我们不知道如何求解谐振子问题。第 3.2 节将讨论如何通过吸收各种常数来清理薛定谔方程。我们先借用一下，这里给出清理后的版本：

$$\frac{d^2\psi}{dy^2} = (y^2 - \varepsilon)\psi \quad (3.8)$$

其中 ε 是以 $\frac{1}{2}\hbar\omega$ 为单位的能量，ω 是振子的经典频率。对于 Y 附近的 y 的区域，其中 Y 是固定的而且远大于 $\sqrt{\varepsilon}$，我们可以用常数 Y^2 来近似计算势。换句话说，用分段的常数势来代替势 y^2，有点像你在一些中国照片中看到的陡峭山坡上的梯田。见图 3.6 和图 3.7。

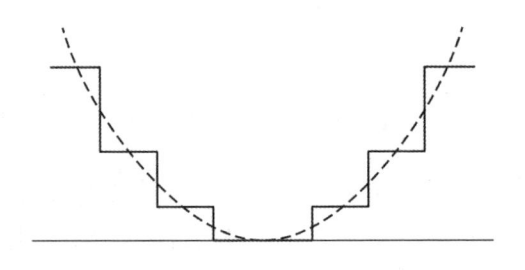

图 3.6 用分段的常数势代替弯曲的势

图 3.7 梯田。照片由弗罗德西亚克（Anna Frodesiak）拍摄

诚然，这种近似有些疯狂，但是夜航物理学家继续往下干。在 $y \sim Y$ 附近求解 $\frac{\mathrm{d}^2\psi}{\mathrm{d}y^2} = Y^2\psi$ 这个简单的方程，并得到 $\psi \sim e^{-\sqrt{Y^2}y}$，这有点像 $\sim e^{-y^2}$，至少看起来眼熟。也就是说，如果当 $y \to \infty$ 时，势在 V 处变成了常数，那么我们期望 $\psi \sim e^{-\sqrt{V}y}$ 以指数形式减小，但是在这里，势在 $y \to \infty$ 时快速增长，所以我们猜测，ψ 趋于零的速度应该比指数函数快得多。

为了给自己留下回旋的余地，让我们试试 $\psi = e^{-ay^2}$，其中 a 是一个模糊的系数，薛定谔将为我们确定这个系数。

微分两次，就得到 $\frac{\mathrm{d}^2\psi}{\mathrm{d}y^2} = (4a^2y^2 - 2a)\psi$，如果 $a = \frac{1}{2}$，它就等于 $(y^2 - \varepsilon)\psi$，这意味着能量 $\varepsilon = 1$。

现在可以继续，应用前面提到的定理。第一激发态的波函数有一个零点，是奇函数，因此必然是 $\psi = ye^{-\frac{1}{2}y^2}$ 的形式。请注意，指数的部分与基态波函数中的相同，因为在这个问题上，当 $y \to \infty$ 时，势比能量大得多。微分两次，我们得到 $\frac{\mathrm{d}^2\psi}{\mathrm{d}y^2} = (y^2 - 3)\psi$，因此很容易发现 $\varepsilon = 3$。可以用正交性检查算得对不对。

第二激发态的波函数是偶函数，所以它必须等于 $\psi = (y^2 - c)\mathrm{e}^{-\frac{1}{2}y^2}$，常数 c 由薛定谔方程决定，也可以根据它与基态波函数的正交性决定。事实上，你们可以这样迭代地确定厄米多项式。

练习

(1) 画出图 3.8 中的双阱势的基态波函数，其中 a 为每个阱的宽度，$2L$ 为两个阱的间隔。假设 $V(x) = V(-x)$，其中 $V(x)$ 具有 $W(x+L) + W(x-L)$ 的形式，而 $W(x)$ 是宽度为 a 的吸引势。分别考虑 $L/a \simeq 10$, 1, 0.1 和 0 的情况。精力充沛的读者可以求解 $W(x) = -W\theta(x)\theta(a-x)$（这是一个吸引性的方阱）的薛定谔方程，从而检查你的草图。

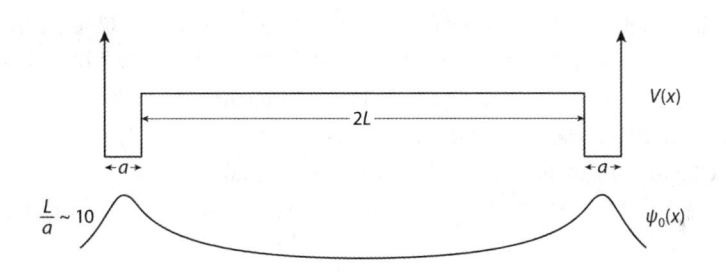

图 3.8 练习 (1) 里的双阱势

(2) 证明伽莫夫峰位于 $E_* \propto T^{\frac{2}{3}}$，其宽度为 $\Gamma \propto T^{\frac{5}{6}}$。
(3) 确定谐振子的第二激发态的能量。
(4) 对于氢原子，按照文中的方法写出 $u = r\psi$，清理它，并通过量纲分析得到结合能，给出整体的数值因子。

注释

[1] 证明很简单。如果波函数 $\phi(x)$ 是薛定谔方程的解，那么 $\psi(x) = \phi(x) \pm \phi(-x)$ 也是解。博学的人会说，这是因为 Z_2 群只有两个不可约的表示。见 *Group Nut*。
[2] 请把这里的结果推广到更一般的势。
[3] 在 (3.4) 中代入 $\psi + \delta\psi$，将 E 展开到 $\delta\psi$ 的一次项，并把它的系数设定为 0，就可以证明这一点。

[4] 显然，如果 $\psi_0(x)$ 和 $\psi_1(x)$ 都没有零点，那么 $\psi_0(x)\psi_1(x)$ 的符号就会保持不变，所以 $\int dx\, \psi_0(x)\psi_1(x)$ 不可能等于零。虽然这个证明只表明第一激发态的波函数至少有一个零点，但要扩展这个证明并不困难。

[5] 以下是费曼讲的故事，关于他在战后与费米的一次讨论，这与我对 WKB 近似的感受有关。

> （费米）来到了加州理工学院……在一次交谈中，他说："让我们看看，WKB 近似的判据是什么？"这是一个技术要点。我说："你应该知道。"他说："但我不记得了。"他把粉笔递给我——"教授，那么让我们看看——"。但是我搞不对，于是我说："粉笔给你，教授。"他把粉笔拿回去："我想现在我知道了。"他开始解释，但是他搞不对，就把粉笔还给了我。这样的情况持续了 15 分钟。现在，这是一个非常基本的命题，我们总是希望所有的学生都能马上知道，但我们那时候都很困惑。最后我们终于明白了，当然这是很明显的，我们都觉得自己很傻。*

[6] 弱相互作用之所以这样命名，是因为它比强相互作用和电磁相互作用进行得慢。在宇宙后期质量更大的恒星中，氦聚变为碳的过程占主导。对恒星燃烧的详细和正确的讨论远远超出了这里打算讨论的范围。

[7] 我推荐伽莫夫的自传《我的世界线》(*My Worldline*)，他在书中描述了他如何逃离苏联和发现量子隧穿。也许这两者在潜意识中是有联系的？虽然我认为"我的世界线"是物理学自传或传记的最佳标题，但如果选用"隧穿"(Tunneling) 也非常好。

[8] 见 Maoz, *Astrophysics in a Nutshell*，第 41 页。

[9] 见 D. Clayton, *Principles of Stellar Evolution*，第 301 页。

---

*见 https://www.aip.org/history-programs/niels-bohr-library/oral-histories/5020-4。

3.2 标度和清理的重要性

先做清理

在求解物理方程之前，最好先做清理。弹簧常数为 k 的简谐振子的薛定谔方程提供了方便的说明：

$$-\frac{\hbar^2}{2m}\frac{d^2\psi}{dx^2} + \frac{1}{2}kx^2\psi = E\psi \tag{3.9}$$

改变变量，让 $x = \lambda y$。那么，

$$-\frac{\hbar^2}{2m\lambda^2}\frac{d^2\psi}{dy^2} + \frac{1}{2}k\lambda^2 y^2\psi = E\psi$$

我们可以自由选择 λ，使工作尽可能地轻松。一个好的选择是让左边的两项相等：$\frac{\hbar^2}{m\lambda^2} = k\lambda^2$。所以，$\lambda^2 = \left(\frac{\hbar^2}{mk}\right)^{\frac{1}{2}}$，因此共同的系数就是

$$\frac{1}{2}k\left(\frac{\hbar^2}{mk}\right)^{\frac{1}{2}} = \frac{1}{2}\hbar\sqrt{\frac{k}{m}} = \frac{1}{2}\hbar\omega \tag{3.10}$$

这里的 ω 是振子的经典频率（见第 1.1 节）。

除以 $\frac{1}{2}\hbar\omega$，就得到 (3.9) 清理后的形式，

$$-\frac{d^2\psi}{dy^2} + y^2\psi = \varepsilon\psi \tag{3.11}$$

其中 ε 给出了以 $\frac{1}{2}\hbar\omega$ 为单位的能量。请注意，(3.11) 利用 $\frac{1}{2}k\lambda^2 = \frac{1}{2}\hbar\omega$ 确定长度 λ，这并不令人惊讶。你妈妈总是告诉你要打扫卫生，这在物理学中也是很好的建议：比较 (3.11) 和 (3.9)。

由于 (3.11) 不包含任何有量纲的参数，我们推断出谐振子的谱是由一系列纯数乘以 $\frac{1}{2}\hbar\omega$ 得到的。

不同的物理学领域使用对自己领域最方便的单位。清理工作告诉我们，对于简谐振子，正确的单位是，能量为 $\frac{1}{2}\hbar\omega$，长度为 $\left(\frac{\hbar^2}{mk}\right)^{\frac{1}{4}}$，被拉了这个长度的弹簧，其势能等于 $\frac{1}{2}\hbar\omega$，如 (3.10) 所示。

在这种情况下，标度（或缩放）相当于版本更高级的量纲分析。当然，量纲分析会产生同样的结果。因为我们想构建一个能量，所以不是以 M、T 和 L 的形式，而是以（通用的）E、T 和 L 的形式给出量纲，这样会稍微有效一些。$[k] = \text{E}/\text{L}^2$，而 $[m] = \text{E}/(\text{L}/\text{T})^2 = \text{ET}^2/\text{L}^2$。为了消除 L，我们必须用 $[k/m] = 1/\text{T}^2$ 组成 k/m 的组合。因此，能谱是由无量纲数字乘以 $\hbar\sqrt{k/m}$ 给出的，因为 $[\hbar] = \text{ET}$。

更妙的是，我们应该注意到，在简单的量子力学问题中，m 和 $\hbar$ 总是出现在组合 $\hbar^2/m$ 中[1]。从 (3.9) 可以看到，$\left[\frac{\hbar^2}{m}\right] = \mathrm{EL}^2$ 和 $[k] = \mathrm{E/L}^2$。二者相乘，我们推断出量纲分析意味着 $E^2 \sim \hbar^2 k/m$，当然与上述结果一致。

非谐项和内插法

只要势是简单的幂函数（例如，$V(x) = gx^4$），就可以做同样的清理。

显而易见，当势有混合的幂时，例如 $V(x) = \frac{1}{2}kx^2 + gx^4$，我们不会得到像 (3.11) 这样简单的结果，但仍然能够，并且应该清理一下。我们的结论是：$E = \frac{1}{2}\hbar\omega f(\gamma)$，其中 $\gamma \equiv (g/k^2)\hbar\omega$ 是非简谐性的无量纲的量度。简单的量纲检查：$[g] = \mathrm{E/L}^4$，$[k] = \mathrm{E/L}^2$，所以 $[g/k^2] = 1/\mathrm{E}$ 是能量的倒数。

在物理学中，当没有更好的办法时，内插法往往是有效的，正如第 1.4 节关于简单函数假说的讨论。假设某个问题已经在两个极限情况下解决了。那就插值吧！在这个例子中，采取对应于 $\gamma \to 0$ 和 $\gamma \to \infty$ 的极限 $g \to 0$ 和 $k \to 0$，你可以推导出关于未知函数 $f(\gamma)$ 的一些东西。

氢原子的缩放

让我们对氢原子的零角动量态做缩放（或标度）。回顾一下，如果我们设定 $\psi(r) = u(r)/r$（见附录 L），那么 $u(r)$ 满足 $r > 0$ 的一维薛定谔方程：

$$-\frac{\hbar^2}{2m}\frac{\mathrm{d}^2 u}{\mathrm{d}r^2} - \frac{e^2}{r}u = Eu \tag{3.12}$$

令 (3.12) 里的 $r = \lambda\rho$。要求左侧两项的系数相等，就可以得到 λ，即：$\frac{\hbar^2}{2m}\frac{1}{\lambda^2} = \frac{e^2}{\lambda} \Longrightarrow \frac{1}{\lambda} = \frac{2me^2}{\hbar^2}$。因此，相等的系数就是 $\frac{e^2}{\lambda} = \frac{2me^4}{\hbar^2}$。

除以这个量，我们得到了清理后的薛定谔方程：

$$\frac{\mathrm{d}^2 u}{\mathrm{d}\rho^2} + \frac{1}{\rho}u = \varepsilon u \tag{3.13}$$

其中，$E = -2\varepsilon\left(\frac{me^4}{\hbar^2}\right)$。这是众所周知的结果，即氢原子的零角动量态的能量等于负数乘以玻尔能量 $E_\mathrm{B} \equiv \frac{me^4}{\hbar^2}$，正如我们在第 1.3 节看到的那样。

就像谐振子一样，氢原子的结果从量纲分析的角度来看也是这样的，因为我们有 3 个有量纲的参数，e、m 和 $\hbar$，可以构成能量的量纲。事实上，$[\hbar] = \mathrm{ET}$，$[e^2] = \mathrm{EL}$，$[m] = \mathrm{M} = \mathrm{E}/(\mathrm{L/T})^2 = \mathrm{ET}^2/\mathrm{L}^2$，因此 $[m/\hbar^2] = 1/\mathrm{EL}^2$，这就摆脱了 T，因此唯一具有能量量纲的组合是 $me^4/\hbar^2$，符合预期。这个例子也说明了使用 E 而不是 M 的好处。

请注意，与谐振子相反，E_B 在 $\hbar \to 0$ 时发散。由于没有任何动能，谐振子只是静止在原点，随着 $\hbar \to 0$，$\frac{1}{2}\hbar\omega \to 0$。因此这里，波函数就被困在了原点 $r = 0$。玻尔原子的发明就是为了避免这个灾难。

我们看到，第 1.3 节中用来解决氢原子的不确定性原理论证，只是这里所用的标度论证的一个版本。使用了标度等式 $\frac{\hbar^2}{2m}\frac{1}{\lambda^2} = \frac{e^2}{\lambda}$，其中 $\lambda \to r$，可以解释为动能和势能具有相同的量级：$\frac{p^2}{2m} \sim \left(\frac{\hbar}{r}\right)^2 \frac{1}{2m} \sim \frac{e^2}{r}$。

高激发态的间距

无限深方势阱的能谱

$$E = \frac{\hbar^2}{2m}\left(\frac{n\pi}{a}\right)^2 \tag{3.14}$$

由间隔越来越远的能级组成。虽然你们应该能够推导出这个结果，但为了说明一个相当重要的问题，我还是在这里快速地推导一下。通常我们要选择使事情尽可能对称的坐标，但对于无限深的方势阱，选择 $V(x) = V(-x)$ 实际上并不好，因为波函数是交替出现的余弦和正弦。最好选择 $V(x)$ 在 $x < 0$ 和 $x > a$ 时是无限大的。这样就有 $\psi = \sin n\pi x/a$，能谱也就唾手可得。

相比之下，简谐振子有一个特点很受欢迎：它的能谱

$$E = \left(n + \frac{1}{2}\right)\hbar\omega \tag{3.15}$$

由等距的能级组成。事实上，这个"优美"的事实在量子场论的建立中得到了充分的利用：量子场"仅仅是"由无数个耦合的简谐振子组成的，空间中的每一点都有一个。[2]能量上的等距是关键。

有很多方法可以理解等间距，这就是称之为和谐的原因！在接下来的两个小节中，我用两种而不是一种夜行方法来获得大 n 情况下 (3.15) 对 n 的依赖性。（我们已经知道如何确定 $n = 0$ 和 1 的谱，如第 3.1 节所示。）

处理谐振子谱的第一种夜行法

第一种方法靠蛮力，就像晚上开卡车一样。第 3.1 节给出了基态的波函数 $\psi = e^{-\frac{1}{2}y^2}$，以及前两个激发态的 $\psi = y e^{-\frac{1}{2}y^2}$ 和 $\psi = (y^2 - c) e^{-\frac{1}{2}y^2}$（我们懒得确定这个常数 c）。后续的波函数完全由与前面所有波函数的正交性（以及随之而来的零点数量定理）决定。因此，第 n 个激发态的波函数的形式是 $\psi = (y^n + a_2 y^{n-2} + a_4 y^{n-4} + \cdots) e^{-\frac{1}{2}y^2}$。

将这个波函数直接代入 $\frac{d^2 \psi}{dy^2} = (y^2 - \varepsilon)\psi$，即经过清理的薛定谔方程 (3.11)。由于我们只想了解大 n 时的行为 $\varepsilon \propto n$，我们不打算担心各种数值系数，因子 2 和其他类似的东西。

利用微分的乘法规则 $(fg)' = f'g + fg'$，得到 $(fg)'' = f''g + 2f'g' + fg''$。现在评估 $\frac{\mathrm{d}^2\psi}{\mathrm{d}y^2}$，其中 ψ 是多项式和指数的乘积。每次我们对多项式 $(y^n + \cdots)$ 微分，y 的幂指数就会下降，但 n 的幂指数增加。相反，每次我们对 $\mathrm{e}^{-\frac{1}{2}y^2}$ 微分，$(-y)$ 都会从指数上掉下来，让 y 的幂增加 1。因此，对于大的 n，$\frac{\mathrm{d}^2\psi}{\mathrm{d}y^2} \sim (y^{n+2} + (-n + a_2)y^n + (n^2 + \cdots)y^{n-2} + \cdots)\mathrm{e}^{\cdots}$。

薛定谔告诉我们，要把这个与 $(y^2 - \varepsilon)\psi$ 匹配起来。势能项就像 $y^2\psi \sim (y^{n+2} + a_2 y^n + \cdots)\mathrm{e}^{\cdots}$，而能量项看起来像 $(-\varepsilon\psi) \sim -\varepsilon(y^n + \cdots)\mathrm{e}^{\cdots}$。这里 $y^{n+2}\mathrm{e}^{\cdots}$ 的匹配是"自动的"（这当然是设计好的结果）。看一下就知道，$y^n \mathrm{e}^{\cdots}$ 的匹配给出了 $\varepsilon \propto n$，这就是我们想要的结果。顺便说一下，如果我在黑板上给学生们演示，可以说得更少、做得更快。

处理谐振子谱的第二种夜行法

第二种夜行法（也是我喜欢的方法）把简谐势替换为无限深的方势阱。见图 3.9。

你可能会说："什么？！" 正如我们刚刚看到的，这两个能谱完全不一样啊。那么，现在完全消失的简谐势的曲率呢？

对于大 n 来说，波函数在 y 满足 $(\varepsilon - y^2) > 0$ 的情况下疯狂振荡，但随后在 y 满足 $(\varepsilon - y^2) < 0$ 的情况下，下降得比指数还快。因此就波函数而言，它不能在 $y \sim \sqrt{\varepsilon}$ 之外走得太远，而且它也不会花太多时间位于 $y \sim 0$ 附近，所以我们不太关心那里的曲率。

夜航物理学家认为，宽度为 $a \sim \sqrt{\varepsilon}$ 的无限深方势阱是合适的。因此（你

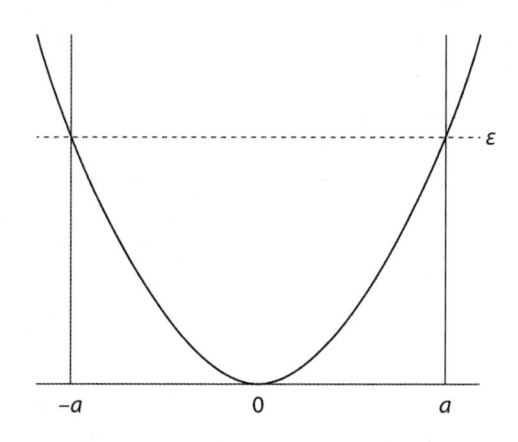

图 3.9 用无限深的方势阱来代替简谐势

们这些喜欢严谨的家伙们，去哭吧！），

$$\varepsilon \sim \left(\frac{n\pi}{a}\right)^2 \sim \left(\frac{n}{\sqrt{\varepsilon}}\right)^2 = \frac{n^2}{\varepsilon} \Longrightarrow \varepsilon \sim n \tag{3.16}$$

换句话说，简谐势阱就像无限深的方势阱，但势阱的宽度随着能量的增加而按照 $\sqrt{\varepsilon}$ 的形式变大。夜航物理学家喜欢做一些（严格来说）没有道理的声明。

用方势阱代替库仑势

我们现在对能级的理解是，对于不规则方势阱，其能级就像 n^2，而对于简谐振子，就像 n。氢原子的能谱显示了另一种行为：能级在大 n 的情况下像 $1/n^2$，被挤压得越来越近。这当然是由于库仑势的无限长的尾巴造成的。让我们用夜行法推导这个众所周知的事实（巴耳末的猜测）。

在薛定谔方程 (3.12) 中设定 $E = -B$，其中 B 为正数且接近于 0。然后，电子在径向上行走的距离 a 大致由 $B \sim e^2/a$ 给出。因此，用宽度为 $a \sim e^2/B$ 的吸引性的方势阱代替库仑势。见图 3.10。

立刻有人反对说：我们要用多深的势阱呢？库仑势一直下降到 $-\infty$。事实证明，阱的深度并不重要，只要给它指定一个大的有限值，名义上是无限的（不管这意味着什么）。我们明确对大 n 的态感兴趣，在这个态的电子会在远离质子的地方游荡。因此，引用已知的无限深方势阱的能谱，我们写出

$$B = \frac{\hbar^2}{2m}(n\pi)^2 \frac{1}{a^2} \sim \frac{\hbar^2}{2m}(n\pi)^2 \frac{B^2}{e^4} \tag{3.17}$$

解它就可以得到，$B \sim \frac{me^4}{\hbar^2} \frac{1}{n^2}$，这是正确的答案。严谨的家伙们，接着哭吧！

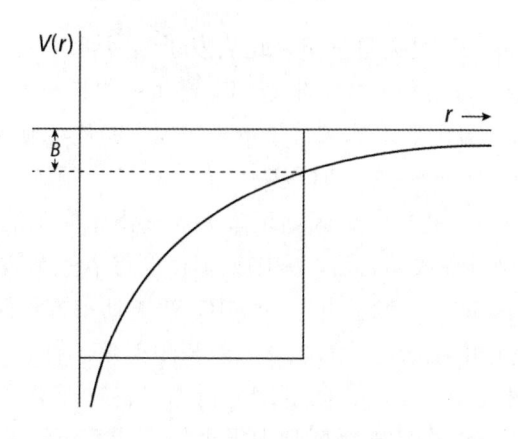

图 3.10 用方势阱代替库仑势

实际上，库仑势就像一个方阱，它的宽度随着结合能 $B \to 0$ 以 $1/B$ 的形式增长。

索末菲的精细结构常数和空间插值

把玻尔能量用索末菲的精细结构常数[3],[4]

$$\alpha \equiv \frac{e^2}{\hbar c} \simeq \frac{1}{137} \tag{3.18}$$

表示出来很有用（这里使用的是高斯单位制，见附录 M）。玻尔能量 $me^4/\hbar^2 = m(\hbar c\alpha)^2/\hbar^2 = \alpha^2 mc^2$ 大约是 $\alpha^2 \simeq (10^{-2}/1.4)^2 \simeq \frac{1}{2} \times 10^{-4}$ 乘以电子的静止能量 ($\sim \frac{1}{2}$ MeV)。我们得到 ~ 25 eV，与第 1.3 节提到的值相差了一个系数 2。

即使是夜行法，使用清理后的薛定谔方程 (3.13)，我们也很容易追踪到这个 2 的系数。我们知道边界条件：当 $\rho \to 0$ 时，$u(\rho) \to 0$（见附录 L）。另一方面，当 $\rho \to \infty$ 时，我们有 $\frac{d^2 u}{d\rho^2} \simeq \varepsilon u$，因此 $u(\rho)$ 呈指数衰减 $\sim e^{-\sqrt{\varepsilon}\rho}$。在两端知道 u，并且知道 u 没有零（除了 $\rho = 0$），夜行人立即猜到 $u(\rho) = \rho e^{-\sqrt{\varepsilon}\rho}$。将此代入 (3.13)，我们发现，如果 $\varepsilon = \frac{1}{4}$，薛定谔方程就有解。因此，$E = \frac{1}{2}\alpha^2 mc^2$。系数 2 现形了！

早些时候，我们谈到了插值，是因为势中的耦合常数从 0 到 ∞ 变化。这里是在空间中插值，在我们知道的 $\rho = 0$ 和 $\rho = \infty$ 两个位置之间。

顺便说一下，这里也可以联系到第 2.1 节提到的戴森的言论，关于电磁学中出现的奇特量纲。我们看到，e 具有量纲 $[\sqrt{\hbar c}] = (\mathrm{M}\,(\mathrm{L}^2/\mathrm{T})\,\mathrm{L/T})^{\frac{1}{2}} = \mathrm{M}^{\frac{1}{2}}\mathrm{L}^{\frac{3}{2}}/\mathrm{T}$。

爱因斯坦被误导

基本常数的组合 $\frac{e^2}{\hbar c}$ 是无量纲量，这启发了爱因斯坦等人提出一种可能的相对论性电子理论，以某种方式产生普朗克常量：也许 $\hbar \sim e^2/c$ 会从这样的理论里自动跳出来。爱因斯坦非常希望量子物理学能从经典物理学中诞生。

必须承认，这种可能性在当时很吸引人。在原子领域，唯一已知的相互作用是电磁相互作用。此外，爱因斯坦本人还提出了光子的概念，其能量由 $\hbar\omega$ 给出。在薛定谔方程成功之后，爱因斯坦试图将 $\hbar$ 引入麦克斯韦方程。讽刺的是，我们现在知道，在量子电动力学中，麦克斯韦方程保持不变，没有 $\hbar$ 的影子。改变的是把电磁场提升为能够产生和湮灭光子的量子算符。

我认为这是最好的例子，说明量纲分析如何将物理学里最伟大的思想者引入歧途。我在想，现在基础物理学中提倡的一些有趣的关系，是不是也会让人走错路呢？

练习

(1) 对于势 $V(x) = gx^4$，重复正文中所做的工作。能量特征值如何依赖于 g 呢？

(2) 关于势能 $V(x) = \frac{1}{2}kx^2 + gx^4$ 的能量特征值，你还能说多少呢？特别是，你可以对 g 做一阶微扰理论。随着 n 的增大，对能量的修正如何变化？用夜行法论证这种行为。

(3) 利用正交原理，猜测氢原子第一激发态的形式为 $u = (\rho - b\rho^2)\mathrm{e}^{-\sqrt{\varepsilon}\rho}$。画出这个波函数和基态波函数的草图。将其代入薛定谔方程以确定这个态的能量。验证正交性。

(4) 使用正文中提到的第一种夜行法，获得氢原子能谱的大 n 行为 $\varepsilon \sim 1/n^2$（巴耳末的猜测）。

(5) 对于原子序数 Z 很大的原子，它的托马斯–费米模型会导致看起来很乱的方程

$$\frac{1}{r}\frac{\mathrm{d}^2(r\phi)}{\mathrm{d}r^2} = \frac{4\pi e(2me)^{\frac{3}{2}}}{3\pi^2\hbar^3}\phi^{\frac{3}{2}} \tag{3.19}$$

其边界条件为 $\lim_{r\to 0} r\phi = Ze$ 和 $\lim_{r\to\infty} r\phi = 0$。第 5.4 节将描述得到这个方程的过程。现在，这可以作为一个很好的清理练习。说明这个方程可以清理成 $x^{\frac{1}{2}}\frac{\mathrm{d}^2\zeta}{\mathrm{d}x^2} = \zeta^{\frac{3}{2}}$ 的形式[5]。

(6) 给出方程 $x^{\frac{1}{2}}\frac{\mathrm{d}^2\zeta}{\mathrm{d}x^2} = \zeta^{\frac{3}{2}}$，其边界条件为：当 $x \to 0$ 时，有 $\zeta \to 1$；当 $x \to \infty$ 时，有 $\zeta \to 0$。分析它并得到 ζ 在两个极限下的行为。

注释

[1] 写完这一节之后，我了解到有些人把 $\frac{\hbar^2}{2m}$ 称为薛定谔常数。

[2] 这就是为什么电磁场可以在空间的任何一点发射或吸收一个光子，我们将在第 9 章看到。注意杨–米尔斯理论，即非阿贝尔规范理论（它是强相互作用、电磁相互作用和弱相互作用的基础），在某种意义上涉及无限个耦合的旋转陀螺。

[3] 我曾经住在慕尼黑的一所物理学院，索末菲曾经在那里授课。大厅里有一块刻有公式 $\alpha \equiv \frac{e^2}{\hbar c}$ 的金属纪念牌。一些朋友（不是物理学家）来访问，我问他们这个有趣的符号 $\hbar$ 是什么意思。纪念牌的雕刻方式是，"$\hbar$" 中的横杠是一条短的水平线，穿过形成字母 h 的长竖线。一位德国女士，显然是反核的和平活动人士，立即回应说物理学家反对发明核反应堆："圆形拱"代表核反应堆，旁边竖着基督教的十字架，纪念所有被物理学家间接杀害的人。对 $\hbar$ 的这种解构非常有创意！

[4] 1958 年，当泡利因胰腺癌濒临死亡时，他的最后一个助手恩茨（Charles Enz）到医院看望他。泡利问他："你看到房间的号码了吗？"那是 137 号。泡利一生都在关注这样一个问题：为什么这个无量纲的基本常数（精细结构常数）的数值几乎等于 1/137。1958 年

12月15日,泡利在那个房间里去世。由于量子场论中耦合常数随能标跑动的概念,我们现在明白,整数137并没有什么特殊的意义。我们这代人对这种醉心于数字神秘主义的行为感到惊奇。

[5] 关于求解这个方程的各种尝试,见维基百科链接 https://en.wikipedia.org/wiki/Thomas–Fermi_model。

3.3 量子力学中的朗道问题

在学习量子力学的时候，我尽职尽责地掌握了精确求解薛定谔方程的方法，比如使用厄米多项式或者拉盖尔多项式。毫无疑问，这些方法本身很优美，但是——怎么说呢——它们缺乏灵魂，至少是没感觉。后来，我在朗道和栗弗席兹（Lifshitz）的量子力学教科书中看到了一个有趣的练习，涉及一维的薛定谔方程。它给我留下了深刻的印象。我将从自己多年以后的角度来描述这个问题和它的解。（由于我不知道这个问题的来龙去脉，所以我总是把它叫作"朗道问题"。）

坑洼不平的势

考虑处于吸引势 $gV(x)$ 中的一个粒子，当 $x \to \pm\infty$ 时，吸引势 $gV(x)$ 很快变为零。如图 3.11 所示，函数 $V(x)$ 是"坑洼不平"的，而且很不规则。把 g 看成是设定了势的强度。

你能准确地得到束缚态的能谱吗？

乍一看，你的反应是："当然不行！"你说对了。对于某个特定的 $V(x)$，你只好打开计算机，用数值计算才可以。

你也可以画出波函数 $\psi(x)$，正如我在第 3.1 节劝告你的那样。它也是坑洼不平的，不折不扣地遵循 $V(x)$，在势深的地方大，在势浅的地方小。但是，正如我们现在所看到的，在 $g \to 0$ 的极限下，关于束缚态的谱，我们实际上可以得到一些确切信息。在继续阅读之前，也许你可以解决这个问题？

设置问题

所以，从薛定谔方程开始：

$$\left(-\frac{\hbar^2}{2m}\frac{\mathrm{d}^2}{\mathrm{d}x^2} + gV(x)\right)\psi = E\psi \tag{3.20}$$

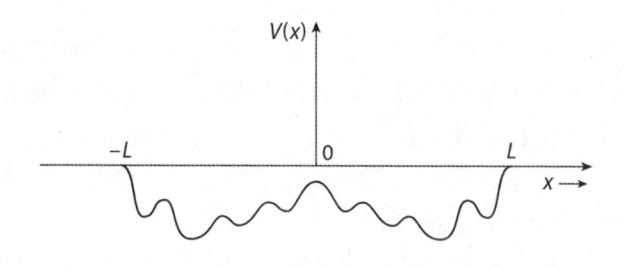

图 3.11 坑洼不平的势

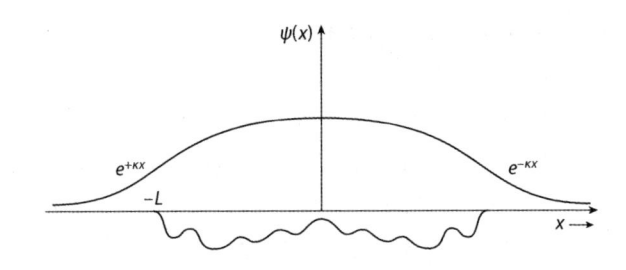

图 3.12 随着势变得越来越浅，势阱里的波函数变得越来越平坦

为简单起见，我们采用对称势 $V(x) = V(-x)$，在 $L > x > -L$ 的范围内处处为负，而在此之外为零。你可以推广它，就算是练习吧。

当我第一次看到这个问题时，朗道和栗弗席兹给出的解很优雅，打动了我。这个问题令人耳目一新，它不同于任何一般的普通教科书中准确解决的标准问题。[1]求解这个问题，需要我们对薛定谔方程有"感觉"。

更重要的是，这不是我们的感觉，而是波函数的感觉。对于一般的 g，在 $L > x > -L$ 范围内的波函数 ψ 感觉到 $V(x)$ 中的颠簸，它"想去" $V(x)$ 最深的地方。在 $L > x > -L$ 之外，我们有 $\psi \simeq e^{\mp \kappa x}$，其中 κ 与结合能直接相关。

但当 $g \to 0$ 时，束缚态就会一个接一个地消失，变成非束缚态。让我们关注最低的束缚态：它的波函数 ψ 变得越来越平坦，所以它对 $V(x)$ 的颠簸起伏越来越不敏感。见图 3.12。这个概念给了我们希望，当 $g \to 0$ 时，我们可以确切地得到关于基态能量的信息。

清理和直觉

首先是清理，把 (3.20) 乘以 $\frac{2m}{\hbar^2}$（量子力学里应该有个特殊的符号，例如 ξ，[2]代表 $\frac{2m}{\hbar^2}$），就得到

$$\frac{d^2\psi}{dx^2} = (\varepsilon + \lambda V)\psi \tag{3.21}$$

其中 $\lambda = \xi g$，以及对于束缚态，$\varepsilon = -\xi E > 0$。

在计算之前，让我们问自己，当 $\lambda \to 0$，$\varepsilon \to 0$ 时，物理直觉告诉我们会发生什么情况呢？一个经典的球，在有轻微摩擦的情况下，会滚落到一些局部的（也可能是全局的）最小值。不管怎么说，它的能量都是 $\varepsilon \sim O(\lambda)$ 的量级。但是因为量子涨落，我们可能期望粒子结合得更松散，也就是说，结合能比 λ 更快地趋近于零，也许像 $O(\lambda^2)$。

从教学上讲，也许我最好让你们求解 ε，假设它是 $O(\lambda)$。你很快就会受挫并放弃。在本章的最后，我将给出一个简单的方法，说明为什么天真地猜

测 $\varepsilon \sim O(\lambda)$ 是不可行的。

所以，假设 $\varepsilon \sim O(\lambda^2)$。[3] 施展夜行大法，扔掉 (3.21) 中的 ε，因为它比势 λV 小得多。乍一看，这样篡改特征值方程太危险了，彻底干掉了特征值！

解决问题

别管了，继续前进吧。从 $-L$ 到 $+L$ 对 (3.21) 做积分，得到

$$\left.\frac{d\psi}{dx}\right|_{-L}^{L} = -2\kappa\, e^{-\kappa L} \simeq \int dx\, \lambda V \psi \simeq \lambda \left(\int dx\, V\right) e^{-\kappa L} \tag{3.22}$$

第一个等式来自于 ψ 在 $L > x > -L$ 范围外的指数衰减。第一个近似等式来自于去掉 ε 后对 (3.21) 的积分。第二个近似等式来自于 ψ 在 $L > x > -L$ 范围内基本上是常数。因此我们得到 $\kappa = -\frac{1}{2}\lambda \int dx\, V$。注意，$V$ 是负的，所以 $\kappa > 0$。由于我们假定 V 在 $L > x > -L$ 范围外消失，所以积分范围可以扩展到 $\pm\infty$。

当我们去掉薛定谔方程里的 ε 时，你可能惊慌失措，担心我们怎么才能把 ε 找回来。那么，你有没有听到，它刚刚借助于在远处指数衰减的 ψ 偷偷地回来了呢？

缩放后的结合能就是 $\varepsilon = \kappa^2 = \frac{\lambda^2}{4}\left(\int_{-\infty}^{\infty} dx\, V(x)\right)^2$。实际上，$\varepsilon$ 是 $O(\lambda^2)$。结合能等于

$$E = -\frac{g^2}{4}\left(\frac{2m}{\hbar^2}\right)\left(\int_{-\infty}^{\infty} dx\, V(x)\right)^2 \tag{3.23}$$

这个故事的教训和可能的策略

我认为这个结果[4]很了不起。结合能决定于势 $V(x)$ 的"面积"，跟它上下起伏的细节无关。每个人都有自己的品味，但我喜欢这种简单而优雅的结果。这并不是说结果 (3.23) 有多重要——它并不重要。[5]

费曼的一个传记作者[6]写道："费曼可以轻松地对付方程背后的实质问题，就像同龄的爱因斯坦，就像苏联物理学家朗道——但是很少有人做到这一点。"对我来说，"方程背后的实质"这个令人难忘的短语在 (3.23) 中得到了体现。谁都会解二阶微分方程，但很少有人能感受到波函数的感觉，它试图俯下身形，随着能量的下降而逐渐躺平。

想象一下被这个问题困扰的情景。不要束手无策，一个可行的策略是求解有限深的方势阱，并观察阱深为零时束缚态能量如何消失。你可能会注意

到，随着势变得越来越浅，波函数变得越来越平坦。请记住，在其他情况下，类似的策略可能对你有帮助。

量纲分析的威力

实际上，(3.23) 中的优雅结果也可以用量纲分析得到。想象一下，向一位数学家展示 (3.21)，$\frac{d^2\psi}{dx^2} = (\varepsilon + v)\psi$，以及特定的边界条件。（为了写起来省事，我定义 $v(x) \equiv \lambda V(x)$。现在应该很清楚，λ 和 V 并不单独出现。）

有些大学生认为，量纲分析与解决微分方程的纯练习无关，而这个问题就是这样。但我相信，看了《数学小插曲1》那节之后，你就不会再这么想了。

假设数学家甚至不知道 M、L 和 T 是什么，但是，仍然可以为变量 x 指定量纲 $[x] = \mathrm{K}$，而不需要说明 K 是什么。那么 $[v] = \mathrm{K}^{-2}$。数学家的任务是确定量纲为 K^{-2} 的 ε，关键在于 ε 不是 x 的函数，因此像 $\varepsilon \sim v(x)$，$\varepsilon \sim xv(x)$，或者 $\varepsilon \sim (xv(x))^2$ 这样的猜想（有些学生可能真的写下来了）是没有意义的（第二个猜想甚至连量纲都不正确）。对于前两个错误的选择，ε 确实是 $O(\lambda)$，也就是本节前面提到的我们的第一个天真的猜测，但是 $v(x)$ 应该在什么值上评估呢？试一试，你很快就会发现，唯一的可能性是 $\varepsilon \sim \left(\int \mathrm{d}x\, v(x)\right)^2$，其中 $\mathrm{d}x$ 提供了所需的量纲。我们得到了朗道结果的整体数值因子。

练习

(1) $V(x)$ 不一定是对称的，重复这个推导。

注释

[1] 几十年来，除了朗道和栗弗席兹之外，我从未在其他教科书中看到过这个练习。

[2] 或者就像我的一个学生建议的那样，用小写的希腊字母 ν，但是它看起来太像英文字母 v 了。后来，我在某个地方读到，这个数的倒数被称为薛定谔常数，但这个术语肯定没有得到普遍使用。

[3] 这是最好的事后论证。

[4] 对于更偏爱数学的读者，请看这个挑战：如果 $V(x)$ 下降得不够快，积分 $\int_{-\infty}^{\infty} \mathrm{d}x\, V(x)$ 不存在，应该怎么办呢？担心这种事的数学物理学家已经把这种情况严格求解了。

[5] 这让我想起了费曼关于物理学和获得结果的调侃。*

[6] J. Gleick, *Genius: The Life and Science of Richard Feynman*, Pantheon Books, 1992.

---

*译注：费曼说，物理学跟性很相似，主要不是因为这会让你有小孩，而是因为它会让你快乐。

3.4 原子物理学

快点儿说,最小的原子是哪个?请思考,然后写下你的答案。

在学校里,我们学习了氢原子的精确解,但是,一旦超过氢原子,拉盖尔多项式对你就没有什么帮助了。近似方法,特别是哈特里–福克方法和托马斯–费米模型,已经被开发出来,标准教科书对此有详细的处理。相反,本节对原子物理学的一种特殊的夜行法*做一些探索。我们先寻找氢原子的巴耳末系,然后是氦原子,再处理原子序数为小 Z 的原子。最后做一些评论。

大学生都是考试的高手,根据问题的提出方式,就知道不会是氢原子。如果回答氢,你就错了。氢原子甚至连第二小的原子都排不上。氦原子最小,氢原子第二小。

氢原子的基态

在第 1.3 节处理氢原子时,我们谈到了动能和势能的竞争以及最终达成的妥协。简而言之,总能量由以下公式给出:

$$E = \frac{p^2}{2m} - \frac{e^2}{r} \simeq \frac{\hbar^2}{2mr^2} - \frac{e^2}{r} \equiv \frac{A}{2r^2} - \frac{B}{r} \tag{3.24}$$

注意量纲:$[A] = \mathrm{EL}^2$,$[B] = \mathrm{EL}$。回忆一下,我们利用不确定性原理,设定了 $p \simeq \hbar/r$。很快你就会看到引入 A 和 B 的好处。

为了使 E 最小化,第一项希望 $r \to \infty$,第二项希望 $r \to 0$。进行微分,我们得到 $A/r^3 = B/r^2$,因此

$$r = A/B \tag{3.25}$$

能量就等于

$$E = \left(-1 + \frac{1}{2}\right) B^2/A = -B^2/2A \tag{3.26}$$

请记住这两个结果,本章将反复使用它们。

由于 $A = \hbar^2/m$ 和 $B = e^2$,我们有

$$r = \frac{\hbar^2}{me^2} \equiv a = 1 \text{ 玻尔半径} \tag{3.27}$$

和

$$E = -\frac{me^4}{2\hbar^2} \equiv -1 \text{ 里德伯} = -13.6 \text{ eV} \tag{3.28}$$

---

*我沿用了魏斯科普夫(Victor Weisskopf)在欧洲核子研究中心的一些演讲(欧洲核子研究中心暑假项目中的演讲,1969 年,欧洲核子研究中心报告编号 70-08)。

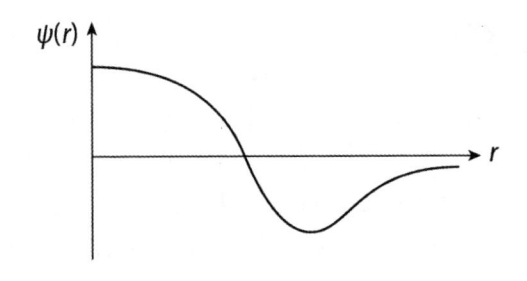

图 3.13 $n=2$ 的波函数必须有一个零点

激发态

我们现在雄心勃勃,想要考虑第一激发态(主量子数 $n=2$,但角动量仍为 0)。

正如第 3.1 节所述,根据正交性,第一激发态必须比基态多一个零点。由于波函数必须有一个零点,它必须以两倍于基态波函数的速度蠕动,因此 p 应该是 $\simeq 2\hbar/r$,而 r 尚待确定。见图 3.13。因此,我们应该用 $4A$ 代替 $A \propto p^2$。常数 B 保持不变。

参照公式 (3.25) 和 (3.26),我们看到半径 $r = A/B \to 4a$,能量 $E = -B^2/2A \to -\frac{1}{4}$ 里德伯。第一激发态的半径是基态的 4 倍,而结合能只有基态的 1/4。这些恰好都是正确的答案。

因此,我们现在猜测,对于主量子数为 n 的 s 波的态,$p \simeq n\hbar/r$,因为波函数现在必须以 n 倍的速度蠕动。所以让 $A \to n^2 A$,而 B 保持不变。因此,

$$r_n = n^2 \text{ 玻尔半径}, \qquad E_n = -\frac{1}{n^2} \text{ 里德伯} \tag{3.29}$$

我们实际上已经得到了巴耳末[1]系!

夜行法猜测的 $p \simeq n\hbar/r$ 是可信的,但是当然没有证明,这肯定不能让严谨的警察满意。把它当作幸运的(但非常合理的)猜测吧。

氦原子

再看氦原子,我们现在想象两个自旋相反的电子,在半径为 r 的同一个圆轨道上,围绕着由两个质子和两个中子组成的原子核运动。见图 3.14。请注意,这个图像基本上是经典的,没有提到薛定谔的波函数或类似的东西。我们可以按照 (3.24),写下

$$E \simeq 2 \cdot \frac{\hbar^2}{2mr^2} - 2 \cdot 2 \cdot \frac{e^2}{r} + \text{电子--电子排斥能} \tag{3.30}$$

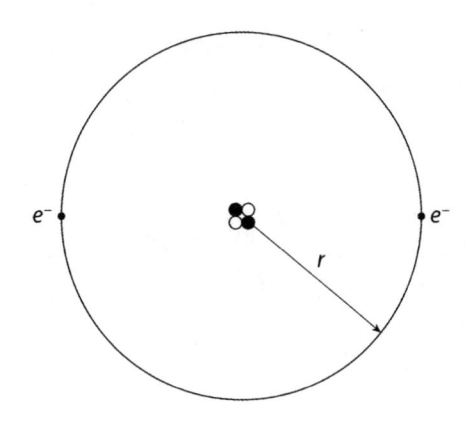

第 3 章　量子物理学：恒星中的隧穿效应，标度律，原子和黑洞 | 99

图 3.14　氦原子的图片（此处的两个电子相隔 $2r$）

我相信读者能够理解 (3.30) 中的 "2" 这个因子。（提示：两个电子围绕着包含两个质子的原子核。）注意，这个图像基本上是经典的。在"现实"中，如果没有相互排斥，两个电子云是相互重叠的，自旋向上和自旋向下的电子占据相同的轨道态。

困难的是恰当地猜测两个电子的排斥能。我们通过思考两个电子的有效（或典型）距离来估计。

当两个电子处于圆形轨道的两侧时，就会达到最大距离 $2r$。在数学上，最小距离是 0，但是，我们是明智的物理学家：两个电子不可能花很多时间待在一起的。我们猜测最小距离是 r 的量级。因此，让我们写出 $r_{有效} = r/\xi$，模糊系数 ξ 在 $\frac{1}{2}$ 和 1 之间，给出排斥能 $V_{ee} = e^2/(r/\xi) = \xi e^2/r$。

（在讲授这个问题时，我对全班同学进行了调查，问学生 ξ 应该更接近于 $\frac{1}{2}$ 还是 1。他们异口同声地回答"更接近于 $\frac{1}{2}$"，集中在 0.6 或 0.7 左右。）

因此，我们的结论是

$$E \simeq \frac{2\hbar^2}{2mr^2} - (4-\xi)\frac{e^2}{r} \tag{3.31}$$

这实际上与氢问题的 (3.24) 形式相同，但 $A \to 2A$，$B \to (4-\xi)B$。我们预测，氦原子的半径 $r = 2a/(4-\xi)$ 玻尔半径，能量 $E = -(4-\xi)^2/2$ 里德伯。根据魏斯科普夫的说法，$\xi \sim 0.6$ 给出了好的拟合。

因此，$r \simeq 2a/3.4 = a/1.7 < a$。氢原子的大小几乎是氦原子的两倍。带两个电荷的原子核将电子拉得更紧，但电子与电子之间的排斥力使原子略微有些膨胀。

评论一下模糊的艺术。我们可以说，电子–电子排斥能的影响把 (3.30) 中的第二项修改为 4η，其中 η 是某个 $\lesssim 1$ 的模糊因子。虽然这在数学上与

(3.31) 完全相同，但有某种伪心理学因素在起作用。ξ 的一些误差（比如说 50%）产生的影响会比 η 的 50% 的误差小。

小 Z 的原子

真是豪情万丈啊！现在我们进入周期表的第二行。[2]

请记住，第一行由 $n=1$，$l=0$ 组成*，有一个或两个电子，对应于 H 和 He。第二行由 $n=2$，$l=0$、1 组成，有 1 个 s 波和 3 个 p 波的态，因此可容纳 $2\times(1+3)=8$ 个电子。这些对应于 8 种元素，符号为[3]

$$\text{Li} \quad \text{Be} \quad \text{B} \quad \text{C} \quad \text{N} \quad \text{O} \quad \text{F} \quad \text{Ne}$$

从 $Z=3$ 到 $Z=10$。

内部的两个电子看到的是电荷为 Ze 的原子核。与氢原子相比，$A \to A$，$B \to ZB$，因此 $r = A/B \propto 1/Z$ 比玻尔半径小得多，特别是氖。这两个电子是紧密结合的，因此剩下的电子等效地看到一个带电荷 $\tilde{Z} = Z - 2$ 的原子核。

与氢原子的 (3.31) 做比较，我们写下

$$E \simeq \left(2^2 \tilde{Z}\right)\frac{\hbar^2}{2mr^2} - \left(\tilde{Z}\cdot\tilde{Z} - \frac{1}{2}\xi\tilde{Z}(\tilde{Z}-1)\right)\frac{e^2}{r} \qquad (3.32)$$

我建议你先把书收起来，看看自己能不能得到这个表达式，然后再继续阅读。

我们逐项分析 (3.32) 中的各个因子。第一项：2^2，因为 $n=2$（回忆氢原子 $n=2$ 状态的处理方法），$\tilde{Z}=$ 电子数（从现在开始，理解为在内壳层以外的电子）；第二项：$\tilde{Z}=$ 电子数，$\tilde{Z}=$ 原子核的有效电荷；第三项：$\frac{1}{2}\tilde{Z}(\tilde{Z}-1)=$ 相互排斥的电子对数，同样，ξ 是模糊因子。

与氢原子 (3.24) 比较，我们看到 $A \to 4\tilde{Z}A$，而 $B \to \tilde{Z}^2 - \frac{1}{2}\xi\tilde{Z}(\tilde{Z}-1) = \frac{1}{2}\tilde{Z}\left((2-\xi)\tilde{Z}+\xi\right)$。因此，我们得到

$$r \simeq A/B = \frac{8}{\left((2-\xi)\tilde{Z}+\xi\right)} \text{ 玻尔半径} \qquad (3.33)$$

和

$$-E \simeq B^2/2A = \frac{1}{16}\tilde{Z}\left((2-\xi)\tilde{Z}+\xi\right)^2 \text{ 里德伯} \qquad (3.34)$$

你可以把这看作是用一个参数（模糊系数 ξ）对 $2 \times 8 = 16$ 个实验数据做拟合。这已经很令人印象深刻了，但魏斯科普夫实际上使用了来自氢原子的

---

*这里 l 表示轨道角动量。你需要知道，对于给定的 n，l 取值从 0 到 $(n-1)$，对于每个 l，有 $2l+1$ 个状态，每个态最多能够容纳 2 个电子。

$\xi \simeq 0.6$。他引用了以里德伯为单位的结合能的结果（我只举了几个例子）：C，9.6 对 10.9；O，30.5 对 31.8；Ne，69 对 70（"对"后面的数字是实验结果）。好得都快过分了！

通过检查 (3.33) 和 (3.34)，我们看到，对于大 $\tilde{Z}$，半径随着 $\tilde{Z}$ 增大而减小[4]，结合能像 $\tilde{Z}^3$ 一样增加。氖[5]原子具有完整的壳层，结合得很紧密，它是继氦原子之后最小的。

魏斯科普夫更进了一步，仅仅把 (3.32) 中第一项的 2^2 替换为 n^2，就将这个讨论推广到一般的 n。

请注意，严格来说，原子的大小不是一个明确定义的量。通常，我们所说的"大小"是指 r 的期望值，但我们可以很容易地考虑其他可能性，例如，$1/r$ 的期望值的倒数。

这里有一个关键的评论，正如本节开始时承诺的那样。对于氢原子，对于给定的 n，结合能不依赖于 l。这个众所周知的事实，通常是在初级课本里用蛮力得出的，实际上取决于一些微妙的群论，涉及库仑势隐含的[6] SO(4) 对称性。在周围有许多电子的情况下，我当然不清楚这种相当微妙的影响会如何持续下去。换句话说，在 (3.32) 中只考虑其他电子对某个特定电子的能量的影响。

练习

(1) 查阅氦原子的数据，并确定魏斯科普夫的模糊因子 ξ。

注释

[1] 关于巴耳末（Johannes Balmer）的故事，他一生只发表了一篇论文，见 *Group Nut*，第 496 页。

[2] 关于群论启发和揭示的这个表格的定性特征的讨论，见 *Group Nut*，第 495—496 页。

[3] 在这里，我告诉学生们，在元素周期表中，符号由英文名称的第一个字母，或者第一个字母加上另一个字母（当然最终可能是源于希腊语或拉丁语）组成，例如，Li 和 C，但以下情况除外。有 10 种元素的符号直接取自其希腊语或拉丁语的名称（例如，Na 和 Fe），有且只有一个元素的符号取自德语。它是哪种元素呢？

[4] 最小的 11 个原子的大小（pm = 10^{-12} m）：氦，31 pm；氖，38 pm；氟，42 pm；氧，48 pm；氢，53 pm；氮，56 pm；碳，67 pm；氯，79 pm；硼，87 pm；铍，112 pm；锂，167 pm。摘自链接 http://periodictable.com/Properties/A/AtomicRadius.v.html。

[5] 顺便说一下，氖的英文 "Neon" 是 "新" 的意思。

[6] 耐人寻味的是，这与牛顿引力中的封闭轨道之谜有关。有关解释，见 *GNut*，第 30 页，以及 *Group Nut*，第 VII.i1 章。

3.5 黑体辐射

黑而不暗

当我还是学生的时候，我对黑体辐射有两方面的疑惑。其中的数学我看得懂，但是发光跟黑体有啥关系呢？还有，为什么德国人要对什么东西都加热并且测量辐射的频率呢？

多年以后我了解到，"黑"和"暗"这两个词在物理上有不同的含义。理想的黑体是完美的吸收体（因此是黑色的），通过时间反演[1]，它也是完美的电磁波发射体。相比之下，暗物质甚至不跟电磁场相互作用。暗者不明，非所谓黑者也。*至于我的历史问题，我在几十年后了解到[2]，当时的工业国家正在竞相寻找最经济的电灯泡。

我在序言中提到，有时候我不得不偷工减料。这一节就要这么做。

因此，让我们回顾一下普朗克是如何通过试图理解充满电磁波的空腔而发现量子的故事！

麦克斯韦和玻尔兹曼

首先，我们必须回到麦克斯韦–玻尔兹曼分布。一旦物理学家怀疑气体是由运动的原子或分子组成的，温度 T 对应于原子的典型能量，他们就想知道原子的动量 $\vec{p}$ 的概率分布。显然，在任何给定的瞬间，有些原子运动得快，其他的则比较慢。

统计力学的一个核心结果[3]指出，一个原子具有能量 E 的概率与 $e^{-E/T}$ 成正比。应用于我们的气体，这意味着一个原子具有动量 $\vec{p}$ 的概率与 $e^{-\varepsilon(p)/T}$ 成正比。这里 $\varepsilon(p) = p^2/2m$，p 表示 $\vec{p}$ 的大小。

为了找到各种物理量 $X(\vec{p})$ 的统计平均值，我们需要用测度 d^3p 对所有的动量进行积分。对不依赖于 $\vec{p}$ 方向的量来说，测度或几何因子 d^3p 可以有效地用 $4\pi dp\, p^2$ 取代，因此我们遇到的积分形式为 $\int_0^\infty dp\, p^2\, e^{-p^2/2mT} X(p)$。

对于不同的 mT 值，麦克斯韦–玻尔兹曼分布 $\mathcal{D}(p) \equiv p^2 e^{-p^2/2mT}$ 如图 3.15 所示。

---

*译注：该句英文原文为 "Dark will never be the new black."。英语在这方面特别晦涩难懂……在其他语言中，这种区别是比较清楚的。

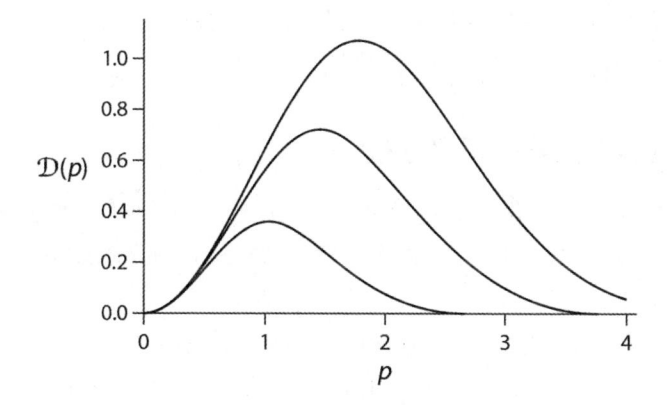

图 3.15　$mT = 0.5, 1, 1.5$ 时的麦克斯韦–玻尔兹曼分布图（采用了任意单位）。注意到分布的峰值位置作为 p 的函数以 $\sqrt{2mT}$ 的形式增加

绝望的行动

现在让我们加入普朗克的行列，解读黑体的数据。更妙的是，由于这是完全非历史性的叙述[4]，想象你就是年轻的普朗克，生活在另一个星系的遥远文明中[5]。你明白，腔内充满了电磁波，这样那样地滋滋作响，*具有波矢 $\vec{k}$ 和频率 $\omega = c|\vec{k}| = ck$。同样，几何因子 d^3k（通常）可以用 $4\pi\,dk\,k^2 \propto d\omega\,\omega^2$ 等效地取代。为了与麦克斯韦–玻尔兹曼分布类似，用 $\mathcal{D}(\omega)$ 表示频率分布。

将 $\mathcal{D}(\omega)$ 绘制成 ω 的函数，数据看起来与图 3.15 所示的数据非常相似。因此，你试图模仿麦克斯韦和玻尔兹曼，并写出类似于 $\mathcal{D}(\omega) \equiv \omega^2 e^{-\omega/T}$ 的频率分布。

但是，这次彻底失败了！量纲不匹配——频率 ω 是时间的倒数，因此 $[\omega] = 1/T$，而温度 T ‡的量纲是能量，$[T] = [E] = ML^2/T^2$。

在物理学中，革命的标志是引入前所未有的基本常数：牛顿的 G 和爱因斯坦[6]的 c。只有勇士才能打破物理学的僵局，至少也得是个莽撞人。

你（或普朗克）大胆地发明了一个全新的基本常数 $\hbar$，使 $\hbar\omega$ 具有与温度 T 相同的量纲，即能量的量纲：$[\hbar\omega] = E$。因此，这个新常数的量纲必然是能量乘以时间[7]：

$$[\hbar] = ET \tag{3.35}$$

但什么的能量是 $\hbar\omega$ 呢？如你们所知，普朗克做出了激动人心的信仰飞跃§，

---

*注意，即使在麦克斯韦的电磁学中，一个频率为 ω 的电磁波也会携带动量，根据坡印亭矢量，与 $\omega/c = k$ 成正比，沿着 $\vec{k}$ 的方向。

‡我再次为字母表的贫乏道歉。这两个 T 意味着不同的事情，但你肯定明白。

§普朗克后来将他的举动描述为"绝望的行动"。

他猜测频率为 ω 的电磁波实际上是由微小的能量包 $\hbar\omega$ 组成[8]，后来称为光子。这无疑是物理学史上最惊人的猜测之一！[9]

充满电磁波的空腔里的频率分布

有了新的常数 $\hbar$，你很想提出分布 $\mathcal{D}(\omega) \equiv \omega^2 e^{-\hbar\omega/T}$，但这只符合高频 ω 的数据。因此，我们退而求其次，写出 $\mathcal{D}(\omega) \equiv \omega^2 f(\hbar\omega/T)$，而不说明 $f(\hbar\omega/T)$ 是什么。

好吧，我们已经"知道"，对于大 x，有 $f(x) \to e^{-x}$。

那么 $f(x)$ 在 $x \to 0$ 时的表现如何呢？

首先，注意到腔体中的能量密度由 $\int_0^\infty d\omega\, \omega^2 f(\hbar\omega/T)\hbar\omega$ 给出。因此，积分在高频端是指数式的收敛。我们想知道的是在低频端的行为。

值得注意的是，虽然不知道 f 是什么，我们仍然可以用缩放法做积分。写下 $\hbar\omega = xT$。这个积分的标度是 ω 的 4 次方，所以我们马上就可以得到

$$\frac{E}{V} \propto T^4 \tag{3.36}$$

在历史上，这相当于斯蒂藩–玻尔兹曼定律。稍后，等我们有空了，再通过量纲分析把 $\hbar$ 和 c 加进来。

现在看看我们能不能提取更多关于函数 $f(\hbar\omega/T)$ 的信息，它决定了频谱（即频率在 ω 和 $\omega + d\omega$ 之间的波所包含的能量 $d\omega\, \omega^2 f(\hbar\omega/T)\hbar\omega$）。

一个线索是，在低频的极限下，能谱应该回到经典极限，称为瑞利–金斯定律[10] $d\omega\, \omega^2 T$。（我的理解是，这个定律是援引能量均分定理"推导"出来的，每个自由度都有能量 T，还用了一些关于谐振子的花招，但这些都是历史了，现在要介绍的是普朗克定律。）换句话说，我们希望 $f(\hbar\omega/T)\hbar\omega \to T$，当 $\omega \to 0$ 的时候，或者等价地，当 $T \to \infty$ 时。

请注意，神秘的 $\hbar$ 在这个极限中消失了，本来就该如此。高温应该对应于经典极限。

因此，当 $x \to 0$ 时，$f(x) \to 1/x$。

普朗克分布

我暂停一下，让你们想一个函数，具有这种小 x 的行为，而且当 $x \to \infty$ 时，$f(x) \to e^{-x}$。

夜航物理学家认为 $1/x$ 比 x 更难掌握，因此第一步[11]是确定 $g(x) = 1/f(x)$。我们希望：当 $x \to \infty$ 时，$g(x) \to e^x$；当 $x \to 0$ 时，$g(x) \to x$。记性好的读者可能记得，早在第 1.4 节，我就提过这个问题了。

一个合理的插值是[12] $g(x) = e^x - 1$。你有没有猜到 $f(x) = \frac{1}{e^x - 1}$ 呢？

因此，普朗克分布就是（采用这里使用的符号），

$$\mathcal{D}(\omega) = \omega^2 \frac{1}{e^{\frac{\hbar\omega}{T}} - 1} \qquad (3.37)$$

为了便于今后的应用，我们定义 $n(\omega) = 1/\left(e^{\frac{\hbar\omega}{T}} - 1\right)$，即，$\mathcal{D}(\omega)$ 去掉运动学的因子 ω^2。

当然，马后炮很容易，在改变了信仰、引入新的常数 $\hbar$ 以后，这应该不会太难。从历史上看，普朗克有更多的东西可以指导他。特别是，维恩位移定律[13]指出，分布的峰值频率 $\omega_{\max}$ 随着 T 线性地增加。

重要的观点和故事的教训。推导？这里并没有推导普朗克的结果。[14]只有灵机一动的猜测，由深刻的洞察力导致的猜测。[15]

相空间

现在可以把 $\hbar$ 和 c 放入 (3.36) 里了。由于 $[\hbar c] = \mathrm{ET}(\mathrm{L}/\mathrm{T}) = \mathrm{EL}$，我们注意到 $[T/\hbar c] = \mathrm{E}/\mathrm{EL} = 1/\mathrm{L}$ 是长度的倒数，所以 $(T/\hbar c)^3$ 是体积的倒数。因此，每单位体积的能量 $E/V \sim T(T/\hbar c)^3 \sim T^4/(\hbar c)^3$。

事实上，你几乎可以写出准确的能谱，只要你知道统计力学中的相空间是由 $V d^3 p/(2\pi\hbar)^3 = V d^3 p/h^3$ 给出的[16]。

像往常一样对 4π 进行角度积分，写出 $p = \hbar k = \hbar\omega/c$，以便 $d^3 p \to 4\pi(\hbar/c)^3 d\omega\, \omega^2$，我们就得到[17]能量密度

$$\varepsilon \equiv \frac{E}{V} = \frac{1}{\pi^2 c^3} \int_0^\infty d\omega\, \omega^2 \frac{\hbar\omega}{e^{\frac{\hbar\omega}{T}} - 1} = \frac{T^4}{\pi^2(\hbar c)^3} \int_0^\infty dx \frac{x^3}{e^x - 1} \qquad (3.38)$$

在最后一步，我们利用 $\hbar\omega = xT$ 进行缩放。[18]

如果你愿意，我就把它留作循规蹈矩的练习[19]，证明你会做 (3.38) 中的积分。

了不起的爱因斯坦

随着时间的推移，任何有脑子的理论物理学家都应该越来越敬畏那个了不起的爱因斯坦。看了看 (3.37)，爱因斯坦发现了另一个有趣的现象：受激发射。

请注意。我们对黑体辐射的处理必然是粗略的和图像化的，对爱因斯坦的受激发射的处理就更是如此。有兴趣的读者可参阅更专业的教科书，以获得更全面的讨论。[20]

考虑一群双态（二能级）原子与光子气体处于平衡状态。让激发态和基态之间的能量差为 $E_1 - E_0 = \hbar\omega$。玻尔兹曼告诉我们，激发态原子与基态原子的比例等于* $\frac{N_1}{N_0} = \mathrm{e}^{-\hbar\omega/T}$。吸收一个频率为 ω 的光子后，处于基态的原子会跳到激发态，而处于激发态的原子则通过发射一个频率为 ω 的光子而回到基态。

爱因斯坦利用了这个事实：在平衡状态下，这两个速率必然相等。

从 (3.37) 和 (3.38) 中，我们知道，频率在 $(\omega, \omega + \mathrm{d}\omega)$ 区间内的光子数量为 $\frac{V}{\pi^2 c^3} \mathrm{d}\omega\,\omega^2 n(\omega)$，其中 $n(\omega) = 1/\left(\mathrm{e}^{\frac{\hbar\omega}{T}} - 1\right)$。但是为了让事情尽可能清楚，我们去掉不必要的因子 $\frac{V}{\pi^2 c^3} \mathrm{d}\omega\,\omega^2$。

频率为 ω 的光子被吸收的速率显然与 N_0 和 $n(\omega)$ 成正比：所以有 $n(\omega)N_0$。受激原子发射频率为 ω 的光子的相应速率同样与 $e(\omega)N_1$ 成正比（如果愿意，你可以把它当作 $e(\omega)$ 的定义）。

如果说我见过优雅的信封式计算，那么就是它了。当然，按照爱因斯坦的做法，让这两个速率相等，可以得到

$$e(\omega) = n(\omega)\frac{N_0}{N_1} = n(\omega)\mathrm{e}^{\frac{\hbar\omega}{T}} = \frac{\mathrm{e}^{\frac{\hbar\omega}{T}}}{\mathrm{e}^{\frac{\hbar\omega}{T}} - 1} = \left(1 + \frac{1}{\mathrm{e}^{\frac{\hbar\omega}{T}} - 1}\right) = 1 + n(\omega) \quad (3.39)$$

我相信你会同意，定义 $n(\omega)$ 的方式（把 ω^2、π 和其他东西去掉）使我们能够更清楚地看到森林和树木的关系。

所以令人惊讶的是，$e(\omega) = 1 + n(\omega)$。

这个"1"表示，即使不存在光子气体（即 $n(\omega) = 0$ 时），受激原子仍然会回到基态。$e(\omega) = 1 + n(\omega)$ 这个结果让人吃惊的是 $n(\omega)$ 这项：光子气体的存在，增强了受激原子的发射概率。

光子喜欢拉帮结伙的倾向[21]也导致它们鼓励原子创造更多的光子，并让它们成群结队。我们都知道，激光，以及我们文明中的许多其他东西，都依赖于受激发射。

请注意，(3.39) 中的推导明确地依赖于 $n(\omega)$ 的实际形式。

产生算符和湮灭算符

有些读者知道谐振子的升降算符，知道它们在量子场论里如何演化为产生算符 $(a^\dagger)$ 和湮灭算符 (a)。我将简要介绍当代教科书是如何从对易关系 $[a, a^\dagger] = 1$ 出发，推导普朗克分布的。

首先，说一说量子场论。经过傅里叶变换以后，可以看到[22]电磁势 $A_\mu(\vec{x}, t)$ 的行为像谐振子，[23]在空间的每一点 $\vec{x}$ 都有一个谐振子。

---

*这一点和下面得到的关系，应该从概率上理解。

第 3 章　量子物理学：恒星中的隧穿效应，标度律，原子和黑洞 | 107

现在把 A_μ 量子化，但是放在一个体积为 V 的大盒子里，电磁场的模式（用 $\vec{k}$ 标记，$k = \omega/c$）就是离散的和可数的。重点放在一个特定的模式，谈论该模式中的光子数 n 就是有意义的。（再次对字母表中的有限数量表示遗憾。在本小节中，n 表示整数，不要与 $n(\omega)$ 混淆。）

在标准的量子力学教科书中，谐振子的态用整数 n 来标记（第 3.2 节给出了能级的等距定律，我们也提到过，这个事实对于量子场论的表述至关重要），在狄拉克的符号中写为 $|n\rangle$。那么，对易关系 $[a, a^\dagger] = 1$ 就可以由下面的式子得到：*

$$a|n\rangle = \sqrt{n}|n-1\rangle \tag{3.40}$$

和[24]

$$a^\dagger|n\rangle = \sqrt{n+1}|n+1\rangle \tag{3.41}$$

用 $|n, 0\rangle$ 表示有 n 个适当频率的光子存在的时候，由处于基态 $|0\rangle$ 的原子组成的量子态。类似地，$|n, 1\rangle$ 表示有 n 个光子存在的时候，原子处于激发态 $|1\rangle$ 的状态。上一小节讨论的吸收过程的振幅为 $\langle n-1, 1|a\mathcal{O}|n, 0\rangle = \langle n-1|a|n\rangle\langle 1|\mathcal{O}|0\rangle = \sqrt{n}\langle 1|\mathcal{O}|0\rangle$，其中 $\mathcal{O}$ 代表一个作用于原子的算符，将 $|0\rangle$ 变成 $|1\rangle$。同样，发射过程的振幅由 $\langle n+1, 0|a^\dagger \mathcal{O}^\dagger|n, 1\rangle = \langle n+1|a^\dagger|n\rangle\langle 0|\mathcal{O}^\dagger|1\rangle = \sqrt{n+1}\langle 0|\mathcal{O}^\dagger|1\rangle$ 给出。这些振幅的平方就给出了跃迁概率，我们看到它们是 n 与 $n+1$ 的比值，符合爱因斯坦的说法。

事实上，考虑一个原子在激发态和基态的相对概率 $e^{-\frac{\hbar\omega}{T}}$，再略施小计，就可以得到普朗克分布：$(n+1)e^{-\frac{\hbar\omega}{T}} = n$ 意味着

$$n = e^{-\frac{\hbar\omega}{T}} / \left(1 - e^{-\frac{\hbar\omega}{T}}\right) = 1/\left(e^{\frac{\hbar\omega}{T}} - 1\right)$$

时间倒流：微积分的发明

如果一个系统（这里我们想的是电磁场，但下面的讨论很有一般性）在温度 T 下具有能量 E 的概率由 $e^{-E/T}$ 给出，如果 E 可以取连续的值，那么 E 的期望值等于 $\int_0^\infty dE\, E\, e^{-E/T} / \int_0^\infty dE\, e^{-E/T} = T$。我们都知道牛顿和莱布尼茨怎么发明了微积分。

假设我们把这个神奇的创造倒过来，把刚才写下的积分换成求和。允许 E 只取离散值 $E_n = n\varepsilon$，其中 $n = 0, 1, \cdots, \infty$。那么，E 的期望值由以下公式给出：

$$\sum_{n=0}^\infty n\varepsilon\, e^{-n\varepsilon/T} / \sum_{n=0}^\infty e^{-n\varepsilon/T} = \frac{\varepsilon}{(e^{\varepsilon/T} - 1)} \tag{3.42}$$

---
*$a^\dagger a|n\rangle = \sqrt{n} a^\dagger|n-1\rangle = n|n\rangle$，以及 $aa^\dagger|n\rangle = \sqrt{n+1}a|n+1\rangle = (n+1)|n\rangle$，所以有 $[a, a^\dagger]|n\rangle = 1|n\rangle$。

我们得到了普朗克分布[25],这当然得益于后见之明(以及普朗克和爱因斯坦的深刻见解)。在极限 $\varepsilon \to 0$(或等价地,$T \to \infty$)下,这个表达式 $\to T$,恢复了连续时的结果,正如牛顿和莱布尼茨发现的那样。

当然,任何统计力学教科书里都有这样的总结,但我觉得,对许多学生来说,所有这些 π、k_B 和其他分散注意力的东西,常常遮掩了物理学的内容。

作为黑体的宇宙和恒星

回到我第一次学习黑体时的困惑(那位教授解释不了),我在图 3.16 中向你展示了不同类型的恒星的实际光谱[26],温度从 3500 K 到 40 000 K,按照普朗克分布做的计算。

老实承认吧,你通常不会认为恒星是黑体!

我们还将看到(第 7.3 节),令人惊讶的是,可以把早期的宇宙视为一个充满黑体辐射的盒子。此外,目前宇宙的宇宙微波背景几乎完美地符合普朗克分布。事实上,它提供了宇宙的"历史"!

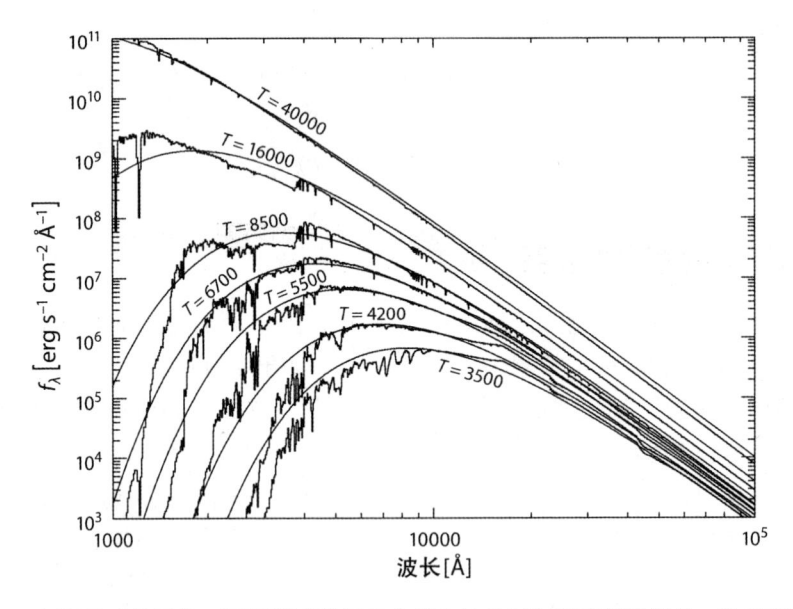

图 3.16 恒星几乎是黑体!不同类型的恒星在每个波长区间所发射的通量。这是不同温度下的黑体谱,温度范围从 $T = 3500$ K 到 $T = 40\,000$ K。注意,这里的普朗克分布是波长的函数,而不是频率的函数(Maoz, D. *Astrophysics in a Nutshell*, Princeton University Press, 2016.)。

练习

(1) 在最终发现量子力学的过程中，维恩位移定律起到了至关重要的作用，实际上它很有普遍性。证明：如果一个物理量 ζ 的分布具有 $\zeta^a F(\zeta/T)$ 的形式，其中 a 是任意的常数，$F(x)$ 是任意的函数，那么，分布的峰值 $\zeta_{\max}$ 就随着 T 线性地增加。事实上，可以参见图 3.15 的文字说明。

注释

[1] 见第 6.1 节。

[2] 来自布朗（B. Brown）写的传记，*Planck: Driven by Vision, Broken by War*, Oxford University Press, 2015。

[3] 严格地说，只有在量子世界，我们才能计算和理解"统计力学"这个词所隐含的统计学。尽管如此，我们还是可以谈论经典气体中的概率分布。

[4] 关于历史的叙述，见 B. Brown, *Planck*；D. Stone, *Einstein and the Quantum*, Princeton University Press, 2013；A. Pais, *Subtle Is the Lord*, Oxford University Press, 1982，第 19 章。

[5] 更多关于星系的寓言故事，见 *GNut*。

[6] 在爱因斯坦出现的时候，人们已经测量并知道光速，但是不认为它是基本的，而是认为它在不同参考系里有不同的值。当然，事后诸葛亮看啥都是显然的。

[7] 英语嘛，就是这样的。译注：这里是文字游戏，这句话的英文原文为"energy times time"。

[8] 据斯通（D. Stone）说（*Einstein and the Quantum*，第 118 页），直到 1908 年普朗克获诺贝尔奖提名（但没有得到）时，除了爱因斯坦和洛伦兹等少数例外，大多数物理学家都不理解普朗克所做的事情的意义。提名是在无知而不是理解的前提下。

[9] 关于实际的历史，见注释 4 中提到的布朗和斯通写的传记。

[10] 我很惊讶地发现，瑞利–金斯定律实际上是在普朗克定律之后提出的。（当我还是大学生的时候，我和我的朋友们认为"紫外灾难"可以用作摇滚乐队的好名字。"灾难"指的是，如果你把瑞利–金斯表达式积分到 $\omega = \infty$，就会发散。）

[11] 进化并没有使我们具备反转的能力，至少是没有反转所有矩阵的能力。

[12] 我在第 1.4 节中已经指出，扫兴鬼会立即反对说，有无数个这样的函数，例如，$g(x) = e^x x/(1+x)$。或者 $g(x) = e^x x(1-x)^{2n}/(1+x)^{2n+1}$，其中 n 是任何正整数。这怎么办呢？对于这种人，我会说："好吧，随便你啦。大自然是仁慈的。"

[13] 我选择不讨论这个定律，并将其归入普朗克可用的数据中。事实上，这个推导也是漂亮的夜航物理学，涉及了缩放。见 Cheng, *Einstein's Physics*，第 36—37 页。

[14] 沮丧的洛伦兹努力想推导出普朗克定律，但总是得到瑞利–金斯定律。事后看起来很清楚。不使用量子力学，就不可能得到它。当然，玻色通过为光子提出正确的量子统计，最终得到了 (3.37)。

[15] 见 Pais, *Subtle Is the Lord*, 第 371 页。"（普朗克）的推理是疯狂的, 但他的疯狂有那种神圣的品质, 只有最伟大的变革性人物才能给科学带来这种品质"。

[16] 如果你不知道这个基本事实, 可以快速推导一下。$\hbar^3$ 的因子来自于量纲分析的需要。利用量子力学的基本对易关系 $[x,p] = i\hbar$, 只需要几步, 就可以得到这里的精确结果。正如每本统计力学教科书解释的那样, 我们只需计算平面波的态。好吧, 这很容易, 我就用最少的文字来告诉你。在一维情况, 对易关系 $[x,p] = i\hbar \implies p = -i\hbar\frac{\partial}{\partial x} \implies e^{ipx/\hbar}$, 周期性边界条件是 $pL/\hbar = 2\pi j \implies \Delta j = \Delta p L/(2\pi\hbar)$, 其中 j 为整数。取它的立方, 就得到三维的情况, 可以得到在连续极限中 $(dp)^3$ 的状态数为 $d^3p\, L^3/(2\pi\hbar)^3$, 这就是要证明的。使用德布罗意关系, 可以给出另一种论证（但本质上是相同的）。根据普朗克关系 $E = \hbar\omega$, 我们有 $p = \hbar k = \hbar(2\pi/\lambda) = h/\lambda$, 其中已经定义了 $h = 2\pi\hbar$。施加周期性的边界条件（或者等价地, 以德布罗意波的整数倍为单位）给出同样的结果: $(dp)^3$ 的状态数等于 $d^3p\, L^3/h^3$。请记住, 相空间中单元的体积由 h^3, 而不是 $\hbar^3$ 给出。

[17] 注意, $2\,d^3p/(2\pi)^3 \to 2(4\pi)dk\, k^2/8\pi^3 \to d\omega\, \omega^2/\pi^2 c^3$。

[18] 记住, 光子有两个自旋自由度, 我们已经把 (3.38) 中的第一个积分乘以 2 了。

[19] 实际值: $\varepsilon = \pi^2 T^4/45(\hbar c)^3$。

[20] 例如, 见 Cheng, *Einstein's Physics*, 第 82—89 页, 或任何像样的量子力学书, 如 Sakurai and Napolitano, *Modern Quantum Mechanics*。

[21] 见第 5.3 节和第 5.5 节, 其中讨论了玻色统计。

[22] 我在这里说得很含糊。你要想真正理解这句话, 就必须读关于量子场论的书, 比如说, *QFT Nut*。

[23] 这是因为在麦克斯韦的电磁学理论中, 拉氏量和哈密顿量都是电磁场的二次方。见第 9.2 节。

[24] 经常会混淆的是: 方程 (3.40) 和 (3.41) 不是彼此的厄米共轭。$a|n\rangle = \sqrt{n}|n-1\rangle$ 的厄米共轭是 $\langle n|a^\dagger = \sqrt{n}\langle n-1|$。

[25] 对于特别讲究的家伙, 通过定义 $\beta = 1/T$, 使两个和的比值等于 $-\frac{\partial}{\partial \beta}\log \sum_{n=0}^{\infty} e^{-n\beta\varepsilon} = \frac{\partial}{\partial \beta}\log(1-e^{-\beta\varepsilon})$, 最容易得到求和的结果。

[26] 取自 D. Maoz, *Astrophysics in a Nutshell*, Princeton University Press, 第 11 页。

3.6 被物理搞懵了？不要紧！

如果你看到这里也没有任何困惑，那很好！如果你确实觉得有点儿懵，我向你推荐费曼对困惑的看法：

> 每当费米讲授任何课题（我听过很多），或谈论任何他以前思考过的课题时，他的论述非常清晰，每件事都完美地组合在一起，一切看起来都很明显和很简单，优美极了，给我的印象是，他没有得过我那种思想病，也就是困惑！他是很好的例子。当我思考一些事情，我总是按部就班地前进，然后我就陷入了一团乱麻，最后回到原点，我想——我很容易变迷糊。当你在思考时，很容易陷入混乱，这是这件事的恐怖之处……但是，当他做讲座，或者当他谈论任何事情时，直到那个时候——我以前听过他，……他说得很清楚——甚至当我和他争论核反应堆的问题时，对他所说的内容，他并不感到困惑。他只是不明白我在说什么。从来没有任何困惑的迹象。所以我事后问他这个问题。我说，"我的印象是你不会感到困惑"。他说，"不可能！我总是搞不清楚——"只是我没有意识到。我以为他非常完美，从来没有这种边走边糊涂的困难，但是显然，每个人都会这样。这就是阻止你前进的原因。你被搅成一团，忘记了，搞糊涂了。所以，无论如何，我发现他也像我一样，在这个时候被搞糊涂了。这是另一个故事——伟大的费米也会犯错，或者对某个简单的想法感到困惑。*

不过，为了对这两位伟人公平些，请记住，他们说的是做研究，而不是读课本。

---

*见 https://www.aip.org/history-programs/niels-bohr-library/oral-histories/5020-4。

第 4 章
普朗克给我们以单位：黑洞辐射和爱因斯坦引力

4.1　普朗克带来了天赐的单位

4.2　一盒光子和自然单位的威力

4.3　黑洞有熵：霍金辐射

4.4　当爱因斯坦引力遇到量子

4.5　数学小插曲 2

4.1 普朗克带来了天赐的单位

在基本层面上了解宇宙

同学们，从前我们用英国某位国王的脚来测量长度。你们笑了，但一根保存在巴黎的金属棒，由一群法国革命者决定的工具，比这个也高明不到哪里去。要在基本的层面上了解宇宙，我们不应该使用某种荒谬的人类发明，无论英制还是公制。*

爱因斯坦认识到，因为普适的光速 c 保持不变，长度和时间不再需要各自不同的单位。即使普通人也明白，从此我们可以用光年来衡量长度。

我们和另一个文明，即使他们在其他星系，现在都能在距离单位上达成一致，只要我们能向他们说明，我们说的一年或一天是什么意思。问题就在这里：我们测量时间的单位来自于地球围绕太阳转动的速度。只有地球人才知道。我们怎么可能向一个遥远的文明传达我们称为"一天"的旋转周期呢？我们的家园仅仅是一个意外，一些星际碎片偶然聚集在一起，形成了我们称为地球的岩石。

三个里面只能照顾俩

牛顿发现了万有引力定律，给物理学带来了第一个普适常数 G。这里的重点在于"第一个"，这也是当时唯一的一个。

接下来，麦克斯韦和爱因斯坦把第二个基本常数 c 引入物理学。从此以后，物理学家就有了 G 和 c 两个普适常数。

将质量为 m 的粒子在引力势内的动能 $\frac{1}{2}mv^2$ 与它的势能 $-GMm/r$ 做比较，并消掉 m，我们看到，这个组合[1] GM/c^2 具有长度的量纲。

现在，我们就可以用长度（或者等价地，用时间）的单位来测量质量，或者用质量的单位来测量长度。

有些读者可能会争辩说，我们也可以用质子、电子，甚至夸克这种粒子的质量。这的确适合跟另一个文明进行交流，但粒子理论家普遍认为，这些质量是生成的。[2]具体地说，在早期的宇宙中，这些粒子是没有质量的，或者是不存在的（质子会分解成三个夸克）。

我们更愿意将我们的单位建立在物理学的基本规律上。

---

*我们今天认为理所当然的概念，当然也是由某个人想出来的。麦克斯韦在其关于电磁学的巨著中提议，把米跟某种特定物质发出的光的波长联系起来，并补充说这样的标准"将独立于地球尺寸的任何变化，应被那些期望其著作比地球更持久的人所采纳"。我们的主题里的各种杰出人物真的是很刻薄啊。

你们意识到，要在基本层面上进行物理学研究，而不求助于某个人的脚，甚至不求助于寿命可能有限的粒子（如质子），我们需要另一个常数，它跟 G 和 c 同样基本。你能猜到吗？

普朗克对物理学的伟大贡献：为所有的文明，甚至地球以外的文明和非人类的文明

> 辐射熵方程中出现的两个[3]常数……提供了建立长度、质量、时间和温度的单位制的可能性，这些单位独立于特定的物体或材料，并且必然对所有时间和所有文明都保持其意义，甚至那些地球以外的文明和非人类的文明。
>
> ——普朗克（Max Planck）

你肯定猜到了！因为把基本常数 $\hbar$ 引入物理学，普朗克[4]受到了应有的尊敬。通过这个意义深远的宏大行为，他给我们提供了一个自然的单位制，有时也被称为天赐的单位。

质量、长度和时间是我们做物理需要的三个基本概念。在一篇极具洞察力的论文中，普朗克指出，有了 G、c 和 $\hbar$ 这三个基本常数[5]（按照它们进入物理学这场大戏的顺序），我们终于有了一套通用的质量 M、长度 L 和时间 T 的单位。

三个大人物，三个基本原则，三个自然单位

为了了解怎么定义这些单位，请注意，海森堡不确定性原理告诉我们，$\hbar$ 除以动量 Mc 是长度。让 GM/c^2 和 $\hbar/Mc$ 这两个长度相等，我们看到，组合 $\hbar c/G$ 具有质量平方的量纲。换句话说，三个基本常数 G、c 和 $\hbar$ 定义了一个质量，[6]称为普朗克质量。

$$M_\mathrm{P} = \sqrt{\frac{\hbar c}{G}} \tag{4.1}$$

然后，在海森堡的帮助下，我们可以立即确定普朗克长度：

$$l_\mathrm{P} = \frac{\hbar}{M_\mathrm{P} c} = \sqrt{\frac{\hbar G}{c^3}} \tag{4.2}$$

在爱因斯坦的帮助下，可以定义普朗克时间：

$$t_\mathrm{P} = \frac{l_\mathrm{P}}{c} = \sqrt{\frac{\hbar G}{c^5}} \tag{4.3}$$

牛顿、爱因斯坦、海森堡，三个大人物*，三个基本原则，三个自然单位衡量空间、时间和能量。我们已经把 MLT 系统简化为"无"！我们不再需要发明或寻找某个单位来测量宇宙，例如某种约定俗成的原子的跃迁频率[7]。我们以 M_P 为单位测量质量，以 l_P 为单位测量长度，以 t_P 为单位测量时间。

另一种说法是，在这些自然单位中：$c = 1$，$G = 1$，$\hbar = 1$。不管你旅行到哪里，在银河系里还是更远的地方，自然单位制都能被理解。

牛顿太小，所以普朗克很大，以及最让人头疼的问题

普朗克质量大约是质子质量 m_p 的 10^{19} 倍。这个巨大的数字 10^{19} 导致了今天让基础物理学最头疼的问题。[8] 与已知的粒子相比，M_P 太大了，这是因为引力的极端微弱性（如第 1.2 节所述）：G 很小，所以 M_P 很大。

由于普朗克质量很大，普朗克长度和普朗克时间都很小。如果你坚持用人造单位表示自然的单位，那么就会变成 $t_P \simeq 5.4 \times 10^{-44}$ s，普朗克长度 $l_P \simeq 1.6 \times 10^{-33}$ cm，而普朗克质量[9] $M_P \simeq 2.2 \times 10^{-5}$ g！

一定要认识到[10]，普朗克的洞察力是多么地了不起。大自然本身，远远超越了任何愚蠢的英国国王或自以为是的法国革命委员会，为我们提供了一套衡量的单位。我们已经设法摆脱了所有人为的单位。我们需要三个基本常数，每个常数都跟一个基本原理有关，而我们恰好有三个基本原理！

这表明我们已经发现了所有存在的基本原理[11]。如果不知道量子，我们就不得不用人造单位来描述宇宙，这将是很奇怪的。我认为，仅从这个事实来看，我们就不得不去寻找量子物理学。

物理学的立方体

我们需要三个基本常数，它们与三个基本原理有关，这就表明，我们可以把所有的物理学概括为一个立方体。见图 4.1。

立方体的左下角是牛顿力学，物理学从这里开始，正在拼命地试图到达右上角，那里是所谓的"圣杯"。三个基本常数（c^{-1}、$\hbar$ 和 G）标明了三个轴，它们分别是爱因斯坦、普朗克[12]（或海森堡）和牛顿的特征。当我们"打开"这三个常数中的一个或另一个时，换句话说，当这些常数中的每一个进入物理学时，我们就离开了牛顿力学的基地[13]。

20 世纪的大部分物理学都是由从立方体的一个角到另一个角组成的。考虑这个立方体的底面[14]。当我们打开 c^{-1} 时，就从牛顿力学来到狭义相对论。

---

*要多大就有多大！

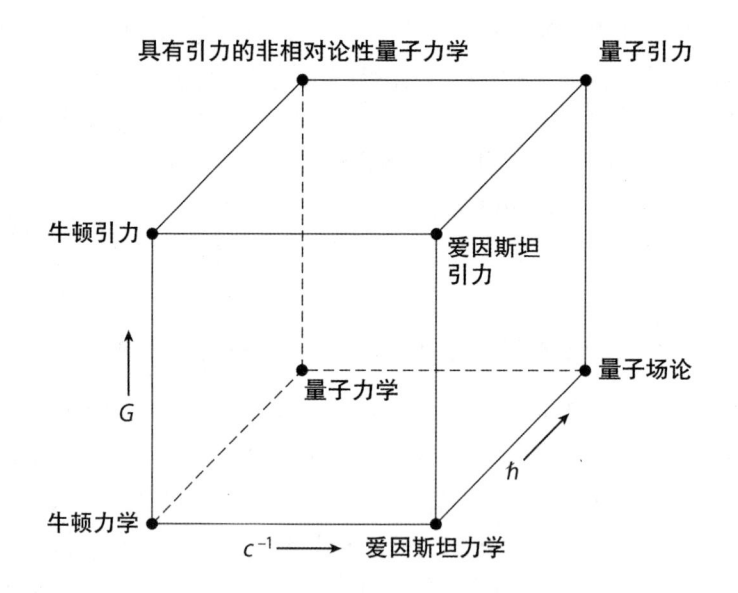

图 4.1 物理学的立方体。取自 Zee, A. *Einstein Gravity in a Nutshell*, Princeton University Press, 2013

当我们打开 $\hbar$ 时，就从牛顿力学到量子力学。同时打开 c^{-1} 和 $\hbar$，就得到了量子场论，我认为，这是 20 世纪物理学最伟大的纪念碑。

牛顿本人打开了 G，从牛顿力学沿着纵轴上来到了牛顿引力。打开 c^{-1}，爱因斯坦把我们从那个角带到了广义相对论或者爱因斯坦引力。

过去几十年所有的混乱和冲突是试图从那个角到达量子引力的圣杯，届时（荣耀，荣耀，哈利路亚），所有三个基本常数都打开了。[15]

你可能想知道 $c^{-1} = 0$ 但是 $\hbar \neq 0$ 和 $G \neq 0$ 的那个角。这个角相对来说不太公开，而且通常被忽视，它涵盖了非相对论性的量子力学在引力场存在的情况下所充分描述的现象。[16]

在日常生活中，我们只意识到这个立方体的两个角，因为对于人类的经验来说，这三个基本常数要么小得没谱，要么大得离奇。[17]

要不要把 $\hbar$、c 和 G 设置为 1

普朗克单位制相当于把 $\hbar$、c 和 G 设置为 1，但是这样做往往并不方便，甚至不合适，这依赖于你在哪个物理学领域工作（或你在物理学立方体的哪个角）。例如，在电磁学中，$\hbar$ 和 G 甚至没有出现。设置 $c = 1$ 是非常合适的，但偶尔保留它也是有用的，例如，为了显示磁力比电力弱得多。

粒子物理学家处理的是相对论性的量子现象，因此经常把 $\hbar$ 和 c 设为 1，

但不包括 G，因为 G 在开始讨论量子引力时才会出现。在量子引力的理论中（例如弦论），通常也把 G 设为 1。

需要把 k 包括进来吗？

现在要讲到我讨厌的事情了。毫无疑问，在物理学家为理解物质的离散性而进行的斗争中，玻尔兹曼常量[18] k 发挥了关键的作用。但是现在原子的真实性早已确立，k 应该退役了。温度是一种能量，就这么简单。玻尔兹曼常量 k 只是能量单位和水银管上一些古怪标记之间的转换系数。

当然，我不反对温度经常以度为单位，但这样一来，度应该被视为能量的单位，就像尔格或英国热量单位，尽管它是相当奇特的单位。这样，常数 k 就可以不用了。否则，为什么不引入一个名为 $\kappa = 2.54\,\mathrm{cm/in}$ 的基本常数（以英寸为单位），并在物理学的公式里引入类似于 $Gm_1m_2/(\kappa r)^2$ 的表达式呢？k 的出现也同样刺痛了我的眼睛。

我们可以想象 $\hbar = 0$ 的世界。事实上，在普朗克出现之前，物理学家一直生活在这个世界里。同样地，我们可以想象 $G = 0$ 或 $c^{-1} = 0$ 的世界。但是，拥有 $k = 0$ 的世界意味着什么？我们在玻璃管里装的不是水银，而是某种热膨胀系数无限大的液体吗？

让我惊讶的是，杰出的物理学家们仍然在写 kT，但本来只用 T 就够了。也许他们已经习惯了，以至于他们认为 kT 是某个外国字母表中的一个新字母[19]。

后记。一些同事在读这一节的手稿时，督促我进一步加强我对 k 的大鸣大放[20]。已经过了整整一个世纪，我们在量子世界里已经停留了很长时间，为什么还要继续写 k 呢？难道只是为了让某些不灵光的学生误以为 k 与三个基本常数 G、c 和 $\hbar$ 具有相同的地位吗？

注释

[1] 你们已经在第 1.2 节中了解了这种组合的物理含义。
[2] 通过希格斯机制或其他一些尚不清楚的机制。
[3] 他包括了 k。
[4] 在个人生活中，普朗克承受了巨大的痛苦。他先是失去了第一任妻子，然后在第一次世界大战中失去了一个儿子，然后是两个女儿都死于分娩。在第二次世界大战中，炸弹彻底摧毁了他的房子，而盖世太保则以试图暗杀希特勒为由将他的另一个儿子折磨致死。
[5] 有些人推测，我们认为的基本常数实际上可能随着宇宙的演变而变化，但是我的生活一切照旧。我认为，如果发现了基本"常数"随时间变化的确凿证据，他们会告诉我的。

[6] 有些读者可能想知道，为什么我们不使用电子的质量 m_e。我谈过这个问题，但还是让我再详细说明一下吧。在现代粒子物理学中，电子可能并不总是具有现在的质量，事实上，在早期的宇宙中，电子可能是无质量的。基本粒子的质量取决于"自发对称破缺"这个量子场论的概念。普朗克质量几乎肯定比电子的质量更基本。我们应该用 M_P 表示 m_e，而不是用 m_e 表示 M_P。当然，为了方便起见，不同的物理学领域会使用不同的单位，例如，以氢原子的大小作为长度单位。

[7] 实验学家当然还需要一套实用的单位来测量，某个由杰出人物组成的庄严机构必须定期开会。见 *Physics Today*, 2017。

[8] 首先，我们无法做实验来帮助我们理解量子引力。因此，我们依靠纯思维的物理学。见 *GNut*，第 X.8 章。

[9] 虽然 t_P 和 l_P 与人类的经验相去甚远，但普朗克质量 M_P 却几乎在人类尺度的范围内。试着举一些例子，比如说一撮儿头发。

[10] 当时的许多观察者，甚至现在的许多观察者，都没有意识到这一点。马赫（Ernst Mach）说，普朗克"关心的物理学对所有时代和所有的人都有效，包括火星人，在我看来这是很不成熟，甚至接近于滑稽。"

[11] 近些年，物理学预印本文库里充斥着阐述基本原理的论文。现在可能有几百个了。

[12] 普朗克以演讲简洁而闻名，不用笔记也讲得很流利。有一个说法是："房间周围总是有很多人站着。由于演讲室的温度很高，而且挤得很紧，不时有一些听众会跌倒在地板上，但这并不影响演讲。"

[13] 我指的是牛顿三定律，$F = ma$，等等，不包括万有引力定律。

[14] 这个面被视为正方形，在 *QFT Nut* 第 I.1 章中讨论过。

[15] 这种说法有一点要注意，我们将在第 4.2 节中谈到。

[16] 这个领域有两个迷人的实验：(1) 像运篮球一样运中子，以及 (2) 中子束在引力场中与自身发生干涉。见 *GNut* 第 X.8 章的附录。详情见 J. J. Sakurai and J. Napolitano, *Modern Quantum Mechanics*, 第 110 页、第 133 页。

[17] 其他巨大的数字，比如你的身体和地球中的核子数量，虽然不是基本的，但对我们很重要，这个事实解释了为什么 G 比 c^{-1} 或 $\hbar$ 更早为人所知。

[18] 历史上的一件怪事：当时，许多人还把普朗克常量称为"k"，让大家感到困惑。见 *Einstein and the Quantum*，第 115 页。

[19] 更糟糕的是，有些书，比如基特尔（Kittel）和克勒默（Kroemer）的教科书，用另一个字母 τ 表示 kT。

[20] "大鸣大放"的原文是"rant and rave"，这里是批判的意思。* "rave"与"rage"有关，而"rage"这个词与"outrage"没有直接联系，后者通过法语单词"outré"可追溯到"ultra"。见 E. Maleska, *A Pleasure in Words*, Simon and Schuster, 1981。

---

*此为译者注。

4.2 一盒光子和自然单位的威力

光子气体的熵和能量

考虑一个体积为 V 的盒子，里面装着特征温度为 T 的光子。在统计力学的教科书中，计算了光子气体的熵和能量。在这里，我们只是用合理的单位进行量纲分析。

在自然单位中，温度 T 的量纲是能量，或者长度的倒数：$[T] = \mathrm{M} = \mathrm{L}^{-1}$。另一方面，熵 S 是无量纲的，与盒子的体积 $V \sim L^3$ 成正比，L 是系统的特征长度。因此，熵只能是

$$S \sim L^3 T^3 \sim VT^3 \tag{4.4}$$

同样，能量密度 ε 的量纲为 $[\varepsilon] = \mathrm{M}/\mathrm{L}^3 = \mathrm{M}^4$（自然单位）。通过量纲分析，立即可以得出 $\varepsilon \sim T^4$，总能量就是

$$E \sim L^3 T^4 \sim VT^4 \tag{4.5}$$

事实上，这只是第 3.5 节提到的关于黑体辐射的斯特藩–玻尔兹曼定律。

我相信你们知道使用自然单位的威力。这两个重要的结果几乎一下子就蹦出来了。顺便说一下，盒子里的光子数量由 $N \sim VT^3$ 给出，因为就量纲分析而言，N 和 S 都是无量纲的量。

把 $\hbar$ 和 c 放回去

用量纲分析法很容易把 $\hbar$ 和 c 放回去（因为这里没有引力，我们应该把 G 排除在外）。在非普朗克的单位中，T 具有能量的量纲，因此 $[VT^4] = \mathrm{L}^3\mathrm{E}^4$。

请注意，这里的字母 E 身兼二职：既代表一盒光子的能量，还为了方便，在量纲分析中代替了 M。另外，T 在这个特定问题中表示温度，还在量纲分析中表示时间，不要搞混了。我们再一次感叹：字母表里的字母太少了，不够用啊！

在这个警告之后，我们回到以 $\mathrm{L}^3\mathrm{E}^4$ 表示的能量。为了摆脱 L^3，我们应该除以 c^3，所以 $[VT^4/c^3] = \mathrm{T}^3\mathrm{E}^4$。但 $[\hbar] = \mathrm{ET}$。因此，除以 $\hbar^3$，就得出结论：$E \sim VT^4/(\hbar c)^3$。

同样，$S \sim VT^3/(\hbar c)^3 \sim N$。这一切都很合理——$E \sim NT$，因为 T 只是 N 个光子中的每个光子携带的平均能量。

请注意，对于固定的 T 来说，当 $\hbar \to 0$ 时，E、S 和 N 会趋于无穷大。在经典世界里，这些量没有意义。光子？什么光子？

当然，如果我们知道普朗克分布（它启动了所有这些 $\hbar$ 的工作），就可以准确地计算出 E，并确定 $E \sim VT^4/(\hbar c)^3$ 中的数值系数。事实上，第 3.5 节就以积分的形式给出了这个数字。

通过量纲分析、热力学和标度不变性得到压强

那么，光子气体所施加的压强 P 呢？压强是单位面积的压力。在自然单位中，力的量纲是 $[F] = \mathrm{ML/T}^2 = \mathrm{M}^2$，面积的量纲是 $\mathrm{L}^2 = 1/\mathrm{M}^2$。因此，压强的量纲是 $[P] = \mathrm{M}^2/(1/\mathrm{M}^2) = \mathrm{M}^4$，与能量密度的量纲相同。我们期望

$$P \sim \varepsilon \tag{4.6}$$

利用热力学，我们甚至可以得到这个关系中的数值系数。正如你们现在所看到的，(4.4) 和 (4.5) 中的整体数值因子（称为 K 和 K'）根本不重要。

热力学第一定律指出，$\mathrm{d}E = T\mathrm{d}S - P\mathrm{d}V$。

给学生的提示：掌握热力学课程的关键很简单。每当你做微分的时候，要记住哪个东西保持不变。在这里，我们必须保持熵 S 不变，所以 $\mathrm{d}S = 0$，因此 $\mathrm{d}E = -P\mathrm{d}V$。换句话说，$P = -\left.\frac{\partial E}{\partial V}\right|_S$。

因此，我们不能盲目地对 (4.5) 做微分，应该先用 (4.4) 把 E 表达为 S 的形式：

$$E = KVT^4 = KV\left(\frac{S}{K'V}\right)^{\frac{4}{3}} = KV^{-\frac{1}{3}}\left(\frac{S}{K'}\right)^{\frac{4}{3}} \tag{4.7}$$

现在做微分，

$$P = -\left.\frac{\partial E}{\partial V}\right|_S = \frac{1}{3}K\left(\frac{S}{K'V}\right)^{\frac{4}{3}} = \frac{1}{3}KT^4 = \frac{1}{3}\frac{E}{V} = \frac{1}{3}\varepsilon \tag{4.8}$$

如同承诺的那样，两个常数 K 和 K' 退场了，它们没有被邀请参会。

(4.8) 中的数字 $\frac{1}{3}$ 不是偶然的。3 指的是我们所处的三维空间。你知道为什么吗？

对于了解狭义相对论[1]的读者，$P = \frac{1}{3}\varepsilon$ 这个重要的关系有一种更复杂，但很有启发性的推导方式。随着洛伦兹变换将时间和空间统一为四矢量 $x^\mu = (x^0, x^1, x^2, x^3) = (t, x, y, z)$，能量密度 ε 和压强 P 也被统一打包为四张量，即能量动量张量 $T^{\mu\nu}$（其中 $\mu, \nu = 0, 1, 2, 3$）。附录 Eg 介绍了能量动量张量，并解释了为什么在物理上它必须是张量。

在局域静止坐标系中，这个张量具有对角形式[2]

$$T^{\mu\nu} = \begin{pmatrix} \varepsilon & 0 & 0 & 0 \\ 0 & P & 0 & 0 \\ 0 & 0 & P & 0 \\ 0 & 0 & 0 & P \end{pmatrix} \quad (4.9)$$

能量密度 ε 是时间–时间分量 T^{00}，而压强 P 是空间–空间分量，由于不存在特殊方向，所以，$T^{11} = T^{22} = T^{33}$。

在相对论中，标度转换是由能量动量张量的迹产生的，因此，在标度不变的[3]系统中（比如光子气体，它没有质量和长度的标度），迹 $T = \eta_{\mu\nu}T^{\mu\nu}$ 等于 0（其中 $\eta_{\mu\nu}$ 是闵可夫斯基度规，即 $\eta_{00} = 1$，$\eta_{11} = \eta_{22} = \eta_{33} = -1$，所有其他分量等于 0）。这意味着 $T = T^{00} - T^{11} - T^{22} - T^{33} = \varepsilon - 3P = 0$，正如我们将要证明的那样。你们又一次看到，3 是因为空间有三维。

哪里可以找到一盒光子呢？

我们在哪里可以找到一盒光子呢？

很多地方都有。首先，你可能注意到了，我们使用的光子的唯一属性是它没有质量。因此，我们所有的结果都可以推广到一个充满相对论物质的盒子里。这里的"相对论物质"指的是，构成它的粒子的质量与其能量相比可以忽略不计。

早期的宇宙就是一个充满相对论物质的盒子。在粒子物理学的标准模型中，质量是后来产生的。无论如何，当温度远远超过某个基本粒子的质量时，该粒子就可以被视为相对论物质。因此，在早期宇宙中，我们的结果 (4.4) 和 (4.5) 是成立的，只要把它们每一个都乘以某个计数因子 $g(t)$，$g(t)$ 只是计算有多少种等效的无质量粒子，因此它取决于宇宙的年龄 t。（由于费米子和玻色子具有不同的自由度，所以它们的计算方法也不同。[4]）随着宇宙的冷却（见下文），粒子获得质量，当温度下降到低于各种粒子的质量时，$g(t)$ 就会变小。例如，目前只有光子（可能还有一种或几种中微子[5]）是等效的无质量粒子。

宇宙变冷

通常，我们认为熵会由于各种耗散过程而不断增加，但在宇宙的尺度上，因为早期宇宙的光滑膨胀，熵保持不变。因此，结果 (4.4) 立即意味着早期宇

宙的温度 T 随宇宙尺度因子* $a(t)$ 的倒数下降。

$$T \propto \frac{1}{a(t)} \tag{4.10}$$

注释

[1] 对于那些不知道的人，请参考 *GNut*，第 226 页。

[2] 见 *GNut*，第 230 页。

[3] 如果你不知道这个基本事实，请参考 *GNut*，第 621 页。

[4] 这正是我们将要在第 5.4 节和第 5.5 节学习的内容，如果我们按部就班地做很多积分的话。

[5] 见第 9.3 节。

---

*即使在一个无限的宇宙中，也可以确定一个与时间有关的尺度因子 $a(t)$。见第 7.3 节。

4.3 黑洞有熵：霍金辐射

量子涨落让你自由

任何东西都不可能从黑洞中跑出来。时空在黑洞周围是弯曲的，一旦进入 $r_S = 2GM/c^2$ 的视界，即使是光也跑不出来，这一点已经在第 1.2 节讨论过了。黑洞是时空的扭曲，物体可以落入其中，但永远无法出来。[1]

但是，你们肯定听过说，当考虑量子效应时，这幅完全用经典物理学描绘的图像就不再成立了。黑洞像黑体一样辐射，每个黑洞都有特征温度。

对于像黑洞辐射这样基本的东西，我们彬彬有礼地拒绝使用可笑的单位，如焦耳每摄氏度。事实上，我将向你们展示使用合适单位的威力，正如前一章所提到的那样。我们将从所谓的粒子物理学单位开始，把 $\hbar$ 和 c（但不包括 G）设定为 1，然后再采用自然单位或者说天赐的单位。

霍金辐射

你们肯定听说过霍金辐射。在一系列极有影响力的论文中，霍金（Stephen Hawking，见图 4.2）在贝肯斯坦（Jacob Bekenstein）等人早期工作的基础上，与吉本斯（Garry Gibbons）合作，指出当包括量子效应时，纯经典的图像需要修正：黑洞会辐射，因而会蒸发。

现在，我们用自然单位的量纲分析[2]来估计所发射粒子的特征能量，即辐射的温度，称为黑洞的霍金温度 T_H。你可能感到疑惑，*因为问题中有两个质量，黑洞的质量 M 和普朗克质量 M_P。对于两个质量，M/M_P 的任何函数都是可以接受的，因此量纲分析似乎是不适用的。

事实上，我们还需要一个信息，即早在第 1.2 节我就强调过的事实。关键是，牛顿常数 G 是引力强度的乘法量度。在爱因斯坦和牛顿的理论中，质量为 M 的物体周围的引力场，只能取决于 GM 的组合[3]。

在 $\hbar = 1$ 和 $c = 1$ 的情况下，组合 GM 是长度，因此是质量的倒数。

玻尔兹曼和统计力学的奠基人们很久以前就向我们揭示，温度这个曾经非常神秘的概念，只是宏观物质的微观组分的平均能量†。因此，温度具有能量的量纲，也就是自然单位中质量的量纲。

---

*一位杰出的凝聚态物理学家曾经告诉我，他正是对这一点感到困惑。因此，你没有问出来的问题可能是广泛存在的。

†玻尔兹曼常量 k，只是能量单位和一些含有水银的管子上被称为"度"的标记之间的转换系数（正如第 4.1 节强调的那样），它已经被设定为 1。

图 4.2 纪念霍金（2011 年 8 月我在剑桥的一次讲座后拍摄的照片）。不巧的是，在我讲授这一节时，传来了他去世的噩耗

立刻可以看出，

$$T_H \sim \frac{1}{GM} \sim \frac{M_P^2}{M} \tag{4.11}$$

这种"复杂"的量纲分析抓住了物理学的一个基本要点：辐射是爆炸性的！当黑洞辐射能量时，M 减小，而 T_H 增大，因此黑洞的辐射速度加快。辐射性的质量损失越来越快。你当然不希望在厨房里看到这样的东西；这个物体在失去能量时变得更热。

如果你愿意，我们可以恢复 c 和 $\hbar$，从而很容易地用通常的非自然单位来写 T_H。以前，我们注意到 GM 的量纲为 L^3/T^2，不费吹灰之力就得到开普勒定律。由于温度具有能量的量纲，而且因为 $[\hbar] = ET$，我们就得到 $\hbar/GM$ 的量纲为 ET^3/L^3。因此，如前所述，霍金温度具有能量的量纲，由以下公式给出：

$$T_H \sim \frac{\hbar c^3}{GM} \tag{4.12}$$

非常令人欣慰，的确，在 $\hbar = 0$ 因而量子效应消失（$T_H = 0$）的情况下，黑洞不会辐射。物理学是自洽的！

事实上，(4.12) 中的整体系数是 $\frac{1}{8\pi}$，*用代数方法只要几行就可以确定。[4]

---

*第一步是注意到，黑洞的视界附近的时空度规与极坐标中的平面原点附近的度规相似。很神秘，对吧？

很有诚信的人

惠勒的学生贝肯斯坦第一个意识到黑洞有熵。惠勒用他标志性的风格讲了下面这个故事。[5]

> 1970 年的一个下午，……我告诉（贝肯斯坦），当一杯热茶与一杯冷茶交换热能时，我总是感到担忧。通过允许这种热能的传递……我增加了（宇宙的）微观无序，它的信息损失，它的熵。"雅各，我的犯罪后果，持续到时间的尽头，"我指出，"但如果有一个黑洞经过，我把茶杯扔进黑洞，就彻底掩盖了我犯罪的证据。多么了不起！"贝肯斯坦是很有诚信的人，他把创造的合法性当作最严肃的问题。[6]几个月后，他带来一个了不起的想法："当你把那些茶杯丢进黑洞时，你并没有消灭熵。黑洞有熵，你只是增加了它！"

黑洞有熵

对于这里的目的，一旦霍金告诉我们黑洞的温度由 (4.12) 给出，我们就可以用热力学来确定熵。

热力学指出，熵 S 由 $dE = TdS$ 给出[7]。这里的 E 只是黑洞的质量 M，所以 $T_\mathrm{H} dS = dM$。

对 $\frac{dS}{dM} = \frac{1}{T_\mathrm{H}} \sim GM$ 做积分，就得到

$$S \sim GM^2 \sim \frac{M^2}{M_\mathrm{P}^2} \tag{4.13}$$

请注意，正如人们理解和期望的那样，S 是无量纲的。同样，如果需要，我们可以很容易地恢复 $\hbar$ 和 c：

$$S \sim \frac{GM^2}{\hbar c} \tag{4.14}$$

量子世界中的黑洞

事实上，在经典的广义相对论中，黑洞不仅有熵，而且正像贝肯斯坦认识到的那样，它的熵实际上（因为 $\hbar = 0$）是无限大，如 (4.14) 所示。这是有道理的，因为熵是对应于单一平衡宏观状态的微观状态[8]数量的对数[9]，我们可以用无数种方法制造一个质量为 M 的黑洞，把任何数量和任何变化的东西都扔进去，只要总质量加起来等于 M。如果 $S = \infty$，要满足 $dM = TdS$，我们就必须设定 $T = 0$，与 (4.12) 一致。在经典世界中，黑洞不会辐射。

这就是夜行法给出的吉本斯和霍金关于霍金辐射的论证。为了保证黑洞的熵 S 是有限的，量子物理学必须以某种方式限制黑洞的制造方式。让我们考虑两个质量分别为 M 和 $M+\mathrm{d}M$ 的黑洞，看看它们的熵差。

量子物理学的一个基本事实是，粒子的大小由德布罗意波长描述。波长远小于史瓦西半径的粒子，可以被视为点粒子，有可能落入黑洞（取决于其速度和影响参数等），但波长大于史瓦西半径的粒子仅会路过黑洞，它太大了，进不去。

因此，波长大于 GM 但小于 $G(M+\mathrm{d}M)$ 的粒子，不太可能落入较小的黑洞。因此，我们认为，当量子力学起作用的时候，熵的变化 $\mathrm{d}S$ 实际上是有限的。一旦承认 $\mathrm{d}S$ 不是无限的，那么 $\mathrm{d}M = T\mathrm{d}S$ 的关系就不再迫使 T 等于零，而一旦承认 $T \neq 0$，我们就可以开展量纲分析的论证。

黑洞的熵是有限的，因此惠勒无法通过把茶杯扔进黑洞来违反热力学第二定律。正如贝肯斯坦向他和我们其他人解释的那样，他只是增加了黑洞的熵。如果惠勒是对的，我们只要简单地把垃圾扔进黑洞，就可以减少宇宙中的无序。

霍金辐射不需要量子引力

在这个时候，我应该澄清一个令许多人困惑的问题。为了推导这种黑洞辐射，霍金并不需要量子引力的理论。我们不需要将广义相对论的场进行量子化。需要量子化的是正在发射的粒子（例如电子）的场。

在量子场论中，与粒子对应的场不断地在真空中出现，又消失在真空里，从而产生了一对粒子和反粒子（例如，电子和正电子），它们很快就相互湮灭了。在通常情况下，对于质量为 m 的粒子来说，这种涨落只持续很短的时间，大约为 $\Delta t \sim \hbar/2mc^2$。但在黑洞附近，电子可能掉进黑洞，再也看不到了，而正电子则逃到了宇宙中。当然也可能正好相反。因此，远离黑洞的观察者将看到稳定的电子和正电子的流，其特征能量为 T_H。

辐射起源的半径是引力势能 GMm/r 大于创造一对粒子–反粒子所需的静止能量 $2mc^2$ 的地方。但这正是本节开头提到的，第 1.2 节也讨论过的史瓦西半径 r_S。我几乎不需要强调，只有物理尺度小于其史瓦西半径的紧凑物体才有资格成为黑洞，并且能产生霍金辐射。

玻尔兹曼因子告诉我们，只有温度 T_H 远大于电子静止质量的黑洞（或者等价地，黑洞的尺度远小于电子的德布罗意波长）才能发射电子。

引力的任务是改变时空的因果结构，以困住落入其中的粒子（或反粒子），而爱因斯坦的经典理论完全可以胜任这项工作。不需要量子引力。

什么时候需要担心引力场的量子性质？

什么时候我们必须考虑引力场的量子性质呢？这里给出一种用手比划的论证[10]。考虑一个质量为 M 的物体：比如你。当你走动时，你被引力场包围着，这个引力场实际上是由一群引力子组成的。让我们估计一下 N，也就是这群引力子的数量。如果引力场中的量子数量是 1 的量级，我们就肯定要处理引力场的量子性质问题，但如果 $N \gg 1$，那个场就可以用经典方法处理。为了估计 N，让物体是球形的[11]，其特征大小为 L，并想象这群引力子按球状分布。根据不确定性原理，引力子的特征能量为 $\varepsilon \sim 1/L$。根据牛顿（或爱因斯坦）的观点，引力势 $\phi = -GM/r$ 所包含的总能量由以下公式给出：

$$E \sim G^{-1} \int \mathrm{d}^3 x (\nabla \phi)^2 \sim G^{-1} \int_L^\infty \mathrm{d}r \, r^2 \left(GM/r^2\right)^2 \sim GM^2/L$$

因此，量子的数量等于

$$N \sim \left(GM^2/L\right)/(1/L) \sim GM^2 \sim (M/M_\mathrm{P})^2$$

这个结果令人高兴，大致符合你的直觉：除非质量 M 与普朗克质量 M_P 相当，你根本不需要担心量子引力。你肯定不会认为你周围的场不能被经典地处理，对吧？这种启发式论证适用于所有的质量，包括黑洞。因此，只有当黑洞的质量下降到 $\sim M_\mathrm{P}$ 时，你才需要担心，因为它接近爆炸的终点。[12]有的天体物理学家研究星系中心的大质量黑洞，他们并不需要担心霍金辐射。

由于我们还没有一个确定的理论，许多关于量子引力的讨论都涉及这种不太严谨的夜行法的论证。[13]

全面采用普朗克单位，真的让人震惊

我们终于准备好全面采用普朗克单位了，也就是使用自然单位。如 (4.13) 所述，黑洞的熵 S 就是其质量（以普朗克单位衡量）的平方。黑洞的半径 $R \sim GM$，所以表面积 $A \sim R^2$，利用这个事实，我们也可以写出

$$S \sim GM^2 \sim \frac{M^2}{M_\mathrm{P}^2} \sim \frac{R^2}{G} \sim \frac{A}{l_\mathrm{P}^2} \tag{4.15}$$

你应该感到震惊，震惊，还是震惊。大多数理论物理学家以前很吃惊，现在仍然很吃惊。

你不吃惊吗？

通常，系统的熵是广延量[14]，也就是说，正比于它的体积。比如说，想想日常的气体容器。

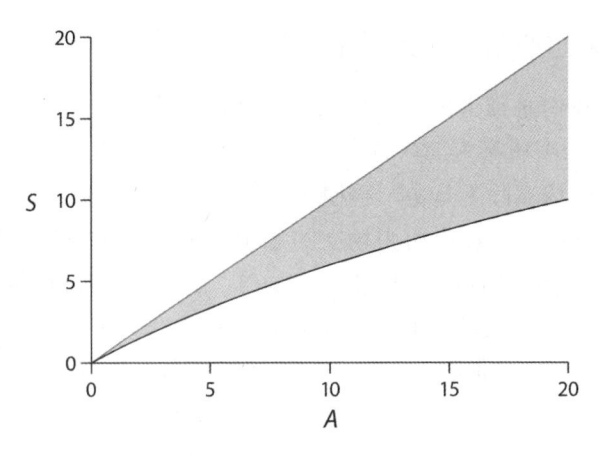

图 4.3 黑洞的熵 S_{BH} 和特霍夫特对辐射盒子的熵的上界 $S_{\mathrm{max\,box}}$ 被示意性地绘制为其表面积 A（单位为普朗克面积）的函数。当 $A > 1$ 时，$S_{\mathrm{BH}} > S_{\mathrm{max\,box}}$。当 $A \gg 1$ 时，黑洞的熵远远超过了辐射盒子的熵。由于没有人理解量子引力，所以当 $A < 1$ 时，我们不能相信这个图，也许 $A \gtrsim 1$ 的情况也不能相信

然而，黑洞的熵正比于它的表面积，而不是它的体积。好像黑洞的熵完全停留在其表面一样。的确，想象一下，在黑洞表面放置一个网格。不知道为什么，每个面积为 l_P^2 的普朗克大小的单元格都包含一个单位的熵，如 (4.15) 所示。黑洞的这个神秘特性是理论物理学中最深刻的谜题之一，导致特霍夫特（Gerard 't Hooft）和苏斯金德（Leonard Susskind）分别阐述了全息原理[15]。许多基础物理学家认为，黑洞的这种神秘特性是量子引力的关键所在。

处于崩溃的边缘

一个几乎被普遍接受（但尚未在数学上得到证明）的民间信仰是，如果物理系统的尺度 L 小于其史瓦西半径 $r_S \sim M$，它就会坍缩为黑洞。换句话说，一个相对其质量来说过于紧凑的物体将会坍缩。（请注意，这里实际上是把普朗克质量和普朗克长度设置为 1。）

回忆一下，一盒光子的能量和熵分别由 $E \sim L^3 T^4$ 和 $S \sim L^3 T^3$ 给出。现在考虑一盒光子，其温度高到这样的程度：如果我们再投入一点能量，这盒光子就会坍缩，成为黑洞。濒临崩溃的条件转化为 $E \sim L^3 T^4 \lesssim L$，也就是说，$T \lesssim 1/L^{\frac{1}{2}}$。这个盒子的熵就等于

$$S \sim L^3 T^3 \lesssim L^{\frac{3}{2}} \sim A^{\frac{3}{4}} \tag{4.16}$$

一盒热到几乎成为黑洞的电磁辐射，其熵最多只能像面积的 $\frac{3}{4}$ 次方一样增长，而不是像黑洞正比于面积地增长。请记住，我们正在使用普朗克面积来测量

面积。因此，对于 $A \gg l_P^2$，光子盒的熵远小于与盒子表面积相同的黑洞的熵。这个界限是由特霍夫特在 1993 年得到的。详见图 4.3。

练习

(1) 昂鲁效应（Unruh effect）[16]指出，在平坦的时空中，加速的观察者会感觉到沐浴在热辐射中，这是量子涨落的结果。就像霍金效应一样，这个效应的正确推导需要一些量子场论的知识。尽管如此，我们认为昂鲁辐射的温度是由加速度 a 决定的，
$$T_U \sim a$$
这里采用了自然单位。

(2) 在练习 (1) 中给出的昂鲁温度的表达式中，恢复 $\hbar$ 和 c 的因子。估计达到室温所需的加速度。

(3) 大多数人认为黑洞是看不见的，但你们了解得更好。估计一下以发射可见光为主的黑洞的典型质量。

注释

[1] 这在所有关于引力的教科书中都有解释。例如，见 *GNut*，第 VII 部分。

[2] 黑洞熵的历史很好地说明了这个道理：承认物理学中某些量的存在，往往很困难。一旦理解了这个量的存在，我们就可以尝试计算它的值，这很可能远非易事，但是量纲分析很容易。

[3] 事实：$GM_\odot$ 已经达到 8 位有效数字，而 G 只有 4 位有效数字。

[4] 例如，见 *QFT Nut*，第 290—291 页，或者 *GNut*，第 444—446 页。

[5] 见 J. A. Wheeler, *A Journey into Gravity and Spacetime*, Scientific American Library, W. H. Freeman, 1999，第 221 页。

[6] 不幸的是，贝肯斯坦因为拒绝在安息日开灯，在赫尔辛基从楼梯上摔下来，死了（M. Chaichian，私人通信）。

[7] 在初级课本中，对于一个装有某种气体的体积为 V 的盒子，这个热力学基本定律被表述为 $dE = TdS - PdV$，但是这里没有体积。

[8] 见 R. Feynman, *Statistical Mechanics*, W.A. Benjamin, 1972。

[9] 严格地说，由于涉及计数，熵是量子统计力学的概念，在经典物理学中并不完全合理。

[10] 我从德瓦利（G. Dvali）那里听到了这种论证。

[11] 也就是说，秉承《考虑一头球形牛》(*Consider a Spherical Cow*) 这本名著的精神，考虑一个球形的你。

[12] 的确，在某一点上，一个有争议的话题围绕着你期望看到的东西：是奇特的残余物还是什么都没有？

[13] 更多的例子可以在 *GNut* 第 X.8 章中找到。

[14] 对于具有短程相互作用的系统来说，这一点已得到证明。

[15] 这反过来又导致了 AdS/CFT。见 *GNut*。

[16] 见 W. Unruh, *Physical Review* D**14** (1976), p. 870，另见 S. Fulling, *Physical Review* D**7** (1973), p. 2850，以及 P. Davies, *Journal of Physics* A**8** (1975), p. 609。

4.4 当爱因斯坦引力遇到量子

经典世界和量子世界中的牛顿常数

在讨论量子引力之前，让我们回到牛顿引力，回到第 1.2 节，在那里我们注意到 GM 的组合量纲为 $[GM] = \text{L}^3/\text{T}^2$。（记住它的快速方法是：牛顿告诉我们，$GM/r^2$ 是加速度，量纲为 L/T^2。）

爱因斯坦引力当然是一种相对论，因此在 $c = 1$ 的情况下，L 和 T 的量纲相同。因此，$[GM] = \text{L}$ 只是长度，所以 $[G] = \text{L}/\text{M}$。那么，当我们把爱因斯坦引力引入量子时，会发生什么呢？令人惊奇的是，简单的量纲分析已经警告我们，二者之间会产生不愉快的火花！

在量子世界中，我们可以把 $\hbar$ 设置为 1，因此 $[\hbar] = 1 = \text{ML}$。长度的量纲是质量（或能量，因为这个理论明显是相对论性的）的倒数。这样就有了重要的结果

$$[G] = \frac{\text{L}}{\text{M}} = \text{L}^2 = \frac{1}{\text{M}^2} \tag{4.17}$$

牛顿引力常量的量纲是质量平方的倒数。的确，从第 4.1 节开始，普朗克质量等于 $M_\text{P} = \sqrt{\hbar c/G}$。所以，当 $c = 1$ 和 $\hbar = 1$ 的时候，我们有 $G = 1/M_\text{P}^2$。

两个引力子的碰撞

当我们将电磁学进行量子化的时候，电磁波就是一群光子。正是以同样的方式，当我们把引力量子化的时候，引力波就是一群引力子。牛顿的 G，作为引力强度的量度，决定了一个引力子与物质和其他引力子相互作用的强弱程度。

考虑两个引力子的碰撞，每个引力子的能量为 E，产生两个出射的引力子。在量子物理学中，散射过程由概率振幅描述。对于这里的目标，我们甚至不需要知道这个振幅（称为 $\mathcal{M}$）是如何计算的。只需要知道 $\mathcal{M} \propto G$ 就够了，因为碰撞是由引力支配的。如果没有引力，振幅应该消失。

在经典世界中，在碰撞之后，这两个引力子将远离对方，跑向空间无穷远的地方，但在量子世界中，这两个引力子是由概率波函数描述的，可能会再次发生相互作用。量子涨落会改变 $\mathcal{M}$。如果两个引力子相互作用两次，修正值应该与 G^2 成正比。换句话说，$\mathcal{M} \propto G + KG^2 + \cdots = G(1 + KG + \cdots)$，其中 K 的量纲是 $[K] = \text{M}^2$，因为 $[G] = 1/\text{M}^2$。

但 E 是周围唯一具有质量量纲的量。因此，我们通过量纲分析得出结论，

散射振幅必须具有以下形式：

$$\mathcal{M} \propto G\{1 + aGE^2 + O(G^2)\} = G\{1 + a(E/M_P)^2 + O(G^2)\} \quad (4.18)$$

其中 a 是散射角的某个无量纲函数。根据定义，对大括号中的 1 的修正，与 G 呈线性关系，因此修正项必须像 E^2 那样。

当我们把能量 E 提高到超过普朗克能量 $M_P = \sqrt{1/G}$ 时，二阶项变得比一阶项大。[1]此外，在量子物理学中，散射振幅的绝对平方决定了散射过程的概率，由于概率根据定义不能大于 1，所以散射振幅不能任意地大。你可能知道这就是幺正性约束。在这里，我们面临的这个约束有可能被违反，这就表明，在普朗克能量下，量子物理学崩溃了。

我们很容易把这个论证推广到包括高阶项。因此，同样通过量纲分析，(4.18) 中的下一阶的项必须具有 $b(E/M_P)^4$ 的形式，其中 b 是散射角的另一个无量纲函数。

对这种幺正性约束的论证，一种可能的反应是："那又怎么样？微扰展开失效了。"当然将来可能有一天，我们会知道如何以非微扰的方式处理量子引力，但是现在这还只是理论物理学家的梦想。(4.18) 中的大括号内的级数可能变成函数 $f\left((E/M_P)^2\right)$ 的展开式，即使对 $E \gtrsim M_P$ 也表现得很正常。也有可能这个函数是非解析的，不允许有微扰展开。但这些都只是说说而已。

最小长度

有迹象表明，量子化引力会动摇现有的物理学框架。病人表现出许多症状，但显然都是由于一个根本原因：G 是有量纲的，与控制强、电磁和弱相互作用的无量纲耦合常数不一样。

德布罗意断言，动量为 p 的粒子表现得像波长为 $\hbar/p$ 的波，这让物理学界大吃一惊（还顺便让他获得了诺贝尔奖[2]），从此，粒子物理学家一直在游说政府首脑（和纳税人），他们需要建造越来越大的加速器以便探测越来越短的距离。给定能量为 E 的粒子，他们可以探测 $l_{dB} \sim \hbar/p \sim \hbar/E$ 的距离。在没有引力的世界里，如果有足够的资源，他们就可以不断地增加能量，快乐地探测越来越小的距离。

但是在有引力的世界里，我们有黑洞！

把质量或能量集中在小于史瓦西半径 $r_S \sim GE$ 的区域，可以预期它将坍缩成一个黑洞（回忆第 1.2 节）。因此，我们使用的碰撞束会在 $GE \gtrsim l_{dB} \sim \hbar/E$ 时坍缩，正是在 $E \gtrsim M_P$ 的时候。这表明普朗克长度 $l_P \sim 1/M_P$ 代表最小的长度，小于这个长度，我们就无法探测了。[3]

在量子世界中，物理量是不断变化的。一旦引力"开启"，就会出现一个基本长度，这表明在量子引力中，时空本身在 l_P 的尺度上是变化的，从而导致了时空泡沫这个图画式的概念。这是否意味着，正如刚才建议的，l_P 代表我们可以探测的最小长度呢？这似乎合情合理。

试图在有引力时做定位

1964 年，米德（C. Alden Mead）[4]给出了一个相关的论证，[5]但没有提到黑洞。同样，如果我们想把一个粒子定位在 Δx 之内，我们需要使用短波长、高频率的光子，能量为 E，满足 $\Delta x \sim \hbar/E$。在没有引力的世界里，这没有问题，但在有引力的世界里，光子对粒子施加引力，使其以加速度 $a \sim GE/r^2$ 加速。这里的 r 表示一个模糊定义的特征距离（r 将来会消掉），描述光子和粒子的相互作用。光子在时间 r 里穿越这个相互作用区域，在此期间，粒子获得了速度 $v \sim ar$，并行进了一段距离 $d \sim vr \sim ar^2 \sim GE$。结合海森堡不确定性原理，可以得出结论，我们对粒子位置的了解受限于"广义的不确定性原理"：

$$\Delta x \sim \frac{\hbar}{E} + GE \tag{4.19}$$

换句话说，除了光子的波长导致的不确定性之外，我们试图观察的粒子也由于它和光子的引力作用而发生了移动。把它最小化，可以看到，我们能做到的最好的结果是 $\Delta x \sim \sqrt{\hbar G} = l_P$。再次注意，这里隐含地使用了狭义相对论，将广义相对论的质量等同于能量。[6]

只要你觉得，引力应该把海森堡的不确定性原理修正到 G 的量级，你就会通过量纲分析得出 (4.19) 的结果。

有趣的是，弦论也自然地导致了 (4.19)。想象一个引力子，据说它是一个弦的封闭环。当我们向它输入能量时，它就会膨胀到 GE 的大小，这就是 (4.19) 中的海森堡项以外的那个项。

两位乐观的巨人和一位年轻的物理学家

> 不相信的人就欠一银币。
>
> ——布隆斯坦（Matvei Bronstein）

读者可能会认识到，所有这些论证，在本质上都是同一个论证的不同版本。最终，它们都归结为一个基本事实，即引力引入了一个自然的能量（或质量）和一个相应的长度。这类论证可以追溯到 1935 年，苏联杰出的物理学

图 4.4　物理学家布隆斯坦，量子引力的先驱者

家布隆斯坦发表的一篇鲜为人知的论文[7]，他在 1938 年 31 岁时在大清洗中被处决。见图 4.4。

历史上，海森堡和泡利在 1929 年对电磁场进行了量子化，并相当乐观地得出结论："广义相对论场的量子化……可以通过与这里采用的理论形式完全相似的方式进行，而且没有任何新的困难。"哈！即使是量子电动力学也没有这么容易[8]，更不用说量子引力了。

但在整个 20 世纪 30 年代，人们普遍认为[9]，一旦搞定了量子电动力学，量子引力就很容易跟上，也许会有一些微不足道的修改。凭借深刻的洞察力，年轻的布隆斯坦强调指出[10]，电磁场和广义相对论场在本质上是不一样的——因为当时所谓的大质量物体的"广义相对论半径"。

黑洞很奇怪，在很多方面都很奇怪。量子物理学的创始人告诉我们，质量为 m 的粒子的量子大小为 $\hbar/m$：质量越大的粒子，在量子世界中越小。但是，一个质量为 M 的黑洞的大小是 $GM = (M/M_P) l_P$：黑洞的质量越大，它就越大，这种行为正好与所有其他粒子的行为相反。这个奇特的事实是这里给出的论证的基础。

普朗克长度 l_P 的存在表明，无论量子引力理论是什么，它都不可能是量子场论。首先，量子场论是基于局域可观测量的概念，由时空中各点的场描述。但是，由于时空本身随着"量子的舞蹈"而疯狂地涨落，我们甚至无法准确定位我们所在的位置。换句话说，为了系统阐述量子场论，我们需要空间曲面的切片沿着时间坐标轴有序地相互连接。在 1935 年的论文中，布隆斯坦主张："对理论进行彻底的重建……并拒绝黎曼几何。也许也要摒弃我们普通的空间和时间概念，用一些更深刻的、很不明显的概念来取代它们。"在 21 世纪初，弦论的学者们也在说着差不多的事情。事实上，读者很容易理解，如果度规起伏不定，我们在做物理学时想当然的基本概念，如时间的方向、度规的特征、时空的拓扑学等，就都会变得有问题。

注释

[1] 从历史上看，这个论证中具有无限大的项，令人困惑。在更现代的量子场论的处理中，物理学中没有无限大，只有截断（cutoffs）。我不在这里解释这一点。见 *QFT Nut*，第 III.1 章和第 III.2 章。

[2] 1929 年，他的母亲去世一年以后。她认为这个最小的儿子永远不会有什么成就。德布罗意生于 1892 年，卒于 1987 年，是他那一代里最长寿的理论物理学家之一。他对法国物理学的发展产生了负面的影响。

[3] 这里介绍的是标准的主流观点。我们不能深入到比 l_P 更小的范围——这个说法远非定论，在学术文献中仍有争议。这里给几个例子，见 H. Salecker and E. P. Wigner, *Physical Review* **109** (1958), pp. 571–577; R. Gambini and R. Porto, arXiv: gr-qc/0603090 sec. II; Y. J. Ng, *Annals of the New York Academy of Sciences* (1995), pp. 579–584; R. Gambini, J. Pullin, and R. Porto, arXiv: hep-th/0406260; and G. Amelino-Camelia and L. Doplicher, *Classical and Quantum Gravity* **21** (2004), pp. 4927–4940, arXiv: hep-th/0312313。

[4] C. Alden Mead, *Physical Review* **135** (1964), p. B849.

[5] 关于引力与量子物理学不相容的论证，见 *GNut*，第 X.8 章。

[6] 在我看来，这种比划式的论证是很快、很松散，应该（也可以）重新细化。事实上，米德确实重新修改了他的论证，首先考虑了动量守恒，然后用爱因斯坦的引力取代了牛顿的引力。

[7] 见 G. Gorelik, *Physics-Uspekhi* **48** (2005), p. 1039。

[8] 你们可能知道，这种早期的量子电动力学尝试受到无限大和各种不一致的影响，这些困难直到 20 世纪 40 年代末才由包括施温格、费曼、朝永、戴森、沃德（Wald）等的那一代人清除掉。

[9] 请记住当时的巨大混乱，如玻尔提出的能量不守恒，以及不确定性原理是否可以应用于场的问题。罗森菲尔德（L. Rosenfeld）显然是第一个表明量子场论和经典相对论不一致的人，见 http://www.sciencedirect.com/science/article/pii/0029558263902797。

[10] 他用"Wer's nicht glaubt, bezahlt einen Thaler"（不相信的人就欠一银币）结束他的论文。阅 J. Grimm and W. Grimm, *German Fairy Tales*。

4.5 数学小插曲2

费曼的积分

$\int_0^1 dx \frac{1}{(px+q)^2}$，你会算这个积分吗？

你当然会！[1]分母只是 x 的线性函数的平方，但是你可以秉承《数学小插曲1》一节的精神，不算而算吗？

第一步是将积分改写为

$$I = \int_0^1 dx \frac{1}{[ax+b(1-x)]^2} \tag{4.20}$$

很简单，只要重新定义常数就行了。

接下来观察到，积分在 $a \leftrightarrow b$ 下是对称的。（只需改变积分变量 $x \to 1-x$。）

让 a 和 b 具有某个东西的量纲——什么东西并不重要（长度、质量等），只要它们具有相同的量纲，正如分母所表明的那样（因为 x 是无量纲的，正如积分的上限和下限显示的那样）。那么这个积分的量纲就是这个东西的量纲的平方的倒数。

结合量纲分析和交换对称性，我们立刻得到了 $I \propto \frac{1}{ab}$。设 $a=b$，计算由此得到的简单积分 $\frac{1}{a} \int_0^1 dx$，立即得到总的系数。因此，$I = \frac{1}{ab}$。

顺便说一下，使用 δ 函数重写积分（见附录 Del），

$$I = \int_0^1 dx \int_0^1 dy \frac{\delta(1-x-y)}{[ax+by]^2} \tag{4.21}$$

也可以体现 (4.20) 中 a 和 b 的对称性。

利用微分，你也可以得到不那么对称，所以也不那么明显的积分，例如，$\int_0^1 dx \frac{x}{[ax+b(1-x)]^3} = \frac{1}{2a^2b}$。

接下来，试着算这个积分：

$$I = \int_0^1 dx \int_0^{1-x} dy \frac{1}{[px+qy+r]^3} \tag{4.22}$$

明白了！诀窍是将 (4.22) 写成

$$I = \int_0^1 dx \int_0^1 dy \int_0^1 dz \frac{\delta(1-x-y-z)}{[ax+by+cz]^3} \tag{4.23}$$

事实上，对 z 积分相当于设置 $z = 1-x-y$，所以方括号变成 $[ax+by+c(1-x-y)] = [(a-c)x+(b-c)y+c]$。这个积分关于 a、b、c 的置换是对称的。（注意，$abc = (p+r)(q+r)r$，所以这种对称性部分地隐藏在 (4.22) 中。）

按照上述同样的推理（即利用量纲分析和交换对称性），我们立即得到 $I = \frac{1}{2abc}$，其中的因子 2 来自于等腰直角三角形的面积。（这里是故作神秘。）

显然，可以将这些积分推广为包含 n 个参数，即 $a_1, \ldots, a_n$：

$$\begin{aligned}\frac{1}{a_1 a_2 \cdots a_n} = & (n-1)! \int_0^1 \int_0^1 \cdots \int_0^1 \mathrm{d}x_1 \mathrm{d}x_2 \\ & \cdots \mathrm{d}x_n \, \delta\left(1 - \sum_j^n x_j\right) \frac{1}{(a_1 x_1 + a_2 x_2 + \cdots + a_n x_n)^n}\end{aligned} \quad (4.24)$$

量纲分析，对称性，处理一种简单的情况

这里的目的是展示，在计算某一类积分的时候，如何综合使用量纲分析、交换对称性，以及对付一个简单的情况（例如，通过设置 (4.24) 中所有的 a_j 相等）。事实上，这类积分在量子场论的发展中发挥了重要作用，由费曼普及[2]的 (4.24) 的特性在计算费曼图时至关重要，这一点我在第 2.3 节提到过，还将在第 9 章中简要地谈到。经常遇到的一种典型的（四维）积分是 $\int \mathrm{d}^4 q / \{(q^2 + m^2)((q+p)^2 + m^2)((q+k)^2 + m^2)\}$，把 (4.24) 用于这个积分，就可以算了。[3]顺便说一下，施温格也有一个恒等式。否则的话，他怎么可能在电子磁矩的计算上赢了费曼呢？

即使处理的是纯数字，量纲分析也可能有帮助

一些大学生对量纲分析在算积分方面的作用感到惊讶。"这些都是纯数字"，他们可能会抗议。

但是不，我们可以给变量分配量纲，只要做的时候保持一致，例如，在 (4.24) 中，如果把 a_j 看作质量，量纲也要匹配。再举个例子。考虑一下著名的高斯积分 $I = \int_{-\infty}^{\infty} \mathrm{d}x \, e^{-ax^2}$。让 x 具有长度的量纲，就有 $[a] = 1/\mathrm{L}^2$ 和 $[I] = \mathrm{L}$，也就立刻得到了 $I = C/a^{\frac{1}{2}}$，其中 C 是某个未知的常数[4]。对 a 做微分，我们得到 $\int_{-\infty}^{\infty} \mathrm{d}x \, x^2 e^{-ax^2} = C/\left(2a^{\frac{3}{2}}\right)$，等等。

练习

(1) 利用量纲分析，"猜一猜"积分 $I = \int_{-\infty}^{\infty} \mathrm{d}x / (x^2 + a^2)$。

提示：要当心！

注释

[1] 否则你就不会读这本书。

[2] 我使用了"普及"这个词，因为我没有验证费曼是不是第一个在这些积分上使用这些恒等式的人。

[3] 例如，见 *QFT Nut* 第 197 页的 (10)，关于电子的反常磁矩的计算。对 (4.24) 中明显的交换对称性的不懈利用（例如同一页的 (13)）和其他技巧，使得这个了不起的计算成了家庭作业，天赋远不如施温格和费曼的学生也可以做。

[4] 显然，量纲分析永远不会给你 C ——我们需要非线性。一个漂亮的技巧是，用极坐标计算 I^2。见 *QFT Nut*，第 14 页。

第 5 章
从理想气体到爱因斯坦凝聚

5.1 理想的玻尔兹曼气体

5.2 范德华：信封物理学的大师

5.3 量子气体

5.4 猜测费米–狄拉克分布

5.5 爱因斯坦凝聚

5.1 理想的玻尔兹曼气体

宽容的操作

一些宗教告诉我们，宽容是一种美德。夜航物理学家也喜欢宽容的操作。有了宽容的操作，我们可以忍受马虎，仍然得到正确的答案。宽容的操作与严格的操作形成鲜明对比，后者的任何错误都是致命的。

宽容操作的一个例子是 $\frac{d}{dx}\log f(x)$。log 把任何与 $f(x)$ 相乘的常数（常数指任何不依赖于 x 的东西）变成可加的常数，然后被导数消灭。这个例子出现在气体理论中。

理想气体

公式 $S = \log W$，带着著名的 k，刻在玻尔兹曼的墓碑上。这里的 W 表示，对于我们正在研究的系统，能量为 E 的宏观状态中不同微观状态的数量，而 S 表示系统的熵。在下面的讨论中，夜航物理学家不会担心所有的"如果"和"但是"，我们把所有这些注意事项和精确的定义留给严肃的学者。

根据定义，理想气体是这样一种气体，其中原子（而不是分子——为了确定起见）之间的相互作用主要会导致碰撞，让气体达到平衡，但在其他方面可以忽略不计。微观状态用 N 个原子的动量 $\vec{p}_1, \vec{p}_2, \cdots, \vec{p}_N$ 来表征。对于通常的宏观气体样本，N 的数量为 10^{23} 的量级。一个微观状态对应于某个极其巨大的 $3N$ 维空间中的一个点，这个空间由 N 个原子的 $3N$ 个动量分量 p_a^i 定义，其中 $a = i, \cdots, N$，$i = 1, 2, 3$。气体的能量是 $E = \frac{1}{2m}(\vec{p}_1^2 + \vec{p}_2^2 + \cdots + \vec{p}_N^2)$。因此，具有给定能量 E 的宏观状态对应于半径为 $\sqrt{2mE}$ 的球，即由下式在 $3N$ 维的空间里指定的集合，

$$\vec{p}_1^2 + \vec{p}_2^2 + \cdots + \vec{p}_N^2 = \sum_{a=1}^{N}\sum_{i=1}^{3}\left(p_a^i\right)^2 = 2mE \tag{5.1}$$

根据高中几何，这个球的面积（在这个词的一般意义上）是半径的某个幂，这个幂等于球所在的空间的维数减去 1。[1]（请思考日常的圆和球，如果不明白，请阅读尾注。）因此，我们这个巨大的球的表面积与 $(\sqrt{E})^{3N-1} \sim E^{\frac{3}{2}N}$ 成正比。朋友们，相比于数量级为 10^{23} 的数字，1 算个啥呀？

由 $\vec{p}_1, \vec{p}_2, \cdots, \vec{p}_N$ 定义的微观状态是这个巨球上的一个点。玻尔兹曼的 W 显然与球的面积 $\sim E^{\frac{3}{2}N}$ 成正比（下文将详细介绍）。因此，玻尔兹曼的深奥公式给出了熵为

$$S = \log W = \frac{3}{2}N\log E + 无关的垃圾 \tag{5.2}$$

热力学的基本定律指出，

$$dE = TdS - PdV \tag{5.3}$$

由于体积 V 保持不变，$dE = TdS$，也就是说，$\frac{dS}{dE} = \frac{1}{T}$。微分 (5.2)，我们就得到 $\frac{3}{2}\frac{N}{E} = \frac{1}{T}$，即

$$E = \frac{3}{2}NT \tag{5.4}$$

这是我们熟悉的理想气体的结果。请注意，3 来自于空间的维数。

玻意耳定律

如果还想确定压强，我们就必须做得更多，检查我们先前轻率抛弃的东西。根据 (5.3)，我们必须考察对 V 的依赖关系。假设气体装在边长为 L 的立方容器里。在量子物理学中，气体的原子实际上是满足边界条件的波，像 pL 这样的东西是 π 的某个整数倍。因此，动量 p 的允许值之间的间隔 Δp 就像 $1/L$，在热力学极限 $L \to \infty$ 下消失（本来就应该这样）。

因此，玻尔兹曼的 W 实际上正比于 $3N$ 维球体的面积除以每个小球的面积，即 $\sim (\sqrt{E}/(1/L))^{3N} \sim \left(E^{\frac{3}{2}}L^3\right)^N \sim \left(E^{\frac{3}{2}}V\right)^N$。所以，熵就等于 $S = \frac{3}{2}N\log E + N\log V +$ 无关的垃圾，这是 (5.2) 的更精确的版本。

在应用 (5.3) 确定压强时，我们要保持 S 不变。因此，

$$0 = dS = \frac{3}{2}N\frac{dE}{E} + N\frac{dV}{V} \tag{5.5}$$

这样就给出 $P = -\left.\frac{dE}{dV}\right|_S = \frac{3}{2}\frac{E}{V} = \frac{NT}{V}$。（最后一步使用了 (5.4)。）看哪，这样就得到了经典气体[2]的玻意耳定律[3]

$$PV = NT \tag{5.6}$$

请注意，虽然我们的中间步骤很马虎，只使用了近似正比的符号（$\sim$），但是最终结果 (5.4) 和 (5.6) 可以使用等号。

计数

有些读者可能知道，这里使用的是微正则系综，它的关键出发点是通过计算微观状态获得 W 的表达式。这让我想到了另一个讨厌的问题："经典统计力学"这个词语毫无意义。"统计"这个词意味着计数，但在经典物理学中，

状态变量（比如这里的动量）是连续的值。讲述经典统计力学的教科书，通常会长篇大论地介绍相空间以及计数在经典物理学中的意义。*

但是无论如何，"经典"和"统计"这两个词是矛盾的。也许这就是玻尔兹曼的物理学同行们严厉批评他的原因，这在一定程度上导致这位物理学大师自杀了，真是悲剧啊。

在这个例子中不得不计算的时候，我们动用了量子力学，把动量本征态量子化了。耐人寻味的是，在计算中，$\hbar$ 先出现然后又消失了。

差不多得了

就像在生活中一样，在物理学中值得搞清楚，什么时候必须严格，什么时候可以差不多得了。

注释

[1] 因此，半径为 r 的圆的周长正比于 $r^{2-1}=r$，半径为 r 的球的面积正比于 $r^{3-1}=r^2$，生活在四维空间的半径为 r 的超球体的面积正比于 $r^{4-1}=r^3$，等等。想得到精确的总体常数吗？答案在 *QFT Nut* 的第 539 页给出（这只是告诉你，我也可以循规蹈矩地计算）。

[2] 有一首与"经典气体"同名的器乐作品——*Classical Gas*，由威廉斯（Mason Williams）创作和演奏，见链接 https://www.youtube.com/watch?v=8FvCviUW-58。

[3] 由鲍尔（Henry Power）发现。顺便说一句，玻意耳定律代表了几个先前已知定律的"大统一"的早期例子。例如，查理定律指出，气体受热后会膨胀。

---

*严格地说，在经典统计力学中，我们不能定义熵，只能定义熵的变化，但对于大多数应用来说，这就足够了。

5.2 范德华：信封物理学的大师

修改玻意耳定律

我喜欢把范德华（Johannes Diderik van der Waals）[1]称为信封物理学的大师。

从玻意耳定律开始，

$$PV = NT \tag{5.7}$$

这个定律把含有 N 个分子（为简单起见，我们假定它们是单原子）、体积为 V 的理想气体的压力 P 和温度 T 联系起来。虽然这个定律适合于气体理论的初学者，但是它不能描述许多有趣的现象，例如从气态变为液态的可能性。

对于这里的讨论，区分广延量和强度量是很重要的。当我们把所研究的气体样本减半时，广延量（如 N 或 V）就会减半。相反，当我们把气体样本减半时，强度量（如 P 和 T）保持不变。例如，你可以设想把你所在的房间分成两半。显然，强度量只能等于强度量，不能等于广延量，反之亦然。

考虑气体分子的相互作用

通过几个非常简单的步骤，范德华能够让玻意耳定律 (5.7) 变得更现实。

首先，范德华说，分子有一定的大小，每个分子占据的体积是 b。因此，气体实际可用的体积不是 V，而是较小的体积 $V - Nb$。

其次，从气体到液体的转变由分子间的吸引力驱动，吸引力想把分子拉到一起。这降低了压强 P。压强的减少量应该正比于吸引对的数量 $= N(N-1)/2 \sim N^2/2$。由于 P 是强度量，只有具有强度量性质的组合 N^2/V^2 出现时才有意义。因此，我们期望减少量等于 $a(N/V)^2$，其中 a 是某个常数。

参数 a 和 b 是气体的特征，都被定义为正数。

把 $V \to V - Nb$ 和 $P \to P + a(N/V)^2$ 代入 (5.7)，我们（或者说范德华）得到

$$\left(P + a\left(\frac{N}{V}\right)^2\right)(V - Nb) = NT \tag{5.8}$$

为了确认 (5.8) 中的符号是正确的，把它改写为（数密度 $n = N/V$）

$$P = \frac{NT}{V - Nb} - a\left(\frac{N}{V}\right)^2 = \frac{nT}{1 - nb} - an^2 \simeq nT\left(1 + nb - \frac{na}{T} + O(n^2)\right) \tag{5.9}$$

事实上，b 会增加压强，而 a 会减小压强。范德华状态方程显然是低密度的展开式，展开到 n 阶。

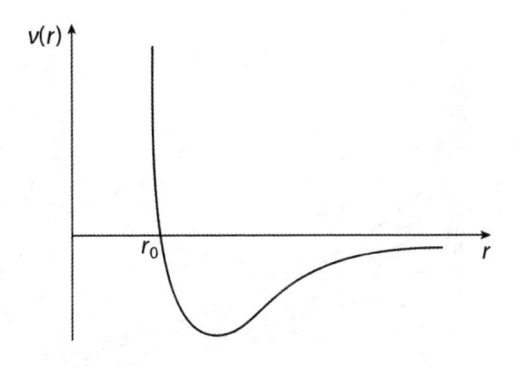

图 5.1 示意图：两个气体分子之间的势

a 和 b 的微观起源

在气体的分子理论中，我们可以想象两个分子之间的相互作用势 $v(r)$ 具有图 5.1 中的形式。这个势包含了范围为 r_0 的硬核排斥力和范围较长的吸引力，这个吸引力随着 r 的增加而迅速减小至零。

因为压强具有能量密度的量纲，我们得到量纲为

$$[a] = \left(\frac{E}{L^3}\right)\frac{1}{(1/L^3)^2} = EL^3 \tag{5.10}$$

一个有根据的猜测是，a 等于 $v(r)$ 的深度乘以 $v(r)$ 的范围的立方。同样地，我们希望 b 等于 $v(r)$ 范围的立方。如附录 VdW 所示，这些猜测是正确的。

这可不是对数据的胡乱拟合

教科书倾向于尽量缩小范德华的贡献，因此犯了事后诸葛亮的错误。当范德华在 1873 年提出这个方程时，大多数物理学家并不承认分子的现实性。同样重要的是，要认识到 (5.8) 不仅仅是对数据搞了些瞎凑合的双参数拟合。这两个参数告诉我们分子的大小和它们之间的吸引力。此外，(5.8) 向实验家们说明了氢气可以液化的温度和压强范围。范德华的工作对理论物理学、实验物理学以及技术的影响都是巨大的。

事实上，麦克斯韦对范德华方程的印象非常深刻，以至于他认为值得学习荷兰语，以便能够阅读论文的原文。读者可能也知道，麦克斯韦设法用现在所谓的"麦克斯韦构造"对相变理论做出了重要的贡献。见下文。

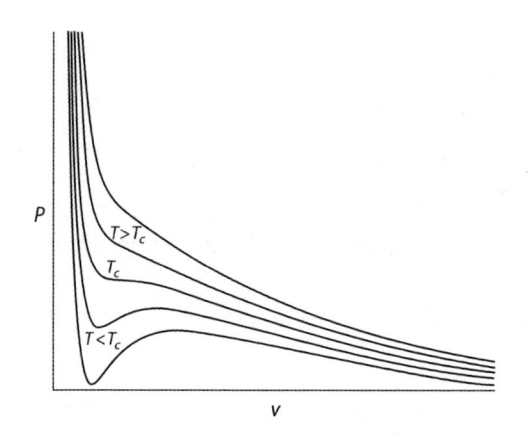

图 5.2 对于 T 的不同值，函数 $P(v)$ 的图

稳定性和相变

让我们利用 (5.9) 绘制压强与比体积（specific volume）$v \equiv V/N$ 的函数关系图，该函数关系的形式为

$$P = \frac{T}{v-b} - \frac{a}{v^2} \tag{5.11}$$

见图 5.2。

热力学的一个基本稳定性要求是：$\left.\frac{\partial P}{\partial v}\right|_T < 0$。在固定的温度下，随着压强的增加，比体积应该减少。玻意耳定律显然满足这一点。相比之下，范德华定律给出了 $\left.\frac{\partial P}{\partial v}\right|_T = -\frac{T}{(v-b)^2} + \frac{2a}{v^3}$，在足够低的温度下，这个值可能是正的，也可能是负的，这取决于 v，我们看一看图 5.2，就可以验证这一点。$\left.\frac{\partial P}{\partial v}\right|_T$ 对于某些 v 来说可能是正的，这预示了不稳定性。请注意，对于 $a = 0$，分子之间没有吸引力，那么，$\left.\frac{\partial P}{\partial v}\right|_T$ 总是负的，玻意耳的气体总是稳定的，这里的物理感觉很好。

这种不稳定性告诉我们发生了相变。因为在足够低的温度下，随着 v 的增加，$\left.\frac{\partial P}{\partial v}\right|_T$ 会从负数变成正数，然后又回到负数，所以 $P(v)$ 有一个最小值和一个最大值，正如图 5.2 所示。假设现在升高温度。这两个极值点会相互靠近，并在某个临界温度 T_c 下合并。合并发生时的 v 和 P 的值分别用 v_c 和 P_c 表示。关于临界点的更多讨论，可以在附录 Cp 中找到。

由于热力学禁止正的 $\left.\frac{\partial P}{\partial v}\right|_T$，麦克斯韦建议构造一个单调不递增的 P 作为 v 的函数。他用一条水平线代替 $P(v)$ 的违规部分，用 $P(v)$ 等于某个常数来定义。进一步的讨论超出了本书的范围。

使用气体实际知道的单位

根据推导范德华方程的讨论，我们知道，衡量强度量 P、T 和 $v = V/N$，使用的不是某个任意的人造单位，而是气体实际知道的单位，这个方式很明智。好吧。气体知道 P_c、T_c 和 v_c，分别是临界点的 P、T 和 v 的值。(这个一般性的哲学让人想起第 4.1 节引入的天赐单位：我们应该使用物理学基本定律实际知道的单位。这里就不多说了。)

第一步是确定 P_c、T_c 和 v_c，然后写出 $P = \mathcal{P}P_c$，$T = \mathcal{T}T_c$ 和 $v = \mathcal{V}v_c$，并代入 (5.11)。

这个结果称为对应态定律，其内容为

$$\left(\mathcal{P} + \frac{3}{\mathcal{V}^2}\right)\left(\mathcal{V} - \frac{1}{3}\right) = \frac{8}{3}\mathcal{T} \tag{5.12}$$

一般性地描述了那些遵循范德华定律的气体。这三个"有趣的"纯数的计算与本书的精神相悖，但是附录 Cp 仍然简述如何确定 P_c、T_c 和 v_c。

练习

(1) 举出强度量和广延量的更多例子。

(2) 20°C 下，在 1000 cm³ 的盒子里，有 1 mol 的水分子。比较用理想气体方程与范德华方程计算得到的压强。

(3) 20°C 下，在 1000 cm³ 的盒子里，有 1 mol 的氦分子。用理想气体方程与范德华方程计算氦气的压强，结果是什么？与练习 (2) 中发现的差异相比，有什么不同？

注释

[1] 范德华，1910 年诺贝尔奖获得者。

5.3 量子气体

量子的粒子是无法区分的

量子的粒子有两种[1]著名的类型：费米子和玻色子。费米子是独行侠，不能跟其他费米子共事。相比之下，玻色子很好客，喜欢跟其他玻色子一起玩。费米子（如电子）和玻色子（如光子或一对电子）分别遵从神秘的费米–狄拉克统计和玻色–爱因斯坦统计。[2]

量子的粒子是无法区分的。[3]与此形成鲜明对比的是，经典粒子也许是在哪个工厂生产的，难免有些小缺陷，还带着序列号。

从原子的微观结构到中子星的宏观结构，如果没有量子统计，很多令人眼花缭乱的物理现象就无法被理解。凝聚态物理学的许多特征（例如，能带结构、费米液体理论、超流性、超导电性、激光和量子霍尔效应）都来自于量子粒子的这两种极端行为。有人说[4]："在物理世界中，没有哪个事实……比量子统计对事物的发展方式有更大的影响。"

理想的量子气体

这一节的目标极其有限。我只想用夜行法帮助你们理解理想的量子气体。回忆我们对理想的经典气体的研究，"理想的"意味着气体中各个粒子之间的相互作用可以忽略不计，但是又"极其小"地存在着，以确保气体经过足够长的时间可以达到统计平衡。

从遵守*玻意耳定律的理想经典气体开始，$P = nT$，将压强 P 与数密度 n 和温度 T 联系起来。当量子力学开启时，我们期望这个定律变为 $P = nTG(\hbar, n, T, m)$，其中 G 是未知的无量纲函数，依赖于普朗克常量、n、T 和粒子的质量 m。

先做量纲分析。我们用质量 M、长度 L 和能量 E，而不是 M、L 和时间 T。（原因很简单：我只是避免用字母 T 既表示温度，又表示量纲分析中出现的时间，省得搞混了。）所以，列出 $[\hbar] = \text{E}/\text{T}$，$[n] = 1/\text{L}^3$，$[T] = \text{E}$，以及 $[m] = \text{M}$。哎呀，我们应该马上注意到，未知函数 $G(\hbar, n, T, m)$ 依赖于 4 个变量，所以单靠量纲分析不能解决这个问题。我们可以尝试构造一个无量纲的量 $\hbar^\alpha n^\beta E^\gamma m^\delta$，再确定这 4 个未知的指数。真没趣！但不管你怎么搞，我们都只有 3 个方程。

---

*回忆一下，第 5.2 节确定了相互作用对玻意耳定律的修正。

在量纲分析中添加一些物理学知识

怎么办呢？好吧，唯一可做的就是添加一些物理学知识！我们观察到，$\hbar$、m 和 T（通过控制粒子的平均能量）都与粒子有关，但是 n 控制着粒子之间的平均间隔。德布罗意告诉我们，在量子世界中，粒子实际上是波包，具有典型的波长 $\lambda = \hbar/p \sim \hbar/(mT)^{\frac{1}{2}}$（因为 $p^2/2m \simeq T$）。

但是我们拿什么跟 λ 比较呢？唯一可用的其他长度是粒子之间的平均间隔，即 $(V/N)^{\frac{1}{3}} = 1/n^{\frac{1}{3}}$。

结论是，与物理相关的无量纲变量是 $\lambda / \left(1/n^{\frac{1}{3}}\right) = n^{\frac{1}{3}} \lambda$，即，以粒子间距离为单位衡量的德布罗意波长。等价地，我们可以使用无量纲的量 $n\lambda^3 \simeq n\hbar^3/(mT)^{\frac{3}{2}}$，即，一个德布罗意体积内的粒子数。因此，我们得到

$$P = nT \left\{ 1 + f\left(\frac{\hbar^3 n}{(mT)^{\frac{3}{2}}} \right) \right\} \tag{5.13}$$

其中 f 是一个未知函数，用于衡量量子情况跟经典结果的偏差。

费米气体与玻色气体的比较：在低密度或者高温下

学过统计力学的课程后，你只要稍微出点儿力就可以确定 f，但我们夜航物理学家想要不费劲就得到领头阶的量子修正。

先观察一下，如果我们把 $f(x)$ 看作是线性函数 $\propto x = \hbar^3 n/(mT)^{\frac{3}{2}}$，量子修正就是 $\hbar^3$ 阶。我们要想一想，量子效应只进入第三阶的物理原因是什么？

"什么，你也不能？"我当然不能。相信我！

相反，明智的人希望领头阶的量子修正是 $\hbar$。因此，我们写 $f(x) = Cx^{\frac{1}{3}}$，其中 C 是数字常数，阶为 1。因此

$$P = nT \left(1 + C \frac{\hbar n^{\frac{1}{3}}}{(mT)^{\frac{1}{2}}} + \cdots \right) \quad \text{（费米子）} \tag{5.14}$$

这显然是在低密度或高温下的展开。同样，在掌握了统计力学之后，你可以确定 C，并根据自己的需要计算出 (5.14) 中的高阶项。

用手比划一下，我们现在认为，对于费米气体，C 是正的。由于费米子希望单独行动，量子统计敦促它们彼此远离。这就施加了额外的压强，称为费米压强，超出了经典热力学激发所导致的范围。对于费米气体，我们应该有 $P > P_{经典} = nT$。

同样地，我们期望量子统计倾向于使玻色子聚集在一起，从而降低压强。

因此，我们得到的不是 (5.14)，而是

$$P = nT\left(1 - C\frac{\hbar n^{\frac{1}{3}}}{(mT)^{\frac{1}{2}}} + \cdots\right) \quad \text{（玻色子）} \tag{5.15}$$

这里我们猜了一把：我们认为数字常数与 (5.14) 中的 C 相同。

这确实只是猜的，可信还是不可信，取决于你不可捉摸的物理学意识。好吧，经典粒子既不想单干，也不想抱团，而是介于费米子和玻色子之间。也许，经典结果 $P = nT$ 应该是介于 (5.14) 和 (5.15) 之间，这完全有可能啊。

如果你愿意，可以分别用 C_f 和 C_b 表示 (5.14) 和 (5.15) 中的常数。我们的讨论并不依赖于它们的精确值，只依赖于它们是正数这个事实。

零温下的费米气体

考虑相反极限 $T \to 0$ 的费米气体。参考 (5.13)，写出 $P = nTF\left(\hbar n^{\frac{1}{3}}/(mT)^{\frac{1}{2}}\right)$。（当然，$F \equiv 1 + f$，但事实证明，用 F 作为参数来思考更方便。再说一遍，物理不是数学！）因此，我们必须对 $F(x)$ 在 $x \to \infty$ 时的行为做合理的猜测，你们怎么猜？

经典地，在低温下，热躁动停止，压强 $P = nT \to 0$。但对于费米气体来说，即使没有热躁动，由于量子统计要求费米子相互远离，仍然会产生压强。

但是压强也没理由变成无穷大。由于我们没理由期待 $P \to \infty$，也不期待 P 在 $T \to 0$ 时等于零，我们猜测 P 接近某个常数。

因此，要求 P 接近一个常数，我们确定，当 $x \to 0$ 时，$F(x) \propto x^2$，这样就得到，

$$P \sim nT\left(\frac{\hbar^2 n^{\frac{2}{3}}}{mT}\right) \sim \frac{\hbar^2 n^{\frac{5}{3}}}{m} \tag{5.16}$$

一点儿都不费劲，只是说压强 P 既不是零也不是无穷大，我们已经确定 P 随着密度的增大而增大，密度的幂指数为 $\frac{5}{3}$。

这个结果很有名，即使在零温度下，费米气体也会施加不为零的压强，称为费米简并压强，我们将在第 5.4 节看到，这个压强是中子星存在的原因。那里还给出了 (5.16) 的另一个推导。特别是，我们将看到这个貌似奇特的幂指数 $\frac{5}{3}$ 是如何出现的。

值得注意的是，直觉帮我们确定了 $F(x)$ 的小 x 行为。我们了解到，量子效应在零温度下从 $\hbar^2$ 阶开始，而不是像 (5.15) 中那样在高温下从 $\hbar$ 阶开始。

费米简并压强在固体物理学中也发挥着重要作用。例如，在某些近似情况下，我们可以把金属视为电子的费米气体。

玻色-爱因斯坦凝聚的迹象

你可能已经注意到，在上一小节中，我们确定了费米气体。那么玻色气体呢？想一想。

对于费米气体来说，量子统计要求费米子相互远离，因此，即使在零温下也有压强。这种说法肯定不适合玻色气体。事实上，量子统计要求玻色子相互靠近，由此产生负的压强，但是这没有意义，见 (5.15)。这实际上预示着，气体在达到零温以前，就会出事的。

爱因斯坦具有敏锐的洞察力，他认为玻色统计导致了引人注目的量子现象，现在称为玻色-爱因斯坦凝聚（有些令人误解）。[5]

另一个需要注意的物理学警报：当一个明显的正量威胁着要变成负量时，就应该敲响警钟。

事实上，(5.15) 中的结果 $P = nT\left(1 - C\dfrac{\hbar n^{\frac{1}{3}}}{(mT)^{\frac{1}{2}}} + \cdots\right)$ 已经警告我们，当 $T \to 0$ 的时候，修正项变大，而它是负数，其绝对值可能会大于 1。当然，严格的家伙们都会惊呼，他们说 (5.15) 是指高温的展开，而我们现在谈论的是低温。但是，当你夜行的时候，警钟就是警告，告诉你可能要发生大事了。

我们到第 5.5 节再来讨论玻色-爱因斯坦凝聚。

注释

[1] 所以说，物理学比心理学更简单：人类有各种类型，"所有"几乎意味着无穷多。

[2] 量子场论最伟大的胜利之一是，这两个对立的量子统计依赖于相应的量子粒子携带的自旋是半整数还是整数：著名的自旋统计学定理。简要的讨论，见 *QFT Nut*，第 II.4 章。

[3] 对这个事实的解释，是量子场论的另一个惊人的胜利。

[4] I. Duck and E. C. G. Sudarshan, *Pauli and the Spin-Statistics Theorem*, World Scientific, 1998.

[5] 这是我知道的唯一例子：不太出名的人得到的荣誉比他应得的还要多。好吧，爱因斯坦几乎不需要争夺更多的荣誉，他可以慷慨大度。

5.4 猜测费米–狄拉克分布

来自量子统计的压强

我绝对毫不含糊地敦促你们去阅读通常的循规蹈矩的统计物理学教科书，它们会一步一步地精确推导出费米气体和玻色气体的能量分布。但是我们现在将对费米–狄拉克分布做夜行法的猜测，并在第 5.5 节对玻色–爱因斯坦分布做同样的猜测。不用说，你不应该用这些有根据的猜测代替实际的推导。

出发点是我们对玻意耳定律在费米气体和玻色气体中应该如何修改的猜测，以及我们对费米简并压强的理解。

经典气体的压强是由气体中粒子的热运动产生的，因此当温度接近零时，它趋于零。与此形成鲜明对比的是，费米气体的压强，除了热运动之外，还来自于量子统计：那些费米子拼命地远离彼此。第 5.3 节推断出，当 $T \to 0$ 时，费米气体的压强趋向于 $P \sim h^2 n^{\frac{5}{3}}/m$，即所谓的简并压强。

现在我们探索简并压强的物理来源，并得到奇特的幂指数 $\frac{5}{3}$。

费米球和泡利不相容原理

考虑由费米子，比如说，中子组成的气体。中子的自旋为 $\frac{1}{2}$。出于我们的目的，自旋向上的中子和自旋向下的中子可以被视为两个独立的种类。我们重点讨论自旋向上的中子。对于自旋向下的中子，我们只需简单地重复讨论。

我们在这里讲中子，只是为了说明问题，但这里的讨论显然适用于任何费米子气体，例如，金属中的电子气体被一阶近似处理。

这里讨论的是理想气体，与我们讨论经典理想气体时的精神相同。中子之间的相互作用被认为可以忽略不计，但却足以使气体通过中子–中子碰撞达到统计平衡。解决量子多体问题基本上是不可能的，但费米提出了以下的近似处理方法，在实践中效果非常好。

对于非相互作用的气体，我们只需要解决单个量子粒子的基本问题。单个粒子的能量特征态就简单地以动量 $\vec{p}$ 为特征，能量 $\epsilon(p) = \vec{p}^2/2m$。

考虑到气体被封闭在体积为 V 的地方，所以 $\vec{p}$ 的允许值是离散的，如第 3.5 节所述。想象一下，用中子填充能量特征态，把它们一个一个地扔进去。泡利不相容原理禁止两个中子（记住，它们都是自旋向上的）进入同一个态。第一个进入基态，第二个进入第一激发态，以此类推，直到我们把它们全都扔进去。（对于宏观物体，如中子星或金属，N 是巨大的数字。）

想象一下，在动量空间中为每一个 $\vec{p}$ 的值画一个点，它对应的态被一个中子占据。对于宏观的 V 值来说，这些点在微观上是相互接近的，因此我们

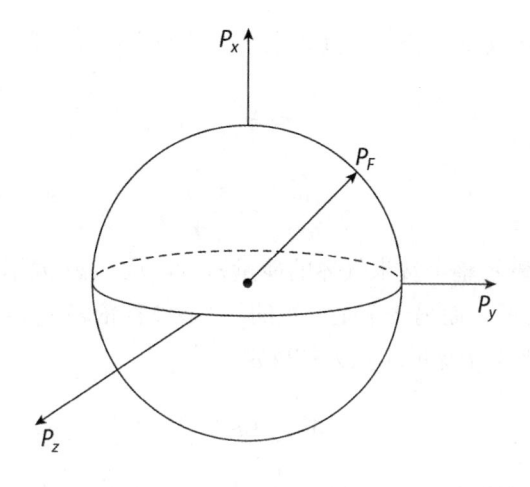

图 5.3 费米球

可以用连续体取代离散的点。因为费米气体具有球对称性*，这些小点将在动量空间中形成一个实心球，物理学家称之为费米球，†半径为 p_F，称为费米动量。见图 5.3。根据定义，费米动量 p_F 是一个费米子在 $T=0$ 时可能具有的最大动量，我们现在将确定 p_F 的值。中子充满了费米球。

费米气体的数密度和能量密度

对特征态直接求和，可以得到中子的总数 N 和总能量 E。在极限 $V \to \infty$ 下，动量空间中的特征态之间的间距趋于零，如前所述，我们可以用费米球上的积分‡取代求和。因此，通过计算 p 的幂来求积分，我们发现

$$N = \frac{V}{h^3} \int_{p_F} \mathrm{d}^3 p \sim \frac{V p_F^3}{h^3} \tag{5.17}$$

和

$$\begin{aligned} E &= \frac{V}{h^3} \int_{p_F} \mathrm{d}^3 p\, \frac{p^2}{2m} \sim \frac{V p_F^5}{h^3 m} \\ &\sim \frac{V}{h^3 m} \left(\frac{N h^3}{V}\right)^{\frac{5}{3}} \\ &\sim \frac{h^2 N^{\frac{5}{3}}}{m V^{\frac{2}{3}}} \end{aligned} \tag{5.18}$$

在 (5.18) 中的第二个近似等式中，我们用 (5.17) 求解 p_F。

---

*也就是说，$\epsilon(p) = \vec{p}^2/2m$ 并不依赖于 $\vec{p}$ 的方向，只依赖于它的大小。
†不要与第 5.1 节的球搞混了，后者的维数 $\sim 10^{23}$。与此相反，费米球显然存在于三维空间里。
‡第 3.5 节表明，$\mathrm{d}^3 p$ 的状态数由 $V \mathrm{d}^3 p / h^3$ 给出。回忆一下，$h = 2\pi \hbar$。

用 N 和 E 除以 V，分别得到费米气体的数密度和能量密度：

$$n \sim \frac{p_F^3}{h^3} \tag{5.19}$$

$$\varepsilon \sim \frac{p_F^5}{h^3 m} \sim \frac{h^2 n^{\frac{5}{3}}}{m} \tag{5.20}$$

（注意，我用 ε 表示整个费米气体的能量密度，用 $\epsilon(p)$ 表示单个费米子的能量。一个是"弯的"，而另一个是"直的"，显然都依赖于 p。）

费米动量（即费米球的半径）被确定为

$$p_F \sim h n^{\frac{1}{3}} \tag{5.21}$$

注意，这是不确定的动量，与气体中的粒子之间的距离有关。相应地，费米能被定义为

$$\epsilon_F \equiv \frac{p_F^2}{2m} \sim \frac{h^2 n^{\frac{2}{3}}}{2m} \tag{5.22}$$

（不要混淆 ε 和 ϵ_F！）

为了得到压强，使用热力学基本定律 $dE = TdS - PdV$，因为 $T = 0$，所以变成 $dE = -PdV$：

$$P = -\frac{\partial E}{\partial V} \sim \frac{h^2 N^{\frac{5}{3}}}{mV^{\frac{5}{3}}} \sim \frac{h^2 n^{\frac{5}{3}}}{m} \tag{5.23}$$

与第 5.3 节的内容一致。胜利了！特别是，从 (5.17) 和 (5.18) 可以看到，幂指数为 $\frac{5}{3} = \frac{3+2}{3}$，来自空间的维数 $D = 3$。还是要注意，压强与能量密度具有相同的量纲。事实上，比较 (5.20) 和 (5.23)，我们有 $P \sim \varepsilon$。

用夜行法猜测费米–狄拉克分布

准备好猜测费米气体的能量分布了吗？回忆第 3.5 节给出的普朗克黑体分布 $n(\omega) = 1/e^{\frac{\hbar\omega}{T}} - 1$，其定义满足，频率在区间 $(\omega, \omega + d\omega)$ 内的光子数量等于 $\frac{V}{\pi^2 c^3} d\omega\, \omega^2 n(\omega)$。在理想的费米气体中，区间 $(p, p + dp)$ 内具有动量 p 的费米子的数量是多少呢？

同样，把它写成 $\frac{4\pi V}{h^3} dp\, p^2 n(p)$，就可以确定粒子数分布 $n(p)$，去掉了非必要的因子。顺便说一下，由于 $\epsilon = p^2/2m$ 和 p 直接相关，通常可以把 $n(p)$ 看作是 ϵ 的函数 $n(\epsilon)$。为了减少记号的混乱，我不仅把 $n(p)$ 和 $n(\epsilon)$ 混为一谈，还不考虑 $n(\epsilon)$ 对温度 T 和 p_F 的依赖性。

关于记号的提醒：你不应该把 $n(p)$ 和 $n(\epsilon)$ 跟 (5.19) 中给出的粒子数密度 n 搞混了。提醒一下：$n = \frac{N}{V} = \frac{4\pi}{h^3} \int_0^{p_F} dp\, p^2 n(p)$。

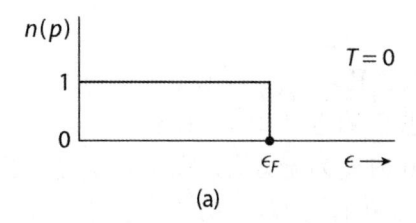

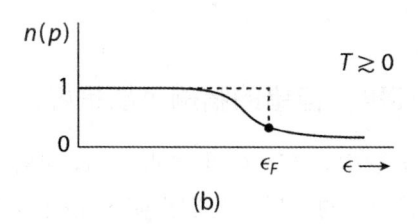

```
        n(p)
          |
        1 |—————————¬           T = 0
          |         |
        0 |_____●_____
                    ε_F         ε →
                     (a)


        n(p)
          |
        1 |——————\                  T ≳ 0
          |      \·.
          |       ●·._____
        0 |_____
                    ε_F         ε →
                     (b)
```

图 5.4 费米–狄拉克分布。(a) 在 $T=0$ 时 (b) 在 $T \gtrsim 0$ 时

这里的任务是用夜行法猜测函数 $n(p)$ 作为温度 T 的函数。怎么进行呢？

首先，我们知道 $T=0$ 时的 $n(p)$，它是由费米球规定的：p 小于费米动量 p_F 的态被填满，p 大于 p_F 的态是空的。因此，当 $\epsilon(p)<\epsilon_F$ 时，$n(p)=1$；当 $\epsilon(p)>\epsilon_F$ 时，$n(p)=0$。费米能量在 (5.22) 中定义。但这正是亥维赛德的阶跃函数：

$$\epsilon(p) = \theta(\epsilon_F - \epsilon) \tag{5.24}$$

见图 5.4(a)。

很好。* 这就是 $T=0$ 的情况。

当 $T \gtrsim 0$ 时，会发生什么？通过热激发，一些能量刚好低于 ϵ_F 的费米子将获得超过 ϵ_F 的能量，导致一个长的玻尔兹曼尾巴 $\sim e^{-\epsilon(p)/T}$，如图 5.4(b) 所示。能量刚刚低于 ϵ_F 的态就相应地空出来了，尽管我们预计，在 $\epsilon(p)$ 远小于 ϵ_F 的情况下，$n(p)$ 仍然非常接近于 1。

仍然很好。这是 $T \gtrsim 0$ 的情况。对于高温，我们预期量子效应变得不重要，并且费米气体接近于经典气体，因此 $n(\epsilon) \propto e^{-\epsilon/T}$。

知道了 $n(\epsilon)$ 在三个不同温度下的样子，我们准备猜测它的形式。你想试试吗？

光子能量的分布 $n(\epsilon) = 1/\left(e^{\frac{\epsilon}{T}}-1\right)$（其中 $\epsilon = \hbar\omega$）给出了提示。我们在第 5.3 节中看到，从稀薄的费米气体的压强变到玻色气体的压强，我们只需把 $+1$ 变成 -1，而经典的玻尔兹曼气体的表达式正好介于两者之间，用 0 代替

---

*喜欢挑刺的家伙可能会怒吼：$n(p)$ 是 p 的函数，但我们说得好像它是 $\epsilon = \epsilon(p)$ 的函数一样。我警告过你的。对不起了。

了 ± 1。

因此，我们可能会盲猜，$n_g(\epsilon) = 1/\left(e^{\frac{\epsilon}{T}} + 1\right)$。

但这是错误的。我们知道 $T = 0$ 时 $n(\epsilon)$ 应该是什么。好吧，在 $T = 0$ 时，指数 $e^{\frac{\epsilon}{T}}$ 在 $\epsilon > 0$ 时变为无穷大，在 $\epsilon < 0$ 时等于零。因此，在 $T = 0$ 时，我们的猜测是：$\epsilon > 0$ 时 $n_g(\epsilon) = 0$，$\epsilon < 0$ 时 $n_g(\epsilon) = 1$。换句话说，它就是亥维赛德函数 $\theta(-\epsilon)$。

错得不对的猜测是坏事，但错的猜测可能是好事

在物理学（和数学）中，有些结果错得不对，但有的结果也可能错得很有趣——在这种情况下，错的结果为我们指明了正确的结果。

事实上，我们希望在 $T = 0$ 时，$n(\epsilon) = \theta(\epsilon_F - \epsilon)$，而不是 $\theta(-\epsilon)$。差不多了，但是还不够。

这很容易解决。只需将 $\epsilon \to \epsilon - \epsilon_F$。因此，改进后的猜测是 $n_{ig}(\epsilon) = 1/\left(e^{\frac{(\epsilon - \epsilon_F)}{T}} + 1\right)$。在 $T = 0$ 时，$n_{ig}(\epsilon)$ 成为 $\theta(\epsilon_F - \epsilon)$，如愿以偿。（注意：下标 "g" 表示猜测 "guess"，而 "ig" 表示改进后的猜测 "improved guess"。）

实际上这几乎就是正确的答案。这个表达式正是我们在 $T = 0$ 时想要的，但随着 T 的增加，n_{ig} 中的 ϵ_F 必须成为 T 的函数，而不是像 (5.22) 中那样固定不变，这有一个很物理的原因，我们将在下文中看到。

基本的守恒律

为了看看物理原因是什么，我们回到普朗克关于体积为 V 的光子盒的能量 E 的结果：

$$\frac{E}{V} = \frac{1}{\pi^2 c^3} \int_0^\infty d\omega\, \omega^2 \frac{\hbar\omega}{e^{\frac{\hbar\omega}{T}} - 1} \tag{5.25}$$

由于频率为 ω 的光子的能量为 $\hbar\omega$，盒子里的光子数量 N 由以下公式给出：

$$\frac{N}{V} = \frac{1}{\pi^2 c^3} \int_0^\infty d\omega\, \omega^2 \frac{1}{e^{\frac{\hbar\omega}{T}} - 1} \tag{5.26}$$

问问你，如果把能量注入到盒子里，会发生什么呢？温度 T 当然会升高。事实上，通俗地说，"注入能量" 被称为 "加热"。稍微想一下就知道：随着 T 增加，$\frac{\hbar\omega}{T}$ 就减小，因此 $e^{\frac{\hbar\omega}{T}}$ 也减小，所以 (5.25) 中的被积函数变大，从而推动 E 增大。

但是 (5.26) 意味着，N 也随着 T 的增加而增加。这有什么不对吗？并没有错。在加热盒子的时候，你也在盒子里产生了更多的光子。

搞明白了这一点,我们就回到费米子气体,无论是电子气体(在凝聚态物理学和天体物理学中)还是中子气体(在天体物理学中)。盒子里的费米子的数量 N 由以下公式给出:

$$N = \frac{4\pi V}{h^3} \int_0^\infty \mathrm{d}p\, p^2 \frac{1}{e^{\frac{(\epsilon-\epsilon_F)}{T}}+1} \tag{5.27}$$

注意,现在对 p 的积分扩展到了无限大,因为积分有一个无限长的玻尔兹曼尾巴。

但是跟光子截然不同的是,电子的数量是守恒的!如果你放进去 477 个电子,那么不管你怎么做,[1]盒子里总是有 477 个电子,一个也不能多,一个也不能少。因此,在 (5.27) 中,随着 T 的变化,ϵ_F 也必须变化,以保持 N 不变。

我想强调的是,在某种意义上,这是琐碎的记号问题,但是也可能令人困惑。[2]有些物理学家会说,那么就假设 ϵ_F 是 T 的函数吧。但是大多数物理学家,包括我自己,更愿意继续将 ϵ_F 与 $T=0$ 处的费米球联系起来。费米球具有确定的半径 p_F 和相应的能量 $\epsilon_F = p_F^2/2m$。好吧,没什么大不了的,只要定义一个函数 $\mu(T)$,称为化学势(由于历史原因),使得 $\mu(T=0) = \epsilon_F$。

费米–狄拉克分布

终于啊终于,在温度 T 下,盒子里的费米子数量 N 和能量 E 分别由以下公式给出:

$$N = \frac{4\pi V}{h^3} \int_0^\infty \mathrm{d}p\, p^2 \frac{1}{e^{\frac{(\epsilon(p)-\mu)}{T}}+1} \tag{5.28}$$

和

$$E = \frac{4\pi V}{h^3} \int_0^\infty \mathrm{d}p\, p^2 \frac{\epsilon(p)}{e^{\frac{(\epsilon(p)-\mu)}{T}}+1} \tag{5.29}$$

这两个方程搞晕了一代又一代的学生。为了避免加入他们的行列,你应该意识到,最关键的是,μ 绝对不是常数,而是由 (5.28) 决定的 T 和 N(可以看到,实际上是粒子数密度 $n=N/V$)的复杂函数。换句话说,(5.28) 实际上是定义了 μ。一旦确定了 μ(除了在各种极限情况下,只是数值上的),就应该把它代入 (5.29),在给定 N 的情况下,确定能量 E。

调整的旋钮

把 μ 看作是一个旋钮,可以让 (5.28) 产生你放到盒子里的实际电子数。

冒着重复的风险，这里给出一种记忆法，以确保你们能理解：欣赏 (5.29) 作为费米气体能量 E 的美妙结果，但是把 (5.28) "仅仅" 当作是 μ 的定义。

总之，这种分布被称为费米–狄拉克分布：

$$n(\epsilon) = \frac{1}{\mathrm{e}^{\frac{(\epsilon(p)-\mu)}{T}}+1} \tag{5.30}$$

它对温度的依赖关系很有趣。在 $T = 0$ 时，$n(\epsilon) = \theta(\epsilon_{\mathrm{F}} - \epsilon)$，其中 $\epsilon_{\mathrm{F}} = \mu(T=0)$。随着 T 的增大，阶跃函数"软化"，从 $\epsilon \ll \mu$ 的 1 变化到 $\epsilon \gg \mu$ 的 0。同时，μ 随 T 变化，以保持 N 不变。

2π 的因子

第 1.1 节说过，如果用夜行法得到的结果的数值精度可以通过加入一些 2π 的因子来提高，就没有理由不这样做。对于统计物理学中的计算，相空间中单位元胞的体积是 h^3，而不是 $\hbar^3$，记住这一点是特别有用的，在第 3.5 节的尾注中已经解释过。因此，在 (5.17)、(5.18)、(5.19) 和 (5.20) 中，我规定了 h^3。在数值上，你们很容易差了 $(2\pi)^3$。（这一点常常让粒子物理学家感到困惑，他们习惯于设定 $\hbar = 1$。熟悉量子场论的读者会记得，费曼图中的动量积分涉及 $\mathrm{d}^4 p/(2\pi)^4$。）在第 7.1 节讨论白矮星和中子星的时候，这些 2π 的因子很重要。

原子的托马斯–费米模型

有些读者对原子物理不感兴趣，可能希望跳过对原子的托马斯–费米模型的简要讨论（这些原子的电子数量 Z 很大），但我把它当作很好的例子，用来说明夜行法。回忆一下，第 3.2 节有一个练习就是分析这个方程。

1927 年，托马斯和费米独立地把电子视为球对称气体，在零温度下满足费米统计。（每次讲到这里，总是有一些学生质疑这个近似能有多好。即使对铀来说，Z 也只有 92，跟 10^{23} 相差甚远，但问题的关键不在于这个近似值对数据的拟合有多好。你当然可以打开计算机，得到更精确的结果。[3] 重点是，托马斯和费米为研究大原子提供了一个概念上有趣的起点，而且从历史上讲，后来对这个近似值的修正最终导致了密度泛函理论的巨大成功。[4]）

用 r 表示到原子核的径向距离。假设我们可以认为费米气体在空间的每个点具有局部的数密度 $n(r)$ 和能量密度 $\epsilon(r)$。从现在起，我将去掉所有的总体数值系数——请你填写它们。

在 r 处的电子感受到静电势 $\phi(r)$，决定于 $\nabla^2\phi \sim en(r)$，边界条件是 $\lim_{r\to 0} r\phi = Ze$（表明存在原子核*）和 $\lim_{r\to\infty} r\phi = 0$（表明原子是电中性的）。

怎么确定 $n(r)$ 呢？想象一下，在空间的每个点，有一个半径为 $p_F^3 \sim h^3 n$ 的费米球（见 (5.19)），我们用电子填充它。在这个点，电子的总能量最大是 $\epsilon_{\max} = \frac{p_F^2}{2m} - e\phi(r) = \frac{h^2 n^{\frac{5}{3}}}{2m} - e\phi(r)$。但是 $\epsilon_{\max}$ 必须是 0，否则，某些原子就束缚不住了。这个条件把 n 和 ϕ 联系起来：

$$n(r) \sim \left(\frac{2m}{h^2} e\phi(r)\right)^{\frac{3}{2}} \tag{5.31}$$

电子在空间中的密度 $n(r)$ 随着电势 $\phi(r)$ 的变化而变化。某处的静电势越深，那里可以放的电子就越多。有道理吧？

把它代入 $\nabla^2\phi \sim en(r)$，就得到了 $n(r)$ 的封闭方程，或者说，$\phi(r)$ 的封闭方程。我让你们享受寻根究底、吃干抹净的乐趣。见第 3.2 节，还有这里的练习。

练习

(1) 用夜行法，确定大 Z 原子的特征大小。请证明：与天真的想法相反，它实际上是以 $\sim Z^{-\frac{1}{3}}$ 的方式减小。

注释

[1] 这里谈论的都是非相对论的物理学。
[2] 至少我在学生时代曾经迷惑过一段时间。
[3] 可以把这变成一个笑话。提问：92 等于什么？一丝不苟的物理学家：92；伟大的物理学家：∞。
[4] 我的一生在科恩大厅度过了很多时光。

---

*换句话说，在原子核附近，$\phi \simeq Ze/r$。

5.5 爱因斯坦凝聚

猜测玻色–爱因斯坦分布

对于温度为 T 的费米气体，我们在第 5.4 节中了解到，在体积为 V 的盒子中，粒子的数密度 n 和能量密度 ε 分别由以下公式给出：

$$n = \frac{N}{V} = \int \frac{\mathrm{d}^3 p}{(2\pi \hbar)^3} \frac{1}{e^{\frac{(\epsilon(p)-\mu)}{T}} + 1} \tag{5.32}$$

和

$$\varepsilon = \frac{E}{V} = \int \frac{\mathrm{d}^3 p}{(2\pi \hbar)^3} \frac{\epsilon(p)}{e^{\frac{(\epsilon(p)-\mu)}{T}} + 1} \tag{5.33}$$

（虽然本书中不喜欢精确的表达方式，由于第 5.4 节提到的原因，我们还是把第 3.5 节得到的"相空间"因子放了进来。另外，为了统一起见，我们已经"取消"了那一章的角度积分，把它写为对 $\mathrm{d}^3 p$ 的积分。）

我们从光子的普朗克分布出发，通过有根据的猜测得出这些方程，光子的数密度和能量密度的相应表达式为

$$n = \frac{N}{V} = 2\int \frac{\mathrm{d}^3 p}{(2\pi \hbar)^3} \frac{1}{e^{\frac{\epsilon(p)}{T}} - 1} \tag{5.34}$$

和

$$\varepsilon = \frac{E}{V} = 2\int \frac{\mathrm{d}^3 p}{(2\pi \hbar)^3} \frac{\epsilon(p)}{e^{\frac{\epsilon(p)}{T}} - 1} \tag{5.35}$$

同样为了符号的统一，这里把光子动量和能量分别写为 $p = \hbar\omega/c$ 和 $\epsilon(p) = cp = \hbar\omega$。（甚至包括了一个 2 的系数，然而，这与下面的讨论无关，因为光子自旋有两个自旋自由度。）

我们在第 5.4 节还学到了关键的一点：当粒子数守恒的时候，必须引入化学势 μ，以确保粒子数保持不变。光子是特殊的，因为它们可以被带电粒子随意发射和吸收，因此光子跟化学势无关。相反，在一般情况下，玻色气体（例如，^{4}He 原子的气体）由玻色子组成，其数量实际上是守恒的。我们需要化学势 μ 描述 ^{4}He 原子的气体。

有了这么多的知识，你们现在可以试着猜测与 (5.32) 和 (5.33) 对应的玻色气体的表达式。盯着 (5.34) 和 (5.35) 还有 (5.32) 和 (5.33) 看一会儿。

当然，如果你有良好的意识，参加统计物理学的男子汉课程，而不是跟夜航物理学家混在一起，你就不必猜测任何东西。真的汉子[1]不猜答案——他们推导和计算。

零分母警报，以及输入和输出

那么，你有没有猜到玻色–爱因斯坦分布呢？玻色气体的数密度和能量密度分别由以下公式给出：

$$n = \frac{N}{V} = \int \frac{\mathrm{d}^3 p}{(2\pi\hbar)^3} \frac{1}{\mathrm{e}^{(\epsilon(p)-\mu)/T} - 1} \tag{5.36}$$

和

$$\varepsilon = \frac{E}{V} = \int \frac{\mathrm{d}^3 p}{(2\pi\hbar)^3} \frac{\epsilon(p)}{\mathrm{e}^{(\epsilon(p)-\mu)/T} - 1} \tag{5.37}$$

其中 $\epsilon(p) = p^2/2m$ 和 μ 由 n 决定，如第 5.4 节所述。

将这些与费米气体的相应表达式 (5.32) 和 (5.33) 做比较。[2]我们看到，只是有个符号变号了。但是这个符号太重要了！

随即，警钟响起！同学们，这是在我们学习除法的时候就知道的基本警报。我们会不会在这里除以零了？是的，当 $\epsilon(p) = p^2/2m = \mu$ 时，分母等于零了。

经过简单的检查，你认为这没什么大不了的：因为 $\epsilon(p) \geqslant 0$，如果 $\mu < 0$，任何分母等于零的可能性都会被避免。很好，我们了解到，玻色气体的化学势 μ 必须是负的。

冒着打断精彩叙述的风险（也冒着重复[3]的风险，尽管是重要的一点），请允许我说，大多数学生在第一次接触玻色气体时，错过了 (5.34)、(5.35) 跟 (5.36)、(5.37) 的关键区别。好吧，你说，你知道这个区别了。一般来说，有一个化学势，但对光子气体来说，不是这样的。那么，这意味着 n 在 (5.34) 中是输出，而在 (5.36) 中是输入。

对于一种气体，例如 $^4\mathrm{He}$ 原子，实验学家告诉我们数密度 n 和能量密度[4] ε 是多少，然后我们求解 (5.36) 和 (5.37) 的 μ 和 T。当实验学家改变 n 和 ε 时，μ 和 T 当然也会随之改变。与此形成鲜明对比的是，(5.34) 和 (5.35) 中没有 μ 需要求解。对于光子气体，实验学家告诉我们能量密度 ε 是多少，然后求出 (5.35) 中的温度 T。然后我们将 T 代入 (5.34)，告诉实验学家盒子里有多少光子。光子的数密度是输出，而不是输入，但粒子数守恒的玻色子（例如 $^4\mathrm{He}$ 原子）的数密度是输入，而不是输出。

现在给你一个挑战。如果实验学家不断增加数密度 n，会发生什么呢？

爱因斯坦的洞察力

我坚持认为，在这种情况下，随着密度的增加，（基态）中的分子数目稳定增长……导致了分离的过程：一部分凝聚了，其余的仍然是"饱和"的理想气体。

——爱因斯坦

爱因斯坦有着惊人的洞察力：玻色-爱因斯坦分布将导致戏剧性的新现象，现在称为玻色-爱因斯坦凝聚。[5]在零温度下，费米子都会试图进入基态，但是它们做不到，如第 5.4 节所述。但是玻色子，因为它们喜欢扎堆抱团，肯定都想最终进入基态。它们不能全部处于基态的原因，当然是热躁动。但是，你仍然会想到，在某个临界温度 T_c 以下，当躁动让位于平静，玻色气体就会凝聚。

事后看来，这一切都很清楚，不是吗？真的吗？这需要爱因斯坦才能看清楚。

积分不会变得无穷大

这个讨论表明，我们应该看看，当温度降低时，(5.36) 和 (5.37) 会发生什么。从概念上讲，提高数密度 n 会更容易一些。你想明白这个挑战性的问题了吗？

由于 $\mu < 0$，写成 $\mu = -|\mu|$ 更方便，因此

$$n = \int \frac{\mathrm{d}^3 p}{(2\pi\hbar)^3} \frac{1}{\mathrm{e}^{(\epsilon(p)+|\mu|)/T} - 1} \tag{5.38}$$

当 $p = 0$ 时，分母等于 $\mathrm{e}^{\frac{|\mu|}{T}} - 1$，只要 μ 远离 0，分母就是正数，我们就安全了。

现在把数密度 n 调高，积分可以通过增大被积函数来实现，这可以通过减小分母 $\mathrm{e}^{(\epsilon(p)+|\mu|)/T} - 1$ 来实现，这就意味着减小 $|\mu|$。因此，随着 n 的增加，负数 μ 必须从下方稳定地接近 0。

总结一下，

$$n \uparrow \Longrightarrow |\mu| \downarrow \Longrightarrow \mu \uparrow \Longrightarrow \mu \to 0 \tag{5.39}$$

当 μ 达到 0 时会发生什么？数密度 n 达到最大值——我们不能再往上调了。设置 $\mu = 0$，我们得到数密度的最大值：

$$n_{\max} = \int \frac{\mathrm{d}^3 p}{(2\pi\hbar)^3} \frac{1}{\mathrm{e}^{p^2/2mT} - 1} \sim \frac{(mT)^{\frac{3}{2}}}{\hbar^3} \int_0^\infty \mathrm{d}x\, x^2 \frac{1}{\mathrm{e}^{x^2} - 1} \sim \frac{(mT)^{\frac{3}{2}}}{\hbar^3} \tag{5.40}$$

（变量代换，$p = (2mT)^{\frac{1}{2}} x$。）对 x 的积分可以做得很精确，但在这本书里[6]，我们不在意这个问题，我们关心的是，这个积分不是无限的。好吧，它肯定会在两端收敛，对于大 x 来说呈指数形式收敛，而对于 $x \simeq 0$ 来说，积分就像 $\sim x^2/x = x$ 一样收敛。这个积分是某个纯数。

当我们提高数密度时，在某个 $n_{\max}$ 处，积分跟不上了。通常，在物理学中，当积分变得无穷大（即发散）时，会发生一些有趣的事情，但在这里，有趣的是，戏剧性的事情发生了，因为这个积分并没有变得无穷大。

凝聚到基态

当数密度 n 超过 $n_{\max}$ 时，会发生什么呢？也许我们应该把临界密度写成 n_c 吗？在统计力学中，正如"统计"这个词所暗示的那样，我们从离散量子态的求和开始。通过发明微积分，牛顿和莱布尼茨告诉我们，在适当的情况下，求和可以用积分取代。确切地说，对于 $n > n_c$，这是不允许的！玻色粒子中的有限部分 $(n - n_c)/n$ 会凝聚在基态，而且无法用积分来计算。

总而言之，在给定的温度 T 下，当 n 超过临界密度时，就会发生玻色–爱因斯坦凝聚，

$$n_c(T) \sim \frac{(mT)^{\frac{3}{2}}}{\hbar^3} \tag{5.41}$$

等价地，在给定的密度 n 下，当温度 T 下降到临界温度以下时，就会发生凝聚，

$$T_c(n) \sim \frac{\hbar^2 n^{\frac{2}{3}}}{m} \tag{5.42}$$

玻色–爱因斯坦凝聚非常重要，无论怎么强调都不过分。宏观数量的粒子凝聚在单一的量子态，意味着量子物理学在宏观尺度上的体现。它可以用来解释超流性和超导电性，这反过来又产生了各种迷人的物理，如约瑟夫森结和冷原子流体。也许更重要的是，对超导电性的理解产生了许多普适的概念，如现代粒子物理学基础所需的规范对称性的自发破缺。

夜行法的猜测实际上是有效的

在第 5.3 节中，我们得出了经典理想气体定律的领头阶的量子修正

$$P = nT\left(1 \pm C\frac{\hbar n^{\frac{1}{3}}}{(mT)^{\frac{1}{2}}} + \cdots\right) \tag{5.43}$$

费米气体用 + 号，玻色气体用 − 号。这个结果表明，对于玻色气体来说，修正可以使压强为负，而这显然是不允许的。

正如现在所看到的（而且经常如此），我们本应该认真对待这个"警告"，尽管严谨的物理学家肯定会向我们解释，(5.43) 是指低密度和高温的展开，我们不可能从中得出任何关于高密度和低温的结论。事实上，结果证明，夜行法的疯狂猜测是正确的：当 $\hbar n^{\frac{1}{3}}/(mT)^{\frac{1}{2}} \sim 1$ 时，就会出大事。

回顾第 5.3 节如何得到 (5.43)，我们现在就能明白玻色–爱因斯坦凝聚的物理起源。无量纲的量 $\hbar n^{\frac{1}{3}}/(mT)^{\frac{1}{2}}$ 正是粒子的德布罗意波长除以粒子的平均间隔。显然，当这个比值成为 1 的量级时，量子效应就起作用了。

在概念上绝对不能马虎

夜航物理学家在计算上可以很马虎，但是绝对不能在概念上马虎。我相信这个例子告诉我们一个道理：研究一个积分是发散的还是收敛的，比计算它的数值重要得多。但还是那句话，萝卜白菜，各有所爱。

注释

[1] 这句话的英文原文为 "Real men don't guess"，仿照了常说的 "Real men don't eat quiche"（真的汉子不吃乳蛋饼）。译注：后者起源于一本 1982 年出版的畅销书的书名，该书的副标题是 "真正的男子气概指南"。这本书讽刺了男性刻板印象。

[2] 注意可爱的恒等式 $\frac{1}{e^x-1} - \frac{1}{e^x+1} = \frac{2}{e^{2x}-1}$，可以用它玩费米气体和玻色气体的数学游戏。

[3] 对于费米气体，第 5.4 节提到过这一点。

[4] 当然，由于数学往往是双向的（但并不总是），实验学家可以选择指定温度 T，而不是能量密度 ε，后者由 (5.37) 给出。

[5] 有点名不副实，因为玻色根本就没有直接参与。

[6] 在这本书之外，我当然关心。

第 6 章
对称性和绝妙定理

6.1 对称性：可畏的或者无畏的
6.2 伽利略、黏度和时间反演不变性
6.3 牛顿的两个绝妙定理，以及地狱在哪里

第 6 章的序言

在现代物理学中，对称性发挥着重要作用。关于这个主题，可以写一整本书（而且已经写了）。许多理论物理学家，包括我在内，都认为是爱因斯坦把对称性推到了前台。我们可以说，在爱因斯坦之前，物理学家先建立运动方程（例如麦克斯韦方程），然后研究其中隐藏的对称性，例如洛伦兹不变性。爱因斯坦则相反，他把洛伦兹不变性强加给牛顿力学，再推导出令人惊叹的物理结果。*

对称性的研究似乎并不属于传统意义上狭义的信封物理学或猜测术，但是有人会说，对称性的考虑代表了夜航物理学的精髓。事实上，它们使我们有能力确定各种运动方程，这些方程可能是未知的（如当代物理学各个领域的尖端），或者可能被暂时忘了。例如，你可能忘记了流体运动的纳维-斯托克斯方程（我就忘过好几次），但记住它是 $\frac{\partial \vec{v}}{\partial t}$ 的方程，其中 $\vec{v}(\vec{x}, t)$ 是流体的速度场。利用旋转不变性、宇称和时间反演（或者说没有时间反演），就可以立即从 $\vec{\nabla}$、$\vec{v}$ 等构造整个方程（我们将在第 6.2 节看到）。

在这里放一段关于对称性的插曲的另一个原因是，我在后面要用到这样的一些东西。

Fearful Symmetry, 第 96—97 页。我这本关于对称性的书（后面简称为 *Fearful*），书名中的 "fearful" 这个词有多种译法，如恐惧的、敬畏的、神奇的、眩晕的、胆怯的，等等。我有不少的物理学领域的朋友对这些形容词提出了异议。

6.1　对称性：可畏的或者无畏的

物理定律的对称性与特定物理情况的对称性

读者们肯定熟悉对称性的概念和它的威力。在物理学中，我们经常对某个特定物理系统具有的对称性感兴趣。在更深、更抽象的层面上，我们对物理学中的基本定律的对称性感兴趣。例如，物理学史上最具有革命性的惊人发现之一是，物体不是向下坠落，而是朝向地球中心。坠落只是一个"涌现"（或者说"层展"）的概念，因为我们的体型比地球的半径小得多。牛顿的引力定律并没有选择哪个特殊的方向——它是旋转不变的。

从伽利略和牛顿开始，理论物理学的历史上出现了一个又一个意想不到的对称性的发现。20 世纪的物理学有一个惊人的发现：当我们在更深的层次上研究大自然的时候，大自然表现出越来越多的对称性。[1]希望这个趋势继续保持下去。

旋转不变性

大学生对旋转不变性很熟悉，正如我刚才所说，关于它的理论是由牛顿提出的。如果方程的左边像矢量一样变换[2]，那么右边也必须如此。例如：$\vec{F} = m\vec{a}$。

但是实际情况比这更微妙。仅仅在某个字母上面放一个箭头是不够的，我们必须确定 $\vec{F}$ 真的是矢量，也就是说，它在旋转的情况下能正确地变换。

例如，当 $\vec{g}$ 是指向下方的固定矢量时，$m\vec{a} = \vec{F} = m\vec{g}$，在地球表面附近有效，但一般地说，在旋转过程中不是不变的。这个方程只在围绕纵轴（垂直方向）的旋转中是不变的。（事实上，这将是在第 8.1 节研究水波时的一个问题。）

标量、矢量和张量是根据它们在旋转情况下的变换方式定义的。[3]现在你们应该检查一下，麦克斯韦方程和薛定谔方程是不是旋转不变的。请记住，梯度算符 $\vec{\nabla} = \left(\frac{\partial}{\partial x}, \frac{\partial}{\partial y}, \frac{\partial}{\partial z}\right)$ 也像矢量一样变换。例如，由于矢量叉乘的定义，方程 $\vec{\nabla} \times \vec{E} = -\frac{1}{c}\frac{\partial \vec{B}}{\partial t}$ 的两边都像矢量一样变换。

在大学生的课程中，与旋转相比，在物理学基本定律中起关键作用的空间反演和时间反演得到的强调比较少。让我们依次谈一谈它们。

宇称或空间反演

宇称，即空间反演，$\vec{x} \to -\vec{x}$（即 $x \to -x$, $y \to -y$, $z \to -z$），在初级物理学中只是微不足道的细节而已。在宇称变换（用 P 表示）下，时间不受影响：$t \to t$。所以

$$\text{P}: \quad \vec{v} = \frac{\mathrm{d}\vec{x}}{\mathrm{d}t} \to \frac{\mathrm{d}(-\vec{x})}{\mathrm{d}t} \to -\vec{v}, \qquad \vec{a} = \frac{\mathrm{d}\vec{v}}{\mathrm{d}t} \to \frac{\mathrm{d}(-\vec{v})}{\mathrm{d}t} = -\vec{a} \qquad (6.1)$$

因此在 P 下，当且仅当 $\vec{F} \to -\vec{F}$ 时，$\vec{F} = m\vec{a}$ 是宇称不变的。

同样，在物理学导论中经常研究的力 $\vec{F} = m\vec{g}$，打破了宇称不变性。东西是往下掉，而不是往上。

然而，日常经验只是对真理的狭隘看法。一旦牛顿（又是他！）认识到地面处的重力实际上是

$$m\vec{a} = -\vec{\nabla}\left(\frac{GMm}{r}\right) \qquad (6.2)$$

其中 r 是到地球中心的距离，宇称不变性实际上就是成立的。关键的一点是，$\vec{\nabla}$ 在 P 的作用下会翻转符号。这意味着我们最终会出现在地球的另一端。

为了避免用专业术语打扰讨论，我有意不区分协变性和不变性。协变性意味着 $\vec{a}$ 和 $\vec{\nabla}$ 都改变了符号；不变性意味着在我们抵消了两个负号之后，(6.2) 没有变化。

科普书里经常把宇称解释为这样的问题：物理学的基本定律是否区分了一个物理过程和它在镜子中的像？这是因为对于镜面反射（比如说，镜子垂直于 z 轴），我们有 $x \to x$, $y \to y$, $z \to -z$，这种变换等价于先做空间反演 $\vec{x} \to -\vec{x}$，然后围绕 z 轴旋转 π。因此，如果旋转不变性成立，那么镜面反射就等同于空间反演。

问题是物理学定律关不关心左和右。另一种判定 P 不变性的方法是问，物理学是否允许镜子里的世界存在。[4]

麦克斯韦方程（见附录 M 的快速复习）在宇称变换下是不变的。首先，我们必须确定电荷和电流是如何转变的。在空间反演下，

$$\rho(x,y,z,t) \to \rho'(x',y',z',t') = \rho(-x,-y,-z,t)$$
$$\vec{J}(x,y,z,t) \to \vec{J}'(x',y',z',t') = -\vec{J}(-x,-y,-z,t)$$

换句话说，坐在那里的电荷继续坐着不动，只是出现在反射的位置 $\vec{x}'$ 上，而移动的电荷朝着相反的方向移动。

首先考虑 $\vec{\nabla} \cdot \vec{E} = \rho$。我们看到，如果 $\vec{E}(x,y,z,t) \to \vec{E}'(x',y',z',t') = -\vec{E}(-x,-y,-z,t)$，$\vec{\nabla} \cdot \vec{E} = \rho$ 将是不变的。因此，$\vec{\nabla} \cdot \vec{E}$ 是不变的，就像 ρ

不变一样。[5] 为了避免讲得太乱，我故意不把每件事都说得很详细。你们自己解决吧。

接下来，方程 $\vec{\nabla} \times \vec{E} = -\frac{1}{c}\frac{\partial \vec{B}}{\partial t}$ 告诉我们，由于 $\vec{\nabla} \times \vec{E}$ 在空间反演变换下保持不变，磁场 $\vec{B}(x,y,z,t) \to \vec{B}'(x',y',z',t') = +\vec{B}(-x,-y,-z,t)$，与电场相反。因此，虽然 $\vec{E}$ 是矢量，但 $\vec{B}$ 有时候称为轴矢量或赝矢量。

总结一下，

$$\text{P}: \quad \vec{E}(\vec{x},t) \to -\vec{E}(-\vec{x},t), \qquad \text{但是} \quad \vec{B}(\vec{x},t) \to +\vec{B}(-\vec{x},t) \tag{6.3}$$

你们可以验证，其他两个麦克斯韦方程在宇称变换下是不变的。（$\vec{\nabla} \times \vec{B} - \frac{1}{c}\frac{\partial \vec{E}}{\partial t} = \frac{1}{c}\vec{J}$ 里的三个项都变号，而 $\vec{\nabla} \cdot \vec{B} = 0$ 显然是不变的。）

检验的方法是，确定在空间反演下，$\vec{E}$ 和 $\vec{B}$ 如何根据它们的生成方式进行变换，然后验证其他两个麦克斯韦方程是不变的。

时间反演

在时间反演（用 T 表示）下，$\vec{x} \to \vec{x}$，$t \to -t$，所以

$$\text{T}: \quad \vec{v} = \frac{\mathrm{d}\vec{x}}{\mathrm{d}t} \to \frac{\mathrm{d}\vec{x}}{\mathrm{d}(-t)} \to -\vec{v}, \qquad \vec{a} = \frac{\mathrm{d}\vec{v}}{\mathrm{d}t} \to \frac{\mathrm{d}(-\vec{v})}{\mathrm{d}(-t)} \to \vec{a} \tag{6.4}$$

与 (6.1) 对比一下。

因此，如果力 $\vec{F}$ 在时间反演 T 下不变，牛顿的运动定律 $\vec{F} = m\vec{a}$ 就不会改变，也就是说，它是不变的。相反，亚里士多德的定律 $\vec{F} = \mu\vec{v}$ 就不是。这就是为什么我们物理学家追随牛顿，而不是亚里士多德，只是把后者丢弃在人文主义者的祭坛上。关键问题是，运动规律在时间上是一阶还是二阶。

一个重要的特殊情况发生在 $\vec{F} = -\vec{\nabla}V(\vec{x})$。此时 $\vec{F}$ 是不变的，所以牛顿定律 $m\vec{a} = -\vec{\nabla}V(\vec{x})$ 是 T 不变的。

生活里有摩擦也有苦痛。牛顿定律在名义上被修改为 $m\vec{a} + \mu\vec{v} = -\vec{\nabla}V(x)$。摩擦项 $\mu\vec{v}$ 明显打破了时间反演不变性，正如一个中世纪的农民在泥泞的道路上推一辆满载的车，他非常清楚。因此，他相信亚里士多德，并认为牛顿是疯子。

事实上，到目前为止，本书经常利用各种对称性，但是只做不说。例如，当我在第 1.5 节写下扩散方程 $\vec{J} = -D\vec{\nabla}n$ 的时候，我隐含地表示，由于 $\vec{J}$ 是矢量，那么根据旋转不变性，我必须用密度 n 构造一个矢量，而 $\vec{\nabla}$ 是唯一可用的矢量。请注意，如果 $\vec{J} = -D\left(\frac{\partial n}{\partial x}, \frac{\partial n}{\partial y}, a\frac{\partial n}{\partial z}\right)$，其中 $a \neq 1$，那么 z 方向不同于 x 方向和 y 方向，所以明显违反了旋转不变性。我们还立即看到，虽

然 P 得到了尊重，但 T 却没有，扩散的情况就应该是这样。跟连续性方程结合时，得到的方程 $\frac{\partial n}{\partial t} = D\nabla^2 n$ 遵守了 P，但违反了 T。

附带的评论。在牛顿物理学中，时间反演不变性比空间反演性更容易被描述。有趣的是，在更高级的物理学中，情况恰恰相反。特别是，在薛定谔方程中，$\frac{\partial \psi}{\partial t}$ 出场时带有 i 的系数，因此时间反演也必须伴随着复共轭，维格纳（Eugene Wigner）首先注意到了这一点。[6]

可能的和很可能的

与我们关于宇称的讨论不同，我们没有时间的镜子，但我们确实有电影。时间反演不变性可以这样说明：拍摄一个微观物理过程的电影，然后把电影倒放。[7]问题在于，只用物理学的基本定律，我们能不能看出其中的差异。

我们问的是这个过程可不可能，而非它是不是很可能。这个区别是很大的！这里强调的是微观过程，而不是日常过程[8]。物理学的基本定律是否包含时间的箭头[9]？当然还有许多其他的时间箭头，最突出的时间箭头与不断增加的熵有关。[10]

电磁场在 T 变换下的行为很容易确定，仍然是通过思考它们是如何产生的，或者等价地，通过考察麦克斯韦的两个方程。在时间反演下，电流 $\vec{J}$ 翻转了，而电荷保持不变。因此，

$$\text{T}: \quad \vec{E}(\vec{x}, t) \to +\vec{E}(\vec{x}, -t), \quad \text{但是} \quad \vec{B}(\vec{x}, t) \to -\vec{B}(\vec{x}, -t) \tag{6.5}$$

例如，方程 $\vec{\nabla} \times \vec{E} = -\frac{1}{c}\frac{\partial \vec{B}}{\partial t}$，显然没有改变。

观察 (6.3) 和 (6.5)，我们看到 P 和 T 使电磁场中的能量密度 $\varepsilon \sim \vec{E}^2 + \vec{B}^2$ 保持不变，但是改变了坡印亭矢量的方向（回忆第 2.1 节），$\vec{S} \sim c\vec{E} \times \vec{B}$，符合你的预期。事实上，如果你不知道（或不记得）$\varepsilon$ 和 $\vec{S}$ 的表达式，你可以利用旋转不变性、P 和 T 得到它们。

流体动力学方程

我想用流体动力学方程进一步说明 P、T 和旋转不变性，部分原因是典型的大学生不太熟悉这些方程，部分原因是后续的章节需要它们。如同在电磁学中，有关的动力学变量（即流体的速度 $\vec{v}(t, x, y, z)$）是空间和时间的矢量函数。

从欧拉方程（为了方便不熟悉它的读者，附录 ENS 推导了这个方程，使用的是那里的符号）

$$\frac{\partial \vec{v}}{\partial t} + (\vec{v} \cdot \vec{\nabla})\vec{v} = -\frac{1}{\rho}\vec{\nabla}P \tag{6.6}$$

开始，辅之以连续性方程

$$\frac{\partial \rho}{\partial t} + \vec{\nabla} \cdot (\rho \vec{v}) = 0 \tag{6.7}$$

并用状态方程 $P(\rho)$ 描述流体的特征，欧拉方程就允许我们求解 $\vec{v}(t,x,y,z)$。

显然，(6.6) 和 (6.7) 在旋转下是不变的，$\vec{v}$ 像矢量一样变换，而 P 和 ρ 像标量一样变换。[11]

现在检查 P 和 T。再说一遍，在 P 的作用下，有 $\vec{v} \to -\vec{v}$，$\vec{\nabla} \to -\vec{\nabla}$，以及 $t \to t$。因此，(6.6) 中的所有三个项都变号，而 (6.7) 中的两个项保持不变。在 T 的作用下，有 $\vec{v} \to -\vec{v}$，$\vec{\nabla} \to \vec{\nabla}$，以及 $t \to -t$。现在 (6.6) 中的三个项保持不变，而 (6.7) 中的两个项都变号。因此，由 (6.6) 描述的流体动力学确实是 P 和 T 不变的。

在有外力 $\vec{F}$ 的情况下，我们在 (6.6) 的右边加上 $\vec{f} \equiv \vec{F}/\rho$。例如，对于地球表面的水波，我们添加一个指向下方的矢量 $\vec{g}$，其大小 $g = |\vec{g}|$（虽然 $\vec{g}$ 看着像矢量，但前面已经说过，实际上它在旋转下并不发生变化：因为我们都是近视眼，看不远，所以它是固定的量，是由与当前情况无关的物理学产生的）。如前所述，$\vec{g}$ 的存在破坏了 P 的不变性。

然而，重要的是要理解，$\vec{g}$ 并没有破坏 T。在 T 下，$\vec{g} \to \vec{g}$，同时，正如刚刚指出的那样，(6.6) 中所有的三个项也保持不变。

在以后的使用中，请注意，如果流体是不可压缩的（这对于普通条件下的水是成立的），也就是说，如果 ρ 是常数，那么 (6.7) 就意味着

$$\vec{\nabla} \cdot \vec{v} = 0 \tag{6.8}$$

练习

(1) 证明 $\vec{\nabla} = \left(\frac{\partial}{\partial x}, \frac{\partial}{\partial y}, \frac{\partial}{\partial z}\right)$ 像矢量一样变换。提示：你可以把旋转轴称为 z 轴，它只是一个名字而已。

(2) 证明自由粒子的薛定谔方程 $i\frac{\partial \psi}{\partial t} = -\frac{\hbar^2}{2m}\vec{\nabla}^2\psi$ 在旋转下是不变的。

(3) 证明麦克斯韦方程在旋转下是不变的。

(4) 有个物理学家很幸运，他有两个女朋友，分别叫露西和丽塔，他对她们的爱一模一样。（我担心这个故事[12]不符合政治正确，但你可以根据自己的喜好改变性别和名字。）这个物理学家住在铁道线上，正好在露西和丽塔家的中间位置。（因此他发现，这样看是很方便的：用凝聚态物理学的语言来说，一切事情都发生在 $(1+1)$ 维时空，而露西和丽塔分别是左和右的激发。）由于他总是无法决定访问谁，他干脆让机会做决定。碰巧的是，在这条线路上，火车以精确的相同频率向左和向右行驶，每小时一次。因此，我们的物理学

家一有兴致就会去火车站，坐上第一班列车。他认为，从长远来看，他最终会拜访丽塔的机会跟拜访露西一样多。事实上，几个月后，他发现他拜访丽塔的次数是露西的九倍！不幸的是，这个笨蛋物理学家，两个女人对他都很生气，露西因为他没有经常去看她，而丽塔则因为他老是在她身边晃悠。他最终连一个女朋友都没有了。宇称不变性怎么就自发破缺了呢？

注释

[1] 见 *Group Nut* 第 VII 部分和第 VIII 部分。另见 *Fearful*。

[2] 关于对称性、变换和不变性的更详细讨论，见 *Fearful* 和 *Group Nut*。

[3] 关于张量如何变换的故事，参见 *GNut* 第 52 页。

[4] 例如，在杰克逊（M. Jackson）的《镜中人》(*Man in the Mirror*) 里，主人公的心脏在他身体的右侧，但是没有任何物理学定律禁止他这样干。

[5] 更确切地说，他们的参数从 (x, y, z, t) 变为 (x', y', z', t')。

[6] 例如，见 *QFT Nut*，第 102—104 页。

[7] A. Zee，"时间反演"（Time Reversal），载于 *Mysteries of Life and the Universe*（《生命和宇宙的奥秘》），edited by W. Shore, Harcourt, 1992, p. 176。

[8] 比如说，鸡蛋摔碎的过程。

[9] 一个是在所谓的 K 介子的衰变过程中发现的。见 https://physicstoday.scitation.org/doi/abs/10.1063/PT.3.1774?journalCode=pto。

[10] 有个众所周知的笑话问，如果你把西部乡村歌曲倒着放，会发生什么？好吧，这个人会依次找到他的狗，他的皮卡，最后他的女朋友回来了，就是这样的顺序。

[11] 例如，$P'(t, x', y', z') = P(t, x, y, z)$，其中带撇号的物理量与带撇号的观察者有关，没带撇号的物理量与没带撇号的观察者有关，而 (x', y', z') 通过旋转与 (x, y, z) 相关。

[12] 摘自我关于量子霍尔流体的报告，载于 *Field Theory, Topology and Condensed Matter Physics*, edited by H. B. Geyer, Springer-Verlag, 1994。

6.2 伽利略、黏度和时间反演不变性

黏度

根据经验,我们知道液体可能是"黏黏的",也就是有黏性。就像牛顿粒子受到摩擦最终会静止下来一样,黏性液体的流动也会如此。黏度就类似于对流体的摩擦力。

制作电影,记录黏性液体逐渐静止下来的过程。现在将影片倒放。当然,我们可以看出其中的差别。黏度违反了时间反演不变性。(不用说,主宰流体分子之间相互作用的定律仍然保持时间反演 T。我们只是忽略了其他自由度,例如热量。)

为了包括黏度,纳维和斯托克斯(在单位质量的外力 $\vec{f}$ 作用下)推广了欧拉方程(上一节给出了这个方程):

$$\frac{\partial \vec{v}}{\partial t} + (\vec{v} \cdot \vec{\nabla})\vec{v} = -\frac{1}{\rho}\vec{\nabla}P + \vec{f} \tag{6.9}$$

添加所谓的黏度项 $\nu \nabla^2 \vec{v}$,就得到了现在用他们名字命名的纳维-斯托克斯方程:

$$\frac{\partial \vec{v}}{\partial t} + (\vec{v} \cdot \vec{\nabla})\vec{v} = -\frac{1}{\rho}\vec{\nabla}P + \nu \nabla^2 \vec{v} + \vec{f} \tag{6.10}$$

黏度系数 ν 是所讨论的特定流体的特征。

比较黏度项和牛顿项 $\frac{\partial \vec{v}}{\partial t}$,我们立即得到一个重要结果:

$$[\nu] = \frac{\mathrm{L}^2}{\mathrm{T}} \tag{6.11}$$

使用量纲分析,很容易得到次声波的衰减率如何依赖于频率,这是目前流行的研究领域。(见练习 (4)。)

与 $ma = F$ 类比,有些作者倾向于将 (6.10) 乘以 ρ,以便得到 $\rho \frac{\partial \vec{v}}{\partial t}$ 的方程,如附录 ENS 所述。黏度项就变成 $\rho \nu \nabla^2 \vec{v} \equiv \eta \nabla^2 \vec{v}$。$\nu$ 和 $\eta \equiv \rho \nu$ 这两个系数简单地相关,分别称为运动学黏度系数和动力学黏度系数。顺便提一下,空气和水是两种最常见的流体[1],它们的 ν 和 η 在很大程度上依赖于温度。[2]

时间反演和黏度

大多数初级教科书在介绍黏度项时都画了一个图,图中相邻的流体层在同一方向上以不同的速度运动。但我认为,最容易得到它的方法是破坏时间反演不变性。

在 T 变换下，我们在第 6.1 节注意到，除了黏度项 $\nu\nabla^2\vec{v}$，(6.10) 中的所有项都保持不变。相反，在 T 变换下，$\nabla^2\vec{v} \to \nabla^2(-\vec{v}) = -\nabla^2\vec{v}$ 显然变号了。因此，纳维–斯托克斯方程 (6.10) 不是时间反演不变的。

只要几秒钟就可以看出，(6.10) 中的黏度项确实描述了黏度。

相反，纳维–斯托克斯方程保留了宇称不变性 P。在 P 的作用下，$\vec{x} \to -\vec{x}$，$\vec{\nabla} \to -\vec{\nabla}$，以及 $\vec{v} \to -\vec{v}$。因此，黏度项 $\nabla^2\vec{v} \to (-1)^3\nabla^2\vec{v}$ 变号，就像纳维–斯托克斯方程中的其他项，例如，$(\vec{v}\cdot\vec{\nabla})\vec{v} \to (-1)^3(\vec{v}\cdot\vec{\nabla})\vec{v}$。我们当然不指望黏度能区分左右！

直接的后果是，黏度需要 $\vec{\nabla}$ 的二次方。特别是，由 $v_x \propto y$，$v_y = 0$ 和 $v_z = 0$ 描述的流动不会发生黏性导致的减速。$\nabla^2\vec{v}$ 在这种情况下消失。[3]看到这点的一个方法是，注意到 $v_x \propto y$，$v_y \propto -x$ 和 $v_z = 0$ 对应于刚性的旋转（画出流动的草图，就明白了）。与此相反的是，黏度项决定性地影响了 $v_x \propto y^2$，$v_y = 0$ 和 $v_z = 0$ 的流动。

在 T 作用下不改变符号的项，称为 T 偶（T even），而变号的项称为 T 奇（T odd）。同样地，P 也有 P 偶和 P 奇的项。因此，惯性项 $\frac{\partial\vec{v}}{\partial t}$ 是 T 偶 P 奇，而黏度项 $\nabla^2\vec{v}$ 是 T 奇 P 奇。(6.10) 中的所有项都是 P 奇，意味着宇称（奇偶性）是守恒的（也就是得到了尊重）。

通过前面的讨论，你可能已经意识到，$\vec{\nabla}(\vec{\nabla}\cdot\vec{v})$ 也是描述黏度的候选项。事实上，这个项是完全允许的，但很少包括在关于流体动力学的初级课本里[4]。为什么呢？因为，正如第 6.1 节提到的那样，对于不可压缩的流体（比如水），我们有 $\vec{\nabla}\cdot\vec{v} = 0$，因此，提议的这个项消失了。但是同理，在某些情况下，例如在涉及冲击波和极度压缩的情况下，必须包括它。只有当 $\vec{\nabla}\cdot\vec{v}$ 在各处变化很大的时候，才会有贡献。

伽利略不变性：疑云尚存

牛顿力学在伽利略变换下当然是不变的——毕竟，牛顿的工作是从伽利略的工作中发展出来的。然而，我大胆猜测，许多理论物理学家更习惯于洛伦兹不变性，而不是伽利略不变性[5]，而伽利略不变性在大学课程中并不怎么讲。很遗憾。

伽利略的有些论证很漂亮。例如，他描述了他在一艘平稳航行的帆船的甲板下的观察。用他自己的话说："如果点燃几炷香产生烟，就会看到烟是笔直地上升，保持静止，既不偏向这边，也不偏向那边。"[6]事实上，每当你在飞机上给自己倒饮料，就是在用实验验证伽利略的相对论。

两个观察者做匀速相对运动，他们用的时间和空间坐标的伽利略变换由以下公式给出：

$$t' = t \tag{6.12}$$

$$x' = x + ut \tag{6.13}$$

$$y' = y \quad \text{和} \quad z' = z \tag{6.14}$$

怎么推导的？这是常识啊。

绝对牛顿时间的概念由 (6.12) 表示。对于两个观察者来说，时间的流逝速度是一样的。

从 (6.13) 中可以看出，对于不带撇号的观察者来说，点 $x = 0$ 是固定的，对于带撇号的观察者来说，$x' = ut'$ 是向前移动的。点 $x' = 0$，对于带撇号的观察者来说是固定的，对于不带撇号的观察者来说，它是以 $x = -ut$ 的方式向后移动的。因此，u 表示两个观察者的相对速度。同时，坐标 y 和 z 保持不变。*

我们立即得到了速度相加的伽利略定律（当你在机场的自动传送带上行走时，就可以观察到，如今"只道是寻常"）：

$$v' = \frac{\mathrm{d}x'}{\mathrm{d}t'} = \frac{\mathrm{d}(x + ut)}{\mathrm{d}t} = \frac{\mathrm{d}x}{\mathrm{d}t} + u = v + u \tag{6.15}$$

为了简单起见，假设所有的运动都沿 x 方向。此外，加速度保持不变，

$$a' = \frac{\mathrm{d}v'}{\mathrm{d}t'} = \frac{\mathrm{d}(v + u)}{\mathrm{d}t} = \frac{\mathrm{d}v}{\mathrm{d}t} = a \tag{6.16}$$

因此，牛顿的运动定律是伽利略不变的，而亚里士多德的定律不是。[7] 物理学就这样开始了。

流体动力学当然是伽利略不变的

由于流体动力学是从牛顿运动定律推导出来的，所以应该具有伽利略不变性。你可以轻易地检查这一点。鉴于 (6.12)—(6.14)，只需要计算 $\vec{v}(t, x, y, z)$，$\vec{\nabla} = \left(\frac{\partial}{\partial x}, \frac{\partial}{\partial y}, \frac{\partial}{\partial z}\right)$ 和 $\frac{\partial}{\partial t}$ 的变换，然后把它们全部代入 (6.10)。我把细节放在附录 Gal 中，但你也可以尝试自己解决它们。很有启发性的练习！

有趣的是，无论 $\frac{\partial \vec{v}}{\partial t}$ 还是 $(\vec{v} \cdot \vec{\nabla})\vec{v}$，都不是伽利略不变的，但作为一个整体，它们在伽利略变换下的变化量抵消了。†

这也回答了一个常见的问题——当我引入黏度项 $\nabla^2 \vec{v}$ 时学生们问的问题。为什么不简单地增加一个正比于 $\vec{v}$ 的项？答案是，它不是伽利略不变的。

---

*译注：这里的"带撇号的观察者"和"不带撇号的观察者"，对应着附录 Eg 注释 7 里的普莱姆先生和安普莱姆夫人。

†这种抵消暗示了更先进的物理学，如杨–米尔斯理论和爱因斯坦引力。

爱因斯坦的洞察力

事后看来，欧拉–纳维–斯托克斯方程 (6.10) 似乎很明显，它就是牛顿方程 $a = F/m$ 的简单应用（见附录 ENS）。但是在事后看来，几乎所有的东西都显而易见。还是需要欧拉这样的人才能迈出第一步。写下 (6.10) 以后，我们可以验证（就像前面做过的那样），它保持旋转不变性和伽利略不变性，以及宇称不变性，但关键是它不保持 T。

我们可以把这个逻辑倒过来。假设你不知道欧拉方程。一旦你决定运动的流体可以用速度场 $\vec{v}(t,x,y,z)$ 描述，并且根据自己对牛顿的理解，你尝试写下 $\frac{\partial \vec{v}}{\partial t}$ 的方程，你可以按照附录 ENS 的方式进行。或者，你可以要求保持 P、T、旋转不变性和伽利略不变性。

事实上，我们能构建的保持 P 和 T 以及旋转不变性的唯一的项是 $(\vec{v} \cdot \vec{\nabla})\vec{v}$，你可以说服自己。然后可以写成 $\frac{\partial \vec{v}}{\partial t} + \lambda (\vec{v} \cdot \vec{\nabla})\vec{v}$，其中有一个未知的系数 λ。施加伽利略对称性，就使得 λ 等于 1，你应该可以验证。换句话说，流体动力学中所谓的随流导数（convective derivative）$\frac{\partial \vec{v}}{\partial t} + (\vec{v} \cdot \vec{\nabla})\vec{v}$ 来自于伽利略不变性。如果我们后来放弃了 T 不变性，那么剩下的三个不变性就决定了如何把黏度包括进来，正如前面强调的那样。

第 6 章的序言提到过，这种逻辑的颠倒代表了寻找基本规律的深刻范式转变。在 19 世纪末，此前未知的对称性被人们从已知的定律中推导出来，特别是在电磁学中。从爱因斯坦开始，特别是在 20 世纪下半叶，理论物理学家经常强加对称性以确定（或至少帮助确定）物理定律。对我来说，这算得上是爱因斯坦最深刻的见解之一。[8]

对称性带来好记性

如前所述，对称性论证的一个相当平凡的用途是提供了记忆的方法。假设你不记得[9]如何写纳维–斯托克斯方程里的黏度项。由于 $\frac{\partial \vec{v}}{\partial t}$ 是 T 偶 P 奇，你需要用 $\vec{v}$ 和 $\vec{\nabla}$ 构建一个 T 奇 P 奇的项。自然而然地，你就会得到黏度项，这是最简单的可能性。

同样，如果你不记得麦克斯韦方程中 $\frac{\partial \vec{B}}{\partial t}$ 等于什么，使用 T、P 和旋转不变性，你就可以轻松地把它计算出来。

从伽利略不变性到洛伦兹不变性

读者肯定知道，物理学最伟大的发现之一是认识到，麦克斯韦方程不是伽利略不变的。它们是洛伦兹不变的。

事实上，我们已经利用洛伦兹不变性把非相对论的拉莫尔公式的结果推广到相对论体系中。推导欧拉方程的一个"简单"方法是（只要你熟悉狭义相对论），为流体运动写出洛伦兹不变的方程，然后取非相对论的极限。[10]你很容易理解为什么。在欧拉方程中，时间 t 和空间 $\vec{x}$ 被处理得非常不对称，对于熟悉相对论形式的人来说，真的是太刺眼了。顺便说一句，如果想研究早期宇宙学，你可能需要知道相对论流体动力学。[11]

有趣的是，从群论的角度来看，与洛伦兹变换相关的代数比与伽利略变换相关的代数更有吸引力，这一点我已经提过。但是，解释这句话[12]将远远超出本书的范围。

爱因斯坦认识到，洛伦兹不变性不仅是电磁学的属性，也是时空的属性，因此，必须把它施加在时空中生活和游戏的一切，也就是所有的物理学。通过对力学施加洛伦兹不变性，他发现了狭义相对论；通过对引力施加洛伦兹不变性，他发现了广义相对论。（见附录 Eg。）

理解对称性的语言

正如我刚才说的，群论为发现和理解对称性提供了合适的语言。探讨这个说法需要一整本书。[13]我们当然不会在本书中使用任何群论，除了以最粗浅的方式。这里的讨论只限于随口说说的几句话。

在地面重力 $\vec{g}$ 的作用下，如前所述，与东西南北相比，上下方向是有特权的。看来，物理学只在绕纵轴的旋转下是不变的。这一点让物理学家困惑了很久。

在历史上，他们经过艰苦的斗争才最终意识到，物理学的基本定律实际上在完整的旋转群 SO(3) 下是不变的，这个旋转群被定义为三维欧几里得空间中所有旋转的集合。使用群论的语言，我们可以说牛顿将物理学的对称群从 SO(2) 推广到 SO(3)，后来，爱因斯坦将 SO(3) 推广到 SO(3,1)，即 (3+1) 维闵可夫斯基时空中所有"旋转"的集合。

群论对经典力学的影响不太大，但随着量子时代的到来，群论真正开花结果了。这多亏了量子物理学中的线性叠加原理！

量子力学是线性的，而经典力学不是。这就解释了一个有点自相矛盾的说法：从某种意义上说，经典力学比量子力学更难*。[14]

在量子力学中，具有相同能量的态被认为是简并的。通常，这种简并性是由于一个对称群的存在，它将简并态变换为彼此的线性组合。因此，这些

---

*当然，经典力学更容易掌握，因为它更接近我们的日常经验。此外，我们也可以说，没有人理解量子力学，正是因为它与我们的日常经验和逻辑离得太远了。

态提供了数学家们说的群的"表示"。关于群表示的知识告诉我们大量关于量子简并性的内容。

我们对物理学中的对称性的快速总结就到此结束。[15]

练习

(1) 说明 $\vec{v}(t,x,y,z) = (v_x, v_y, v_z)$ 在伽利略变换下如何变换，这样就推广了 (6.15) 和 (6.16)。

(2) 验证黏度项 $\nabla^2 \vec{v}$ 是伽利略不变的。

(3) 空气中的压缩波称为声音（当然是这样的了）。让空气的状态方程由 $P(\rho)$ 给出。令 $P = P_0 + \delta P$，$\rho = \rho_0 + \delta \rho$，以及 $\vec{v} = \vec{v}_0 + \delta \vec{v}$，其中 P_0 和 ρ_0 在空间和时间上不变，而 $\vec{v}_0 = 0$。把 δP、$\delta \rho$ 和 $\delta \vec{v}$ 处理到一阶，得到用 $P(\rho)$ 表示的声速。忽略黏度。请注意，这个结果也可以由量纲分析得出。

(4) 确定声波的衰减率。说明高频波的衰减更大。这完全有道理：波的来回滑动越频繁，摩擦就更有效。低频声波，即次声波（频率远低于人类听力的 20 赫兹阈值），衰减得越来越弱。频率低于 0.1 赫兹的次声波可以在地球周围传播。这个事实使次声波监测成为了新兴的研究领域。应用包括雪崩和火山活动的早期预警。[16]

注释

[1] 显然，由于空气和水的密度相差很大，$\eta_{水} \gg \eta_{空气}$，而 $\nu_{空气} \gg \nu_{水}$。我想说，η 在某种程度上更符合我们的直觉，因此可能更适合于应用，而 ν 更便于数学分析。

[2] Denny, *Air and Water*, 提供了两个有用的表格，ν 见第 63 页，η 见第 59 页。

[3] 因此我认为，在一些解释黏度的书里，有一些图可能会误导读者。

[4] 然而，它包括在 L. D. Landau and E. M. Lifshitz, *Fluid Mechanics*, Pergamon, 1959, 第 48—49 页。

[5] 我当然是。一个原因是洛伦兹群比伽利略群优雅得多。见 *Group Nut*, 第 445—447 页。

[6] 他还谈到了"蝴蝶飞舞"的问题。见 *GNut*, 第 18 页。

[7] 考虑两个粒子和一个依赖于粒子间距离的力相互作用，可以最好地看到这一点。

[8] 见 *Fearful*, 第 6 章。我把这个观点归功于爱因斯坦，但其他人可能更早就拥护这个观点。欢迎严肃的历史学家纠正我。

[9] 在这种情况下，大多数物理学家会伸手去拿书，到处乱翻。但是，亲爱的读者，你并不属于迟钝的大多数。难道你是吗？

[10] 例如，见 *GNut*, 第 233—234 页。

[11] 例如，见 S. Weinberg, *Gravitation and Cosmology*。

[12] 例如，见 *Group Nut*, 第 VII.2 章。

[13] 例如，见 *Group Nut*。
[14] 例如，见 *Group Nut*，第 III 部分。
[15] 要想走得更远，请看 *Group Nut*。
[16] 见费德（T. Feder）关于次声波的文章，*Physics Today*, August 2018, pp. 22–25。

6.3 牛顿的两个绝妙定理，以及地狱在哪里

两个质点之间的距离

牛顿在提出万有引力定律时必须证明，把苹果拉到地面上的力与保持月亮绕地球转动的力是同一种力。在晴朗的夜晚，看着月亮静静地漂浮在空中，你会同意这肯定是人类提出的最难以置信的命题之一（事实证明这是真的）。

正如第 1.2 节提醒你们的那样，引力是由引力势导出的

$$\phi = -\frac{GMm}{r} \tag{6.17}$$

其中 G 是万有引力常量，r 是两个质点之间的距离，它们的质量分别为 M 和 m。对于地球和月亮之间的吸引力，r 显然是它们之间的距离。地球和月球的半径与 r 相比可以忽略不计。但对于地球和苹果之间的吸引力，r 应该是什么呢？就不太清楚了。它是苹果树的高度吗？这个假设很容易被推翻，只要把苹果放在离地面近的地方，就可以了。

现代的夜航物理学家，依仗几百年的后见之明，可以说周围唯一"相关"的尺度是地球的半径。但是没有这么快！牛顿为了比较月亮和苹果落向地球的加速度（因而被称为"现代物理学之父"），需要确切地知道在比较中使用哪个 r。（请注意，通过比较这两种情况，牛顿巧妙地避开了 G，他不需要知道 G 有多大。[1]）

牛顿的两个绝妙定理

牛顿花了近 20 年时间来证明他的两个"绝妙定理"。

苹果被你脚下的那块地拉下来，那块地离苹果很近，但只占整个地球的很小一部分。地球的其他部分，包括世界另一端的大量物质，都在很远的地方。因此，为了计算苹果和地球之间的势能 ϕ，我们必须把地球切割成许多微小的部分，然后把每部分对 ϕ 的贡献加起来。

怎么做到这一点呢？这给牛顿带来了挑战，他不得不发明微积分来解决这个问题（现在可以把这个问题布置给学生，作为家庭作业）。牛顿得出了他的绝妙定理，指出地球对质量为 m 的物体（一个苹果、一个炮弹或其他东西）施加力 F 时，就好像质量为 M 的整个地球被缩小到位于地球中心的一个点。换句话说，对于地球表面的物体所受的力 $F = GMm/r^2$，我们应该把地球的半径 R 作为 r。

对称性必不可少

把牛顿运动定律、万有引力定律和第一个绝妙定理结合起来，我们可以得到地球表面的重力加速度：

$$g = \frac{GM}{R^2} \tag{6.18}$$

在日常情况下，地球引力可以普遍地用重力加速度 g 概括，这很不平庸，如第 1.1 节所述。

正如你想象的那样，球对称性对绝妙定理至关重要，这可以在附录 N 中明确看到。牛顿不得不把地球理想化为一个完美的圆球，然后把这个实心球分解为一层层的球壳。显然，由于每个球壳对势能的贡献是相加的，我们可以专注于单个球壳。换句话说，计算实心球的引力势能 ϕ 的问题，可以简化为计算球壳的引力势能 ϕ 的问题。

第一个绝妙定理指出，在质量为 M 的球壳以外产生的引力与位于球壳中心质量为 M 的质点产生的引力相同。第二个绝妙定理指出，球壳以内的引力等于零。

牛顿花了很长的时间证明这两个绝妙定理，引起了物理学史上最激烈的一次冲突。在牛顿做数学题的时候，他的对手胡克（Robert Hooke）也提出了万有引力定律。牛顿对这个说法提出异议，指责胡克不知道第一个绝妙定理，因此他不可能计算出作用在苹果上的力。

牛顿有一句名言，大致是说"我比别人看得更远，因为我能够站在巨人的肩膀上"，经常被用来说明他谦虚，但这显然是对胡克的刻薄的挖苦，胡克的个子相当矮。*

夜行法的失败

牛顿的两个绝妙定理提供了一个主要的证据，说明只有夜行法是不够的。这里必须进行精确的计算。见附录 N。我所能得出的最接近信封背面的证明需要对群论[3]有所了解，特别是，球面对称性意味着旋转群 SO(3) 发挥了重要作用。最终，牛顿的结果可以追溯到正交性大定理（grand orthogonality theorem）。（用球谐函数展开，并论证除了最简单的单极之外，它们的积分都为零。）

然而，这是很容易比划的，比如说，第二个绝妙定理至少是可信的。[4] 见图 6.1。离 P 点较近的球壳上的"帽子"比离 P 点较远的"世界另一端"的球壳上的帽子小，但是看起来，它的小尺寸被平方反比律补偿了。

---

*这很可能是传说，但尽管如此，我的博士生导师科尔曼（Sidney Coleman），一位杰出但极其傲慢的物理学家，喜欢调侃说："我比别人看得更远，因为我能够从侏儒的肩膀上看过去。"[2]

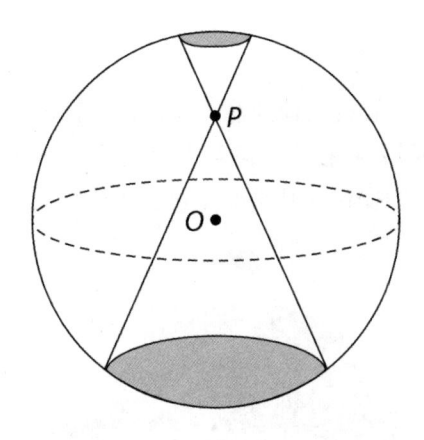

图 6.1　牛顿第二个绝妙定理的合理论证

地狱在哪里？

在结束本章之前，我必须解决一个可能让你焦头烂额的问题。促使牛顿证明第二个绝妙定理的是什么呢？

牛顿的第二个定理解决了他那个时代的一个核心谜题：地狱在哪里？虽然这不再是当代物理学的热门问题，但我们可以理解为什么它曾经让物理学家感到困惑。在圆形的地球上，想象天堂在我们的头顶上就不再合理了，天堂必须是包裹着世界的球壳。因此，地狱必须在空心地球的中心。我想大多数物理学家都会同意，这是对现有理论最简单的推广。对火山的初步了解（加上对《圣经》的仔细阅读），提供了强有力的观察证据，证实了这个理论的正确性。

此外，一次错误的计算使牛顿相信，地球的密度比月球小得多，导致他的朋友哈雷（Edmond Halley）提出了空心地球理论[5]。顺便说一下，哈雷掏钱出版了牛顿的《自然哲学的数学原理》（Principia）。这个想法在我们看来可能很荒谬，但在当时却不是。必须找到地狱的位置。物理学的每个时代都有自己的重大问题。我们现在绝望地试图把引力量子化，可以想象，后人将会认为这种做法是荒谬的。

为什么牛顿要费力地研究这个奇特的问题呢？现在你们明白了吧。

顺便说一下，由于地狱里没有引力，所以通常的火焰跳跃的图像是不对的！火焰往上冲是因为重力将热气周围的密度较大的空气拉下来。

练习

(1) 考虑超级地铁。假设工程师能够在地球上钻出一条连接两个城市的隧道，如图 6.2 所示。假设各种技术问题都能得到解决，如抵御地心附近的灼热，那么超级地铁[6]将为我们提供（几乎）免费的快速交通。估计一下运输时间。

图 6.2 超级地铁。改编自 Zee, A. *Einstein's Universe: Gravity at Work and Play*, Oxford University Press, 2001

(2) 假设地球的密度是均匀的，准确计算出运输时间，并证明它是普适的（与两个城市的位置无关）。简单函数的假说胜利了！这个惊人的事实是可信的。考虑前往附近的目的地。火车从一个缓坡滑入地面。作为对比，假设你要旅行到地球的对面：火车直直地落下，大大地加速，但它必须走更远的距离。

注释

[1] 事实上，G 直到 1798 年才被卡文迪许（Henry Cavendish）测量出来，使用的是他的朋友米歇尔（John Michell，早已默默无闻地消失在历史中了）建造和设计的设备。米歇尔在进行实验之前就去世了。

[2] 我对我的学生们说："我可以比你们看得更远，因为我比你们多看了很多年。"

[3] 例如，见 *Group Nut*。

[4] 至少我班上的大学生似乎接受了这一点。

[5] N. Kollerstrom, The Hollow World of Edmond Halley, *J. Hist. Astronomy* **23** (1992), p. 185. 见证了这种想法在科幻小说中的流行，特别是凡尔纳（Jules Verne）的《地心游记》(*A Journey to the Center of the Earth*, 1864 年)。

[6] 在 *Toy*（书名全称为 *An Old Man's Toy: Gravity at Work and Play in Einstein's Universe*，1989 年出版，后在 2001 年以 *Einstein's Universe: Gravity at Work and Play*

为名再版）中（第 xxvi 页）有描述，并且在第 xxvii—xxx 页，没有用任何数学就给出了解释。

第 7 章

恒星、黑洞、宇宙和引力波

7.1 恒星

7.2 坍缩成黑洞

7.3 膨胀的宇宙

7.4 引力波的辐射功率

7.5 数学小插曲 3

7.1 恒星

把恒星当作不旋转的气体球

20 世纪物理学的一个光辉成就是，理解了恒星的工作原理。虽然各种专门的教科书[1]提供了详细的解释，但在这里我们探讨一下，夜行法如何引导我们对恒星结构进行定性甚至是半定量的描述。

为了这个目的，我们把恒星抽象为不旋转的气体球。

我们从一颗典型的恒星开始，就像太阳一样，它是一颗位于主序列上的恒星，[2]既不是巨星也不是矮星（质量既不太大，也不太小）。

压强抵抗着向内挤压的引力

为了对抗引力的向内挤压，恒星内部的气体必须向外推挡。对于质量为 M、半径为 R 的恒星，因为压强是单位面积上的压力，通过量纲分析，我们得到

$$P \sim \left(\frac{GM^2}{R^2}\right)/R^2 \sim \frac{GM^2}{R^4} \sim \frac{G(\rho R^3)^2}{R^4} \sim G\rho^2 R^2 \sim \frac{GM\rho}{R} \quad (7.1)$$

为方便起见，我们也用质量密度 $\rho \sim M/R^3$ 表示 P。

在现实中，压强 $P(r)$、质量密度 $\rho(r)$ 等都取决于 r，也就是到恒星中心的径向距离。特别是，我们期望 $P(r)$ 从恒星中心的某个值稳定地减小到恒星表面的 $P(R) = 0$。事实上，这个边界条件决定了 R。我们还应该引入以恒星为中心的半径为 r 的球体内部的质量 $M(r)$，其边界条件为 $M(R) = M$，这是显而易见的。根据定义，$M(r)$ 可以表示为 $\rho(r)$ 的积分，或者等价地表示为微分方程的解

$$\frac{dM(r)}{dr} = 4\pi r^2 \rho(r) \quad (7.2)$$

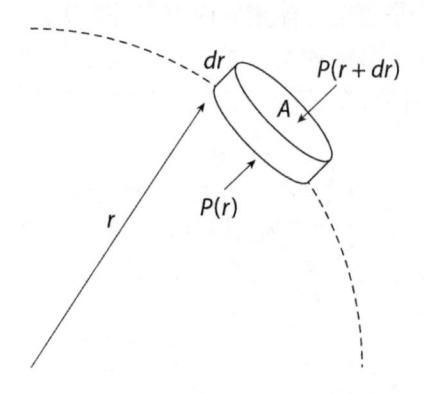

图 7.1　压强抵抗着引力的向内挤压

对于理想化的恒星，实际上很容易写出压强的精确公式。想象一个半径为 r、厚度为 $\mathrm{d}r$ 的球壳，见图 7.1。关注一个面积为 A、质量为 $\rho(r)A\,\mathrm{d}r$ 的球壳。这个球壳上的外力是 $(P(r) - P(r+\mathrm{d}r))A = -\frac{\mathrm{d}P}{\mathrm{d}r}A\,\mathrm{d}r$。与此平衡的是引力的向内挤压。根据牛顿的第二个绝妙定理，只有球壳内的质量 $M(r)$ 是重要的。因此，$-\frac{\mathrm{d}P}{\mathrm{d}r}A\,\mathrm{d}r = GM(r)(\rho(r)A\,\mathrm{d}r)/r^2$，这样就得到

$$\frac{\mathrm{d}P(r)}{\mathrm{d}r} = -\frac{GM(r)\rho(r)}{r^2} \tag{7.3}$$

我们看到，如果把所有 r 的函数大致当作常数，把导数 $\frac{\mathrm{d}P}{\mathrm{d}r}$ 和 $\frac{\mathrm{d}M}{\mathrm{d}r}$ 分别近似为 $\sim P/R$ 和 $\sim M/R$，因此，$P/R \sim GM\rho/R^2$，那么，夜行法得到的方程 (7.1) 就跟 (7.3) 和 (7.2) 是一致的。

光度、温度梯度和核功率

在太阳深处的核反应中产生的光子急于出来，也许最终会在某一天给你以温暖。它们与第 1.5 节描述的墨水分子没有区别，都是从高密度区扩散到低密度区。

就这样，光子从太阳内部比较热的区扩散到外部比较冷的区，沿途发生很多次散射，进行第 1.5 节描述的随机行走，如图 7.2 所示。用 $l(r)$ 表示光子的平均自由程。考虑在太阳内部半径为 r、厚度为 $\mathrm{d}r$ 的球壳。光子穿越 $\mathrm{d}r$ 所需的步数 N 由第 1.5 节给出的随机行走公式 $\sqrt{N}l = \mathrm{d}r$ 决定，因此 $N = (\mathrm{d}r/l(r))^2$。每一步都需要时间 $l(r)/c$，这个过程需要的时间就是 $\Delta t = (\mathrm{d}r/l)^2 l/c = (\mathrm{d}r)^2/lc$。（为了使公式看起来更清楚，我们经常忽略对 r 的依赖性。）

半径 r 处的光度 $L(r)$ 被定义为单位时间内穿过半径 r 处的球壳的能量。用 $\varepsilon(r)$ 表示 r 处的能量密度。球壳的内部比外部更热，因此有一个多余的能量密度 $\mathrm{d}\varepsilon$。正如第 1.5 节中的密度扩散流正比于密度梯度一样，单位面积、单位时间内穿过壳的能量流，即 $L/4\pi r^2$，应该与能量密度梯度 $\frac{\mathrm{d}\varepsilon}{\mathrm{d}r}$ 成正比。

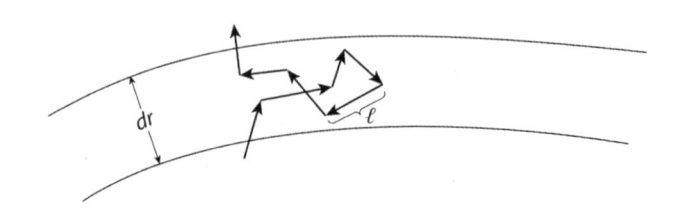

图 7.2 随机行走的光子穿过厚度为 $\mathrm{d}r$ 的球壳

我们先做量纲分析：$\left[\frac{d\varepsilon}{dr}\right] = (E/L^3)/L = E/L^4$。单位面积的光度有 $[L/4\pi r^2] = (E/T)/L^2 = E/TL^2$。（不要将光度 L 与量纲分析中使用的长度 L 混淆！）因此，我们需要用量纲为 $L^2/T = L(L/T)$ 的东西乘以 $\frac{d\varepsilon}{dr}$，才能得到单位面积的光度。由于光度是由光的扩散产生的，这个量只能是光子的平均自由路径 l 乘以光速 c 的结果。因此，

$$\frac{L}{4\pi r^2} \sim -cl\frac{d\varepsilon}{dr} \tag{7.4}$$

负号是由于 $\frac{d\varepsilon}{dr} < 0$。

检查这个量纲分析的结果。这个夜行法的推导，建立在前面描述过的光子随机行走的图像上。球壳两边的能量差等于 $\simeq (4\pi r^2 dr)\, d\varepsilon$，而这个能量穿过球壳的时间是 $dt = (dr)^2/lc$。因此，光度等于这个能量差除以穿过的时间，可以由下式得出

$$L(r) \sim -\frac{(4\pi r^2 dr)\, d\varepsilon}{(dr)^2/lc} = -cl\,(4\pi r^2)\frac{d\varepsilon}{dr} \tag{7.5}$$

这当然与 (7.4) 一致。（实际上，$L(r)$ 的这个表达式只相差了系数 $\frac{1}{3}$，它是由某个角度因子 $\cos^2\theta$ 的积分产生的[3]。但这超出了夜航物理学家的活动范围。）

但是我们知道热的光子气体的能量密度。正如关于黑体辐射的第 3.5 节（以及后来的第 5.5 节）讨论的那样，$\varepsilon(r)$ 是由温度 $T(r)$ 的四次方给出的。更确切地说，$\varepsilon = aT^4$（其中，$a = 4\sigma/c$，而斯特藩-玻尔兹曼常量 $\sigma = \pi^2/60\hbar^3 c^2$）。

把 $\frac{d\varepsilon}{dr} = 4aT^3 \frac{dT}{dr}$ 代入 (7.5)，我们得到

$$\frac{dT}{dr} = \frac{1}{4aT^3}\frac{d\varepsilon}{dr} = -\frac{3L(r)}{16\pi r^2 cl(r)aT(r)^3} \tag{7.6}$$

这个结果看起来很复杂，其实并不复杂。下面是信封物理学的解释。忽略对 r 的依赖性、微分方程以及所有这些。只考虑一个半径为 R、温度为 T 的热的气体球。随机行走的光子穿越 R 的时间 t 由 $R^2 \sim l(ct)$ 决定。光度是 $L \sim E/t$，其中 $E \sim aR^3T^4$。因此，

$$L \sim E/t \sim aR^3T^4/\left(R^2/lc\right) \sim alRcT^4 = alR^2cT^3(T/R) \tag{7.7}$$

最后一步正好表达了我们的感觉：只有温度梯度 $\sim T/R$ 才是最重要的。当当当当！我们已经得到

$$T/R \sim L/\left(alR^2cT^3\right) \tag{7.8}$$

这就是 (7.6) 的简装版。

最后，天体物理学家知道，核反应为恒星提供了能量。请注意，单位质量的恒星物质在单位时间内产生的能量为 $\nu(r)$。因此，厚度为 dr 的外壳在单位时间内产生的能量 dL 只是 $4\pi r^2 dr \rho \nu$。因此，

$$\frac{dL}{dr} = 4\pi r^2 \rho(r) \nu(r) \tag{7.9}$$

总之，为了确定恒星的结构，需要对这 4 个耦合的一阶微分方程 (7.2)、(7.3)、(7.6) 和 (7.9) 做（数值）积分，它们分别对应于 $M(r)$、$P(r)$、$T(r)$ 和 $L(r)$，从 $r=0$ 开始向外延伸。这些补充来自于统计物理学、粒子物理学和核物理学的知识，它们告诉我们 $P(r)$、$l(r)$ 和 $\nu(r)$ 如何依赖于 $\rho(r)$、$T(r)$ 和组分（即电子、质子、氦核的相对丰度等）。例如，平均自由程[4] $l(r)$ 是由电子、质子和各种可能存在的核的光子散射截面决定的。因此，知道了 r 处的 4 个量 M、P、T 和 L，我们就知道了它们在 $r+\delta r$ 处的情况，其中 δr 是适当选择的步长。

还需要 4 个边界条件，而我们已经提到两个：$P(R)=0$ 和 $M(R)=M$，它们确定了 R 和 M。换句话说，当 $P(r)$（随着 r 的增加而稳步下降）达到 0 时，我们就到达了恒星的表面，而 $M(r)$ 的值是恒星的质量。另外两个边界条件显然是 $M(0)=0$ 和 $L(0)=0$。这样就可以开始了。

一般恒星的光度和质量的关系

不用打开计算机，我们现在用信封物理学的方法来理解典型的恒星（即主序列上的恒星）[5]。我们已经有了两个用夜行法得到的方程，(7.1) 和 (7.8)，为了方便阅读，这里重复一下，

$$P \sim \frac{GM\rho}{R} \tag{7.10}$$

和

$$L \sim alcRT^4 \tag{7.11}$$

压强采用理想气体定律给出的结果 $P \sim \rho T/m$（在第 5.1 节得出）。然后我们有 $T \sim Pm/\rho \sim GMm/R \propto M/R$，这只是位力定理的简化版，说明动能和势能大致相等。接下来，平均自由程等于 $l = 1/n\sigma \propto 1/\rho\sigma$，其中 σ 是相关的光子散射截面（例如，见第 2.3 节），适当地对组分进行平均。如果我们把 σ 取为主序列上一般恒星的大致常数，因此 $l \propto 1/\rho \sim R^3/M$，那么 (7.11) 就给出

$$L \propto (R^3/M) R(M/R)^4 \sim M^3 \tag{7.12}$$

对主序星来说，光度对质量的这种简单依赖性在 M 的一定范围内确实成立。[6]顺便说一下，为了不在数字上费劲，简单地参照我们了解和喜爱的标准，写出 $L/L_\odot = (M/M_\odot)^3$，在数字上可能更准确。

恒星的诞生

为了做实际的计算，天体物理学家必须从核物理学中输入一些关于 $\nu(r)$（在 (7.9) 中定义）的知识，即单位时间内单位质量产生的能量。显然，详细的讨论远远超出了本书的范围和理念。相反，我们将依靠一个合理的断言，得出一个典型的主序星的质量 M 和半径 R 的关系，而不需要理解 $\nu(r)$。

首先，像太阳这样的典型恒星，燃烧的速度非常缓慢而稳定，因为能量产生的第一步是‡ $p+p \to d+e^+ +\nu_e$ 的过程，这个过程受弱相互作用的支配，即使是物理科普书的读者也可能很清楚。[7]重要的是，两个质子之间的库仑斥力使它们无法接近到发生弱相互作用的程度。能量的产生只能靠量子隧穿来穿越库仑势垒，这一点最早由伽莫夫指出，我们在第 3.1 节讨论过。隧穿率取决于质子的平均动能，即恒星内部的温度。

想象一个质量为 M 的气体云在坍缩，直到越来越密集的云中心达到了临界温度 T^*，从而点燃这个弱相互作用的过程。有人断言，T^* 主要由原子核和粒子物理学的细节决定。让我们接受这个相当合理的说法。

回顾一下，云内的温度 T 与 M/R 成正比。随着 R 的减小，T 也随之增加，直到达到 T^*，在这个时候，云就变成了一颗恒星。设定 M/R 等于 T^*，我们可以得到

$$R \propto M \tag{7.13}$$

主序星的半径 R 与它们的质量 M 大致成正比，密度的变化情况为 $\rho \sim M/R^3 \propto 1/M^2$。小质量的恒星往往密度比较大。

白矮星

与人们的天真想法相反，量子力学可以在宏观尺度上表现出来，事实上，在天体物理学尺度上也是如此。这里用夜行法讨论白矮星。

当一颗典型的恒星，比如我们的太阳接近生命的终点时，在燃烧完自己的核燃料以后，它不能再产生经典热气体的压强 $P \sim nT/m$ 来支撑自己。恒星会慢慢收缩。但是，在某个时刻，当温度下降到电子气体的费米能量 E_F 之下时，量子费米简并压强就会启动。

---

‡两个质子形成一个氘核，并发射出一个正电子和一个电子型中微子。

回忆第 5.3 节和第 5.4 节，这等于 $P \sim h^2 n^{\frac{5}{3}}/m_e$（$m_e$ 是电子质量）。为了省去你查找的麻烦，这里给出快速的推导：

$$N/V \sim p_F^3/h^3 \implies p_F \sim h n^{\frac{1}{3}}$$

和

$$E/V \sim (p_F^3/h^3)(p_F^2/2m_e) \sim p_F^5/h^3 m_e \sim h^2 n^{\frac{5}{3}}/m_e$$

然后，

$$P = -\partial E/\partial V \sim E/V \sim h^2 n^{\frac{5}{3}}/m_e \tag{7.14}$$

由电子的费米简并压强支撑的恒星称为白矮星。电子的数密度等于质子的数密度，因此在某个数字因子的范围内，$n \sim (M/R^3 m_p)$，其中 m_p 为质子质量。*（请务必把 m_p 与 m_e 区分开。）因此，

$$P \sim h^2 n^{\frac{5}{3}}/m_e \sim h^2 M^{\frac{5}{3}}/\left(R^5 m_p^{\frac{5}{3}} m_e\right) \tag{7.15}$$

为了抓住问题的关键，避免只见树木不见森林，最好是把细节都删掉。因此，我们忽略 (7.15) 中的各种常数，简单地写出 $P \sim \xi M^{\frac{5}{3}}/R^5$。

此后在本章中，希腊字母 ξ 代表一些组合的常数，我就不写了，以免弄巧成拙。（这里显然有 $\xi \sim h^2/G m_p^{\frac{5}{3}} m_e$，我们不需要再明确地显示 h^2 来提醒我们简并压强是量子的。）注意，使用这个约定，[8]每当 ξ 出现时，它可能意味着某个不同的东西。

现在，物理学告诉我们，让这个压强 P 等于引力的向内挤压，即 GM^2/R^4，如 (7.1) 所示。因此 $\xi M^{\frac{5}{3}}/R^5 \sim M^2/R^4$。我们惊奇地发现，白矮星的半径

$$R \propto M^{-\frac{1}{3}} \tag{7.16}$$

随着质量 M 的增大而减小！费米简并压强中的 $\frac{5}{3}$，打不过牛顿引力中的 2。白矮星的质量越大，它就越小。这与主序星的行为 $R \propto M$（见 (7.13)）形成了鲜明对比。

当然，把各种常数和数字因子放回去也很容易。这样就得到[9]

$$R \simeq \frac{h^2}{20 G m_p^{\frac{5}{3}} m_e}\left(\frac{Z}{A}\right)^{\frac{5}{3}} M^{-\frac{1}{3}} \sim 10^4 \text{ km} \left(\frac{Z}{A}\right)^{\frac{5}{3}} \left(\frac{M_\odot}{M}\right)^{\frac{1}{3}} \tag{7.17}$$

（关于 Z 和 A 的含义，见练习 (1)）。因此，一个太阳质量的白矮星大约是地球这么大。

---

*因为 $m_p \gg m_e$

钱德拉塞卡极限

钱德拉塞卡注意到，$R \propto M^{-\frac{1}{3}}$ 这种关系有一个重要的后果：大质量白矮星的密度 $\rho \sim M/R^3 \propto M^2$ 非常大。因为 $p_F \sim hn^{\frac{1}{3}}$，密度越大，费米压力 p_F 就越大，因此对于某个大质量的 M，费米球表面的电子具有动量 $p_F \gtrsim mc$，变成相对论性的了。

具有动量 p 和质量 m 的相对论粒子的能量是 $\varepsilon(p) = \sqrt{(pc)^2 + (mc^2)^2}$。同样，为了避免杂乱，从而更清楚地看到问题的本质，我们使用 $c = 1$ 的单位。在极端相对论极限 $p \gg m$ 下，就有 $\varepsilon = \sqrt{p^2 + m^2} \simeq p + \frac{m^2}{2p} + \cdots$。

因此，对于大质量的白矮星，我们应该将第 5.4 节关于费米气体能量 E 的表达式 $E = \frac{V}{h^3} \int_{p_F} \mathrm{d}^3 p \frac{p^2}{2m}$ 替换为（m 是电子质量，为了以后的方便，我们省略下标 e）

$$E = \frac{V}{h^3} \int_{p_F} \mathrm{d}^3 p\, \varepsilon(p) \simeq \frac{V}{h^3} \int_{p_F} \mathrm{d}^3 p \left(p + \frac{m^2}{2p} + \cdots\right) \tag{7.18}$$

首先，看看极端相对论的极限，我们只保留积分中的领头阶（或者等价地，将电子质量 m 设为 0）。通过量纲分析，有 $P \sim E/V \sim p_F^4/h^3 \sim hn^{\frac{4}{3}}$。(7.15) 里的 5"神奇地"变成了 4，所以有

$$P \propto M^{\frac{4}{3}}/R^4 \tag{7.19}$$

现在，让 P 等于引力的向内挤压 GM^2/R^4，我们得到 $\xi M^{\frac{4}{3}}/R^4 \sim M^2/R^4$，$R$ 的幂指数相等，因此半径 R 彻底不见了！好像有些不对劲啊。

在继续阅读之前，你如何解决这个问题呢？

在 $\varepsilon \simeq p + \frac{m^2}{2p} + \cdots$ 中，我们必须保留下一阶的项。$\frac{m^2}{2p}$ 这个项比领头阶 p 少了 p 的二次幂，因此 (7.18) 现在给出的不是 (7.19)，而是

$$\frac{E}{V} \propto p_F^4 + \xi p_F^2 \propto \frac{M^{\frac{4}{3}}}{R^4} + \xi' \frac{M^{\frac{2}{3}}}{R^2} + \cdots \tag{7.20}$$

（至于 ξ 和 ξ' 以及更多的常数因子，我们就懒得计算了）。

红灯亮了

请注意！从第 1.1 节开始，也就是本书刚开始，我们就故意把微积分老师逼疯了，不是做微分，而是对分子和分母做约分（因此，在摆的问题中就有 $\frac{\mathrm{d}\theta}{\mathrm{d}t} \sim \frac{\mathrm{d}\theta}{\mathrm{d}t} \sim \frac{\theta}{t}$）。好吧，只要 θ 的变化像 t 的幂一样简单就可以了，我们受到的影响只是某个数字因子。事实上，本章已经使用了好几次，而且效果还不错，例如，$P = -\partial E/\partial V \sim E/V$。

但是，即使是（尤其是）在红眼航班上，我们也必须注意仪表板上的小红灯。在这里的 (7.20) 中，E 是两项之和。即便如此，如果我们"仅仅"通过两个结果项之间的相对数字因子来写 $-\partial E/\partial V \sim E/V$，也许是可以的，但是不，这里不行。我们从 (7.20) 中看到，在 $V \sim R^3$ 的情况下，E 中的两个项分别为 $V^{\frac{1}{3}}$ 和 $V^{-\frac{1}{3}}$，我们将在压强 P 的表达式中相差一个负号。事实证明，这个符号错不得！

因此，最好是老老实实做微分，而不是约分，这样就得到压强，

$$P \propto \frac{M^{\frac{4}{3}}}{R^4} - \xi'' \frac{M^{\frac{2}{3}}}{R^2} + \cdots \tag{7.21}$$

这里有个关键的减号。（可以理解，在我的"模糊"符号中，所有的 ξ 都是正数。）让 P 等于引力的向内挤压 GM^2/R^4，我们最终得到

$$\frac{\left(\eta M^{\frac{4}{3}} - M^2\right)}{R^4} = \eta' \frac{M^{\frac{2}{3}}}{R^2} \tag{7.22}$$

（撇号用完了，所以我把 ξ 换成了 η，哈哈）。

这就决定了白矮星的半径 R 是其质量 M 的函数。但是，跟随钱德拉塞卡，我们看到，更有趣的是，由于 (7.22) 的右边一定是正数，$\left(\eta M^{\frac{4}{3}} - M^2\right)$ 就必须是正数——白矮星的质量有上限！这就是钱德拉塞卡极限。

同样，把所有的常数放进去，我们得到了白矮星的最大质量

$$M_{\text{Ch}} \simeq 0.1 \left(\frac{Z}{A}\right)^2 \left(\frac{hc}{Gm_{\text{p}}^2}\right)^{\frac{3}{2}} m_{\text{p}} \tag{7.23}$$

更精确的计算得到了著名的结果 $M_{\text{Ch}} \simeq 1.4 M_\odot$。

因此，对于白矮星来说，半径 R 与质量 M 的关系如图 7.3 所示。

中子星

如果恒星的质量 $M \gtrsim 8 M_\odot$，在它的晚期阶段，由于引力收缩导致密度越来越高，越来越大的原子核参与的核反应被点燃。最终，恒星核心的密度太高了，把电子狠狠地压在质子上，触发了弱相互作用的过程 $e^- + p \to n + \nu_e$。中微子 ν_e 爆发出来，恒星的外围部分在超新星爆炸中被炸毁，留下一个中子球。中子星就这样诞生了。

现在的压强由中子气体的费米简并压强提供。支撑恒星的责任从电子转移到了中子。我们可以简单地修改 (7.15) 中给出的压强，用中子质量 m_n 代替电子质量 m_e，对我们来说，中子质量等于质子质量，并设定 $Z/A = 1$。让它等于引力的向内挤压 GM^2/R^4，就像 (7.1) 一样。由于 $m_n/m_e \sim 2000$，我

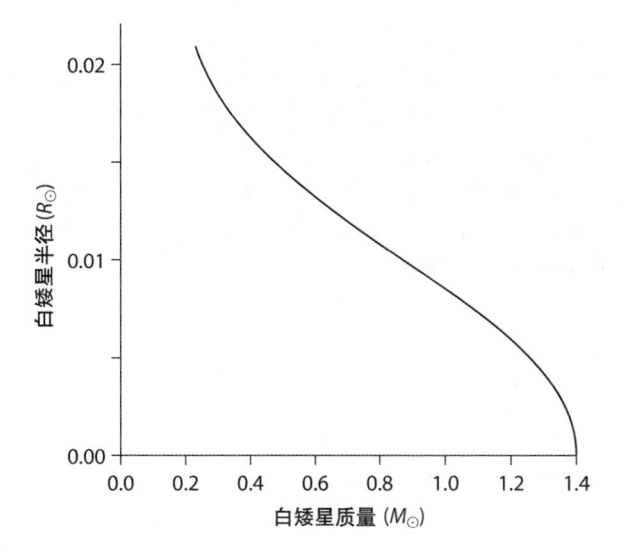

图 7.3 白矮星的半径是质量的函数，以 $R_\odot$ 和 $M_\odot$ 为单位绘制。为了让你对尺度有感觉，请注意地球的半径 $\sim 0.01 R_\odot$。关键在于 (7.16) 中的关系 $R \sim M^{-\frac{1}{3}}$ 是随着 M 的增加而永远持续下去，还是只在 $M \lesssim M_\odot$ 时才成立。钱德拉塞卡证明，白矮星的质量不能超过 $1.4 M_\odot$。

们预期，中子星的体积大约是与其质量相当的白矮星体积的千分之一。用数字来说话，就是 $R \sim 14\,\mathrm{km}\left(\frac{1.4 M_\odot}{M}\right)^{\frac{1}{3}}$。

练习

(1) 说明 (7.17) 中 R 对 Z 和 A 的依赖关系是如何产生的。把白矮星视为由不同的核子组成，每个核子包含 Z 个质子和 $A-Z$ 个中子。

(2) 估计太阳中的光子的平均自由程。

(3) 估计在太阳中心附近产生的光子需要多长时间才能跑出来。

注释

[1] 例如，D. Maoz, *Astrophysics in a Nutshell*，或者 D. Clayton, *Principles of Stellar Evolution*。我在这里沿用毛兹（Maoz）的清晰简洁的处理方式。

[2] 回顾一下，主序星依赖于其中心的质子聚变运行。

[3] 即，$\int_0^{\pi/2} d\theta \sin\theta \cos^2\theta = \int_0^1 d\cos\theta \cos^2\theta = \int_0^1 du\, u^2 = \frac{1}{3}$。

[4] 恒星天体物理学家习惯说不透明度（opacity）$\kappa(r)$，用 $\kappa(r) = 1/(\rho(r) l(r))$ 定义，而不是平均自由程 $l(r)$。当然，$l(r)$（以及 $\kappa(r)$）取决于 r 处的局部条件，比如说组分。我们就不详细说了。

[5] 这里遵循 Maoz, *Astrophysics in a Nutshell*，第 46 页。

[6] 不用说，各种专业的天体物理学家在这个时候可能会跳起来，大喊些什么"如果啦""但是啦"。对于质量非常大的恒星来说，光度接近所谓的爱丁顿光度 $\propto M$。

[7] 我第一次听说这一点，是因为读了伽莫夫写的那些文章。

[8] 我曾经和维尔切克（F. Wilczek）写过一篇论文，指出希腊字母如 ξ 和 η 表示量级为 1 的数字。我们太懒了，没有把它们算出来。令我们惊讶的是，编辑同意了。

[9] Maoz, *Astrophysics in a Nutshell*, p. 75.

7.2 坍缩成黑洞

爱因斯坦打乱了质量密度和压强的斗争

恒星的存在取决于引力的挤压和压强的反抗之间的平衡，正如第 7.1 节讨论的那样。向内挤的质量密度 ρ 越大，向外推的压强 P 就越高，才能达到平衡。

在牛顿物理学中，这没什么大不了的，只是质量密度 ρ 和压强 P 的持续斗争——进攻 ρ 和防守 P 是一场势均力敌的足球比赛。

压强与引力的关系

当爱因斯坦把我们带入相对论的世界时，比赛就完全改变了。

要理解为什么，请回到初级物理学，在那里，压强的概念是单位面积上的压力：因此 $[P] = [F]/L^2 = [F]L/L^3 = E/L^3$。最后一步是因为力乘以距离就是做的功，也就是能量。换句话说，压强也有能量密度的量纲，而且可以被认为就是能量密度，我已经多次提到过。

第 7.1 节的方程 $P \sim \frac{GM^2}{R^4}$ 可以改写为

$$PR^3 \sim \frac{GM^2}{R} \sim G\rho^2 R^5 \tag{7.24}$$

可以把它视为压强能 PR^3 和引力能 GM^2/R 近似相等。

相对论的恒星和黑洞

爱因斯坦告诉我们，$m = E/c^2$，因此在相对论物理学中，压强也像质量密度一样。从量纲上看，$[P] = [\rho]c^2$。

在质量密度 ρ 和压强 P 的斗争中，我们现在陷入了恶性循环。随着 ρ 的增大，P 也要增大才能跟得上，但 P 的增大又会贡献质量密度 P/c^2。因此，有效的质量密度由下式给出：

$$\rho \to \rho_{\text{有效}} \sim \rho + \frac{P}{c^2} \tag{7.25}$$

需要抵消的质量密度甚至比我们天真地认为的还要多，所以 P 必须增大，但这导致了更大的质量密度。结果就是，在某些情况下，压强被彻底击败。恒星坍缩了，不可避免地形成了黑洞。

在足球赛这个比喻中，当比赛进入相对论的时候，一些后卫（也就是压强这一方）突然开始不时地过去帮助进攻。果然防守不住了，被击溃了。

当形势变得艰难时，遭受打压的人就会跳反！

复杂的和天真的

压强也会帮助质量密度，让我们听听两个学生是如何推理这种相对论效应 (7.25) 的。

头脑复杂的数学人（通常是不假思索的研究生）会说："啊，我记得在广义相对论的课程中，ρ 和 P 都是同一个应力能量张量[1] $T_{\mu\nu}$ 的分量。* 应力与压强有关，对吧？在洛伦兹变换下，不同的分量会混起来；这就是为什么它叫作张量。"

头脑天真的物理人（也许是聪明的低年级大学生）这样考虑：观察者看到气体盒子以速度 $v \ll c$ 运动。"这个盒子有动能密度 $\frac{1}{2}\rho v^2$，但这不是全部。这个盒子还有洛伦兹收缩。回忆一下，由于狭义相对论中那些无处不在的 $\sqrt{1-\frac{v^2}{c^2}}$ 因子，这种收缩是 v^2/c^2 的阶。显然，有人必须对盒子做功，类似于压强 P 乘以收缩量 v^2/c^2，因此我们应该把功密度 Pv^2/c^2 和动能密度 $\sim \rho v^2$ 加起来。因此，有效的 ρ 实际上是 $\sim (\rho + \frac{P}{c^2})$。啊哈，我们得到了 (7.25)！"

在相对论物理学中，P 出现在对抗的双方，既向外推又向内拉。

压强最终输掉了

虽然 (7.24) 和 (7.25) 背后的物理学非常清楚，但还是值得在信封背面写一写。想象一下，从 $c = \infty$ 开始，所以没有狭义相对论。然后慢慢减小 c。因此，将 (7.25) 代入 (7.24)，并忽略诸如 $\frac{1}{c^4}$ 的项。我们得到坍缩的判据是

$$\left(\frac{1}{GR^2} - \frac{2\rho}{c^2}\right) P \lesssim \rho^2 \tag{7.26}$$

当 $\left(\frac{1}{GR^2} - \frac{2\rho}{c^2}\right)$ 是正数时，我们总可以增大压强 P 以避免坍缩，但是当它为负数时，也就是说，当 $\rho \gtrsim \frac{c^2}{GR^2}$ 时，无论压强有多大，我们都不能避免坍缩。如果不考虑 ρ，而只考虑 M，我们（当然）就能恢复第 1.2 节中的米歇尔–拉普拉斯判据 $GM/c^2 \gtrsim R$。物理还是一致的，一切正常。

注释

[1] 也称为能量动量张量。见附录 Eg。

---

*事实上，ρ 是时间–时间分量，P/c^2 构成了三个对角的空间–空间分量。

7.3 膨胀的宇宙

"大辩论"

尽管有很多人对宇宙的新闻感到厌倦，但我觉得，在一百多年的时间里，我们对宇宙有了这么多的了解，真是让人吃惊。我们取得显著进展的一个重要原因是宇宙学原理得到了观测的验证：在比星系大得多的尺度上，宇宙是均匀同质和各向同性的。既没有特殊的位置，也没有特殊的方向。这个原则的知识来源是哥白尼的大胆断言：地球不是宇宙的中心。

在很长一段时间里，跟宇宙学原理完全相反的说法是成立的。我们所在的星系（银河系）被认为包括了整个宇宙。现代宇宙学始于斯里弗（Vesto Slipher）和赫马森（Milton Humason）对星系红移的测量。一个里程碑式的事件是 1920 年沙普利（Harlow Shapley）和柯蒂斯（Heber Curtis）就螺旋星云的性质进行的"大辩论"。沙普利认为它们是银河系中的小的局部特性，而柯蒂斯则认为它们是远在银河系之外的独立星系。如果前者是正确的，那么宇宙就不可能是均匀同质和各向同性的。

爱因斯坦的引力和宇宙

爱因斯坦引力使物理学家能够讨论宇宙。对于不熟悉爱因斯坦引力的读者，我在附录 Eg 中给出了非常简短的描述，只是为了让你对这个深刻的理论有所了解。为了我们的目的，这里只需要该附录中的三个要点：

1. 时空的几何特征是由度规 $g_{\mu\nu}$ 决定的，即 $ds^2 = g_{\mu\nu}(x)\,dx^\mu\,dx^\nu$。

2. 决定时空曲率的场方程具有这样的形式：

$$R^{\mu\nu} - \frac{1}{2}g^{\mu\nu}R = (\cdots\partial\cdots\partial\cdots)^{\mu\nu} = GT^{\mu\nu} \qquad (7.27)$$

其中的省略号由 $g_{\mu\nu}$ 和它的逆矩阵构成。

3. 填充宇宙的物质可以用能量动量张量 $T^{\mu\nu}$ 描述。

宇宙学的一个目标是找出充满宇宙的是什么，从而确定宇宙是如何膨胀的。这个逻辑是可逆的。观察宇宙使我们能够推断出它被什么填满了，暗能量就是这样被发现的。

总之，你要指定 $T^{\mu\nu}$，然后求解 (7.27) 得到描述宇宙的度规 $g_{\mu\nu}$。

如果你不了解 (7.27)，请不要担心。在本章的其余部分中，你需要知道的是，动力学变量是时空度规，支配它的方程涉及二阶偏微分（∂ 的二次方）。

导数的守恒

我想详细说明上面的最后一句话，关于 ∂ 的二次幂。牛顿的方程根据质量密度 ρ 确定引力势 $\vec{\nabla}^2 \phi \sim G\rho$，涉及二阶的空间导数。正如附录 Eg 解释的那样，爱因斯坦用于确定时空度规（它推广了 ϕ）的能量动量张量 $T^{\mu\nu}$（推广了 ρ）的场方程 (7.27) 也必须涉及二阶导数，尽管是时间和空间的导数，因为它是相对论的。我们知道，对于弱引力场，爱因斯坦的方程必须还原为牛顿方程。所以 (7.27) 里有 ∂ 的二次方。

导数不能凭空出现：它们是守恒的。（有些导数可能比其他导数小得多，可以忽略不计。例如，弱引力场的时间导数要比空间导数小得多。因此，确定引力势的牛顿方程并不涉及时间导数 $\frac{\partial}{\partial t}$。）

上我课的一些大学生对这个守恒律感到惊讶。原因是，他们被教导要毫不迟疑地做实际的推导。例如，当看到 $\frac{d}{dx}\sin x$ 时，他们立即用 $\cos x$ 代替。导数显然消失了。

但在这里，我们不仅仅是做计算：我们在讨论物理理论的内部逻辑，它体现在相应的运动方程中。稍后，在第 9.4 节，我们将再次援引导数守恒律。

封闭的、平直的或者开放的

宇宙是均匀同质和各向同性的，只允许三种可能性：空间是 (a) 像球面一样封闭的，(b) 平直的，或 (c) 像双曲面一样开放的。需要强调的是，我们在这里指的是空间的曲率，而不是时空的曲率。

直到最近，宇宙学教科书还必须处理所有这三种情况。然后实验观测表明，空间非常接近于平直，教科书也就变得更简单了。我们可以从度规开始（其中 $c = 1$）：

$$ds^2 = -dt^2 + a^2(t)\left(dx^2 + dy^2 + dz^2\right) \tag{7.28}$$

在 (7.28) 中的表达式 $(dx^2 + dy^2 + dz^2)$ 表明空间是毕达哥拉斯的，是平直的。

哈勃膨胀和尺度因子：空间是平直的，但时空不是

时间的无量纲函数 $a(t)$ 被称为尺度因子，它决定了宇宙是正在膨胀还是正在收缩。

考虑空间中的两个点，它们的 y、z 坐标相同，但 x 坐标相差某个长度 L。在时刻 t，这两点之间的物理距离等于

$$\Delta s = \int_1^2 ds = \int_1^2 a(t)\,dx = a(t)\int_1^2 dx = a(t)L \tag{7.29}$$

这个距离的相对变化率（称为哈勃"常数"）由以下公式给出：

$$H(t) \equiv \frac{1}{\Delta s}\frac{\mathrm{d}\Delta s}{\mathrm{d}t} = \frac{1}{a}\frac{\mathrm{d}a}{\mathrm{d}t} \equiv \frac{\dot{a}}{a} \tag{7.30}$$

距离 L 不见了。[1]

对于任何给定的 t，我们生活的三维空间是平直的，正如刚才所强调的那样。然而，根据 (7.28)，时空肯定不是平直的：时空的 $\mathrm{d}s^2$ 并不正比于 $-\mathrm{d}t^2 + \mathrm{d}x^2 + \mathrm{d}y^2 + \mathrm{d}z^2$。事实上，$a(t)$ 相对于 t 的变化衡量了相对于平直时空的偏离。所以，空间是平直的，但时空不是。

能量密度和压强

为了研究宇宙学，我们设置度规（如 (7.28) 所示）$g_{tt} = -1$，$g_{xx} = g_{yy} = g_{zz} = a^2(t)$，而 $g_{\mu\nu}$ 的所有其他分量都等于 0，把它代入确定时空曲率的公式中，从而得到 (7.27) 的左边。

接下来是右边。回忆附录 Eg 关于能量动量张量 $T^{\mu\nu}$ 的简要讨论，它出现在爱因斯坦场方程的右侧。能量动量张量由能量密度[2] ρ 和压强 P 组成。因此，如果你告诉我们，宇宙中填充了什么（换句话说，如果指定了 ρ 和 P），我们可以用 (7.27) 计算尺度因子 $a(t)$ 如何随时间变化。

乍一看，爱因斯坦的场方程 (7.27) 由许多方程组成，因为其中 μ、ν 的取值范围是 t，x，y，z 或 0，1，2，3。然而，由于在各向同性的宇宙中，没有任何特殊的方向受到青睐，根据附录 Eg 最后一节给出的论证，你就会毫不奇怪地发现，只有两个方程，分别对应于时间–时间分量和空间–空间分量。[3]

你很焦虑。两个方程还是太多了！只有一个未知函数 $a(t)$ 需要求解。

但物理当然是一致的，因为能量动量守恒。能量密度 ρ 和压强 P 的关系是

$$\mathrm{d}\left(\rho a^3\right) = -P\mathrm{d}\left(a^3\right) \tag{7.31}$$

你可能认出来这是热力学第一定律 $\mathrm{d}E = -P\mathrm{d}V$，在熵不变的情况下，体积与 a^3 成正比。因此，爱因斯坦的场方程 (7.27) 只包含一个未知函数 $a(t)$ 的微分方程。[4]

宇宙膨胀不费劲

在这个时候，勤奋工作的循规蹈矩的物理学家会把时空度规 (7.28) 代入黎曼曲率张量的公式中，从而得到里奇张量 $R^{\mu\nu}$ 和标量曲率 R。然后，对于在给定时间段内填充宇宙的任何物质，他们会用 (7.27) 求解 $a(t)$。随便哪本教科书都是这么做的。[5]

但是我们夜航物理学家希望避免计算 $R^{\mu\nu}$ 和 R 的烦琐工作。通过一些聪明的论证，实际上可以更深刻地理解宇宙的膨胀。

首先，附录 Eg 用了很大篇幅指出，(7.27) 的左边包含两个，而且只有两个时空导数。里奇张量 $R^{\mu\nu}$ 和标量曲率 R 由一些从 $g_{\mu\nu}$ 构造出来的非线性混合物组成，但我们不用关心一般的公式。在这里，它们只能有 $\sim \cdots \partial \cdots \partial \cdots$ 这样的形式，其中的省略号是由 $a(t)$ 构造出来的。由于 $a(t)$ 只依赖于时间 t，而不依赖于空间，每个 ∂ 最后只能是 $\frac{d}{dt}$。因此，只有 $\ddot{a} \equiv \frac{d^2 a}{dt^2}$ 和 $(\dot{a})^2 = \left(\frac{da}{dt}\right)^2$（系数可能依赖于 a）的线性组合可以出现。顺便说一下，由于 $a(t)$ 显然不依赖于 x、y、z，爱因斯坦方程中的空间导数就消失了。

其次，假设我们让 $a(t) \to \lambda a(t)$。我们可以通过让* $\vec{x} \to \vec{x}/\lambda$ 来吸收 λ，使 (7.28) 保持不变。因此，物理在 $a(t) \to \lambda a(t)$ 时一定保持不变。这意味着，可以用来与物理量 ρ 和 P 相等的，就只能是 $\frac{\ddot{a}}{a}$ 和 $\left(\frac{\dot{a}}{a}\right)^2$。

值得注意的是，爱因斯坦的宇宙方程 (7.27) 最终具有这样的形式：$\frac{\ddot{a}}{a}$ 和 $\left(\frac{\dot{a}}{a}\right)^2$ 的某种线性组合（带有数值系数），等于 ρ 和 P 的某种线性组合。

对于任何在某个特定时期充满宇宙的指定物质，求解 $a(t)$。更为简单的是，对于两个方程，我们可以采取线性组合，使得一个方程的左边只有 $\left(\frac{\dot{a}}{a}\right)^2$。只需要求解普通的一阶微分方程！

再次，让我们思考 $\left(\frac{\dot{a}}{a}\right)^2$ 可能与什么成正比。有三种可能性：(a) 只有 ρ，(b) 只有 P，或者 (c) ρ 和 P 的线性组合。

猜测 $a(t)$ 的方程

在这个阶段，$\left(\frac{\dot{a}}{a}\right)^2$ 的方程是通用的，因为我们还没有明确 ρ 和 P 是什么。现在考虑一个充满非相对论物质的宇宙，也就是说，运动速度远小于 c 的物质（你肯定记得，c 已经被设定为 1）。正如第 5 章提到的玻意耳和其他伟人向我们解释的那样，压强是由于物质的组成成分到处乱跑。根据定义，在非相对论的物质中，组成成分的动能远远小于它们的静止能量，因此，与 ρ 相比，P 可以忽略不计。

但是在 $P = 0$ 和 $\rho \neq 0$ 的情况下，引力仍然起作用，导致宇宙收缩或膨胀（这两个过程是"相同的"，因为它们是通过时间反演联系在一起的，如第 6.1 节所述）。在这种情况下，我们不希望 $\dot{a} = 0$，因此我们可以排除 $\left(\frac{\dot{a}}{a}\right)^2$ 只与 P 成正比。

就这样，夜航物理学家向简单之神祈祷，大胆地猜测 $\left(\frac{\dot{a}}{a}\right)^2 \propto \rho$。

---

*我们肯定可以自由地选择坐标而不改变物理。

$\dot{a}$ 的平方出现在 $\left(\frac{\dot{a}}{a}\right)^2 \propto \rho$ 中,意味着在时间反演 $t \to -t$ 下的不变性。顺便说一下,这解释了有些学生感到困惑的一件事。宇宙中的物质越多,它的膨胀速度就越快。解决方案:想想膨胀的时间反演过程和图片收缩。

我们也有点怀疑,既然 P 意味着一个力,且 $ma = F$,加速过程 $\frac{\ddot{a}}{a}$ 应该是由 P 和 ρ 共同驱动的。

事实上,循规蹈矩的物理学家们[6]累得气喘吁吁、大汗淋漓,他们告诉我们说,这两个方程是

$$\left(\frac{\dot{a}}{a}\right)^2 = \frac{8\pi G}{3}\rho \tag{7.32}$$

和

$$\frac{\ddot{a}}{a} = -\frac{4\pi G}{3}(\rho + 3P) \tag{7.33}$$

如上所述,只有一个方程,我们选择它为 (7.32)。把 (7.32) 对 t 求导并使用能量动量守恒条件 (7.31),我们可以得到 (7.33)。

我们并不真的需要这两个方程的精确形式,这里只是让你们看看它们的样子。事实上,我们现在将把 (7.32) 写成

$$\dot{a}^2 \propto \rho a^2 \tag{7.34}$$

值得注意的是,简单的方程 (7.34) 支配着宇宙膨胀。当然,这主要是由于完美的宇宙学原理。均匀同质和各向同性对宇宙施加了强大的约束。

可以选择三种不同的填充物:物质、辐射和暗能量

宇宙在其生命的不同阶段,充满了不同种类的物质。为了获得初步的理解,宇宙学家们为了简单起见,习惯性地假定一种物质占主导地位。后面我们将会看到,这种假设往往是有道理的。

作为第一个例子,用非相对论的物质填满宇宙,例如一堆电子、核子、原子核、原子等,与 c 相比运动缓慢。具体是哪种物质无所谓,只要运动速度别太快就行了。如上所述,压强 P 就可以忽略不计了。由于物质只是待着不动,能量密度 ρ 完全由质量密度组成。假设物质被封闭在一个盒子里。当盒子膨胀了一个系数 a 时,能量密度 ρ 会像 $1/a^3$ 一样下降,这仅仅是因为盒子的体积像 a^3 一样增加了。在 (7.31) 中设置 $P = 0$,也可以立即得出这个结论。

因此,$\rho = K/a^3$,我们在这里并不关心常数 K,但它依赖于周围有多少种不同的原子(只是为了具体说明)和它们的质量。将此方程代入 (7.34),我们得到

$$\dot{a}^2 \propto 1/a \tag{7.35}$$

我相信，本书的任何读者都能解这个简单的微分方程。

但是，本着夜行法的精神，让我们采用"聪明傻瓜的微积分"，就像本书第一章所做的那样。我们要做的是每个微积分老师都警告我们不要做的事，也就是把 $\frac{da}{dt}$ 的"分子"和"分母"里的"d"约掉，即，设定

$$\frac{da}{dt} \to \frac{\cancel{d}a}{\cancel{d}t} \to \frac{a}{t} \tag{7.36}$$

用这个"简化版的微积分"把 (7.35) 简化为 $a^3 \propto t^2$，我们得到[7]

$$a \propto t^{\frac{2}{3}} \quad (\text{物质}) \tag{7.37}$$

令人惊讶，不是吗？宇宙在膨胀。

你不感到惊讶吗？爱因斯坦可是很吃惊的。

我们甚至可以推断宇宙膨胀的速度。吃惊了吧？

作为另一个例子，用相对论物质填充宇宙，组成的粒子都以光速 c 飞奔，原型就是第 3.5 节和第 4.2 节讨论过的光子气体。事实上，在宇宙的早期，宇宙非常炽热，其温度 T 远远超过基本粒子的质量，无论谁（夸克、轻子或其他什么）都以光子的速度 c 四处奔波。

在第 4.2 节，利用熵守恒和量纲分析，我们推断出一盒光子的能量密度正比于盒子体积的 $-\frac{4}{3}$ 次方。宇宙盒子的体积以 a^3 的形式变化。因此，$\rho = K/a^4$，常数 K 取决于有多少种不同的粒子在东奔西走（费米子和玻色子的计算方式不同，你可能已经从第 5.3—5.5 节猜到了）。

把它代入 (7.34)，我们有 $\dot{a}^2 \propto 1/a^2$。同样，使用"聪明傻瓜的微积分"，我们立即得到

$$a \propto t^{\frac{1}{2}} \quad (\text{辐射}) \tag{7.38}$$

我们的第三个例子涉及神秘的暗能量。虽然没有人确切知道暗能量是什么，但观测证据表明，长期寻找的宇宙学常数是最可能的解释。[8]对于我们的目的，我们简单地假设情况确实如此，并且 $\rho = \Lambda$ 是一个常数。然后 (7.34) 立即给出

$$a \propto e^{Ht} \quad (\text{暗能量}) \tag{7.39}$$

其中 H 是由 Λ 决定的常数。

请注意，在 ρ 不变的情况下，(7.31) 意味着 $P = -\rho = -\Lambda$，这就是导致宇宙加速膨胀的负压强，大名鼎鼎，臭名昭著。

你可能已经意识到，一旦搞清楚 $\rho(a)$ 如何依赖于 a，就可以求解 (7.34)：只要认识到它完全对应于经典力学中的一个基本问题（相差某个无关的常数），即点粒子在一维势 $V(a) = -\rho(a)a^2$ 中的运动，其总能量等于 0。

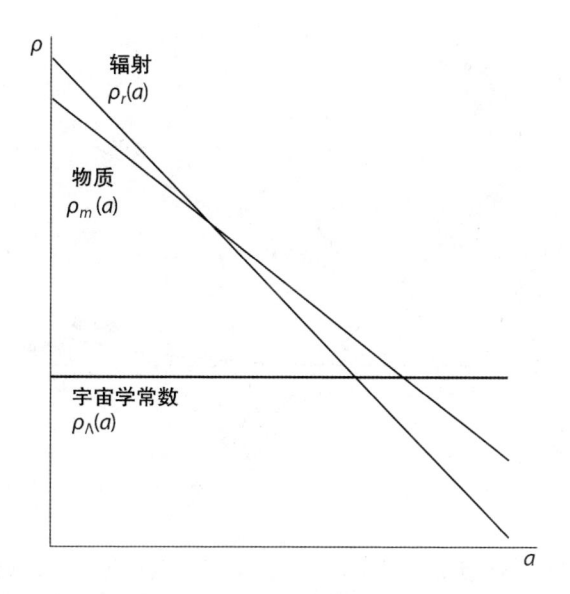

图 7.4 辐射、物质和宇宙学常数的 ρ 与宇宙尺度因子 a 的对数示意图。随着宇宙的演化，物质最终超越了辐射。随着宇宙的进一步演化，一直不显眼的宇宙学常数最终超过了物质。宇宙的巧合之谜是："为什么是现在，当我们出现的时候？" 取自 Zee, A. *Einstein Gravity in a Nutshell*, Princeton University Press, 2013

在不同的时期，填充宇宙的东西不一样

由于辐射密度 $\rho_r \propto \frac{1}{a^4}$，而物质密度 $\rho_m \propto \frac{1}{a^3}$，随着宇宙的膨胀和 a 的增加，辐射主导的时期最终让位于物质主导的时期。见图 7.4。

回到早期的宇宙，当 $a \to 0$ 时，我们看到辐射的主导作用逐渐超过了物质。现在由物质主导的宇宙，曾经是由辐射主导的。

由于辐射的温度 $T \sim 1/a$（见第 4.2 节），当我们回到早期宇宙时，T 一直在增加。高能量的光子横冲直撞。在早期宇宙中，原子和分子分解为核子和电子，在更早的时期，核子也分解为夸克和胶子。[9]最终，温度达到无限大，我们的方程也变得奇异了。我们来到了神秘的大爆炸。

我们把宇宙学常数定义为一个常数。因此，在早期宇宙中，当 $a \to 0$ 时，因为 $\rho_r \propto \frac{1}{a^4}$ 和 $\rho_m \propto \frac{1}{a^3}$，暗能量的贡献 $\rho_\Lambda = \Lambda$（当然，假设它是宇宙学常数）与 ρ_r 和 ρ_m 相比完全可以忽略不计。相反，随着宇宙的膨胀，暗能量的作用最终会超过物质。见图 7.4。

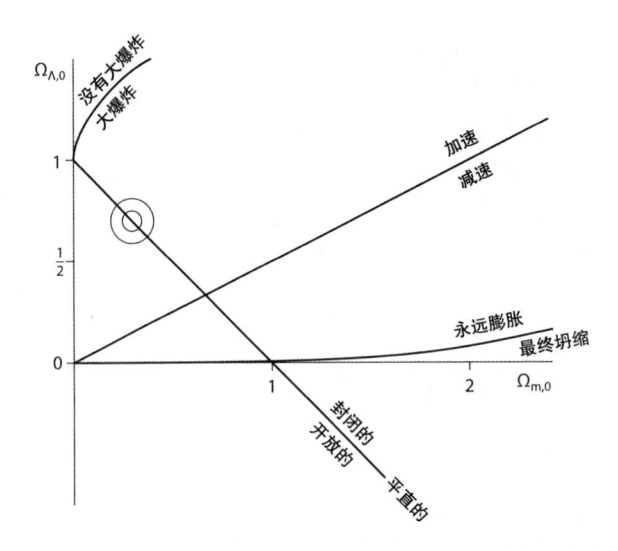

图 7.5 宇宙的命运。这个宇宙图根据宇宙目前包含多少物质和暗能量来描述宇宙的整体历史。两条轴上的变量 $\Omega_{m,0}$ 和 $\Omega_{\Lambda,0}$ 分别是衡量 ρ_m 和 ρ_Λ 的无量纲量，在当前的时代做评估。宇宙的命运取决于 $\Omega_{m,0}$ 和 $\Omega_{\Lambda,0}$。例如，$(\Omega_{m,0}, \Omega_{\Lambda,0}) = (2, \frac{1}{2})$ 的宇宙是封闭的，它将永远膨胀，但是膨胀的速度会下降。我们的宇宙位于圆圈内，圆圈的大小表示不确定性和我们对观测数据的信心。我们看到，它是平直的，而且在加速。顺便说一下，这个图很有趣，而且很容易构建。取自 Zee, A. *Einstein Gravity in a Nutshell*, Princeton University Press, 2013

宇宙的巧合

作为尺度因子 a 的函数，图 7.4 中代表 $\rho_m(a)$ 和 $\rho_\Lambda(a)$ 的两条线在宇宙历史上的某个时刻相交。为什么发生在此时此刻，当我们人类出现的时候？这个令人困惑的问题被称为宇宙的巧合问题。[10]

目前，ρ 大约由 68% 的暗能量、27% 的暗物质和 5% 的发光物质组成。就宇宙膨胀而言，暗物质和发光物质可以合并考虑。因此，我们生活的时期碰巧见证了暗能量和暗物质的宇宙斗争。

为了理解现在的膨胀，我们必须在 (7.34) 中放入两种不同的[11] ρ：$\rho_m(a)$ 和 $\rho_\Lambda(a)$。求解它可以得到一个描述宇宙命运的图。见图 7.5。

我们可以用这种"夜行法"对宇宙学做进一步的研究，[12]但是这就远远超出本书的范围了。

牛顿式的记忆法

值得注意的是，爱因斯坦宇宙学的中心方程 (7.32) 可以用牛顿力学来进行伪推导。在质量密度恒定的牛顿宇宙中（别忘了，这样的宇宙其实是没有意义的），考虑一个半径为 $R(t)$ 的大球，其表面有无穷小的单位质量。单位质量的动能为 $\frac{1}{2}\dot{R}^2$，根据牛顿的绝妙定理，势能为 $-G(4\pi R^3/3)\rho/R$。根据能量守恒，总能量 $\frac{1}{2}\dot{R}^2 - G(4\pi R^3/3)\rho/R$ 应该是守恒的。把这个常数称为 $-\frac{1}{2}k$，当 $k=0$ 时，我们得到 (7.32)，甚至明白了 $8\pi/3$ 的来历！

当 $k=-1$ 时，总能量为正，表明这个牛顿球体可以无限膨胀，大致相当于开放的宇宙。当 $k=+1$ 时，总能量为负，球体最终将不得不屈服于引力而收缩。

我并不打算认真对待这个牛顿式的伪推导[13]，只是把它看作是一种很有用的记忆法，在教学上也有助于讲解爱因斯坦引力中包含的微妙物理。

练习

(1) 正文中的讨论表明，我们可以用一般的状态方程 $P=w\rho$ 模拟物质和辐射，显然有 $w=0$ 代表物质，$w=\frac{1}{3}$ 代表辐射。求解 $a(t)$ 在任意 w 下的行为。

(2) 证明你在练习 (1) 得到的结果也包括宇宙常数。

(3) 把 (7.32) 与第 1.2 节对尘埃云的坍缩的讨论联系起来。

(4) 正确求解 (7.35)，验证在每种情况下，我们都正确地得到了 t 的幂。

注释

[1] 顺便说一下，传统的归一化是让 $a(t_0)=1$，其中 t_0 是当前的时间。天文学家常用的红移 z 与 $a(t)$ 的关系是 $a(t)=\frac{1}{1+z}$。与大红移 $z>0$ 对应的时间，宇宙的大小是现在的 $a(t)<1$ 倍。

[2] 不幸的是，物理学家会根据上下文改变符号。在附录 Eg 中，能量密度用 ε 表示，以区别于质量密度。

[3] 特别提醒一下，$T^{\mu\nu}$ 只有两个非零分量：T^{00} 和 $T^{11}=T^{22}=T^{33}$。

[4] 在数学上，这是由比安基恒等式决定的。

[5] 见 *GNut*，第 357—359 页。

[6] 见 *GNut*，第 493—494 页。

[7] 有些读者可能认为这只是量纲分析。还有些读者可能会说，你告诉我们 a 是无量纲的！只要把 (7.35) 看作是数学方程 $\dot{a}^2=1/a$ 就行了。用 A 表示 a 的量纲，那么，$[\dot{a}^2]=(A/T)^2=[1/a]=1/A$。所以，$A=T^{\frac{2}{3}}$。

[8] 见 *GNut*，第 VI.2 章和第 X.7 章。

[9] 见 *GNut*，第 VIII.3 章。

[10] 见 *GNut*，第 751 页。

[11] 由此产生的方程仍然是相当可控的。见 *GNut*，第 VIII.2 章。

[12] 见"A short course in cosmology",来自 A. Zee, *Unity of Forces in the Universe*,第 465—492 页。

[13] 见 S. Weinberg, *Gravitation and Cosmology*,第 475 页的讨论。

7.4 引力波的辐射功率

两个大质量物体互相绕着对方转

2016 年底，引力波的探测[1]吸引了全世界的目光。值得注意的是，质量为 m_1 和 m_2 的两个黑洞[2]相互绕转，在并合或达到相对论速度（以先到者为准）之前，通过引力波辐射出多少能量，这个计算并不难。[3]

长度有三个尺度：两个黑洞的大小 $r_{\rm bh}$（假设二者的大小差不多），它们之间的距离 r，以及发射的引力波的波长 λ。我们将停留在类似于质点[4]的区域，即 $r_{\rm bh} \ll r$，一直保持到黑洞"接触"，然后并合，这时候非线性效应就会出现，必须用数值相对论了。根据我们对电磁波发射的理解，$\lambda \sim c/\omega \sim cT \sim c(r/v)$（其中 T 为轨道周期，v 为轨道速度）。因此，只要黑洞以非相对论的速度运动，我们就处于长波长区（$\lambda \gg r$）。

为了澄清我们的想法，跟本书的其他部分不一样，这里先给出循规蹈矩的精确结果，当两个黑洞在环绕对方的圆形轨道上运动的时候，单位时间内辐射出的能量 $\mathcal{E}$ 是，

$$\frac{{\rm d}\mathcal{E}}{{\rm d}t} = \frac{32}{5}\frac{G^4}{c^5 r^5}(m_1 m_2)^2 (m_1+m_2) \tag{7.40}$$

我们夜航物理学家肯定无法得到对质量比 m_1/m_2 的依赖性，至少在第一次尝试的时候做不到，当然也得不到 $\frac{32}{5}$。所以我们将假设 $m_1 \sim m_2 = m$。

对于这个问题，我们的老朋友——很能干的量纲分析——不能马上帮助我们。写出 $\frac{{\rm d}\mathcal{E}}{{\rm d}t} \sim \frac{G^\alpha m^\beta}{c^\gamma r^\delta}$，我们有 4 个未知数要确定，$\alpha$、$\beta$、$\gamma$ 和 δ，但是只有 3 个方程与 M、L 和 T 的幂相匹配。要使用量纲分析，必须猜测这四个未知数中的一个。如果能做到这一点，就再好不过了。（我们将看到，带着事后诸葛亮的聪明才智，你们可以做到的，正如俗话说的那样。）另外，你可以尝试论证 G 的依赖关系，但这并不容易：特别是在 (7.40) 中，ω 或轨道周期已经用开普勒定律（它涉及 G）消除了。

弱场极限下的爱因斯坦场方程

你现在应该去阅读附录 Eg 对广义相对论的闪电式回顾，除非你很熟悉爱因斯坦引力。也请看第 7.3 节的概要。令人震惊的是，夜行法几乎不需要爱因斯坦的光辉理论。

爱因斯坦的基本结果说，时空的曲率由能量动量张量 $T_{\mu\nu}$ 决定。我们从

附录 Eg 了解到，决定时空度规 $g_{\mu\nu}$ 的场方程有如下形式：*

$$E.. = R.. - \frac{1}{2}g..R \sim GT.. \tag{7.41}$$

（这里的 $E..$ 称为爱因斯坦张量，表示爱因斯坦方程中出现的里奇曲率张量和标量曲率的特定组合，两个点点代表我们要省略的一些指标。）所有这些都在附录 Eg 中有"解释"（哈哈）。

这里需要知道的是，$R..$ 涉及作用于 $g_{\mu\nu}$ 的时空导数 $\partial_\lambda \equiv \frac{\partial}{\partial x^\lambda}$ 的二次方。（好吧，我给你看了一些指数，但它们很快就会消失。）用 $h_{\mu\nu}$ 表示 $g_{\mu\nu}$ 与平直的闵可夫斯基度规 $\eta_{\mu\nu}$ 的偏差，即，$g_{\mu\nu} = \eta_{\mu\nu} + h_{\mu\nu}$。由于 $\eta_{\mu\nu}$ "仅仅"由一堆 1、0 和 −1 组成，因此，∂ 只能作用于 $h_{\mu\nu}$。在弱场极限下，即 $h_{\mu\nu}$ 很小时，曲率张量接近于

$$R.. \to \partial^2 h.. + O\left(h^2\right) \tag{7.42}$$

顺便说一下，当人们在大众媒体上对时空的微小涟漪[5]大加赞美时，他们指的是 $h..$，这个指标衡量涟漪的幅度。

由于爱因斯坦引力是了不起的相对论，我们设定 $c = 1$。因此，∂^2 是 $\nabla^2 - \frac{\partial^2}{\partial t^2}$ 的简称[6]。稍后，我们将使用量纲分析法恢复 c。（请注意，量子力学并没有进入这个问题，所以这里没有普朗克常量和普朗克单位。）

因此，在弱场极限下，爱因斯坦的磁场方程简化为[†]

$$\partial^2 h.. \sim GT.. \tag{7.43}$$

值得重复说明的是，这推广了牛顿–泊松方程 $\nabla^2 \phi \sim G\rho$，它的解众所周知，$\phi \sim G \int d^3 x' \rho(\vec{x}')/|\vec{x} - \vec{x}'|$。

因此，正如我们从第 2.2 节和附录 Gr 学到的那样，或者通过简单的类比，我们可以轻松地求解 (7.43)，得到

$$h_{ij} \sim G \int d^3 x' \frac{T_{ij}(\vec{x}')}{|\vec{x} - \vec{x}'|} \sim \frac{G}{R} \int d^3 x' T_{ij}(\vec{x}') \tag{7.44}$$

这里 $R \equiv |\vec{x}|$ 表示我们到这两个黑洞的距离（当然不能与曲率 $R..$ 混淆）。当然，$R \ggg r$，而 r 是两个黑洞之间的距离（即 (7.44) 中 $|\vec{x}'|$ 的典型值）。把 $R \equiv |\vec{x}|$ 从积分中拉出来，是很好的近似。

我们隐含地假设 (7.43) 中的源 $T..$ 以特征频率 ω 振荡，这个频率是两个黑洞的轨道周期的倒数。我还省略了振荡因子 $e^{-i\omega t}e^{ikR}$，它在第 2.2 节非常

---

*第 7.3 节给出了更详细的、仍然是示意性的版本，但是并不需要。

[†]在这个方程的左边，我们实际上应该写成 $\tilde{h}..$ 而不是 $h..$，其中 $\tilde{h}_{\mu\nu} \equiv h_{\mu\nu} - \frac{1}{2}\eta_{\mu\nu}h$，$h \equiv \eta^{\mu\nu}h_{\mu\nu}$。此外，还选择了简谐规范（harmonic gauge）。我在这里省略了所有的技术细节。

关键。在我们使用的单位中，$c=1$，$k=\omega/c=\omega$。为了得到 (7.44)，(7.43) 中的洛伦兹的 ∂^2 已经被牛顿的 ∇^2 取代，你应该把它跟第 2.2 节的电磁类似物 (2.12) 做比较。出现了对 T_{ij} 的积分，这与电磁学对 J_i 的积分类似。相信我，这个情况与我们讨论电磁波的偶极辐射时基本相同。

爱因斯坦引力比电磁学多一个指标

在领头阶的近似中，发射电磁波的是偶极，而不是单极（也就是电荷），这是电荷守恒 $\partial_\mu J^\mu = \partial_0 J^0 + \partial_i J^i = 0$ 的直接后果。为了便于阅读，我重复了第 2.2 节中涉及的数学步骤（这里对上指标和下指标的区分很马虎！）：
$\int d^3x J_i = \int d^3x J_j \delta_j^i = \int d^3x J_j \partial_j x^i = -\int d^3x \left(\partial_j J_j\right) x^i = \int d^3x \left(\partial_0 J_0\right) x^i = \partial_0 \int d^3x\, x^i J_0 = i\omega \int d^3x\, x^i J_0$，即，源的偶极矩乘以振荡频率。（第三个等号来自于分部积分。）

好的，爱因斯坦引力"仅仅"比电磁学多一个指标。因此，为了把 (7.44) 中的 $\int d^3x\, T_{ij}$ 塑造成形，我们只需把刚才在 $\int d^3x\, J_i$ 上玩的把戏再玩两次，但是要利用能量动量守恒 $\partial_\mu T^{\mu\nu} = \partial_0 T^{0\nu} + \partial_i T^{i\nu} = 0$ 而不是电荷守恒。示意性地说，[7]

$$\int d^3x\, T_{ij} \sim \partial_0^2 \int d^3x\, x^i x^j T_{00} \sim \omega^2 D^{ij} \tag{7.45}$$

源的能量或质量分布的二阶矩被定义为

$$D^{ij} \equiv \int d^3x\, x^i x^j T_{00}(x) \tag{7.46}$$

把它跟上面给出的偶极矩 $\int d^3x\, x^i J_0$ 的表达式做比较。如前所述，我们隐含地假设了，J_0 和 T_{00} 代表着频率为 ω（即探测到的电磁波和引力波的频率）的单色源。

需要四极矩

将 (7.45) 代入 (7.44)，我们得到了波的振幅 $h_{..}$，但是离完成任务还远得很。我们还需要计算进入地球上的探测器的能量。这将在下一节完成，但是我们预测一下最终的结果。发生的情况是，(7.45) 中出现的、(7.46) 中定义的源的质量分布的二阶矩 D_{ij} 被源的质量分布的四极矩 Q_{ij} 取代，其定义为

$$Q^{ij} \equiv \int d^3x \left(x^i x^j - \frac{1}{3}\delta^{ij}\vec{x}^2\right) T_{00}(x) = D^{ij} - \frac{1}{3}\delta^{ij} D \tag{7.47}$$

（这里 $D = \delta^{ij} D^{ij}$ 是二阶矩的迹）。

为什么会发生这种情况呢？这里有非常精妙的物理原因，可以一直追溯到第 6.3 节讨论过的牛顿的第一个绝妙定理。在牛顿的引力中，总质量为 M 的球形质量分布，在距离分布中心为 R 的地方，产生的引力势由 GM/R 给出。爱因斯坦引力中的一个类似定理指出，总质量为 M 的球形质量分布，在距离分布中心 R 处产生的时空度规是确定的，完全由 GM/R 决定。因此，球形的质量分布不能辐射。

我们从 (7.46) 看到，对于球形的质量分布，$D^{ij} = \frac{1}{3}\delta^{ij}D$，因为 $x^i x^j$ 的角度平均值等于 $\frac{1}{3}\delta^{ii}\vec{x}^2$。但 $D \propto \int d^3x\, r^2 T_{00}(x)$ 显然是正的，而且不等于零（因此 D^{ij} 也不等于零）。相反，对于球形的质量分布，四极矩 Q^{ij} 被构造得等于零。

那么，在这个领头阶中，只有在四极矩 Q^{ij} 不等于零的情况下，引力波辐射的能量才不为零，这是有物理意义的。[8]

历史上，爱因斯坦在 1916 年的论文中错误地指出，球对称的质量分布可以辐射，但在 1918 年的论文中得出了正确的结论（需要四极矩 Q^{ij}），得益于芬兰物理学家诺德斯托姆（Gunnar Nordstrom）的通信评论[9]。

引力波携带的能量：用三种"不同的"方式确定它

接下来，我们把单位时间内通过单位面积辐射的能量与引力波的振幅 h 联系起来。我们夜航物理学家打算用三种不同的方式做这件事。

通过与电磁学做类比来推理，是最容易的。利用量纲分析，我们早在第 2.1 节就得到了，电磁波在单位时间内通过单位面积辐射的能量由坡印亭矢量 $\vec{S} \sim c\vec{E} \times \vec{B}$ 给出。由于 E 和 B 是由作用于矢势 A_μ 的时空导数给出的（即，$E \sim B \sim \partial A$），我们有 $S \sim (\partial A)^2$，采用了 $c = 1$。你可能还记得（如果记不得了，可以查看本书给出的量纲表！），A 的量纲是 $M^{\frac{1}{2}}L^{\frac{1}{2}}/T$，也就是说，在我们使用的单位中，$(M/L)^{\frac{1}{2}}$。检查一下，$[S] = (M/L)/L^2 = M/L^3$，确实如此。

h 在爱因斯坦引力中的作用，相当于 A 在电磁学中的作用，我们期望单位时间内通过单位面积辐射的能量由类似 $(\partial h)^2$ 的东西给出。但是，糟糕，h 是无量纲的。[10]因此，为了得到与 $S \sim (\partial A)^2$ 相同量纲的东西，我们必须用 $(\partial h)^2$ 除以量纲为 $\left((M/L)^{-\frac{1}{2}}\right)^2 = L/M$ 的东西，而且还要是引力的特征。你能猜出来它可能是什么吗？

再次使用伟大的量纲分析。根据牛顿定律，势能 $E \sim GM^2/r$。在 $c = 1$ 的情况下，质量 M 和能量 E 具有相同的量纲。*因此 $[E] = [G][E]^2/L$，所以

---

*又是用同一个字母 E 表示能量和能量的量纲，在本书里我总是这样做。

$[G] = L/E = L/M$，意味着 $[(\partial h)^2/G] = (1/L^2)(E/L) = E/L^3$，正是单位时间单位面积的能量[11]，采用了 $c=1$。

习惯于作用量的读者请注意，我在尾注中给出了略微复杂的论证。[12]这就是第二种方式。

第三种方式利用爱因斯坦的场方程 (7.41)。当引力波到达地球时，它早已在空旷的时空中传播，因此 (7.41) 简化为 $E_{\mu\nu} = 0$。现在展开为 $h_{..}$ 的级数，并且把二次项推到右边。

$$E_{\mu\nu}^{(1)} = -E_{\mu\nu}^{(2)} + \mathrm{O}\left(h^3\right) \tag{7.48}$$

我们把它写成 $E_{\mu\nu}^{(1)} \simeq G t_{\mu\nu}$，其中利用了高中代数 $t_{\mu\nu} \equiv -E_{\mu\nu}^{(2)}/G$。与 (7.41) 做比较，可以看到，直到这个领头阶，我们可以把 $t_{\mu\nu}$ 看作是引力波的某种有效的能量动量张量[13]。通过构造，$E_{\mu\nu}^{(2)} \sim (\cdots\partial\cdots h\cdots\partial\cdots h)$，也就是说，到处都是带着指标的一堆项，但正如附录 Eg 和第 7.3 节所解释的那样，我们关心的是它包含两个 ∂ 和两个 h。因此，大致地说，引力波的能量动量张量由类似于 $\frac{1}{G}(\partial h)^2$ 的东西给出，符合前面用夜行法得到的结果。

综上所述，通过单位面积的电磁波和引力波在单位时间内所携带的能量由下式给出（$c=1$）：

$$S \sim (\partial A)^2 \quad \text{（电磁波）}; \quad S \sim \frac{1}{G}(\partial h)^2 \quad \text{（引力波）} \tag{7.49}$$

四极矩的辐射功率

顺便说一下，虽然引力波探测器在人的尺度上看是巨大的，但与我们到黑洞的遥远距离相比，却是微不足道。因此，到达地球的引力波可以用平面波描述。

按部就班地计算通过单位面积的功率，这个过程有些冗长，但是在概念上跟电磁波的计算类似。我们将 $h_{\mu\nu}$ 的精确表达式代入 $\vec{S}$ 的精确表达式中，对波的两个极化进行求和（就像对电磁波一样），对各个方向进行积分，等等。做完这一切后[14]，我们见证了四极矩的出现，这是由物理决定的。

把这种力量的展示留给循规蹈矩的人吧。我们夜航物理学家带着这些物理知识继续前进，引力波是由四极矩 Q 发射出来的。省略所有的指数，我们从 (7.44)、(7.45) 和 (7.47) 得到，

$$h \sim G\omega^2 Q/R \tag{7.50}$$

到达我们这里的涟漪 h 正比于牛顿常数 G 和源的四极矩 Q，反比于源

的距离 R。ω 的平方项是由于爱因斯坦引力的张量特性。这一切都很有道理，不是吗？

(7.50) 的关键内容是隐含的振荡因子 $e^{i(\vec{k}\cdot\vec{x}-\omega t)}$，正如第 2.2 节所解释的那样。为了得到单位面积的辐射功率，我们要做的就是将 h 代入 (7.49) 中，

$$(\partial h)^2/G \sim \omega^2 h^2/G \sim \omega^2 \left(G\omega^2 Q/R\right)^2/G \sim G\omega^6 Q^2/R^2 \tag{7.51}$$

在第一步，我们把 ∂ 转变为 ω。在第二步，我们把 h 的结果 (7.50) 代入。

把这个结果乘以半径为 R 的球的表面积[15] $4\pi R^2$，就得到所需的辐射功率 $\frac{d\mathcal{E}}{dt} \sim G\omega^6 Q^2$。对 ω 的平方依赖关系是可以预期的，但 ω 的 6 次方可能有点让人吃惊。

恢复光速

在这个时候，利用量纲分析来恢复 c 是很方便的。先看看上一段里引用的 $\frac{d\mathcal{E}}{dt}$ 的结果。计算出量纲，

$$[G\omega^6 Q^2] = \left(\frac{L^3}{MT^2}\right)\left(\frac{1}{T}\right)^6 (ML^2)^2 = \frac{ML^7}{T^8} \tag{7.52}$$

有趣的是，出现了这么大的幂指数。接下来，请注意 $\left[\frac{d\mathcal{E}}{dt}\right] = M(L/T)^2/T = ML^2/T^3$。

我们看到，需要 c^5 的因子来匹配*量纲：

$$\frac{d\mathcal{E}}{dt} \sim \frac{1}{c^5} G\omega^6 Q^2 \tag{7.53}$$

检查一下，c 的幂最好是出现在分母中，而不是分子里，这样，当 $c \to \infty$ 时，能量发射率就会变为零，本来就应该这样。

把这个结果与第 2.2 节得出的电磁学里偶极子的能量发射率做比较，是有意义的：$\frac{d\mathcal{E}}{dt} \sim \omega^4 p^2/c^3$。回忆一下，电磁偶极矩 p 等于 ed，其中 d 为偶极子的大小。作为比较，两个质量为 m 的大质量物体相距 d 绕转一周的引力四极矩是 $Q \sim md^2$。（一件小事：电磁耦合常数 e 包含在 p 中，而 G 通常不包含在 Q 里。）重要的物理学体现在不同的频率依赖关系中，ω^6 和 ω^4，分别对应于四极和偶极。

计算四极矩：牛顿的轨道力学

剩下的就是计算两个绕转黑洞的四极矩 Q 和轨道频率 ω，这完全是牛顿式的练习，然后代入 (7.53) 中。关键是要认识到，尽管引力波在牛顿引力中

---

*L 和 T 的幂都是匹配的，这对检查有点儿帮助。

不存在，但是在我们所考虑的区域，在它们最终拥抱之前，牛顿仍然统治着轨道！这一点很重要。

四极矩 Q 实际上很容易通过目测 (7.47) 来估计：$Q \sim mr^2$，其中 r 是黑洞之间的距离，m 是它们的质量 $\sim \int d^3 x\, T(x)$。频率 ω 决定于我们很久以前在第 1.2 节中做过的牛顿式练习：$Gm^2/r \sim mv^2 \sim m\omega^2 r^2$，这意味着 $\omega^2 \sim Gm/r^3$。事实上，我们认识到，引力波的频率与黑洞间距离 r 的这个关系正是开普勒定律。

两个黑洞绕着对方转：引力波带走的能量

把所有这些代进去，我们终于达到了目标

$$\frac{d\mathcal{E}}{dt} \sim \frac{G^4 m^5}{c^5 r^5} \tag{7.54}$$

当然，这个夜行的结果和 (7.40) 一致。

默默地总结这些步骤（既不需要文采，也没有废话，但是 $c=1$），并复习其中的物理。

$$h \sim G\left(\int d^3 x\, T..\right)/R \sim G\partial_0^2 \int d^3 x \left(x^i x^j - \frac{1}{3}\delta^{ij}\vec{x}^2\right) T_{00}/R \sim G\omega^2 Q/R$$
$$(\partial h)^2/G \sim G\omega^6 Q^2/R^2$$
$$Q \sim mr^2$$
$$\omega^2 \sim Gm/r^3$$
$$\frac{d\mathcal{E}}{dt} \sim R^2 \left((\partial h)^2/G\right) \sim G\omega^6 Q^2 \sim G\left(Gm/r^3\right)^3 \left(mr^2\right)^2 \sim G^4 m^5/r^5 \tag{7.55}$$

辐射功率表达式中的各种幂

我认为在刚开始的时候，要想猜到比如说 m 的幂指数，以便能够立即利用量纲分析是相当困难的。正如我说的，从马后炮的角度来看，我们本可以猜出，或至少了解"5"这个幂指数。在这个"5"中，有个"2"是来自于源（对于牛顿和爱因斯坦，引力都是源于质量，我们必须通过平方来获得辐射的功率*），有个"3"来自于用牛顿力学把 ω^6 转换为 m^3。在 ω^6 中，有个"4"来自四极辐射所需的 $\partial^2/\partial t^2$（记住 h 必须平方），有个"2"来自 (7.51) 中坡印亭矢量的引力类似物的两个导数。

---

*我相信你不会被英语单词"power"的两种用法所迷惑。译注：这是文字游戏，"power"既有功率的意思，也有幂的意思。

当然，由于物理学中的各种量是相互关联的，辐射功率的表达式可以用许多种不同的方式书写。例如，如果你愿意，就可以写成

$$\frac{\mathrm{d}\mathcal{E}}{\mathrm{d}t} \sim \frac{1}{G}\left(\frac{Gm}{cr}\right)^5 \sim \left(\frac{v}{c}\right)^5\left(\frac{v^5}{G}\right) \tag{7.56}$$

乍一看有点奇怪，v 提高到 10 次方。然而，快速的检查表明，$\frac{v^5}{G}$ 确实有功率的量纲：$\left[\frac{v^5}{G}\right] = \frac{\mathrm{MT}^2}{\mathrm{L}^3}\left(\frac{\mathrm{L}}{\mathrm{T}}\right)^5 = \left(\mathrm{M}\left(\frac{\mathrm{L}}{\mathrm{T}}\right)^2\right)\frac{1}{\mathrm{T}}$。

我最喜欢这样分组，

$$\frac{\mathrm{d}\mathcal{E}}{\mathrm{d}t} \sim \left(\frac{Gm}{c^2 r}\right)^4\left(\frac{mc^2}{r/c}\right) \tag{7.57}$$

回顾第 1.2 节的评论，开普勒定律是由量纲 $[Gm] = \mathrm{L}^3/\mathrm{T}^2$ 得出的，因此对于黑洞来说，Gm/c^2 是描述其大小的特征长度。因此，因子 $\epsilon \equiv (Gm/c^2r)$ 衡量的是两个绕着对方转的黑洞的大小和它们轨道半径的比值，这个比值从一开始就被认为是很小的。因此，两个绕着对方转的黑洞，在光穿过轨道距离的时间内，辐射掉了它们静止质量的 ϵ^4。

你现在可以（当当当当！）计算各种源，例如，一个振动并旋转的中子星发出的能量。[16]

练习

(1) 写出单色的、频率为 ω 的四极的源在单位时间内以引力波的方式辐射掉的角动量 J。

(2) 估计两个黑洞需要多长时间才能碰撞到一起。

注释

[1] 关于"重力波"（gravity wave）或"引力波"（gravitational wave）哪个词更合适的讨论，见我的 *On Gravity* 一书，第 5 页。我知道，19 世纪的物理学家已经把"重力波"这个词用于第 8.1 节要讨论的水波。

[2] 在本节使用的夜行方法中，只涉及两个物体的质量，但我们说"黑洞"只是方便确定。这个讨论也适用于中子星。

[3] 如今只道是寻常！事实上，关于引力波携带的能量的计算，引起的激烈争论持续了几十年。我建议你阅读肯尼菲克（D. Kennefick）的精彩叙述，D. Kennefick, *Traveling at the Speed of Thought*, Princeton University Press, 2007. 特别是，请参阅第 142 页上的年表。

[4] 关于爱因斯坦引力的标准教科书只处理沿着测地线运动的点粒子。顺便提一下，由于黑洞的有限大小而导致的领头阶修正（leading correction）可以用有效场论的方法得到。见 *QFT Nut*（第 2 版）第 N.1 章以及那里引用的参考文献。

[5] 有些读者可能会发现，我那本半科普的 *On Gravity* 的第 31—33 页有帮助。

[6] 在第 9.2 节和附录 Gr 中，这个微分算符也用 □ 表示。

[7] 我们有 $\int d^3 x\, T_{ij} \sim \int d^3 x\, T_{kj}\, \partial_k x^i \sim \int d^3 x\, x^i\, \partial_k T_{kj} \sim \partial_0 \int d^3 x\, x^i\, T_{0j}$。接下来，对指数 j 重复这些步骤。更多的细节，见 *GNut*，第 569 页和第 576 页。

[8] 到领头阶（leading order）：我们当然不会在这里担心八极矩和更高极矩的问题，因为这本书是夜行指南。

[9] 见 Kennefick, *Traveling at the Speed of Thought*。

[10] 因为根据定义，时空度规 $g_{\mu\nu} = \eta_{\mu\nu} + h_{\mu\nu}$，而且 $g_{\mu\nu}$ 和 $\eta_{\mu\nu}$ 都是无量纲的量。

[11] 再说一遍，$\hbar$ 并不参与这个游戏，如果你还需要被提醒的话。

[12] 我将在第 9 章简要讨论作用量。如果你从来没有听说过作用量，我们可以从 *GNut* 第 II.3 章开始。回忆一下，一个点粒子的作用量 $S = \int dt\, \frac{1}{2} m v^2$，这是对能量的积分，其量纲为 ET。对于电磁学或引力场论来说，$S = \int dt\, d^3 x\, \mathcal{L}$，因此作用量密度（也就是拉氏量密度 $\mathcal{L}$）具有 $ET/L^3T = E/L^3$ 的量纲，即每单位体积内的能量。以 $c = 1$ 为单位，这与单位时间内单位面积的能量相同。对于爱因斯坦引力来说，作用量等于 $S = \int d^4 x\, R/G$，如附录 Eg 解释的那样，因此 R/G 是单位时间单位面积的能量，在弱场极限下，它约化为 $\sim (\partial h)^2 / G$。

[13] 更精确的说法是能量动量赝张量。

[14] 特别是 M. Maggiore, *Gravitational Waves*（第 1 卷），非常仔细地做了这种计算。

[15] 我把 4π 的系数包括在内，只是为了告诉你，哈哈，如果有必要，我可以写出精确的公式。

[16] 在我还是大学生的时候，我的第一个研究项目是由惠勒建议的，目标是计算一个振动和旋转的中子星的引力波发射。事后看来，惠勒是在鼓励我阅读朗道和栗弗席兹《经典场论》(*Classical Field Theory*) 中的相应章节。我的任务仅仅是理解书中给出的公式，代入数字，并准备一篇联合论文去发表。但后来戈德伯格（M. Goldberger）和特雷曼（S. Treiman）对我说："我们要把你从惠勒的魔掌中解救出来。你必须开始学习量子场论！"因此，这篇论文虽然没有发表，但由于惠勒当时的影响力，它得到了广泛引用。例如：J. A. Wheeler, *Annual Review of Astronomy and Astrophysics*, 1966；D. W. Meltzer and K. S. Thorne, *Astrophysical Journal*, 1966；J. B. Hartle, *Astrophysical Journal*, 1967；C. Hansen and S. Tsuruta, *Canadian Journal of Physics*, 1967；K. S. Thorne and A. Campolattaro, *Astrophysical Journal*, 1967；S. Detweiler, *Astrophysical Journal*, 1975；Ramen K. Parui, *Astrophysics and Space Science*, 1993。

7.5 数学小插曲3

随机矩阵理论的惊鸿一瞥

在物理学的一些领域，特别是随机矩阵理论[1]中，我们必须对矩阵进行积分。为了说明这一点，请考虑以下积分：

$$I = \int d\varphi\, e^{-N\,\text{tr}\,V(\varphi)} \tag{7.58}$$

对所有可能的 $N \times N$ 的厄米矩阵 φ 做积分。这里 $V(\varphi)$ 表示 φ 的多项式，例如，$V(\varphi) = \frac{1}{2}m^2\varphi^2 + g\varphi^4$，而 tr 是矩阵的迹（trace）。

$N \times N$ 的厄米矩阵 φ 有 N 个实的对角元。在对角线的上方，还有 $N(N-1)/2$ 个复数元，根据厄米性，这些复数元是对角线下方 $N(N-1)/2$ 个复数元的复共轭，因此总共有 $2 \times N(N-1)/2 = N(N-1)$ 个实变量。因此，总的来说，φ 有 $N + N(N-1) = N^2$ 个实变量。

在 (7.58) 中，对 φ 的积分被定义为对这 N^2 个实变量的多重积分，完全符合你的想象。对矩阵的积分意味着什么？一点也不神秘。

讨厌的雅可比行列式？

首先，你应该记得*，在线性代数课程或量子力学课程中，厄米矩阵总是可以用幺正矩阵对角化：

$$\varphi = U^\dagger \Lambda U \tag{7.59}$$

其中 U 是 $N \times N$ 的幺正矩阵，Λ 是 $N \times N$ 的对角矩阵，其对角元等于 λ_i，其中 $i = 1, \ldots, N$。现在可以看到，(7.58) 中的被积函数里的迹很有用，因为

$$\begin{aligned}\text{tr}\,V(\varphi) &= \text{tr}\,V\left(U^\dagger \Lambda U\right) = \text{tr}\,U^\dagger V(\Lambda)U = \text{tr}\,U U^\dagger V(\Lambda) \\ &= \text{tr}\,V(\Lambda) = \sum_k V(\lambda_k)\end{aligned} \tag{7.60}$$

（对于第二个等式，把 V 看作是多项式，如上面的例子所示）。

因为这个关键的迹，(7.58) 中的积分是以不依赖于 U 的方式进行的。因此，你可以随便地把积分变量从 φ 改为 U 和 Λ

$$Z = \int dU \int \left(\prod_i d\lambda_i\right) \mathcal{J} e^{-N\sum_k V(\lambda_k)} \tag{7.61}$$

---

*还记得吧，厄米矩阵满足 $\varphi^\dagger = \varphi$；而幺正矩阵 U 满足 $U^\dagger U = I$，I 是单位矩阵。

其中 $\mathcal{J}$ 是雅可比行列式。由于积分不依赖于 U，我们可以放弃对 U 的积分，它只是给出某个总体的常数。[2]

到目前为止还不错，但是我们怎么计算雅可比行列式 $\mathcal{J}$ 呢？这就是这个数学小插曲的重点，也是我为什么要把这些东西放在这本书里的原因。

要计算 $\mathcal{J}$，似乎是相当大的数学挑战。但值得注意的是，结合一些肢体语言和量纲分析，我们就可以轻松地把 $\mathcal{J}$ 搞定了。

把量纲分析用于矩阵积分

量纲分析？你可能会感到困惑。这不是积分问题吗？没有任何物理量纲啊。但是在读过《数学小插曲2》以后，你就不会那么惊讶了。

首先，变量的变化（$\varphi \to \lambda_i$、U）让人联想到从直角坐标到球面坐标的变量变化（x、y、$z \to r$、θ、ϕ）。

事实上，U 类似于角坐标 θ、ϕ，如果在三维空间上的积分中，被积函数不依赖于 θ 或 ϕ，对它们的积分只是产生 4π 的总体因子，只是某个常数，就像 (7.61) 中对 U 的积分一样。

你从小就知道，这个变量的变化 $d^3x \to \sin\theta\, d\theta\, d\varphi\, dr\, r^2$ 产生了雅可比行列式 $J = r^2 \sin\theta$。你可能还注意到 J 在 $\theta = 0$ 和 π 处消失，即分别在南北两极。但是你问过为什么吗？

好吧，严格地说，坐标的变化（x、y、$z \to r$、θ、ϕ）在南北两极没有合适的定义*，那里肯定有什么东西不对劲，表现为 $\mathcal{J}$ 的消失（变为零）。

猜测雅可比

同样的推理在这里也适用！当任何两个 λ_i 相等时，(7.59) 中从 φ 到 Λ 和 U 的积分变量的变化是不确定的。（在量子力学中，称为"简并"。）当这种情况发生时，在某个阶段，φ 中相应的 2×2 的子矩阵不仅是对角的，而且正比于单位矩阵。幺正矩阵 U 并不"清楚应该怎么做"。因此，当任何两个 λ_i 相等时，(7.61) 中的雅可比行列式必须等于零。

所以，对于任何 $m \neq n$ 来说，$\mathcal{J}$ 必须跟 $(\lambda_m - \lambda_n)$ 成正比。由于产生的 λ_i 是相等的，交换对称性[†]（或者通俗地说就是民主）决定了

$$\mathcal{J} = \left(\prod_{m>n} (\lambda_m - \lambda_n) \right)^\beta \tag{7.62}$$

---

*北极的经度是多少？你问过地理老师吗？（在读这本书时，你已经把微积分老师逼疯了。我应该写一本书，教你们怎么把其他老师都逼疯。）

[†]回忆《数学小插曲1》。

其中 β 为某个正实数。

但 β 是什么呢？这就要量纲分析闪亮登场了！给矩阵 φ 指定一些量纲，比如说，就用长度 L 吧。从 (7.59) 中，我们看到 λ 的量纲是 L，因为幺正矩阵 U 是无量纲的。有了 N^2 个矩阵元，$\mathrm{d}\varphi$ 的量纲就是 L^{N^2}。然而，在 (7.61) 中，$(\prod_i \mathrm{d}\lambda_i)\mathcal{J}$ 的量纲是 $L^N L^{\beta N(N-1)/2}$。因此，$N^2 = N + \beta N(N-1)/2$，这就确定了 β 是 2。

戴森气体

因此，我们发现，除了某个无趣的总体常数以外，

$$Z = \int \left(\prod_i \mathrm{d}\lambda_i\right) \left(\prod_{m>n} (\lambda_m - \lambda_n)\right)^2 \mathrm{e}^{-N\sum_k V(\lambda_k)} \tag{7.63}$$

这个积分看起来好难啊，对于任意的 V 来说，不能明确地得到结果。接下来你怎么做呢？

戴森很有洞察力，他把雅可比行列式引入指数中，从而把 (7.63) 写为

$$Z = \int \left(\prod_i \mathrm{d}\lambda_i\right) \mathrm{e}^{-N\sum_k V(\lambda_k) + \sum_{m>n} \log(\lambda_m - \lambda_n)^2} \tag{7.64}$$

这有没有让你想起了什么呢？

戴森指出，在这种形式下，$Z = \int (\prod_i \mathrm{d}\lambda_i) \mathrm{e}^{-NE(\lambda_1,\ldots,\lambda_N)}$ 就是由 N 个原子组成的经典一维气体的配分函数。λ_i 是实数，可以看作是第 i 个原子在一维空间中的位置。一个构型的能量

$$E(\lambda_1,\ldots,\lambda_N) = \sum_k V(\lambda_k) - \frac{1}{N}\sum_{m>n} \log(\lambda_m - \lambda_n)^2 \tag{7.65}$$

包含两个项，都具有明确的物理解释。气体被限制在势阱 $V(x)$ 中，原子以两体势 $-\frac{1}{N}\log(x-y)^2$ 相互排斥[3]。请注意，这种情况比通常情况要简单：原子甚至没有移动。这里没有动能项。把原子看作是重量无限大。

大 N 近似

到目前为止，我们所做的一切都是有限的 N。除了简谐势 $V(\lambda) = \frac{1}{2}m^2\lambda^2$，我们显然没有办法解析地计算 (7.63)，例如，对于 $N = 7$。

但是在大 N 的极限下，我们可以用统计力学来计算 Z。幸运的是，在大多数的应用情况下，物理学家只对 $N \to \infty$ 的极限感兴趣。请注意，我们做

了缩放，使 E 中的两个项都是 N 的指数相同的幂函数，因为每个和都是 N 的幂函数。还请注意，如果把 Z 看作是配分函数，N 对应于温度的倒数，因此 $N \to \infty$ 的问题就约化为计算零温下戴森气体的密度。请记住，这对应于矩阵 φ 的特征值的密度。

我不能在这里讨论计算 Z 的方法，但值得注意的是，戴森气体的类比已经能够让我们得出有用的结论。例如，对于"双阱"势 $V(\varphi) = -\frac{1}{2}m^2\varphi^2 + g\varphi^4$（注意负号），我们可以得出结论，由相应分布产生的随机矩阵的特征值将聚集在 $\pm\sqrt{m^2/4g}$ 周围，这是 $V(\lambda)$ 中两个阱的位置。

随机矩阵理论

如果关注理论物理学的前沿，你就会知道，在过去的几十年里，大 N 近似在许多发展中扮演了主角，比如所谓的 AdS/CFT 规范–引力对偶性。[4]

维格纳是 1963 年诺贝尔奖获得者，他在 1954 年思考核物理问题时，提出了随机矩阵理论。其他物理学家们忙于提出各种复杂的哈密顿量来描述大的原子核并求解其特征态，与他们形成鲜明对比的是，维格纳采用了夜行法，他说这些原子有这么多（我们问题中的 N）的能级，简单地用随机的 $N \times N$ 厄米矩阵取代这些复杂的哈密顿量，可能会更好。虽然随机矩阵理论不可能预测某个特定原子核的能级，但事实证明，它相当成功地描述了统计学特性，例如，复杂原子核里的能级间距分布。

经过几十年的发展，随机矩阵理论成为了一门硕果累累的学科，对许多领域都有影响，包括数学、经济学、金融学[5]、凝聚态物理学、弦论，甚至生物物理学[6]。你甚至可以想到可能与每个学科有关的大矩阵。例如，在金融学中，人们可能对 N 种不同股票的价格的关联矩阵感兴趣。[7]

与 20 世纪 50 年代其他循规蹈矩的核物理学家相比，维格纳提出了这么引人注目的原创方法，以至于我经常认为他是夜航物理学家的中队指挥官。[8]

注释

[1] 例如，见 *QFT Nut* 的第 VII.4 章。

[2] 在量子场论的语言中，U 对应于非物理的规范自由度——特征值 $\{\lambda_i\}$ 是相关的自由度。见 *QFT Nut*，第 VII.1 章。

[3] 请注意，如果我们把 φ 看作是量子力学中某个系统的哈密顿，这就相当于量子力学中能级之间的排斥力。

[4] 例如，见 J. McGreevy, *Advances in High Energy Physics* 723105 (2010); *GNut*, 第 IX.11 章。

[5] 例如，见布沙尔（J.-P. Bouchard）的工作。他资助我在巴黎生活了一年。

[6] H. Orland and A. Zee, *Nuclear Physics* B**620** (2002), pp. 456–476.

[7] Joël Bun, Jean-Philippe Bouchaud, and Marc Potters, *Physics Reports*, **666** (2017), pp. 1–109.

[8] 最近的一个惊人发现（2019 年）是量子引力和随机矩阵的联系。见 P. Saad, S. Shenker, and D. Stanford, JT Gravity as a Matrix Integral, arXiv:1903.11115。

第 8 章

从冲浪到海啸，从滴水的水龙头到哺乳动物的肺

8.1 水波

8.2 海边的物理学家

8.3 表面张力和涟漪

8.4 从滴水的水龙头到哺乳动物的肺和水黾

8.5 阻力、黏度和雷诺数

8.1 水波

水波令人惊叹

我猜，在日常生活中，你看到水波（例如在池塘的表面）的次数比落下的苹果或碰撞的台球多得多。你也明白，水波表现出令人眼花缭乱的各种行为，从轻微的涟漪到滔天的巨浪。

波和色散

我们先复习一些关于波的基本概念，不限于水波。波的特征是它的周期 T 和波长 λ，分别对应于它在时间和空间上的变化。例如，第 1.1 节介绍了圆频率 $\omega \equiv 2\pi/T$。[1]同时复习一下波矢 $\vec{k}$，它定义为指向波的传播方向，大小 $k \equiv 2\pi/\lambda = |\vec{k}|$。波可以写成 $\cos(\omega t - \vec{k} \cdot \vec{x})$ 或者 $\sin(\omega t - \vec{k} \cdot \vec{x})$，也可以用复数 $e^{i(\omega t - \vec{k} \cdot \vec{x})}$ 表示*。通常，简单地把 $\vec{k}$ 写成 k 很方便。根据上下文，应该能搞清楚。我们也会把 ω 简单地称为频率。在第 2 章讨论电磁波的时候，介绍过这方面的许多内容。

你应该明白，波矢 $\vec{k}$ 是比波长 λ 更基本的概念，波长在旋转的情况下不会自然地变换。然而，我们的大脑对周期和波长的感知比对频率和波数更直接。（回顾第 3.5 节关于 x 与 $1/x$ 的评论。）因此，我们经常互换这两组等价的变量。

色散关系：群速度与相速度

频率 $\omega = \omega(\vec{k})$ 对 $\vec{k}$ 的依赖关系，被称为色散关系。也许你已经熟悉了相速度和群速度的概念。附录 Grp 做了总结。总之，对于色散关系为 $\omega(\vec{k})$ 的波，相速度[2]等于

$$v_p \equiv \frac{\omega}{k} \tag{8.1}$$

而群速度等于

$$v_g \equiv \frac{d\omega}{dk} \tag{8.2}$$

相速度只是说明在一个周期 T 内，具有确定 k 值的波（例如 $\cos(\omega t - kx)$）从波峰到波峰的距离为 λ，因此速度为 $v_p = \lambda/T = \omega\lambda/2\pi = \omega/k$。相比之下，群速度决定了一个波包（由以某个特征 k_* 为中心的不同 k 值的波叠加而成）如何运动。需要在 k_* 处求导数 $\frac{d\omega}{dk}$。

---

*像往常一样，可以理解为选择用实部或虚部。

请注意，只有 v_p 和 v_g 这两个合情合理的表达式[3]具有速度的量纲*：$[\omega/k] = (1/\mathrm{T})/(1/\mathrm{L}) = \mathrm{L}/\mathrm{T}$。

对于 $\omega \propto k^\alpha$，有

$$v_\mathrm{g} = \alpha\, v_\mathrm{p} \tag{8.3}$$

在 $\alpha > 1$ 的情况下，群速度比相速度快；在 $\alpha < 1$ 的情况下，则正好相反。

如果 $\alpha = 1$，就表示这个波是线性色散的。电磁波和声波的色散是线性的，因此对它们来说，$v_\mathrm{g} = v_\mathrm{p}$。对于电磁波，$\omega = ck = c|\vec{k}|$。大家都知道，波以普适的速度 c 传播，不依赖于 k。

对于电磁波来说，$\vec{k}$ 是三维的，但对于水面上的波来说，$\vec{k}$ 自然是二维的矢量。地球的重力使得向上和向下的方向享有特权，我们一如既往地称之为 z 轴。波矢 $\vec{k}$ 就位于 $x-y$ 平面内。根据旋转不变性，我们总是可以选择 x 轴沿 $\vec{k}$ 的方向，在这种情况下，$\vec{k} \cdot \vec{x} = kx$，给出波长为 $\lambda = 2\pi/k$。

在本章的大多数地方，我们考虑具有确定 k 值的平面波，而不考虑 $\vec{k}$ 的矢量特性。

海浪

考虑海面上的水波。想象一个波峰（见图 8.1）。在波峰下的一小部分水所受到的重力与水的密度 ρ 成正比，而这部分水的惯性质量也与 ρ 成正比。又一次，因为引力质量等于惯性质量，ρ 就抵消了。在色散关系中，只有 g 出现，即地球表面的重力加速度。

循规蹈矩的物理学家[†]写下第 6.2 节讨论的欧拉方程[4]，施加适当的边界条件，引用一些线性近似值，然后求解。[5]

然而，夜航人做量纲分析：$[\omega] = 1/\mathrm{T}$，$[k] = 1/\mathrm{L}$，以及 $[g] = \mathrm{L}/\mathrm{T}^2$。唯一的可能性是

$$\omega^2 \sim gk \tag{8.4}$$

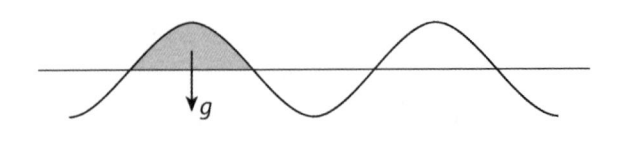

图 8.1 重力向下拉动波峰

---

*再次强调，量纲分析中使用的时间不要和具有确定 k 的波的周期搞混了。

[†]正如我在序言中强调的，我也喜欢这种按部就班的方法，享受确定 $\omega(k)$ 的美好胜利，所有的数值因子都是正确的。

只用一行字，我们就得到了水波的色散关系。

震惊！色散关系不是线性的，跟我们熟悉的电磁波和声波大不相同。

进入浅水区

现在注意，群速度

$$v_{\mathrm{g}} = \frac{\mathrm{d}\omega}{\mathrm{d}k} \sim \sqrt{g/k} \sim \sqrt{g\lambda} \tag{8.5}$$

当 $k \to 0$ 或 $\lambda \to \infty$ 时发散，从而超过了任何速度限制，包括光速！相速度 $v_{\mathrm{p}} = \frac{\omega}{k} = \frac{1}{2}v_{\mathrm{g}}$ 也是如此。

很明显，在这个长波长的极限下，有些东西不成立了。在继续阅读之前，请先思考一下。

波长跟什么相比是长的？（正如我在本书前面所说，物理学的学生应该总是问这个"跟什么相比"的问题。）对于 λ 大的情况，另一个长度尺度出现了，也就是水的深度（或高度）h。见图 8.2。前面的讨论隐含在深水区（我说的是海洋，不是吗？），在这个区域，$h \gg \lambda$，因此被排除在游戏之外。如果 h 变得相关，量纲分析就告诉我们，$\omega^2 \sim gkF(hk)$，其中 $F(\xi)$ 是某个未知的函数。

到目前为止，我们知道的是，在 $\xi \equiv hk = 2\pi h/\lambda$ 很大的时候，$F(\xi) \to 1$，也就是说，当 $h \to \infty$ 时，k 是固定的。现在我们想知道相反的极限：当 $\xi = hk \sim h/\lambda \to 0$ 时，也就是在浅水区，$F(\xi)$ 的表现如何。量纲分析没有帮助，因为 F 已经是无量纲的比值 h/λ 的函数了。

向简单之神祈祷

让我们转而求助于简单之神，再辅以猜测。刚才，我们已经从物理学的角度否定了当 $\xi \to 0$ 时，$F(\xi) \to$ 某个常数的可能性。水波快如闪电？不可能！

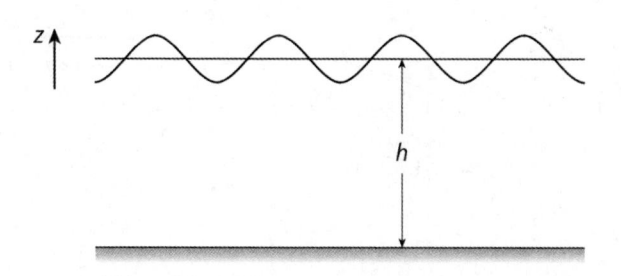

图 8.2 在浅水区，分析的时候需要考虑深度 h

接下来最简单的猜测[6]会是什么呢？当 $\xi \to 0$ 时，假设 $F(\xi) \to \xi$。（一个大学生可能会问[7]："$F(\xi) \to \xi^2$ 怎么样？"回答是反问："从物理学上讲，当 $\xi \to 0$ 时，我们可以认为 $F(\xi)$ 等于零，但是请告诉我一个合理的理由，为什么它的导数应该等于零呢？"）

因此，我们宣布，在浅水区

$$\omega^2 \sim (gk)(hk) \sim gh\vec{k}^2 \tag{8.6}$$

在这种情况下，水波是线性色散的，就像电磁波和声波一样，其速度（相速度和群速度）由 $v_\mathrm{g} = v_\mathrm{p} \sim \sqrt{gh}$ 给出。

深水区和浅水区的交界处

为了确定深水区和浅水区的交界处，让 (8.4) 和 (8.6) 相等：$gk \sim ghk^2$，即 $\lambda \sim h$。见图 8.3。

水波中的个别单元正在疯狂地移动，一会儿冲向这边，一会儿冲向那边。当我们进到水面以下时，要多深才感觉不到水面上有波浪存在呢？直觉告诉我们，长度的尺度必须由 λ 设定。潜水或者观看水下风光的影片的经验都表明，波浪的运动是呈指数式衰减的。在海面下的几个波长处，一切都很平静。海面上发生的事情，几乎不会影响到深水里的生物。然而，在浅水区，底部设置了某种边界条件。因此，h 出现在 (8.6) 中，而不是 (8.4) 中。

总结：

$$\text{深水区：} \omega^2 \sim gk, \qquad \text{浅水区：} \omega^2 \sim ghk^2 \tag{8.7}$$

插值的艺术：经验和感觉

我们继续使用夜行法。想不想猜猜 $F(\xi)$ 是什么？

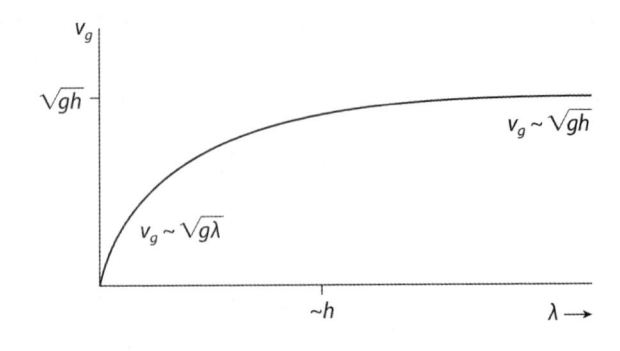

图 8.3 根据波长 λ 是远大于还是远小于深度 h，水波的群速度的变化

我们只知道，当 $\xi \to 0$ 时，$F(\xi) \to \xi$；当 $\xi \to \infty$ 时，$F(\xi) \to 1$。从数学上讲，当然有无数个可能的函数具有这两个极限。但是，援引简单函数的假设，我们可以想到两个有根据的猜测。$F(\xi) = \xi/(1+\xi)$ 和 $F(\xi) = \tanh \xi \equiv (e^\xi - e^{-\xi})/(e^\xi + e^{-\xi})$。

我并不是说，不做一些实际的工作，我们就可以确定这两种可能性的哪一种是正确的。但是我要说，经验和感觉可以对我们有很大的帮助。假设你得到了上面的两种函数。你会选择哪一个呢？

虽然有些大学生可能会选择更初级的函数，但是根据我的经验，更成熟的学生会说，除了所有这些上下起伏的指数函数 $e^{i(k_x x + k_y y)}$ 在四处飘荡，一些衰减和增长的指数也可能出现。以前我说过，那些水下风光的影片暗示，波在水面以下几个波长的地方就会指数式衰减，这个评论支持这种可能性。因此，双曲正切函数可能不是太离谱。让我们看看这是怎么来的。

拉普拉斯处处见

现在我插个话题，快速复习不可压缩流体的无旋流动。

第一，正如在第 6.1 节讨论的那样，水的不可压缩性意味着流速 $\vec{v}$ 满足 $\vec{\nabla} \cdot \vec{v} = 0$。（请注意，这是在水的内部，因此 $\vec{v}$ 是依赖于 $\vec{x} = (x, y, z)$ 的三维矢量，与此前考虑的矢量 $\vec{k}$ 不同。跟以前一样，z 表示垂直于水面的垂直坐标。不要把 $\vec{v}$ 与波的群速度或相速度混淆！）

第二，流动是无旋的。换句话说，涡流在这个问题上不起作用。如果你记得旋度的概念，你会发现涡度 $\vec{\Omega}$，它被定义为速度场的旋度：$\vec{\Omega} \equiv \vec{\nabla} \times \vec{v}$。如果你不记得，可以简单地画一个图，*流体围绕一个点流动（见图 8.4），然

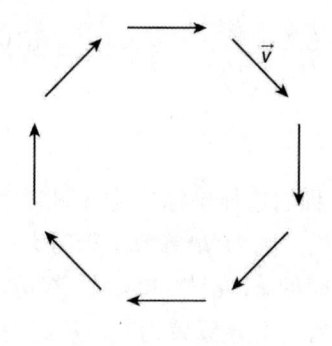

图 8.4 涡度和旋度

---

*另一个小爱好：典型的物理系大学生应该多画图。你可以用图掌握很多物理学知识！想想费曼图、彭罗斯图，等等。但是一位同事说，他的爱好正相反。没有方程，图就不会告诉我们什么了。

后心算 $(\vec{\nabla} \times \vec{v})_z = \frac{\partial v_x}{\partial y} - \frac{\partial v_y}{\partial x}$。无旋的流动意味着 $\vec{\Omega}$ 等于零。

有些读者可能会发现，在不可压缩的无旋流动和电磁学之间有一个众所周知的类比：让 $\vec{v} \to \vec{B}$，那么，不可压缩性 $\vec{\nabla} \cdot \vec{v} = 0$ 对应于没有磁单极 $\vec{\nabla} \cdot \vec{B} = 0$，而没有涡流则对应于没有电流和电场 $\vec{\nabla} \times \vec{B} = 0$。

没有涡度（$\vec{\nabla} \times \vec{v} = 0$）意味着存在一个势 ϕ，使得 $\vec{v} = \vec{\nabla}\phi$。但是，不可压缩性 $\vec{\nabla} \cdot \vec{v} = 0$ 要求 ϕ 满足

$$\nabla^2 \phi = \frac{\partial^2 \phi}{\partial x^2} + \frac{\partial^2 \phi}{\partial y^2} + \frac{\partial^2 \phi}{\partial z^2} = 0 \tag{8.8}$$

注意，这个公式主导了水面下发生的事情。

结论是，拉普拉斯方程突然出现，就像它经常到处出现一样。

你知道原因，因为你读过第 6.1 节和第 6.2 节。在物理学中，对称性几乎决定了哪些方程是被允许出现的。旋转不变性[8]要求拉普拉斯算符 $\nabla^2 = \vec{\nabla} \cdot \vec{\nabla}$。所以 (8.8) 几乎是唯一可能的方程。[9]

拉普拉斯告诉我们：三个负数的和不可能等于零

所以，拉普拉斯在 (8.8) 中告诉我们，$\frac{\partial^2 \phi}{\partial x^2}$、$\frac{\partial^2 \phi}{\partial y^2}$ 和 $\frac{\partial^2 \phi}{\partial z^2}$ 这三个量加起来等于 0，意味着它们不可能都是正数或都是负数。

鉴于 $\vec{v}$（因而 ϕ）在 x、y 方向上是振荡的（即 $\frac{\partial^2 \phi}{\partial x^2}$ 和 $\frac{\partial^2 \phi}{\partial y^2}$ 与某个负常数乘以 ϕ 成正比），我们被迫把 $\frac{\partial^2 \phi}{\partial z^2}$ 设定为某个正的常数乘以 ϕ。换句话说，ϕ（以及 $\vec{v}$）的 z 依赖性必须是指数型的，就像 e^{+kz} 和 e^{-kz} 的某种线性组合。确实如此，在我们深入研究时，我已经悄悄地加入了"指数衰减"这个短语。所以，我们最好有一些指数函数在周围游荡。

它们确实在周围游荡。对于 $\phi \propto e^{i(k_x x + k_y y)}$，拉普拉斯方程告诉我们

$$\frac{\partial^2 \phi}{\partial z^2} = -\left(\frac{\partial^2 \phi}{\partial x^2} + \frac{\partial^2 \phi}{\partial y^2}\right) = +\left(k_x^2 + k_y^2\right)\phi = +k^2 \phi \tag{8.9}$$

靠想象做计算的艺术

为了确定这一点，让我们选择坐标，使 z 随着我们的深入而增加，在海面上 $z = 0$。对于海浪来说，因为 h 等效于无穷大，e^{+kz} 的解决方案被排除在外。一般来说，对于有限的 h，e^{+kz} 和 e^{-kz} 都是可以接受的，我们通过将 $\vec{v}$ 在底部（即 $z = h$ 处）的 z 分量设置为零，从而确定正确的线性组合。

因此，如果 e^{+kz} 和 e^{-kz} 的线性组合（即 z 的某种双曲函数）出现在严肃的常规计算中，我不会感到惊讶。在某处，当我们拟合到 $z = h$ 的边界条件时，这个双曲函数变成了 $\tanh hk$，由于量纲的原因，k 需要出现。在给出

的两个选择中，更成熟的大学生会选择 $F(\varepsilon) = \tanh \varepsilon$，尽管它"看起来比 $F(\xi) = \xi/(1+\xi)$ 更复杂"。事实证明这完全正确。

听到指数式衰减，你就会想到双曲函数！

因此，我们得到

$$\omega^2 \sim gk \tanh hk \tag{8.10}$$

我希望你喜欢不算而算的艺术，靠想象来计算，而不是实际做计算。

恰好 (8.10) 是"精确的"。（换句话说，我们可以用等号来代替 $\sim$ 这个符号。）当然，我们夜航物理学家不会知道这一点，除非有哪个好心的晓行夜宿的物理学家告诉我们。然而，我们确实知道，虽然这里和那里都可能有 2 的因子，但我们并没有遗漏任何 2π 的因子。这与第 1.1 节提到的智慧有关：使用 ω 和 k，而不是周期 T 和波长 λ。我曾在一些书中见过，(8.10) 是以 T 和 λ 为单位写的，到处都是 2π 的因子。重点是，当你把 $\sin(\omega t - \vec{k} \cdot \vec{x})$ 这样的波代入流体方程时（在附录 ENS 中给出），没有任何 2π 的因子潜伏在灌木丛里。也许夜航物理学是一种艺术，或者至少需要一些感觉。

顺便说一句，有了 (8.10) 中的色散，所得到的群速度的表达式 $v_\mathrm{g} = \frac{\mathrm{d}\omega}{\mathrm{d}k}$ 就有两项，因此相速度的表达 $v_\mathrm{p} = \frac{\omega}{k}$ 更简单。但在幂律 (8.7) 近似成立的两个区，v_g 和 v_p 的关系 (8.3) 仍然成立。

丧失对称性

这种"不费力气的计算"也解释了为什么我们最初看到色散关系 (8.4) 中 k 的第一个幂时会惊讶，它与我们在电磁学和量子力学方面的经验相反。原因是它没有我们心爱和熟悉的三维旋转不变性。k 实际上来自于 $\frac{\partial^2 \phi}{\partial t^2} + g \frac{\partial \phi}{\partial z} = 0$ 这样形式的方程，在绕 x 轴和 y 轴旋转的情况下是不变的，但在三维旋转的情况下不是。

在寻找物理学基本定律的过程中，有很多人提到过简单和美丽。[10] 我在这里提出两点看法。第一，基础物理学家在 20 世纪下半叶惊奇地发现的简单性在于物理定律本身，而不是它们在有限的局部环境下的表现形式（例如，在一个大的行星上，核子和电子的凝聚态在重力作用下晃动，与研究波浪的人相比，这个凝聚态是很大的）。第二，我们赞美并欣赏由相对较少的物理学定律产生的令人敬畏的各种现象。

练习

(1) 计算深水波的相速度和群速度。哪个更大呢？

(2) 计算浅水波的相速度和群速度。哪个更大呢？

注释

[1] 我提到过 ω 相比于 f（即通常所说的频率）的优势。

[2] 一位同事说，有些可怜的新生花了好几个小时学习区别速率与速度的关系，而我在这里又把它们混淆了。

[3] 这时候，有人会问：那么 $\frac{d^2\omega}{dk^2}$ 呢？这个表达式等于 $\frac{d}{dk}\frac{d\omega}{dk}$，它的量纲错了。

[4] 我们甚至不需要纳维–斯托克斯方程，因为黏度几乎不起作用。

[5] 事实上，这并不难做到。例如，见 Trefil, *Introduction to the Physics of Fluids and Solids*, 第 68 页，以及 Landau and Lifshitz, *Fluid Mechanics*, 第 37—39 页。

[6] $F(\xi) \to \infty$ 的可能性几乎不值得考虑。

[7] 的确，在课堂上，总是有一些聪明学生问我这个问题。

[8] $\vec{v} = \vec{\nabla}\phi$ 的定义告诉我们，ϕ 在空间反演（宇称变换）下是偶的，在时间反演下是奇的。

[9] 你可能想知道 ϕ 的时间依赖性：答案是我们把它拿出去了，隐含地写为 $e^{i\omega t}\phi$。

[10] 事实上，关于这个话题已经写过很多书了。例如，*Fearful*。

8.2　海边的物理学家

海边的波浪

物理学家来到海边，想知道为什么涌来的海浪总是平行于海岸。从图 8.5 中可以看出，这是由于折射造成的。事实上，你可以观察海浪的到来，靠的也是光的折射，因为光穿过了你眼球里的透镜，大自然为你定做的透镜。当波进入浅水区，v_g 会减小（你可能记得第 8.1 节的内容，也可以看看本节后面的图 8.7）。波的速度变慢，所以就会弯曲，就像光进入你的眼球那样。物理学定律总是成立的。

海浪到达海岸的旅行时间

海边的波浪通常产生于远处的海上风暴，而不是土生土长的。假设你在海边观察到，每隔 6 秒就有一次海浪袭来。此外，你听说 500 km 以外的海上有一场风暴。这些波浪走了多长时间？

既然有些按部就班的家伙在第 8.1 节告诉我们，可以用等号代替我们得到的色散关系中的 ～ 符号，我们不妨在本节的数值估计里也这样做。让我提醒你，我们有

$$\omega^2 = gk \tanh hk \tag{8.11}$$

而且更有用的是，

$$\text{深水区：} \omega^2 = gk, \quad \text{浅水区：} \omega^2 = ghk^2 \tag{8.12}$$

由于这些海浪在接近岸边之前，大部分时间都是在海上，所以我们使用深水区的公式 $\omega^2 = gk$。由此可知，$\lambda = gT^2/2\pi \simeq (10\,\text{m/s}^2)(6\,\text{s})^2/6 \simeq 60\,\text{m} \ll$ 海洋的深度。

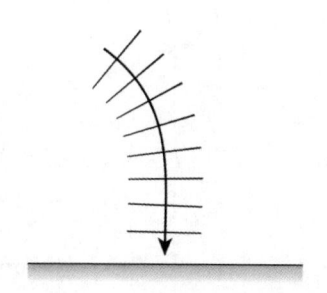

图 8.5　水波在海边的折射

那么群速度就是 $v_g = \frac{1}{2}\sqrt{g/k} = \frac{1}{2}\sqrt{g\lambda/2\pi} \simeq \frac{1}{2}\sqrt{(10 \times 60/6)\,\text{m}^2/\text{s}^2} \simeq 5\,\text{m/s}$。因此，这些波已经奔走了 $\tau \simeq (500 \times 10^3/5)\,\text{s} \sim 1$ 天。

波的拍频现象

你可能已经注意到，海滩上的海浪往往是成群结队地出现的，一个大浪之后是一些小浪，然后又是一个大浪，循环往复。看看附录 Grp 中的图，你会发现这或多或少是由于两个频率和波数相近的波浪之间的拍频现象。那里给出了两个大浪之间的波峰数为 $\sim \left(\frac{1}{2\Delta k}/\frac{1}{k}\right) = k/2\Delta k$。

观察两个大浪之间的波的数量，你可以估计出风暴发生的区域。推理如下。从岸边到风暴的距离为 L，而风暴的大小（这里说的是长度，而不是强度）为 ΔL。见图 8.6。来自"后方"的波浪必须比来自"前方"的波浪跑得快，才能在同一时间到达岸边，因此 $\frac{L+\Delta L}{v_g+\Delta v_g} \sim \frac{L}{v_g}$，即 $\frac{\Delta L}{L} \sim \frac{\Delta v_g}{v_g}$，由此我们可以求出 ΔL。准对数导数的粗略相等仍然成立。对于海浪，$v_g = \frac{1}{2}\sqrt{g/k}$，因此 $\Delta v_g/v_g \sim -\Delta k/2k$。忽略不相关的符号，我们发现 $k/2\Delta k \sim L/4\Delta L$。假设我们在两个大浪之间观察到 10 个较小的波。那么 $L/\Delta L \sim 40$。如果风暴发生在 400 km 以外，那么它的宽度大约是 10 km。

波逐渐变慢

当波从深水区通过浅水区来到岸边时，它的色散关系改变了，相应地，波的群速度 v_g 也改变了。见图 8.7。

这张图看起来很像第 8.1 节的图 8.3，但那里画的是 v_g 作为波长 λ 的函数，这里画的是 v_g 作为深度 h 的函数。

这张图定性地解释了我们看到的情况。靠近岸边的波放慢速度并堆积起

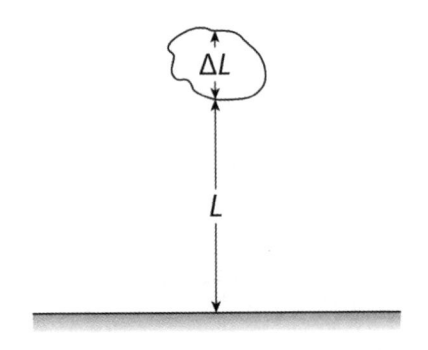

图 8.6 风暴的直径 $\sim \Delta L$，离海岸的距离为 L（这张图显然不是按比例绘制的）

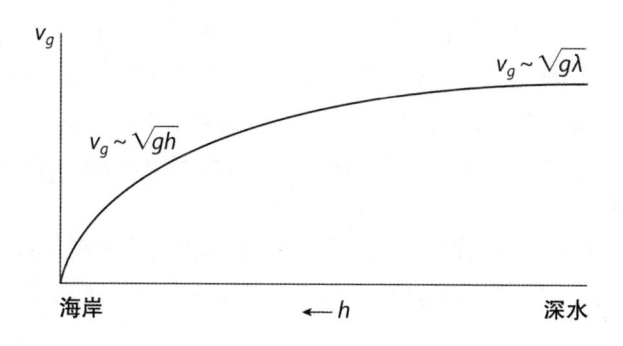

图 8.7 当波逐渐靠近海边，它的群速度 v_g 也随之减小

来。波浪的高度因此增大，直到它破裂。

为了更定量地说明，用 ε 表示波浪中每单位面积的能量（这里的面积指的是平行于地球表面的面积）。令 ζ（可正可负）表示波的垂直位移，也就是振幅。根据基本物理学，质量为 m 的质点上升到 ζ 的高度时，势能等于 $mg\zeta$，因此，被波浪推高的水的势能等于 $\rho(A\zeta)g\zeta$，A 为波浪下的面积。因此，我们得到 $\varepsilon \sim \rho g \zeta^2$。能量流 F（即单位时间内单位长度的波前（wavefront）传递的能量），量纲为 E/LT，通过量纲分析，以及 ε 乘以群速度得到，因此 $F \sim \varepsilon v_g$。

根据能量守恒，F 在波浪上岸时保持不变，这意味着 $\zeta^2 \propto \varepsilon \propto 1/v_g \propto 1/h^{\frac{1}{2}}$。因此，我们得到

$$\zeta \propto \frac{1}{h^{\frac{1}{4}}} \tag{8.13}$$

波的垂直位移随着 h 的减小而增加，这是预料之中的事。

这里隐含的近似是，虽然 (8.12) 和 (8.11) 是在把 h 视为常数的情况下得出的，然而，在 h 虽然变化，但在 λ 的尺度上变化缓慢的情况下，还是可以应用它们。显而易见，当 h 突然变化时，我们会期待更戏剧化的效应。在现实生活中，尽管有长年累月的波浪作用，近岸的海底地形很难说处处都是光滑的。除了稳定的离岸风，冲浪者更喜欢 h 突然变化的地方。

在线性区

读者可能想知道我们是怎么走得这么远，却没有提到主宰流体流动的方程（附录 ENS 给出和解释的方程）。答案是，我们一直在线性区工作，认为波的振幅 ζ 比波长小得多。在这个区，所有的物理量都是按照 $e^{i(\omega t - \vec{k} \cdot \vec{x})}$ 的形式轻微地振荡。

用 $\vec{v}(t,\vec{x})$ 表示流体的速度场。请注意 $\vec{v}$，它规定了在时间 t、在 $\vec{x}$ 点上的无穷小单元的速度 v，不要和波的群速度 v_g 混淆了*，也不要和描述水的集体运动的相速度 v_p 搞混了。流体流动方程，也就是牛顿的 $\vec{a}=\vec{F}/m$，让无穷小的流体元的加速度 $\frac{\partial \vec{v}}{\partial t}+(\vec{v}\cdot\vec{\nabla})\vec{v}$ 等于单位质量的驱动力。（需要复习的读者请看附录 ENS。）

正如你可能知道的那样，流体动力学的著名困难来自于 $(\vec{v}\cdot\vec{\nabla})\vec{v}$ 这个项。虽然 $\frac{\partial \vec{v}}{\partial t}$ 这个项对 $\vec{v}$ 是温顺的线性，但 $(\vec{v}\cdot\vec{\nabla})\vec{v}$ 这个项显然不是。

当水波变为非线性

在线性区，各种量振荡得很好。例如，垂直位移像 $\zeta(t,\vec{x})=\zeta_0 e^{i(\omega t-\vec{k}\cdot\vec{x})}$ 一样变化。那么，流体速度 $\vec{v}$ 怎么样呢？把波的传播方向称为 x 轴，垂直方向称为 z 轴（我们总是这样做）。为了简单起见，在垂直方向上不考虑对 y 的依赖。然后，$\vec{v}(t,x,z)=(v_x(t,x,z),0,v_z(t,x,z))=\vec{v}_0(z)e^{i(\omega t-kx)}$，随着我们深入水面以下，$\vec{v}_0$ 沿着 z 呈指数形式减小。

通常，速度 v 比 v_g 和 v_p 小得多，符合在海上或湖上的日常观察：波浪可以快速通过，而水中的某个小碎片则缓慢晃动。上我课的大学生更容易联想到体育场的人浪：体育场的人浪绕体育场传播的速度远远超过人浪里人的移动速度。

那么，什么时候被迫离开线性区呢？显然，当 $(\vec{v}\cdot\vec{\nabla})\vec{v}$ 相当于或者大于 $\frac{\partial \vec{v}}{\partial t}$ 的时候，就变成非线性的情况。这个条件的分析见附录 ENS。毫不奇怪，我们在那里了解到，当流体速度 v 相当于或者大于 v_g 和 v_p 时，线性近似就失效了。我们还了解到，这个条件也可以写成波的振幅 ζ 变得相当于或大于 λ，这也符合我们的直觉。

经过这次长途跋涉，我们又回到了海滩上，看着涌来的波浪。当波浪接近岸边时，ζ 增大，波开始变为非线性，$v \gtrsim v_g, v_p$。在波峰处，水试图移动得比波浪的速度更快，如图 8.8(a) 所示。迫于前进的压力，波峰卷曲，波浪

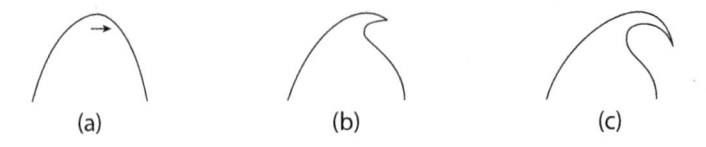

图 8.8 由于波峰中的水的移动速度超过了波浪的移动速度，在某些时候，波浪会弯曲并破裂

---

*正如第 8.1 节警告你们的那样。

破裂（图 8.8(b) 和 8.8(c)）。在某些情况下，波浪的顶端可以卷曲得很厉害，翻卷成隧道的样子，冲浪者很喜欢。

在结束这一节时，我想告诉你，利用量纲分析和一点儿物理感觉，就可以轻松地估计 v。我们希望 v 依赖于垂直位移 ζ、频率 ω，以及重力加速度 g。所以把它写成 $v \sim \zeta^a \omega^b g^c$。从一开始，量纲分析似乎就不适用，因为只涉及 L 和 T，而不涉及 M。这里有三个未知数，但我们只有两个方程 $a + c = 1$ 和 $b + 2c = 1$。但是我们前面关于碎片缓慢晃动的评论表明，对于小的 ζ，我们期望 $v \propto \zeta$，所以 $a = 1$。因此，我们得到[1]

$$v \sim \omega \zeta \tag{8.14}$$

因此，波变为非线性的条件 $v \gtrsim v_g$ 转化为 $\zeta \gtrsim \lambda$，正如我们知道的那样。

如果我告诉你，$v_x = Ce^{kz}\sin(\omega t - kx)$，其中 C 是某个常数，那么 $v_z = Ce^{kz}\cos(\omega t - kx)$，根据你摆弄正弦和余弦的经验，你一点都不会惊奇。事实上，这种形式与水的不可压缩性 $\vec{\nabla} \cdot \vec{v} = 0$ 是一致的。因此，在水面以下，水的每个单元只是划出一个圆圈，圆圈的半径随深度的增加呈指数式减小。哦，好吧，经典物理学的一切都有意义。

海啸

在我居住的地区，海边的告示牌警告人们，发生海啸的时候要往高处跑，海啸[2]（tsunami）对应的日语单词（つなみ，津波）的意思是"港湾之波"。海啸是由地震引起的（例如，公元 365 年的克里特海啸[3]，在古代就有详细的记录）。但为了说明问题，我们假设日本发生地震，产生的海啸穿越太平洋，袭击北美的西海岸[4]。

通常，我们认为海洋非常深，但是与直觉相反，为了研究海啸，我们应该使用浅水的近似值。太平洋的平均深度"只有" 4 km 多一点。另一方面，海啸的波长是由地震断层的一些特征长度尺度决定的，它可能是 ~ 100 km 甚至更长。因此，我们应该使用 (8.12) 中的浅水区公式 $v_g \sim \sqrt{gh}$。

你已经代入一些数字了？但是，等一下！为了看出来这是非常可观的速度，我们甚至不需要这样代入数字。让坠落物体单位质量的动能等于其单位质量的势能，即 $\frac{1}{2}v^2 = gh$，我们看到，海啸的速度正是物体在没有空气阻力的情况下从几千米的高度坠落的终极速度。那是相当快！

尽职尽责地代入数字，得到 $v_g \sim \sqrt{gh} \sim \sqrt{10 \times 4000}$ m/s = 200 m/s $\sim$ 720 km/h。这与喷气式商业飞机的速度相当。[5]因此，穿越太平洋的时间大约为 10 小时。

练习

(1) 据报道，海上的船甚至没有注意到海啸的到来。请解释。

注释

[1] 详细的分析并不困难，因为我们谈论的是线性物理学。参见 Landau and Lifshitz, *Fluid Mechanics*，第 37—39 页。

[2] 这个中文词的意思是"大海咆哮"。

[3] 关于克里特海啸的介绍，见维基百科链接 https://en.wikipedia.org/wiki/365_Crete_earthquake。

[4] 位于北美西海岸的加利福尼亚州有一座新月城（Crescent City），极易遭受海啸，就曾因日本地震引发的海啸而遭受严重破坏，关于新月城的介绍，见 https://en.wikipedia.org/wiki/Crescent_City,_California。

[5] 因此，任何有长途飞行经验的人，都不需要查阅太平洋的宽度（正如我看的一些书里做的），就可以了解海啸穿越太平洋需要多长时间。

8.3 表面张力和涟漪

新物理在大 k 时出场

高能物理学家经常要求建造越来越大的加速器，认为新的物理学将在高能量和高动量的情况下出现，这在第 4.4 节提到过。根据德布罗意的观点，或者不确定性原理，动量为 p 的粒子束能够让我们探测尺度 $\sim \hbar/p$ 的物理学。

水波为这种世界观提供了一个比喻，但是不需要高昂的资金。我们只需要仔细观察。我们是否期望在大 k（因此也是大 ω）的情况下，色散关系 $\omega^2 \sim gk$ 继续保持呢？还是我们会发现新的物理现象呢？

你猜！新的物理学开始发挥作用，称为涟漪或者表面波。在大 k（也就是小波长 λ）下，色散 $\omega^2 \sim gk$ 失效。对于波长小于某个特征量 λ_c 的波来说，表面张力变得很重要。涟漪（也就是大 k 的波）也称为毛细波。

表面张力

表面张力用 γ 表示，用单位面积的能量来表征：

$$[\gamma] = E/L^2 \tag{8.15}$$

（更确切地说，表面张力是共享界面上的两种流体的属性。如果没有明确说明，我们假定其中一种流体是空气。）比如说，在室温下，对于水和空气，$\gamma \simeq 72\,\mathrm{erg/cm^2}$，对于汞和空气，$\gamma \simeq 550\,\mathrm{erg/cm^2}$。

流体（包括水）都在努力让自己的表面积最小化。想想水滴，或者肥皂泡。

有趣的是，表面张力起源于水的分子特性。由于分子之间相互吸引，所以每个分子都希望有尽可能多的邻居。没有人愿意待在表面。我告诉我的学生，典型的大学生也同样不希望处于社会群体的边缘（图 8.9）。

因此，表面的面积会耗费能量。原则上，研究水波的物理学家可以通过不断提高波数 k 来发现分子形式的新物理学，就像粒子物理学家努力提高 $\hbar k$ 一样。

涟漪的色散关系

想象一下波的波峰。弯曲的表面比平坦的表面有更大的表面积。对于足够小的涟漪来说，表面张力比重力更重要，我们现在将忽略重力。参照第 8.1 节的讨论，我们看到，如果重力不再是驱动力，水的密度 ρ 将发挥作用。

我们的任务是将 ω 和 k 联系起来，它们都不涉及质量。因此，包含在 γ 和 ρ 中的质量量纲必须抵消，意味着色散关系中出现的应该是 γ/ρ 这个比值。

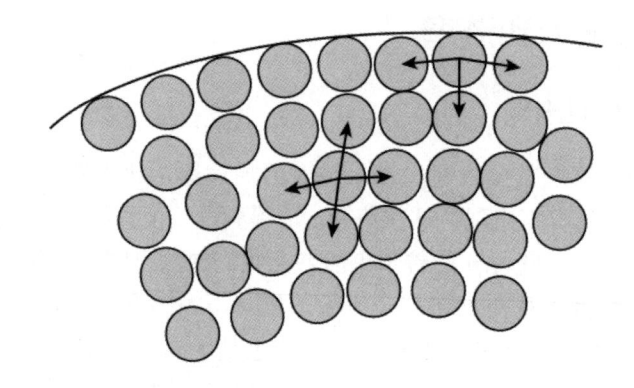

图 8.9 处于社交场所中心的分子，比处于边缘的分子有更多的朋友

现在观察 $[\gamma/\rho] = (E/L^2)/(M/L^3) = (E/M)L = (L/T)^2 L = L^3/T^2$。我们得出结论，对于表面上的涟漪（毛细波），有

$$\omega^2 \sim \frac{\gamma}{\rho} k^3 \tag{8.16}$$

有趣的是，ω^2 现在正比于 k^3，而不是 k。

k^3 的出现可能令人费解（至少在我第一眼看到它时，就是这么认为的）。再一次，正如第 8.1 节解释的那样，这是由于地球的引力将三维旋转不变性变成了二维旋转不变性。z 方向（也就是上下方向）有特权。稍微思考一下就可以说服自己，它必然来自于像 $\frac{\partial}{\partial z}\left(\frac{\partial^2}{\partial x^2} + \frac{\partial^2}{\partial y^2}\right)\phi$ 这样的项（其中 ϕ 是某个速度势）。事实上，确实如此。[1]

从波到涟漪的过渡

夜航物理学家合理地猜测，一旦离开浅水区，波的行为就会像[2]

$$\omega^2 \sim gk + \frac{\gamma}{\rho} k^3 = gk\left(1 + \frac{\gamma}{\rho g} k^2\right) \tag{8.17}$$

从波到涟漪的过渡发生在临界波长

$$\lambda_c \sim \sqrt{\frac{\gamma}{\rho g}} \tag{8.18}$$

从数值上看，对于水来说，$\lambda_c \sim \sqrt{\frac{72\,\text{erg}/\text{cm}^2}{1\,\text{g}/\text{cm}^3 \cdot 10^3\,\text{cm}/\text{s}^2}} \sim 0.3\,\text{cm}$。

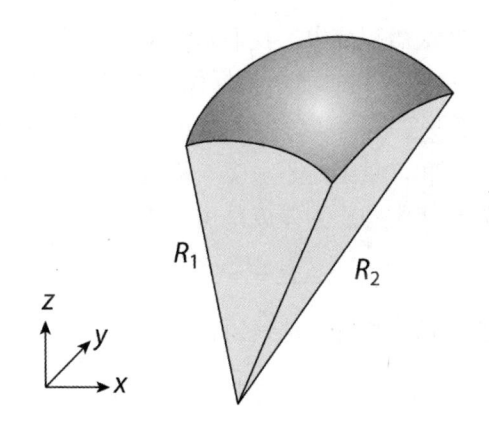

图 8.10 拉普拉斯定律

拉普拉斯定律

为了明确这一点，请关注毛细波的波峰。由于表面张力，水这边的压力* P_w 超过了空气那边的压力 P_a。为了找到压力差 $\Delta P = P_w - P_a$，夜航物理学家再次求助于量纲分析。见图 8.10。

抵挡压力差 ΔP 的是表面张力和波峰的曲率。所以写为 $\Delta P \propto \gamma$。由于 $[\Delta P] = \mathrm{E/L^3}$ 和 $[\gamma] = \mathrm{E/L^2}$，我们需要把 γ 除以长度。好吧，说的就是你，曲率半径。表面是二维实体，有两个曲率半径 R_1 和 R_2，一个沿 x 方向，另一个沿 y 方向，如图所示。这样就得到拉普拉斯定律

$$\Delta P = P_w - P_a = \gamma \left(\frac{1}{R_1} + \frac{1}{R_2} \right) \tag{8.19}$$

拉普拉斯侯爵一定是有史以来最聪明的侯爵！请注意，我们甚至可以在这里使用等号：我们可以把拉普拉斯定律作为 γ 的定义。

拉普拉斯是怎么知道将两个曲率半径合并为 (8.19) 的呢？比如说，学生可能会考虑 $\frac{1}{\sqrt{R_1 R_2}}$，而不是 $\left(\frac{1}{R_1} + \frac{1}{R_2} \right)$，单从量纲分析来看，这当然是允许的。我们可以用极限 $R_1 \ll R_2$ 排除这个选项，在这种情况下，表面在一个方向上变得很平坦。这个问题应该约化为一维的问题，即 $\Delta P \to \gamma/R_1$。（记得吧，第 1 章讨论了取极限的有用性。）

正如我们现在看到的，旋转不变性提供了有些"更深刻"的答案。我们用 $\zeta(x,y)$ 表示水的垂直位移，跟第 8.2 节一样。

在 (x,y) 处的两个曲率半径是多少？让我们简单地开始吧。用 $\zeta(x)$ 描述

---

*译注：流体力学里所说的"压力"其实是"压强"，这是中文用法的习惯，英文还是"pressure"，然而流体力学的教科书里几乎都说"压力"，所以在本节里，"吾从众"。

的曲线代替曲面。从初级微积分中，我们知道 $\frac{d\zeta}{dx}$ 衡量斜率，而 $\frac{d^2\zeta}{dx^2}$ 衡量曲线的弯曲程度。现在从曲线跳到曲面。根据民主的原则（更认真地说，根据旋转对称性），我们知道 $\frac{\partial^2\zeta}{\partial x^2} + \frac{\partial^2\zeta}{\partial y^2}$（至少在小 ζ 的情况下）必然描述了曲率，即两个曲率半径的倒数之和。量纲对不对呢？检查：$\left[\frac{\partial^2\zeta}{\partial x^2}\right] = L/L^2 = 1/L$。

因此，拉普拉斯定律中的压力差就是由拉普拉斯算符给出的：

$$\Delta P = \gamma \nabla^2 \zeta \tag{8.20}$$

如果当时有诺贝尔奖的话，拉普拉斯侯爵肯定会得诺贝尔奖！

水上漫步的昆虫

对于色散关系为 $\omega \propto k^\alpha$（其中 $\alpha \leq 1$）的波，相速度大于或等于群速度，$v_g = \alpha v_p$，但对于毛细波，$\alpha = \frac{3}{2}$，因此 $v_g = \frac{3}{2} v_p > v_p$。据报道[3]，水黾这种昆虫利用表面张力在水上行走，它们利用这个事实相互交流。它们甚至可以分辨出产生波的水黾是雄性还是雌性。（等一下，我们也可以听声辨男女。也许这没有什么了不起的。）

水波的魔力

正如我们在本章和前几章看到的，水波的物理在许多方面比电磁波的物理更丰富。特别是，洛伦兹不变性使电磁波的色散关系对所有的 k 都是 $\omega = ck$，仅此而已。相比之下，水波的色散关系有三个不同的区（见图 8.11）。在大海的中央是波，自由自在。但当波长超过深度时，波开始刮擦底部，因此，波感觉到边界条件，不得不改变其行为。在另一个极限下，当波长变小后，重力把控制权交给了表面张力，而波变成了涟漪，隐约让我们想起了水的分子起源。

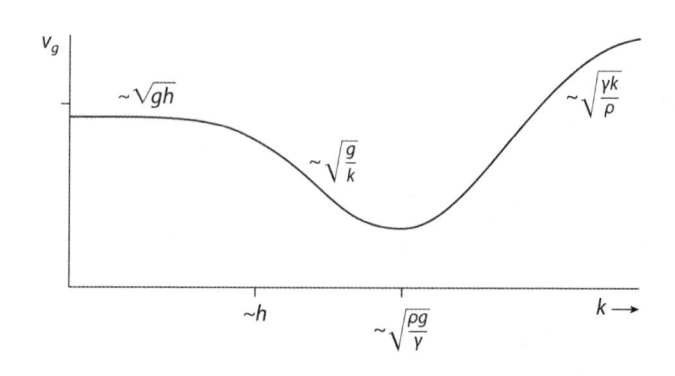

图 8.11 水波的群速度示意图，它有三个区

现在仔细地看一看这种过渡。在没有表面张力的情况下，v_g（与 v_p 相同，最多相差了量级为 1 的系数）随着 k 的增加而减少到 0，形式为 $\sim 1/\sqrt{k}$。

但是在现实中，分子之间的吸引会将 v_g 拉回来，因此实际上有一个最小的速度

$$v_\mathrm{min} \sim \left(\frac{g\gamma}{\rho}\right)^{\frac{1}{4}} \tag{8.21}$$

这是因为重力和表面张力的竞争，我们很容易利用量纲分析得到 v_min。检查一下：$[v_\mathrm{min}] = \left(\frac{\mathrm{L}}{\mathrm{T}^2}\frac{\mathrm{E}}{\mathrm{L}^2}\frac{\mathrm{L}^3}{\mathrm{M}}\right)^{\frac{1}{4}} = \frac{\mathrm{L}}{\mathrm{T}}$。的确如此。

当然，所有这些都是在线性区。在狂风中，水波是非线性的，色散关系早就被大风吹走了，不再适用了。

练习

(1) 估计 v_min。

注释

[1] 例如，见 Landau and Lifshitz, *Fluid Mechanics*，第 238 页。
[2] 这个关系恰好是精确的。见 Landau and Lifshitz, *Fluid Mechanics*，第 238 页。
[3] M. Denny, *Air and Water*，第 287 页。

8.4 从滴水的水龙头到哺乳动物的肺和水黾

水滴

我们在第 8.3 节学习了表面张力和毛细波，这里讲一些日常生活中的例子。

观察一个缓慢滴水的水龙头。我们看到水滴慢慢地由小变大，预示着各种可能性。表面张力顽强地与重力斗争，但是最终徒劳无功。最后，地心引力获胜。一滴水落下，水滴几乎是球形的（但不是很圆）。

你能估算出水滴的半径 r 吗？阻止水落下的力是 γr 的量级。与此相对的是永远存在的重力，它等于 $(\rho r^3)g$。让这两者相等，夜航物理学家就得到

$$r_{水滴} \sim \sqrt{\frac{\gamma}{\rho g}} \tag{8.22}$$

也许你认识到，这正是涟漪开始主导水波的临界波长 λ_c，正如第 8.3 节所讨论的。事实上，如果要争论 2 之类的因子，我们可以大胆猜测，临界半径 $r_{水滴}$ 大约是波长 λ_c 的 1/4。

这本书不是关于实验物理的，但我忍不住要问你，如何测量从滴水的水龙头里缓慢滴下来的水滴的半径呢？[1]

在饭店里招待儿童

小孩子在饭店里喜欢玩的一个把戏是，用吸管吸些饮料[2]，然后用拇指堵住吸管的上端。把它放在某个受害者身上，然后突然松开拇指，液体就会快速地往下流出来。这种事情，做和看都很有趣。*

估算一下可以做这件事的吸管的最大半径。很明显，有最大的限度。不要在饭店里把水杯倒过来！在这种情况下，表面张力无法与重力抗衡。

哺乳动物的肺

你可能还记得，在生物学的初级课程中，哺乳动物的肺，包括我们的肺，有一个树状结构，不停地分叉，最后形成球状的小腔（称为肺泡）。每次吸气时，肺泡就填满新鲜空气，氧气通过扩散被输送到围绕肺泡的毛细血管中。[3]

肺泡表面的液体（由各种细胞分泌的某种肺部表面活性剂）有表面张力，在肺泡从半径 r 扩大到 $r + \mathrm{d}r$ 时做功。这个过程的理想化描述见图 8.12。

我们很熟悉球的体积和表面积，所以不妨把 4π 之类的因子也算进去。因此，所做的功是 $P\mathrm{d}V = P\mathrm{d}\left(\frac{4\pi}{3}r^3\right) = 4\pi P r^2 \mathrm{d}r$，而表面能的增加等于

---

*还有机会给他们讲一讲分子。

第 8 章　从冲浪到海啸，从滴水的水龙头到哺乳动物的肺 | 249

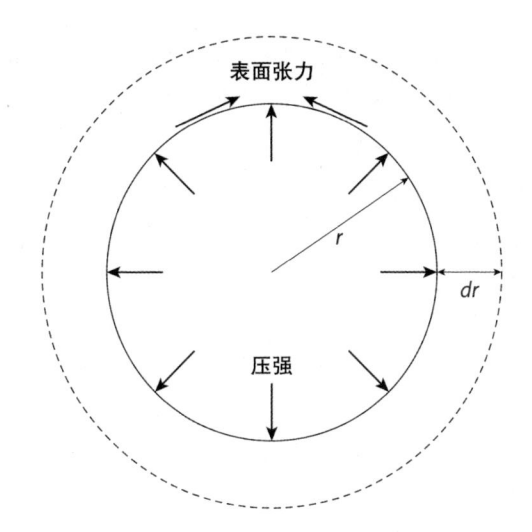

图 8.12　肺泡的半径从 r 扩大到 $r+dr$。没有显示让空气进入肺泡的管子。改编自 Denny, M. *Air and Water: The Biology and Physics of Life's Media*, Princeton University Press, 1993

$\gamma d(4\pi r^2) = 4\pi(2\gamma r dr)$。让二者相等，我们得到

$$P = \frac{2\gamma}{r} \tag{8.23}$$

在这里，可以写成等号！

我们在这里看到了进化过程中的权衡和妥协。对于给定的肺泡总体积，$r^3 \propto 1/N$，其中 N 为肺泡的数量。肺泡越小，可用于氧气交换的表面积 ($\sim Nr^2 \propto 1/r$) 就越大。但这样一来，呼吸就要做更多的功。正如上面提到的，进化过程中也出现了表面活性剂，它可以降低表面张力，减少呼吸的不适感。

第 8.3 节给出了拉普拉斯定律 $\Delta P = \gamma\left(\frac{1}{R_1} + \frac{1}{R_2}\right)$，可以奢侈地使用等号。由于半径为 r 的球体的 $R_1 = R_2 = r$，与 (8.23) 做比较就可以发现，我们实际上得到了正确的系数。

注释

[1] 如果你说，你会拿出来尺子和放大镜，那么你注定不会成为实验学家。正确的答案是计算落入玻璃杯中的水滴的数量 N，并在大 N 近似下测量玻璃杯中的水的体积。

[2] 当我写这篇文章的时候，为了减少海洋污染，一些发达国家正在取缔塑料吸管。因此，这种场景可能很快就会消失在历史中。纸吸管？呵呵。

[3] 例如，请参阅维基百科链接 https://en.wikipedia.org/wiki/Pulmonary_alveolus#Di

seases。引用一下:"一对典型的人肺包含约 7 亿个肺泡,表面积达 70 平方米。每个肺泡都被细密的毛细血管网包裹着,覆盖了大约 70% 的面积。"

8.5 阻力、黏度和雷诺数

斯托克斯阻力

在密度为 ρ、（运动）黏度为 ν 的不可压缩流体中，让一个半径为 a 的球以速度 v 运动，需要多大的力 F 呢？

根据伽利略不变性，我们也可以把这个问题表述为：为了保持流体稳定地流过静止的球，需要多大的压力呢？这实际上是看待这个问题的首选方式。边界条件是，流体的速度在空间无穷远处接近规定的速度，并且在球体表面等于零（见图 8.13）。

斯托克斯[1]在 1851 年解决了这个问题，这是很著名的一件事。

夜航物理学家现在尝试用量纲分析来得到 F，而不是准确的答案。请注意，质量（或等同于球体的密度）并没有进入这个问题。我们必须将流体推过球体，球是空心的还是填充了铅，并不重要。在这个问题的第二种陈述方式中，球只是提供一个边界条件。

乍一看，量纲分析的条件不够，因为我们有四个变量，量纲为 $[a] = \mathrm{L}$，$[v] = \mathrm{L/T}$，$[\rho] = \mathrm{M/L^3}$ 和 $[\nu] = \mathrm{L^2/T}$，所以还差一个方程。事实上，请注意，$Re \equiv va/\nu$ 的组合是无量纲的，称为雷诺数。因此，我们找到的任何答案都可以乘以 Re 的某个未知函数。

雷诺数

雷诺数[2]的概念并不局限于斯托克斯问题。更一般地，请复习附录 ENS 得出的纳维–斯托克斯方程。考虑惯性项 $(\vec{v} \cdot \vec{\nabla})\vec{v}$ 和黏度项 $\nu \nabla^2 \vec{v}$ 的比值：

$$\frac{\text{惯性项}}{\text{黏度项}} \sim \frac{v^2/l}{\nu v/l^2} = \frac{vl}{\nu} \tag{8.24}$$

其中 l 表示某个长度，v 表示流动的某个特征速度。

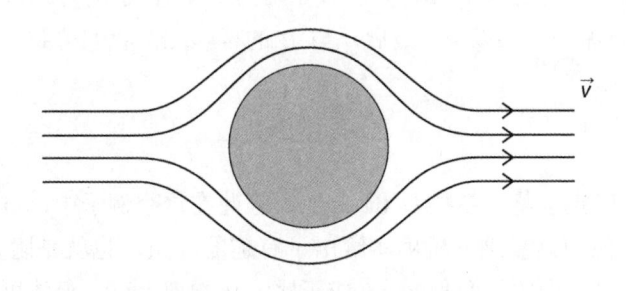

图 8.13 流体绕着球的流动

雷诺数

$$Re \equiv \frac{vl}{\nu} \tag{8.25}$$

衡量了惯性与黏度的相对重要性。

对于 $Re \ll 1$（即低速或高黏度），流动是层流（有规则的流动，可以解析处理）。斯托克斯的解对低雷诺数是严格的。

相反，对于 $Re \gg 1$（即高速或低黏度），流动变为湍流，很讨厌。[3]你肯定听说过，湍流是物理学（和工程学）中尚未解决的问题之一。记住这一点的方法是，想一想糖浆那样的高黏液体的流动，它很少有湍流。

根据定义，雷诺数不是精确的量。这时候，人们不约而同地提出了关于如何确定特征长度的问题。答案通常是不言自明的——在斯托克斯的问题中，它是球的半径，无论你采取半径还是直径都不重要。我们所关心的是 $Re \ll 1$ 或 $Re \gg 1$。根据我的经验，一些大学生在理解模糊的概念，比如雷诺数时有困难[4]。为了获得对 Re 的一些感觉，最好是通过一些数值例子，例如练习里的例子。

用量纲分析来确定阻力

考虑到这个背景，我们现在用夜行法寻找斯托克斯的球体阻力公式，尽管我们面临着 4 个变量。

首先，由于 $[F] = ML/T^2$，我们立即推断出 $F \propto \rho$，因为 ρ 是 4 项中唯一包含 M 的项。

现在的关键是，$\vec{F}$ 实际上是矢量，由于 $\vec{v}$ 是周围唯一的其他矢量，我们一定有 $\vec{F} \propto \vec{v}$。（换句话说，利用旋转不变性和流体的各向同性。）根据假设，我们处理的是低速，因此 F 线性地依赖于 v。

有了 $[\rho v] = (M/L^3)(L/T) = M/L^2T$，为了得到 T 的负二次方而形成力 F，我们不得不将 ρv 乘以 ν。最后，与 L 的幂匹配，我们得到

$$F \sim \rho \nu a v \tag{8.26}$$

斯托克斯确定了整体系数为 $6\pi \simeq 20$，因此在这个例子中，量纲分析不能精确到数值。然而，量纲分析确实给出了有趣的结果，也就是阻力与 a 成正比，而不是与"正面的"面积 $\sim a^2$ 成正比。从物理上讲，流体可以绕着球体流动，这当然不像半径为 a 的圆盘正对着流体的情况。

终极速度

在初级物理学中，下落的物体具有恒定的加速度 g，所以很快就会达到惊人的速度[5]，但是现实中当然有空气阻力，它到底重要还是不重要，依赖于物体的大小和质量。

让 ρ_b 表示下落物体的密度，ρ_f 表示流体（这里是空气）的密度。当斯托克斯阻力随着速度的增加而增加，直到等于重力的向下拉力时，下落的物体达到终极速度 v_t：$\rho_f \nu a v_t \sim mg \sim \rho_b a^3 g$，这样就可以得到终极速度：

$$v_t \sim \left(\frac{\rho_b}{\rho_f}\right)\left(\frac{ga^2}{\nu}\right) \tag{8.27}$$

如果流体是水，在计算终极速度时，就必须考虑浮力，但对于空气，浮力通常可以忽略不计。

谨慎地将数字代入 (8.27) 中！参见练习 (2)。你必须先检查雷诺数是不是足够小，以便斯托克斯阻力能够适用。对于雷诺数为 1 的量级甚至更大的湍流，你必须参考经验公式和图表。[6]

因为重力正比于 a^3，而阻力正比于 a，所以终极速度随着尺寸的增大以 a^2 的形式减小。因此，微小的东西，如灰尘和细菌，飘落的速度非常慢。空气污染中的细小灰尘可以保持长时间的悬浮。

大多数生物体的密度基本上都是水的密度，因此对于在空气中的下落，在 (8.27) 中，$\rho_b/\rho_f = \rho_{水}/\rho_{空气} \simeq \frac{1\,\text{g/cm}^3}{1\,\text{kg/m}^3} = 10^3$。由于 $g/\nu_{空气} \simeq \frac{10^3\,\text{cm/s}^2}{1.5\,\text{cm}^2/\text{s}} \simeq 6\times 10^2/\text{cm s}$，我们得到 $v_t \simeq (60\,\text{m/s})(a/\text{mm})^2$。

分解问题

在终极速度的这个计算中，夜航物理学家得到了深刻的教训，这个教训在其他许多场合中也同样有价值：如果可能的话，把问题分解成几个小问题！

如果要计算下落物体的终极速度，因为存在无量纲的比值 (ρ_b/ρ_f) 和涉及 L 和 T 的三个量 a、g 和 ν，我们需要用它们构造一个速度，可能会手忙脚乱。也许我们只能循规蹈矩地做事情了。

低雷诺数下的生命

在（相对而言）当代的物理学中，有一篇论文备受赞誉[7]，它就是珀塞尔的"低雷诺数下的生命"，向读者介绍了微生物居住的奇怪世界。由于微生物的体积小，它们面临着在低雷诺数下运动的困难。珀塞尔要求读者想象自己在装满糖浆的池子里游泳，身体任何部分的运动速度不得超过每分钟 1 cm。

练习

(1) 以下情况的雷诺数是多少？(a) 人在空气中行走，(b) 鸟在飞翔，(c) 蚊子在飞，(d) 树液在树脉中流动。

(2) 估计 (a) 细菌和 (b) 雨滴下落的终极速度。

(3) 如果浮力是重要的，公式 (8.27) 中给出的终极速度表达式应该怎么修改呢？把它应用于浮游生物。

(4) 既然你知道球的体积，而且我告诉过你斯托克斯结果中的 6π，请确定公式 (8.27) 中给出的终极速度表达式中的整体系数。

注释

[1] 在朗道和栗弗席兹的《流体力学》（*Fluid Mechanics*）中，教科书上的解需要 3 页（见第 64—66 页），所以对于大学生来说，这个问题并不简单。

[2] 根据维基百科，"这个概念是由斯托克斯爵士（George Stokes）在 1851 年提出的，但雷诺数是由索末菲在 1908 年以雷诺（Osborne Reynolds）命名的，他在 1883 年推广了它的使用。"嗯，斯托克斯有足够的东西以他的名字命名，但他看起来还是很生气。见 https://en.wikipedia.org/wiki/Reynolds_number。

[3] 现在，很容易地在网上找到许多图片展示从层流到湍流的转变。

[4] 有些奇怪，他们肯定修过物理学和数学以外的课程，就像我在他们这个年纪时那样。

[5] 回忆我们在第 8.2 节对海啸的讨论。

[6] 例如，Denny, *Air and Water*, 第 115—116 页。

[7] E. M. Purcell, *American Journal of Physics* **45** (1977).

第 9 章
从专职专用的中微子到粲夸克

9.1 粒子物理学和量子场论的简介
9.2 弱相互作用：几个基本事实
9.3 专职专用的中微子
9.4 奇异性和粲夸克

第 9 章的序言

该不该把这些材料列入第 9 章呢？我和自己争论了很久。第 7.3 节关于广义相对论的内容已经有点夸张了。我和大学生聊天，包括我自己，因为我曾经也是大学生。我记得年轻时的自己不耐烦地跳过热力学之类的课程，还直接忽略毕业所需的各种课程（比如可怕的光学），跳到中微子和夸克之类的"好东西"。但最终，与真正的（而不是与我自己这个曾经的）大学生[1]聊天，他们说服了我冒着失去一些读者的风险，加进来第 9 章。如果你对这本书的其余章节已经有点不放心了，我建议你可以跳过最后这章，也许最后会回来看看。[2]

至少在物理学方面，对于年轻的容易受骗的人，教育要求我们只告诉他们真实的、精确的和已经得到证实的东西。但是在研究的前沿，勇敢的探索者经常会遇到假的，至少是有可能假的东西，模糊的和难以置信的东西。粒子物理学[3]在它的黄金时代，也就是从 20 世纪 50 年代到 70 年代，强和弱相互作用被阐明并且与电磁相互作用统一，提供了许多生动的例子可以说明夜行法。原因是直到 20 世纪 70 年代初，理论还是完全未知的，因此，许多最好的工作来自于富有灵感的猜测。即使你想解方程，也没有方程可解。得诺贝尔奖靠的是信仰的飞跃。在这种情况下，夜航物理学往往是唯一的指南。

这里提供三个例子，我把它们描述为：(a) 弱相互作用的呼喊（第 9.2 节），(b) 大家都有专职专用的中微子（第 9.3 节），以及 (c) 粲夸克的光滑性（第 9.4 节）。

但我首先要介绍一些基本的工具。正如费曼在他著名的讲座中试图向新生们解释奇异粒子时所说的那样："我不得不偷工减料。"我也不可避免地要走一些捷径。幸运的是，这本书的性质要求我们就是要偷工减料。在有些地方，我不得不简单地陈述某个结果。你只需相信我的话，而我总是会让你参考一些教科书中的推导，或者至少给出一些推理论证，让我陈述的结果听起来很有道理。另一方面，我必然要向你介绍历史背景。我只能长话短说，并鼓励你多读一些关于这场艰巨而迷人的斗争的资料。

我承认，对一些大学生来说，进展可能很艰难。请记住，我的目标是让你们尝个鲜，让你们有些印象性的理解，只是为了吊起你们的胃口，吸引你们阅读更详细的论述。

注释

[1] 包括阿什莉，我的大学生助理。见序言。

[2] 亚马逊上的一位读者认为，*Group Nut* 的最后一部分对他来说太高级了。显然的回答：为什么不读一本更初级的书呢？也可以跳过那部分，以后再读。或者把那部分撕下来，送给朋友。

[3] 关于适合大众的介绍，我推荐 Y. Nambu, *Quarks: Frontiers in Elementary Particle Physics*, World Scientific, 1985。关于更详细的总结，见 *Fearful*。

9.1 粒子物理学和量子场论的简介

> 是的，我在空间和时间上看到了一些东西。一些量与空间和时间中的点有关联，我会看到电子往前跑，在这个点上散射，然后它在这里，在这个点上散射，所以我做了一些关于它跑的小图片。这就是那些东西的情况。发出一个光子，光子走到这里——……我也确实有意识地想："如果这真的被证明是有用的，而《物理评论》（Physical Review）将充满这些看起来很有意思的图片，岂不是很有趣吗？看起来非常有趣。"
>
> ——费曼谈他如何发明了费曼图

粒子物理学单位

在我谈论粒子物理学之前——即使是以最宽松的方式谈论——我也必须告诉你单位制。由于粒子物理学既是相对论也是量子论，从业者通常选择 $c = 1$ 和 $\hbar = 1$ 这样的单位。设置 $c = 1$ 意味着距离和时间具有相同的量纲，即 $[L] = [T]$。时间可以用来测量距离[1]，反之亦然。接下来，设置 $\hbar = 1$。由于 $[\hbar] = (ML/T)L = ML = 1$，我们看到，在这些单位中，长度的量纲是质量量纲的倒数。

总结一下，

$$[L] = [T] = 1/[M] \tag{9.1}$$

我把这些单位称为"粒子物理学单位"，我相信你可以看到它们的巨大效用。我们可以选择用质量 M 或长度 L 表达一切。高能物理学家在传统上使用质量，或者等价地用能量。所有物理量的量纲都是 M 的幂函数。[2]

由于在传统的粒子物理学中，引力没有发挥任何作用，所以我们不需要采用完全的普朗克单位。

采用基本单位的电磁学

第 2.1 节指出，电磁学的基本量具有特殊的分数量纲：$[e] = M^{\frac{1}{2}} L^{\frac{3}{2}} / T$ 和 $[E] = [B] = M^{\frac{1}{2}} / L^{\frac{1}{2}} T$。但在粒子物理学单位中，电磁学的这些古怪量纲消失了。我们现在有

$$[e] = M^{\frac{1}{2}} L^{\frac{3}{2}} / T = 1 \tag{9.2}$$

和

$$[E] = [B] = M^{\frac{1}{2}} / L^{\frac{1}{2}} T = 1/L^2 = M^2 \tag{9.3}$$

因此，e 是无量纲的（它的数值 $\simeq 0.3$），电磁场的量纲是长度倒数的平方，或者等价于质量的平方。

也许并不奇怪，大多数粒子理论家*甚至没有意识到，或者已经忘记了，e 和电磁场有奇怪的量纲。我不得不被戴森提醒。可以说，如果要声称 e 是基本的物理量，那么采用合理的单位，它就必须是无量纲的。[3]

回忆第 2.1 节的能量密度 $\varepsilon \sim \vec{E}^2 + \vec{B}^2$ 和真空中电磁场的能量流 $\vec{S} \sim c\vec{E} \times \vec{B}$。在基本单位中，这些表达式是电磁场的二次方，量纲都是 M^4，等于 M/L^3 或 $M/(L^2T)$，因此对应于单位体积的能量，或者单位时间单位面积的能量。

还记得吧，静电势 $\Phi = A_0$ 可以与矢势 $\vec{A}$ 打包为一个四矢量，形成电磁势 $A_\mu = \left(A_0, \vec{A}\right)$。由于 $\vec{B} = \vec{\nabla} \times \vec{A}$，我们有 $[\vec{A}] = L[B] = LM^2 = M$，所以矢势 $\vec{A}$ 有质量的量纲。

由于势 A_μ 是四矢量，场强 $F_{\mu\nu} = \partial_\mu A_\nu - \partial_\nu A_\mu$ 就是一个反对称的四张量，其分量是我们熟悉的 $\vec{E}$ 和 $\vec{B}$。根据 (9.3)，场强的量纲为 $[F] = M^2 = [E] = [B]$。

物理在于作用量：拉氏量和拉氏量密度

我以前说过[†]拉氏量、拉氏量密度和作用量这些现代理论物理学的基本概念。我还提到过，在第 9 章之前不需要这些概念。现在是时候了。

这里的目的仅仅是让你们感受这些概念，因此我只做了几句评论。我当然不指望任何人能在这里学会[4]这些概念。

早在第 2.1 节我就说过（没有太多的讨论），在一维空间中运动的牛顿质点，其位置用 q 表示，它的拉氏量由 $L = \frac{1}{2}m\dot{q}^2 - V(q)$ 给出，即动能和势能的差。显然，L 具有能量的量纲。作用量 S 被定义为拉氏量在时间上的积分。$S = \int dt\, L$。如果有人告诉我们 $q(t)$ 是什么，那会是粒子在任何给定时间 t 所处位置的完整记录（即粒子的历史）。我们可以把 $q(t)$ 代入积分 $S = \int dt\, L$，从而得到一个实数，被称为这段特定历史的作用量。考虑其他的 $q(t)$，我们得到 S 的其他值。换句话说，S 是函数 $q(t)$ 的函数（泛函）。

欧拉和拉格朗日的深刻见解是，粒子"选择"历史或路径 $q(t)$，使得作用量 S 达到极值[5]。这个作用量原理是对牛顿力学的重新表述，效果惊人。

在经典物理学中，作用量原理代表了一种优雅但可有可无的形式主义。

---

*实验学家当然不一样：他们一直处理"真正的"电磁学。

[†]特别是关于电磁学的第 2.1 节，第 7.4 节关于引力波发射的尾注，以及关于爱因斯坦引力的附录 Eg。

人们可以在整个物理学生涯中愉快地使用某种版本的 $F = ma$，而不需要涉及作用量，但随着量子力学和量子场论的出现，作用量现在扮演了核心角色。

作用量是无量纲的

为了进一步开展工作，我必须告诉你作用量在粒子物理学单位下的量纲。事实证明，作用量没有任何单位，因为它是物理学的根本。

但是，首先让我们找出作用量在"日常"单位下的量纲。从 $S = \int dt\, L$ 的定义中，我们可以看到，作用量的量纲（在任何单位下）为 $[S] = \text{ET}$，这实际上与 $\hbar$ 的量纲相同。

在量子物理学的狄拉克–费曼表述[6]中（这是三种表述中最有逻辑性，也是最基本的[7]），与特定路径或历史相关的概率振幅由 $e^{iS/\hbar}$ 给出。很简单，不是吗？

我们应该用普朗克常量 $\hbar$ 衡量作用量 S。我们现在明白了 $\hbar$ 的含义——它是作用量的量子。

在粒子物理学单位下，$\hbar$ 等于 1，作用量 S 是无量纲的：

$$[S] = 1 \tag{9.4}$$

始终要记住，物理在于作用量，而作用量是无量纲的。

拉氏量密度

在电磁学这样的场论中，物理学在时空中是局域的，所以拉氏量 L 由拉氏量密度的积分 $L = \int d^3x\, \mathcal{L}$ 给出，如第 2.1 节所述。那么，作用量就是 $\mathcal{L}$ 在时空中的积分。

$$S = \int dt\, L = \int dt \int d^3x\, \mathcal{L} = \int d^4x\, \mathcal{L} \tag{9.5}$$

由于 $[S] = 1$，所以在基本单位下 $[\mathcal{L}] = M^4$。

在这些单位中，作用量 S 是与特定历史相关的数，这意味着它必须是洛伦兹不变的。请注意在场论中，指定历史的意思是说，要把场的空间构型当作时间的函数。因此，$\mathcal{L} \sim (\vec{E}^2 - \vec{B}^2)$ 也是洛伦兹不变的，这意味着，能量密度 $\varepsilon \sim (\vec{E}^2 + \vec{B}^2)$ 不是洛伦兹不变的。[8]但是我们已经知道这一点。假设一个盒子含有一定的能量。对于在旁边移动的观察者来说，盒子会发生洛伦兹收缩[9]，能量增加（就像四矢量的时间分量）。因此，能量密度 ε 不是不变的。

由此可见，$(\vec{E}^2 - \vec{B}^2)$ 的洛伦兹不变性也是显然的。实际上，在相对论的符号中，$\mathcal{L} = -\frac{1}{4}F_{\mu\nu}F^{\mu\nu}$（我在这里不妨包括正确的数字系数）。从原理上讲，$\mathcal{L} \sim (\partial A)^2$。

对于我们的目的，我们只需要知道 $\mathcal{L}$ 对 ∂ 是二次方的，对 A 也是二次方的。

量子场论：拒绝半吊子的方法

在高等量子力学课程中，你们可能遇到过原子在两个态之间跃迁时发射和吸收电磁辐射的问题。你可能还记得，相互作用哈密顿量（或者等价地，相互作用拉氏量）由 $\int d^3x\, e\rho(x)\Phi(x) = \int d^3x\, e\psi^\dagger(x)\psi(x)A_0(x)$ 给出，其中电荷密度 $e\rho(x)$ 由原子中电子的薛定谔波函数 ψ（及其共轭 $\psi^\dagger$）和静电势 Φ（写为 A_0）给出。电荷密度 ρ 耦合到静电势 A_0。类似地，电流 $\vec{J}$ 通过 $\int d^3x\, e\vec{J}(x)\cdot\vec{A}(x)$ 耦合到矢量势 $\vec{A}$。然后用相对论的符号把这些项打包成 $\int d^3x\, eJ^\mu A_\mu$。

量子化以后，电磁势 A_μ 就可以用产生和湮灭算符表示。它能够产生一个光子（对应于发射）和湮灭一个光子（对应于吸收）。（这完全类似于这个事实：谐振子中的位置算符正比于产生算符和湮灭算符之和。）

简而言之，电磁势 A_μ 被当作量子场，做着量子场所做的事情，并得到我们的尊重。

与此形成鲜明对比的是，可怜的电子是用波函数 ψ 描述的，就像在古老的初等量子力学中一样。假设有关原子一开始有 7 个电子，无论我们怎么敲打和收拾薛定谔方程，最终都会有 7 个电子。不会多，也不会少。这与光子完全不同，后者可以随意出现和消失。电子与光子不同，它不是用量子场来描述的。

这种不公正不平等[10]的待遇，通常是在量子力学扩展课程的最后几周讲授的，仅仅停留在量子场论上，在学术行话里称为"半吊子"。这只是对世界进行完全的量子场理论描述的几个动机[11]之一，在量子场论中，所有基本粒子都由量子场描述。

因此，狄拉克和其他量子场论的先驱们建议，引入电子场 $\psi(x)$，与电磁场 $A_\mu(x)$ 类似。（电子场和电子波函数用同一个希腊字母 ψ 表示，这可能使一些初学量子场论的学生感到困惑，但在这里我们不关心这个问题。）此外，由于我没有时间在这里讨论的原因[12]，$\psi(x)$ 的共轭写成 $\bar{\psi}(x)$，而不是 $\psi^\dagger(x)$。

在量子场论中，电子和光子的电磁耦合由拉氏量密度 $\mathcal{L} = e\bar{\psi}\gamma^\lambda\psi A_\lambda$ 描述。如前所述，这代表了量子力学中熟悉的相互作用 $e\psi^\dagger\psi A_0$ 的提升和推广。

应该理解的是，当我展示拉氏量密度的时候，为了清晰和简单起见，我只写下与讨论有关的总拉氏量密度的部分。换句话说，$\mathcal{L} = e\bar{\psi}\gamma^\lambda\psi A_\lambda$ 只描述了电子和光子的相互作用，而没有描述电子的运动或电磁场的动力学。（总的 $\mathcal{L}$ 是许多项的总和，例如，包括 $-\frac{1}{4}F_{\mu\nu}F^{\mu\nu}$。）

有些读者可能想知道 $\mathcal{L}$ 中的符号 γ^λ（恰好是四个矩阵，被称为伽马矩阵[13]，矩阵元的取值为 0、±1 或 ±i）。相反，我将关注重要的物理。

费曼图

首先，让我们了解一下，$\mathcal{L} = e\bar{\psi}\gamma^\lambda\psi A_\lambda$ 在被应用于电子吸收光子的情况下描述了什么。如前所述，电磁场 A_λ 可以湮灭一个光子。类似地，电子场 ψ 会湮灭电子。然后，共轭场 $\bar{\psi}$ 产生一个电子。最后，数字 e 决定了这个过程发生的概率振幅。

在量子场论中，电子对光子的吸收是以一种似乎有些费力的方式描述的。从右到左读 $e\bar{\psi}\gamma^\lambda\psi A_\lambda$：一个光子和一个电子消失（分别被 A_λ 和 ψ 湮灭，这是行话），然后一个电子出现（由 $\bar{\psi}$ 产生）。

费曼发明了著名的费曼图，描述量子场论中发生的情况。作为简单的例子，刚刚描述的过程在图 9.1(a) 所示的费曼图中被形象地表示出来。

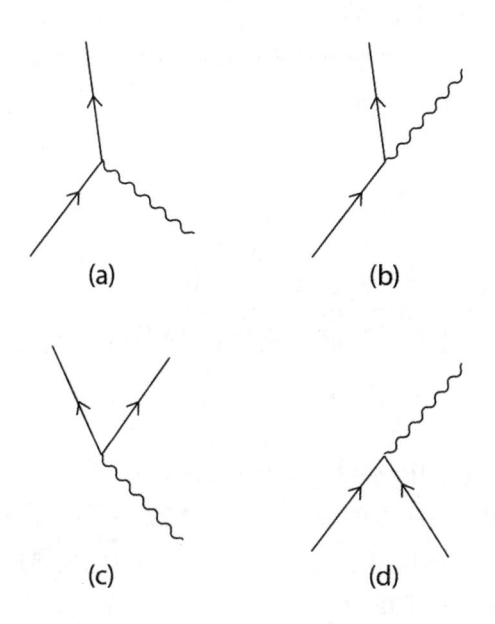

图 9.1 电子与光子的耦合顶点的四种解读方式：(a) 电子吸收光子 (b) 电子发射光子 (c) 光子产生电子–正电子对 (d) 电子–正电子对湮灭为光子（波浪线代表光子，实线代表电子）

交叉

电子发射光子的情况如何呢？相互作用 $e\bar{\psi}\gamma^\lambda\psi A_\lambda$ 也能描述它。场 A_λ 也能产生一个光子。

这是由图 9.1(b) 中的费曼图描述的。我们看到，这可以从图 9.1(a) 中得到，把图 9.1(a) 中的光子线弯曲，使之"在时间上前进"。

这种在费曼图中把线弯折的可能性是量子场论的深层属性，被称为"交叉对称性"。

如果电磁场可以产生一个光子和湮灭一个光子，那么电子场 ψ 呢？ψ 也能产生和湮灭一个电子吗？

答案是否定的，因为电荷守恒。产生一个电子的行为会给宇宙增加一个单位的（负）电荷，而湮灭一个电子的行为则会减少一个单位的（负）电荷。因此，这两种行为不能叠加在一起，出现在一个场 ψ 中。这就是为什么我们需要共轭场 $\bar{\psi}$ 来产生一个电子。相比之下，电磁场 A_λ 不携带电荷，并且是它自己的共轭场。

从本质上讲，A_λ 起源于真实的经典场。然而，ψ 没有经典对应。读者可能知道，这与量子物理学中复数的必要性有很大关系。

这个思路表明，如果 ψ 能够湮灭一个电子，它应该能够产生一个与电子电荷相反的粒子。事实上，这个猜测是正确的，正如我们在篝火边唱歌跳舞庆祝的那样，它是狄拉克关于反物质的卓越见解的基础。电子场湮灭一个电子，并产生一个正电子，也就是与电子对应的反粒子。这意味着，共轭电子场产生一个电子并湮灭一个正电子。这个表格"总结"了量子电动力学。

	湮灭	产生
ψ	电子	正电子
$\bar{\psi}$	正电子	电子
A	光子	光子

因此，在图 9.1(a) 中继续弯曲（或更正确地说，交叉）入射电子线，将费曼图转化为图 9.1(c) 所示的描述光子产生电子–正电子对的图。换句话说，我们现在把 $\mathcal{L} = e\bar{\psi}\gamma^\lambda\psi A_\lambda$ 读作：A_λ 湮灭了一个光子，而 ψ 产生了一个正电子，共轭场 $\bar{\psi}$ 产生了一个电子。

现在你学会了一些量子场论，也可以玩这个游戏了。交叉图 9.1(b) 中的出射电子线，得到图 9.1(d) 中的过程。弄清楚它描述的是什么了？是的，一个电子–正电子对的湮灭，变成了一个光子。我们现在把 $\mathcal{L} = e\bar{\psi}\gamma^\lambda\psi A_\lambda$ 读作：

A_λ 产生了一个光子，而 ψ 湮灭了一个电子，$\bar{\psi}$ 湮灭了一个正电子。

切记：$e\bar{\psi}\gamma^\lambda\psi A_\lambda$ 这串符号描述了 4 个明显不同的物理过程。

顺便说一句，费曼说过一句有点隐晦的话[14]，即反粒子是一种在时间上向后移动的粒子，你现在可以看到这句话是怎么来的了。

不用说，这些都是非常粗略和模糊的，但我在这里的目标不是要把量子场论的大纲教给你[15]，这显然是不可能的，而是要让你感受一些非常深刻的物理学。

电子–电子散射

以图 9.1 中的光子—电子—电子顶点为基础，我们可以构建更多、更复杂的费曼图，例如图 9.2 描述的电子–电子散射。[16]一个电子发射出一个光子，随后这个光子被另一个电子吸收。显然，两个电子通过电磁场互相影响。库仑电势 $V(r) = e^2/r$ 突然出现！

你们可能已经注意到，在图 9.2 里有两个完全相同的费曼图。图 9.2(a) 显示的是时空上的散射：如上所示，光子从 x' 传播到 x。（因为我们研究的是相对论量子理论，把这个符号理解成四维的。例如，$x = (x^0, \vec{x}) = (t, \vec{x})$。）图 9.2(b) 在动量空间中显示了相同的过程。这些线是用它们携带的动量来标记的。例如，光子携带动量 $q = p_1 - p'_1 = p'_2 - p_2$，因为动量是守恒的。当然，我们在这里讨论的是四动量：$q = (q^0, \vec{q})$。这两个图通过 e^{iqx} 进行傅里叶变换相关联。

事实上，很久以前我们在第 2.3 节就遇到过康普顿散射的费曼图，只是把图 9.1(a) 和 9.1(b) 按适当的顺序组合在一起。

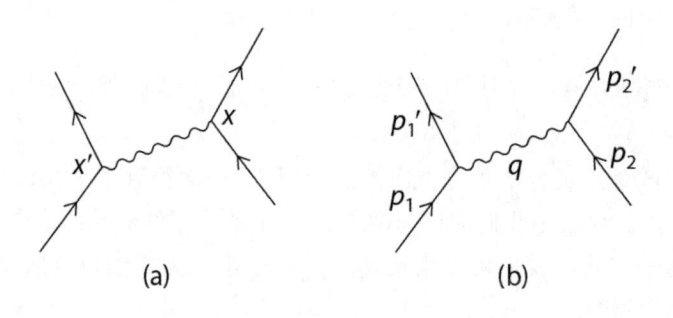

图 9.2 描述电子–电子散射的费曼图

费曼规则

当然，费曼做的远远不止于画图描述正在发生的事情。他得出了一套规则（称为费曼规则），使得任何受过训练的笨蛋* 都能计算出与这些图描述的任何过程相关的概率振幅。施温格（Julian Schwinger）抱怨说："费曼把量子场论带给了大众。"

在费曼图中，与每个顶点相关的是耦合常数（如电磁学中的 e），与每条内线相关的是称为"传播子"的表达式，如此等等。在每个顶点，动量是守恒的，这个事实在图 9.2(b) 中被用来确定光子的动量 q。量子场论的教科书给出并推导了这些规则。[17] 目前你只需要知道，一旦掌握了费曼规则[18]，你就可以计算出量子场论里的概率振幅。

关于第 9.3 节使用的传播子，我想告诉你一些东西。令人惊讶的是，你已经知道传播子是什么了，至少在时空中是这样，无论你有没有意识到这一点！

附录 Gr 介绍了我们在讨论电磁波时使用的格林函数，其中得到了

$$G(t-t', \vec{x}-\vec{x}') = \frac{\delta\left(t-t'-\frac{1}{c}|\vec{x}-\vec{x}'|\right)}{|\vec{x}-\vec{x}'|} \tag{9.6}$$

它告诉我们在时空点 x 的电磁场的扰动如何在时空点 x' 被感受到，但这正是传播子的作用。所以 G 在本质上是用于时空费曼图的传播子。

动量空间的传播子 $\tilde{G}(q)$ 是什么呢？我们简单地进行傅里叶变换。$\tilde{G}(q) = \int d^4x\, e^{iqx} G(x)$。（我们将使用更紧凑的四维符号。）按部就班的物理学家会尽职尽责地计算傅里叶积分，但我们夜航物理学家要走简单路。做量纲分析。由于 $\int dt\, \delta(t) = 1$，所以 $\delta(t)$ 的量纲为 $1/T = 1/L$，因此从 (9.6) 来看，$[G(x)] = 1/L^2$（在粒子物理学单位中 $c=1$）。因此，$[\tilde{G}(q)] = L^4/L^2 = L^2$，从而 $\tilde{G}(q) \sim 1/q^2$。

还有另一种方法。在附录 Gr 中，$G(x)$ 是作为方程 $\Box G(x) = \delta^{(4)}(x)$ 的解得到的，其中 $\Box \equiv \left(\nabla^2 - \frac{1}{c^2}\frac{\partial^2}{\partial t^2}\right)$，是时空的广义拉普拉斯算符。对这个方程做傅里叶变换，我们有

$$\int d^4x\, e^{iqx} \Box G(x) = \int d^4x\, e^{iqx} \delta^{(4)}(x) = 1 = q^2 \int d^4x\, e^{iqx} G(x) = q^2 \tilde{G}(q) \tag{9.7}$$

（第三个等式是通过分部积分得出的。）我们又一次得到了 $\tilde{G}(q) \sim 1/q^2$，当然都是一致的。这就是我们应该与图 9.2(b) 中的光子线联系起来的传播子。

通过这种方式，我们可以大致建立起量子电动力学的重要版本，用它来推导和解释电磁学。

---

*我故意错误地引用了费曼的箴言："一个傻瓜能做的事，另一个也能做。"见 *QFT Nut*，第 522 页。

顺便说一句，有些在物理学其他领域颇有建树的人告诉我，他们不能完全掌握费曼传播子。他们的困惑让我感到困惑。一个"扰动"从此时此地传播到彼时彼处的概念是许多物理学领域的基本概念。当我们谈论电磁辐射时，我们谈论的是传播子。类似的还有水波，等等。

准备做一些量纲分析

在第 9.2 节中，当我们把量纲分析应用于弱相互作用时，我们需要知道电子场 ψ 的量纲。

万事俱备！我们都知道，在粒子物理学单位制中，$[\mathcal{L}] = \mathrm{M}^4$，$[A] = \mathrm{M}$，$[e] = 1$。只要把这些代入 $\mathcal{L} = e\bar\psi\gamma^\lambda\psi A_\lambda$，就得到 $\mathrm{M}^4 = [\mathcal{L}] = [e][\bar\psi][\psi][A] = \mathrm{M}[\psi]^2$。用高中代数就可以得到重要的结果

$$[\psi] = \mathrm{M}^{\frac{3}{2}} \tag{9.8}$$

电子场的量纲是质量的半整数幂，即 $\frac{3}{2}$ 次幂。

练习

(1) 量子电动力学是非线性的！麦克斯韦电磁学是线性的，由拉氏量密度 $\mathcal{L} \sim F_{\mu\nu}F^{\mu\nu} \sim F^2$ 描述。但是，量子涨落会产生非线性效应，因此两个光子可以相互散射。在图 9.1(c) 所示的顶点，一个光子可以变为一个电子–正电子对，它们可以散射另一个光子。然后，电子–正电子对可以通过图 9.1(d) 所示的顶点重组为一个光子。这个过程在 1936 年由海森堡（W. Heisenberg）和欧拉（H. Euler）首次计算[19]。相关的费曼图如图 9.3 所示。写下相应的拉氏量密度。

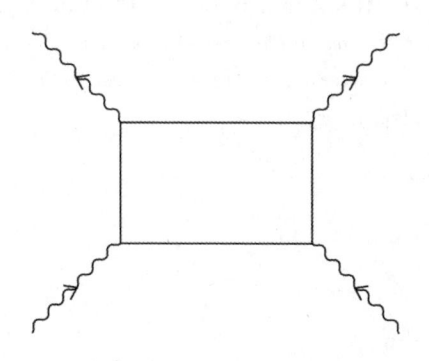

图 9.3 光子–光子散射的费曼图

注释

[1] 即使是大街上的那些普通人（至少是那些受过教育的人）也知道光年之类的东西。

[2] 在现代凝聚态物理学的某些前沿领域，特别是临界现象，标准的选择是使用长度，正好相反。

[3] 与黏度相比。

[4] 我认为，最好是从 *GNut* 的第 II.3 章开始。

[5] 也就是说，要么最小化，要么最大化。

[6] 这种提法的好处是，它明确地表达了经典物理学如何来自于量子物理学。如果 $S \gg \hbar$，经典物理学就会接管；如果 $S \lesssim \hbar$，就由量子物理学掌控。

[7] 当我在课上说这句话的时候，有些学生居然发出了"阿门"的声音。

[8] 如果 $\vec{E}^2$ 和 $\vec{B}^2$ 的变化在组合 $\left(\vec{E}^2 - \vec{B}^2\right)$ 中抵消，它们就不可能在组合 $\left(\vec{E}^2 + \vec{B}^2\right)$ 中抵消。

[9] 附录 Eg 提到了它。

[10] 人们把电子视为粒子，把光视为波，爱因斯坦对此感到不安，因而提出了光子。受爱因斯坦工作的启发，德布罗意反过来提出，电子也可以用波描述，这样就完成了循环。

[11] 关于量子力学的不足之处和拥有量子场论的必要性，全面的描述参见 *QFT Nut*。

[12] 因为时间和空间有相反的符号。见 *QFT Nut*，第 97 页。

[13] 为了说明问题，我为好奇的读者展示其中的一个矩阵：

$$\gamma^3 = \begin{pmatrix} 0 & 0 & 1 & 0 \\ 0 & 0 & 0 & -1 \\ -1 & 0 & 0 & 0 \\ 0 & 1 & 0 & 0 \end{pmatrix}$$

[14] 见 *QFT Nut*，第 113 页。

[15] 所以，读一读关于量子场论的书吧。我喜欢的是 *QFT Nut*。

[16] 这个图在 *QFT Nut* 第 134 页得到了非常详细的阐述。

[17] 例如，*QFT Nut*，附录 C，第 534 页。

[18] 事后看来，它们实际上并不难推导。见 *QFT Nut*，第 I.7 章。

[19] 在费曼图出现之前，这个计算是非常艰巨的，但是我现在可以把它布置为量子场论课程的作业题。见 D. Kaiser, *Drawing Theories Apart: The Dispersion of Feynman Diagrams in Post-war Physics*, University of Chicago Press, 2005。顺便说一句，这篇论文经常被错误地引用为 Euler-Heisenberg 所作。

9.2 弱相互作用：几个基本事实

关于弱相互作用的一些基本事实

现在开始讨论弱相互作用[1]，我先画一个最简单的草图，只讲几个相关的事实。[2]顺便说一下，我们在第 3.1 节提到过弱相互作用，并在第 7.1 节提到过它与恒星燃烧有关的内容。

弱相互作用的历史开始于原子核 β 衰变的发现：$(Z, A) \to (Z+1, A) + e^- + \bar{\nu}$。（由于电荷守恒，原子核的质子数 Z 必须加 1，而核子的总数 A 保持不变。）后来，这个过程被理解为更基本的过程 $n \to p + e^- + \bar{\nu}$。原子核里的一个中子[3]嬗变为质子，同时发射出一个电子和一个反中微子。后来这个过程被理解为更基本的过程 $d \to u + e^- + \bar{\nu}$。中子内部的一个下夸克* d 嬗变为上夸克 u，同时发射出一个电子和一个反中微子。

我假设读者至少对中微子的故事有些了解。测量原子核 β 衰变中电子的能量，$(Z, A) \to (Z+1, A) + e^- + \bar{\nu}$，并且知道母核 (Z, A) 和子核 $(Z+1, A)$ 之间的质量差，实验学家发现能量变少了。泡利的深刻见解是，缺失的能量被一种看不见的粒子带走了，费米将其称为"中微子"（即意大利语中的"小中子"），以区别于中子。（在如今使用的标准化命名惯例中，β 衰变中发射的这种粒子实际上是一种反中微子，我冒着稍微不合时宜的风险把它写成了这样。）中微子和反中微子的实际探测发生在几十年以后。

回忆一下，虽然轨道角动量取整数值，但粒子 n、p 和 e^- 的自旋都是 $\frac{1}{2}$。根据角动量相加的量子力学规则，我们从中子衰变 $n \to p + e^- + \bar{\nu}$ 中知道，中微子必然具有半整数的自旋，而自旋 $\frac{1}{2}$ 是最简单的缺省选项。

同时，缪子 μ^- 被发现，它的表现和行为都像电子 e^- 的大质量版本。缪子 μ^- 衰变为电子 e^-，也丢失了一些能量。将衰变率与中子的 β 衰变率做比较，可以推断出弱相互作用的贡献。[4]假设还是中微子参与带走缺失的能量，我们看到只有单个中微子还不够，角动量加起来也不对。因此，缺失的能量必须由两个不可见的粒子携带。现在已知缪子会衰变（$\mu^- \to e^- + \bar{\nu} + \nu$），变成三个自旋为 $\frac{1}{2}$ 的粒子。同样，按照当代的惯例，我们把其中一个新粒子称为中微子，另一个称为反中微子。

出于教学的原因，我在缪子的衰变产物中写了 $\bar{\nu}$ 和 ν，仿佛一个是另一个的反粒子。事实上，我们现在知道——这在粒子物理学的历史上是很大的惊喜——中微子有不同的种类！缪子衰变中的 $\bar{\nu}$ 和 ν 属于不同的种类，并不是彼

---

*现在我们知道，质子由两个上夸克和一个下夸克组成，因此 p = (uud)；而中子由两个下夸克和一个上夸克组成，因此 n = (ddu)。

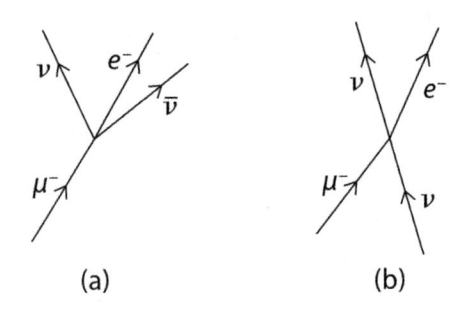

图 9.4　费曼图。(a) 描述缪子衰变 $\mu^- \to e^- + \bar{\nu} + \nu$ 的费曼图 (b) 描述中微子散射 $\nu + \mu^- \to \nu + e^-$ 的费曼图。这两个过程因交叉而相关

此的反粒子。

这个引人入胜的发现是如何提出的，是我们接下来要讨论的一个主要议题。

要理解物理学，最好时不时地把自己置于历史背景中。我真的很讨厌那些从标准模型开始讲起的粒子物理学教科书，仿佛那东西从天而降似的，但可惜的是，本书的篇幅有限，不可能让我们深入研究这段曲折的历史。

费米的弱相互作用理论

1933 年，费米提出了著名的[5]弱相互作用理论，写下了相互作用拉氏量 $\mathcal{L} = G\left(\bar{e}\Gamma^\lambda \nu\right)\left(\bar{p}\Gamma_\lambda n\right)$，用来描述中子 β 衰变 $n \to p + e^- + \bar{\nu}$。这里的 n、p、e、ν 分别表示中子场、质子场、电子场和中微子场。（注意，粒子物理学家显然经常用同一个字母来表示一个场和与之相关的粒子。另外，请注意，需要对指标 λ 求和，但不要在意这些细节。）现在你已经基本掌握了量子场理论，可以开始阅读这神秘的咒语了：在 $\mathcal{L}$ 里，从右到左，n 湮灭了一个中子，$\bar{p}$ 产生了一个质子，ν 产生了一个反中微子，$\bar{e}$ 产生了*一个电子，从而描述了 $n \to p + e^- + \bar{\nu}$ 的过程。费米常数 G 衡量这个过程发生的概率振幅。（我通过省略各种数值因子来简化，这些因子可以吸收到矩阵 Γ^λ 中，我甚至没有说明这个矩阵。在此过程中，我跳过了几个诺贝尔奖，包括宇称不守恒的诺贝尔奖。）

由于各种原因，讨论缪子的弱衰变，即 $\mu^- \to e^- + \bar{\nu} + \nu$，而不是讨论中子的 β 衰变，是比较清楚的（我认为也是比较合适的）。在几乎成为量子场论

---

*我就这么随意地写，你们也随意地读。费米在概念上的突破，让当时很多人都难以接受，那就是在 β 衰变中观察到的出射电子，$(Z, A) \to (Z+1, A) + e^- + \bar{\nu}$，实际上是在衰变过程中产生的。稍后会有更多关于这方面的内容。

的专家之后，你现在也许可以追随费米的脚步，写下相互作用拉氏量：

$$\mathcal{L} = G\left(\bar{e}\,\Gamma^\lambda\,\nu\right)\left(\bar{\nu}\,\Gamma_\lambda\,\mu\right) \tag{9.9}$$

你已经是这种量子场论密码的忠实读者了：再一次，量子场 μ 湮灭了一个缪子，$\bar{e}$ 创造了一个电子，ν 创造了反中微子 $\bar{\nu}$，而 $\bar{\nu}$ 创造了中微子 ν。

描述缪子衰变的费曼图如图 9.4(a) 所示。

但你知道的不仅仅是如何写下相互作用的拉氏量和绘制费曼图。你还知道交叉对称性！你可以通过交叉出射的反中微子，将其变成入射的中微子，如图 9.4(b) 所示。交叉使缪子衰变变成散射过程 $\nu + \mu^- \to \nu + e^-$：一个中微子散射了一个缪子，把自己变成一个中微子，把缪子变成一个电子，这个过程也是由我们刚刚遇到的同一个拉氏量 $\mathcal{L} = G\left(\bar{e}\,\Gamma^\lambda\,\nu\right)\left(\bar{\nu}\,\Gamma_\lambda\,\mu\right)$ 描述的。

费米耦合常数的值

历史上，费米耦合常数 G 的值必须从原子核和中子的 β 衰变率，以及缪子衰变率的测量中费力地推导出来。缪子衰变 $\mu^- \to e^- + \bar{\nu} + \nu$ 提供了最干净的结果，因为没有粒子参与强相互作用，我们不需要区分各种令人讨厌的核和强相互作用效应。由于电子的质量远小于缪子的质量 m_μ，我们可以有效地把缪子衰变出来的三个粒子视为无质量的。下一节我们将确定，G 的量纲是质量的倒数的平方。为此，你可以计算出衰变率（或者寿命的倒数）为 $\Gamma \sim G^2 m_\mu^5$。请参见练习 (1)，特别是其中的注释。值得注意的是，该衰变率随 m_μ 的 5 次幂而变化。

几十年的测量和理论计算已经得出了值 $G \simeq 10^{-5}/m_p^2$。说到使用适当的单位（见第 1.3 节），我更喜欢把 G 与质子质量 m_p 联系起来，而不是像有些人习惯的那样用尔格（erg）来表示它。

费米耦合常数的量纲

为了对弱相互作用有一些初步理解，关键是确定其耦合常数 G 的量纲。我将给你们介绍两种得到 $[G]$ 的方法。首先用一种快速的、唾手可得的方法，然后是一种更复杂但绝对正确的方法。

实验家们最终意识到，原子核的 β 衰变[6]完全发生在原子核里面，（你可能还记得）原子核很小，与原子的大小相比基本上是一个点。因此，弱相互作用的作用范围或距离是非常小的。弱相互作用被说成是短程的，与长程的电磁相互作用（或引力相互作用）相反。与电磁势 $V(\vec{x}) = e^2/r$ 相比，相应的弱相互作用势的形式是 $V(\vec{x}) = G\delta^3(\vec{x})$。$\delta$ 函数（见附录 Del）表明，这一切都发生在一个点上。

由于 $\delta^3(\vec{x})$ 有 $1/L^3$ 的量纲，评估 $V(\vec{x})$ 的量纲，我们得到 $E = [G]/L^3$，所以在我们使用的粒子物理学单位中，

$$[G] = ML^3 = \frac{1}{M^2} \tag{9.10}$$

费米常数的量纲是质量平方的倒数！而电磁学的耦合强度[7] $\alpha \sim e^2 \simeq 1/137$ 是无量纲的。

震惊了吧？什么，你不吃惊吗？

散射振幅变为无穷大

考虑一些由弱相互作用支配的散射过程，例如 $\nu + \mu^- \to \nu + e^-$，如图 9.4(b) 所示。更妙的是，为了不把问题与缪子的存在混为一谈（也许不是每个读者都能理解），考虑中微子对电子的散射，$\nu + e^- \to \nu + e^-$，这个过程现在已经被观测到了。让散射发生在一个比电子质量大得多的能量 E 处，这样电子就可以被看作无质量粒子。[8]

想象一下，通过量纲分析来计算概率振幅 $\mathcal{M}$。对最低阶而言，$\mathcal{M} \propto G$，因为如果 G 等于零，散射就不会发生。

试着把振幅写到下一阶 $\mathcal{M} \sim G + G^2 X$，我们将尝试猜测 X 是什么。匹配两个项的量纲，$[G^2 X] = [G]$，我们从 (9.10) 中看到，$[X] = 1/[G] = M^2$：X 的量纲为 M^2。由于能量 E 是周围唯一具有质量量纲的量，所以我们得出结论：

$$\mathcal{M} \sim G\left(1 + aGE^2 + \cdots\right) \tag{9.11}$$

其中 a 是某个数值因子。

当我们把能量提高到 $\sim 1/\sqrt{G}$ 时，散射振幅就有可能变为无穷大。

记性好的读者（而且把这本书从头到尾读了一遍）就会认识到，这正是第 4.4 节给出的论证，即量子引力在普朗克能量下会变为无穷大。事实上，回忆一下，在量子物理学中，散射振幅会受到幺正性限制的约束，因为根据定义，概率不能超过 1。

另一种说法是，如果修正项 GE^2 与领头阶 1 相当，那么在 (9.11) 中包含的每一个后续项（G 的幂不断增加）也都是 1 的量级。[9]验证这一点。

是的，相比于具有优雅的无量纲耦合系数 α 的电磁学，弱相互作用和引力受到同样的"疾病"影响。几乎所有人都知道牛顿常数的量纲，少些人知道

费米常数的量纲，但当你意识到在基本单位下它们的量纲都是 $1/\mathrm{M}^2$ 时，你就知道相应的量子理论有麻烦了。

用场论确定费米耦合常数的量纲

从历史上看，费米的弱相互作用理论在高能量（$E \sim 1/\sqrt{G}$）下表现得很糟糕，认识到这一点，就动摇了粒子物理学的基础，并引导人们开始寻找更合理的理论，最终将弱相互作用与表现得更好的电磁学统一起来。丑汉娶俊妻，这是许多古代文明的传统做法，往往会带来灾难性的后果。在这种情况下，得到的却是幸福的婚姻——弱相互作用现在成为电弱相互作用的一部分。

由于费米耦合常数 G 的量纲是这么重要的问题，你可能不相信[10] (9.10) 中给出的快速和粗糙的判定。现在，让我们按照承诺，继续用更复杂的场论来确定它。

我们在第 9.1 节确定了拉氏量密度 $\mathcal{L}$ 的量纲为 M^4，自旋为 $\frac{1}{2}$ 的场的量纲为 $\mathrm{M}^{\frac{3}{2}}$。*

对于弱相互作用的费米理论，公式 (9.9) 中的拉氏量密度有示意的形式 $\mathcal{L} = G(\bar{\psi}\psi)(\bar{\psi}\psi)$，其中 ψ 一般表示自旋为 $\frac{1}{2}$ 的场，其量纲为 $\mathrm{M}^{\frac{3}{2}}$。下面是粒子物理学中最重要的计算之一，

$$4 = -2 + 4\left(\frac{3}{2}\right) = -2 + 6 \tag{9.12}$$

（明白了吗？）我们推断出 $[G] = \mathrm{M}^{-2}$，与 (9.10) 中快速而粗糙的判断一致。

费米的理论在呼喊

我们听到的声音是费米的理论在呼喊[11]，在以下能量标度上必须发生一些戏剧性的事情[12]，

$$E_{弱} \sim \left(\frac{1}{G}\right)^{\frac{1}{2}} \tag{9.13}$$

没有理由保持悬念。我们现在都知道那个东西是什么：负责弱相互作用的粒子，称为 W 玻色子，1983 年在 $E_{弱}$ 能量附近产生的。可以说，弱相互作用被破解了。

---

*严格来说，我们只对电子场做了合理的解释。然而，所有基本的自旋为 $\frac{1}{2}$ 的场都是由狄拉克方程描述的，因而也是由狄拉克作用量描述的，我们将在第 9.4 节简要地谈一谈。正如第 9.1 节所述，作用量总是无量纲的，决定了组成它的场的量纲。因此，所有基本的自旋为 $\frac{1}{2}$ 的场都有相同的量纲，即 $\mathrm{M}^{\frac{3}{2}}$。出于需要，我在本书中避免讨论狄拉克方程。更多的细节可以在 *QFT Nut* 里轻松找到。

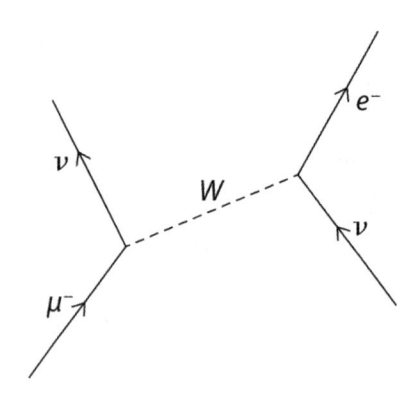

图 9.5 散射 $\nu+\mu^- \to \nu+e^-$ 是通过 W 玻色子的发射和随后的吸收发生的（把这张图与第 9.1 节的图 9.2 做比较）

负责弱相互作用的玻色子

但我们要超越自己。接着讲吧：费米理论出了问题，我们开始寻找治疗方案。在经历了几个死胡同和无数的难题之后，发展的途径来自于第 9.1 节的图 9.2，它描述了 $e^-+e^- \to e^-+e^-$，以及本节的图 9.4(b)，它描述了 $\nu+\mu^- \to \nu+e^-$。我们看到，如果把图 9.4(b) 中的顶点拉开，这张图就可以变成第 9.1 节的图 9.2。只要我们发明一个粒子[13]（如刚才所述，现在称为 W 玻色子），在弱相互作用中发挥的作用与光子在电磁学中的作用相同。拉开的过程如图 9.5 所示。

现在，散射 $\nu+\mu^- \to \nu+e^-$ 被理解为分两步发生。首先，缪子 μ^- 发射出一个 W 玻色子，并将自己变成一个出射的中微子 ν。然后 W 玻色子继续前行，遇到入射的中微子 ν，并将其转化为一个电子 e^-。

然后，四费米子的顶点可以由更多描述 W 与费米子耦合的基本顶点建立起来。在一个顶点中，一个缪子通过发射一个 W 将自己转化为一个中微子 ν。根据电荷守恒，我们看到 W 必须携带负电荷，因此用 W^- 表示。在另一个顶点，一个中微子 ν 吸收了一个 W^-，并转化为一个电子 e^-。

在图 9.4(b) 中，我们把四费米子相互作用的顶点拉开，这是什么意思呢？

考虑在低能量下的散射 $\nu+\mu^- \to \nu+e^-$，使得入射的缪子没有足够的能量产生一个实际的 W 粒子：图 9.5 中的 W 被称为虚粒子。但是根据海森堡不确定性原理，它的能量在量级为 $\hbar/\Delta E$ 的短时区间内是不确定的，变化范围是 ΔE。在此期间，W 不能走得比 $\hbar/M$ 远。（请记住，我们使用的是 $c=1$ 的单位。）

因此，如果 W 玻色子的质量 M 足够大，弱相互作用的范围就很短。我们现在知道，弱相互作用的范围大约是强相互作用范围的千分之一，因此它看起来像是在一个点上起作用。

相比之下，光子是无质量的，这意味着电磁学在弱相互作用和强相互作用的范围内是无穷远的。（事实上，它是以 $1/r$ 的幂数而不是以指数形式下降的。）由于光子是无质量的，所以只要受到一点刺激，它就很容易发射出来。你很可能是利用了宇宙的这个基本事实来阅读这本书[14]。

把 δ 函数拉开：胆子有多大？

在数学上，用短距离的相互作用代替点的相互作用，就像把弱相互作用势 $V(\vec{x}) = G\delta^3(\vec{x})$ 中的 δ 函数拉开一样。你们想知道，这怎么可能呢？为了使之合理化，我给你展示一个函数，随着参数的变化，它从静电势 $\propto 1/r$ 变形为弱相互作用势 $\propto \delta^3(\vec{x})$。

考虑积分[15] $J = \int d^3q \frac{e^{i\vec{q}\cdot\vec{x}}}{q^2+M^2}$。对于 $M=0$，这个积分具有 $[q^3]/[q^2] = [q]$ 的量纲，因此通过量纲分析，$J \sim 1/|\vec{x}| = 1/r$，即库仑势。对于 $M = \infty$（即，M 远大于对积分有贡献的 q 的典型值），我们有 $J = \frac{1}{M^2}\int d^3q e^{i\vec{q}\cdot\vec{x}} \propto \delta^3(\vec{x})$（见附录 Del），即刚才提到的理想的弱相互作用势。对于 M 的中间值，我们有[16] $J \propto e^{-Mr}/r$。（所有这些计算都在附录 Gr 的练习里。）

因此在数学上，有可能"把 δ 函数拉开"。事实上，这种操作反映了不确定性原理所决定的关于范围和质量的物理推理。

请记住，在进行这种理论研究的时候，中微子还是一个可能存在也可能不存在的理论实体，因此提出假想的 W 玻色子，其质量远远超过已知的质量，确实很大胆。引起理论学家强烈关注的是，这使得弱相互作用的结构看起来类似于电磁相互作用的结构。正如我们现在所知，这被证明是扫除其他许多反对意见的主要考虑因素。

W 传播子

为了总结本节，以及为了第 9.3 节的使用，我需要告诉你与图 9.5 中的 W 相关的传播子。在第 9.1 节，我讲了光子传播子 $1/q^2$ 的情况。回忆一下，我们是通过对方程 $\Box G(x) = \delta^{(4)}(x)$ 进行傅里叶变换得到它的，这个方程由电磁势 $\Box A_\mu = 0$ 的运动方程得出。见附录 Gr。

因此，让我们找到 W 的运动方程。质量为 M 的粒子，其能量 E 和动量 $\vec{p}$ 满足 $E^2 = \vec{p}^2 + M^2$，或者 $p^2 = M^2$，即四动量 $p = (p^0, \vec{p}) = (E, \vec{p})$。用[17] $\Phi(x)$ 表示与 W 相关的场。如果我们希望 $\Phi(x) \sim e^{ipx}$（其中 $p^2 = M^2$）

是场方程的解，这个方程就应该有 $(\Box + M^2)\Phi = 0$ 的形式（因为 $\Box e^{ipx} = -p^2 e^{ipx}$）。

通过与电磁的情况做盲目而天真的类比，我们猜测 W 的格林函数应该满足 $(\Box + M^2)G(x) = \delta^{(4)}(x)$ 的方程。用 e^{iqx} 乘以这个方程，然后进行积分（换句话说，对这个方程进行傅里叶变换），并遵循第 9.1 节的相同步骤，按部就班的物理学家发现，$(-q^2 + M^2)\tilde{G}(q) = 1$。

相比之下，夜航物理学家只是用量纲分析：$[\Box] = 1/L^2$，因此，在动量空间有 $\Box \to q^2$。

因此，这两种物理学家都认为，有质量粒子的传播子具有[18] $\sim 1/(q^2 - M^2)$ 的形式。事实上，对于 $M = 0$，我们恢复了无质量光子的传播子。

顺便说一句，你现在也能感觉到上一节中的积分可能从哪里来了。

产生电子：一桩丑闻给物理学带来一团糟？

> 我的这个假设受到了批评，非常优秀的物理学家特别强烈地批评它。我收到一封信说，假设原子核里没有电子真的是瞎扯淡，因为明明看到它们跑出来的嘛，这种不合理的假设将给物理学带来一团糟……那些东西看起来很自然、很明显，一直以来每个人都承认，要放弃它们真是太困难了。我认为，在理论物理学的发展中，在那些必须放弃旧概念的地方，总是需要付出最大的努力。
>
> ——海森堡[19]

你真的看到它们出来了。因此，它们肯定一直都在原子核里！

如今，量子场论的学生通常都接受电子可以由电子场产生的说法。但是，正如我在本章前面提到的那样，以前的假设是完全自然的：在原子核 β 衰变中发射的电子，$(Z, A) \to (Z+1, A) + e^- + \bar{\nu}$，一直都在母核 (Z, A) 里。

从原子核中射出的电子是凭空产生的，这样的说法需要奇妙的信仰飞跃。我们推崇物理学的伟大人物，如费米和海森堡，正是因为这样的飞跃。

练习

(1) 利用量纲分析，给出正文中的缪子衰变率 $\Gamma \sim G^2 m_\mu^5$。

评论：相当烦琐的直接计算[20]确定了所有的数字系数为 $(192\pi^3)^{-1} \simeq 1/6000$，这肯定不是 1 的量级。有些人认为这是量纲分析的失败，但我不同意。有时候，2π 就是要跟你作对，但它们可以被理解，甚至在某种程度上可以通过经验预期。在这种情况下，有些人（比如我！）通过对衰变率和截面的无休止的计算,甚至可以预期到 π 的累积。在三体衰变中,比如说 $\mu^- \to e^- + \bar{\nu} + \nu$(与二体衰变相反,例如 $\mu \to e + \gamma$,将在第 9.3 节讨论),两个中微子的动量方向和大小可以有连续的许多可能性(电子的动量方向和大小则由能量动量守恒决定)。事实上,早在第 3.5 节,我们就计算出在连续极限下,每一个处于终态的粒子在动量区间 $(dp)^3$ 中的态数量为 $d^3p/(2\pi)^3$。因此,衰变率 Γ 的公式[21]开始就有分母 $(\pi^3)^3$,其中一些 π(但不是全部)被抵消了。也许你意识到,这些 2π 可以追溯到第 1.1 节讨论的摆的问题!

(2) 历史上的一件怪事和警告。貌似有吸引力的理论观点不一定都正确。两个参与弱相互作用的粒子(例如两个电子)可以交换两个无质量的中微子(如图 9.6 所示),因此它们之间有一种力。估计相应的相互作用对两个粒子之间的距离 r 的依赖性。人们希望这产生引力!但是,你刚刚扼杀了这个有吸引力的想法。(虽然这个想法未能产生引力,但是有人说它让汤川秀树产生了 π 介子交换导致强相互作用的概念。)

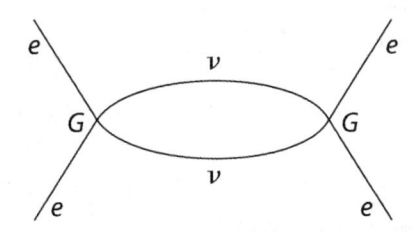

图 9.6 在弱相互作用发生两次的情况下,两个电子可以交换两个中微子,正如这个费曼图描述的那样。由此能够产生引力吗?

(3) 利用不确定性原理论证,电子是在 β 衰变中产生的,而不是被囚禁在原子核里然后释放出来的。

注释

[1] 弱相互作用太奇怪了,南部阳一郎(Nambu)在他的书的序言中(第 9.3 节的尾注中提到了这本书)把它称为"上帝的错误?"。我没有那么激进,但是它的历史耐人寻味。

[2] 请查阅有关该主题的文本,例如,E. Commins and P. Bucksbaum, *Weak Interactions of Leptons and Quarks*, Cambridge University Press, 1983。

[3] 中子是由查德威克(James Chadwick)在 1932 年发现的。直到那时,人们普遍认为原子核是由质子和电子组成的。在发现后的一段时间里,一些人继续认为中子是质子和电子的束缚态,直到它的质量被测量为明显超过质子和电子的质量和。

[4] 当然,你明白,在这种激动人心的讨论中,我必须对多年来的困惑和争论做些补充。由于相空间的因子,实际上这两个实验得到的衰变率相差了许多数量级。

[5]《自然》(*Nature*) 杂志拒绝了他的论文，也许这并不奇怪。关于他 1934 年论文的英译本，见 http://microboone-docdb.fnal.gov/cgi-bin/RetrieveFile?docid=953;filename=FermiBetaDecay1934.pdf;version=1。对其论文的普遍负面反应显然促使费米转向实验工作，在此期间他发现了慢中子激活了某些核过程，对后来的发展至关重要。

[6] 这个短语被一个理论家如此轻率地使用，当然是为了总结多年的实验工作。我在这里是高度的印象主义。当然，α 衰变和 γ 衰变也发生在原子核中。

[7] 我在这里故意对 4π 的系数马虎了事，它与我们的讨论无关。

[8] 事实上，我们现在知道中微子有微小的质量，但却把它们当作完全无质量的。如果你愿意，你也可以考虑中微子–中微子散射，尽管这还没有在实验上实现（而且可能在很长一段时间内都不会实现）。

[9] 这就好比说，当 x 从下往上接近 1 的时候，级数 $1 + x + x^2 + \cdots = (1-x)^{-1}$ 会变为无穷大。

[10] 这个论证出现在 R. B. Leighton, *Principles of Modern Physics*, McGraw-Hill, 1959, 第 534 页，这是我选修的一门大二课程的指定教材。即使在我那个年纪，我也认为这个论证有点儿可疑。

[11] 我在掩饰各种带有"截断"和"不可重正化"等字眼的东西。见 *QFT Nut*。

[12] 我犹豫着要不要把这种能量称为"费米能量"（与普朗克能量类似），因为这个词已经用在与费米气体有关的情况。

[13] 在提出核力的介子理论时，汤川秀树也提出，中间的矢量玻色子可以解释弱相互作用的费米理论。（在 20 世纪 30 年代，强相互作用和弱相互作用的区别还很不明确。）

[14] 随时发射光子的例子：电子在太阳中奔跑，在白炽灯的灯丝里随大溜地挤来挤去，或者在蜡烛的火焰中碳原子与氧原子结合时跳动。

[15] 在场论中，只需几页纸就可以表明，交换一个质量为 M 的粒子，在两个"外部"粒子之间产生的相互作用势等于 $J = \int \frac{d^3q}{(2\pi)^3} \frac{e^{i\vec{q}\cdot\vec{x}}}{\vec{q}^2 + M^2} = \frac{e^{-Mr}}{4\pi r}$（相差一个整体的耦合常数）。见 *QFT Nut*，第 28 页。（系数 $(2\pi)^3$ 来自计数状态，如第 3.5 节所示。）我不打算在这里做积分（在 *QFT Nut* 的第 31 页做了），但我可以告诉你 π 是怎么来的。在 d^3q 的方位角上的积分产生一个 2π，而通过柯西定理在幅度 q 上的积分（在 $q = iM$ 处取极点）又产生一个 2π。剩下的 4π 正是洛伦兹–亥维赛德和高斯的差异，见附录 M。

[16] 关于格林函数的附录 Gr 提到了汤川势。

[17] 知情者现在可能已经意识到，我忽略了 W 玻色子的自旋。

[18] 所有这些都在 *QFT Nut* 里有更详细的解释，见第 21—24 页。

[19] 摘自 *From a Life of Physics*, World Scientific, 1989, 第 48 页。

[20] 见注释 2 提到过的 E. Commins and P. Bucksbaum, 第 92—98 页。

[21] 几乎所有的相关书籍都给出了它，例如，*QFT Nut*, 第 141 页的 (38)。

9.3 专职专用的中微子

缪子的辐射衰变

根据电荷守恒，W 玻色子必须是带电的，第 9.2 节已经指出了这一点。由此我们回到了这个问题：涉及缪子衰变的两个失踪的中微子是不是相关呢？这要归功于 1958 年范伯格（G. Feinberg）[1]的一些聪明的推理。

回到第 9.2 节的图 9.5，它显示了 W 给散射过程 $\nu+\mu^- \to \nu+e^-$ 做媒介。带电的 W（由于它的电荷）知道电磁场的情况，因此，当它在缪子和电子之间行进时，能够发射出一个光子。显示 $\nu+\mu^- \to \nu+e^-+\gamma$ 这个过程的费曼图，如图 9.7(a) 所示。从左到右我们看到，缪子发射的 W 随后发射出一个光子 γ，然后与入射的中微子结合，形成出射的电子。请注意，图 9.7(a) 中的费曼图就是第 9.2 节的费曼图，只是在 W 传播子上附加一个 γ。

看着图 9.7(a)，范伯格意识到，他可以弯折从缪子发出的中微子线，并把它与入射的中微子相连。换句话说，图 9.7(a) 所示的入射中微子实际上是缪子发射的中微子。然后，这个中微子与 W 结合，形成出射的电子，如图 9.7(b) 所示。最终的结果是，缪子衰变为一个电子和一个光子：$\mu^- \to e^-+\gamma$。

学生们经常问，费曼图中的线怎么会弯曲呢？相对论粒子不是以直线运动的吗？问题是，我们正在谈论相对论的量子世界。这些线实际上代表了量子波！

另一种看到缪子辐射衰变确实发生的方法是，把它分解为三步量子过程（就像范伯格列出的那样[2]）。(1) $\mu^- \to W^-+\nu$，(2) $W^- \to W^-+\gamma$，以及 (3) $W^-+\nu \to e^-$。步骤（1）和步骤（3）通过弱相互作用进行。第（2）步是电磁相互作用。将这些步骤放在一起，我们得到 $\mu^- \to e^-+\gamma$。你要确认自己理解了，这让我想起了高中的化学课。

因此，范伯格认为，如果 W 玻色子存在，那么在某些时候，缪子 μ^- 不是衰变为 $e^-+\nu+\bar{\nu}$，而是衰变为 $e^-+\gamma$（称为辐射衰变，"辐射"是表示电磁辐射的通用词）。

没有理论也能做计算

如果 W 玻色子存在，那么缪子应该在某些时候衰变为电子和光子。现在，这是一个引人注目的预测。它没有当代粒子理论特有的那种含糊不清：可能这样也可能那样，也许是也许不是！

但是，实验学家想要分支比 r 的确切数值，它的定义是 $\mu^- \to e^-+\gamma$ 发生的概率与 $\mu^- \to e^-+\nu+\bar{\nu}$ 发生的概率之比。应该多长时间才能看到一次缪子衰变为电子和光子呢？

但是在 1958 年，弱相互作用的工作理论还杳无踪迹，范伯格怎么能想出一个数字呢？

夜航物理学就要大显身手了。分支比 r 是无量纲的。$\mu^- \to e^- + \nu + \bar{\nu}$ 的振幅 $\propto G$，而 $\mu^- \to e^- + \gamma$ 的振幅 $\propto Ge$，因为 e 衡量光子与 W 的耦合。因此，无量纲的 r 是概率的比值，由振幅比值的绝对平方给出，即 $(Ge/G)^2 = e^2 \sim \alpha$。

在最后一步中，我认为，由于我们采用的是基本单位（$\hbar$ 和 c 设置为 1），而不是某种任意的人造单位，$\hbar$ 和 c 的各种因子最好聚集在一起，以便产生精细结构常数 $\alpha \simeq 1/137$。

你可能会担心，还有缪子的质量 m_μ 和电子的质量 m_e，所以有可能包括 m_e/m_μ 的某个未知函数。但不必担心：与缪子相比，电子实际上是无质量的，因此 $(m_e/m_\mu) \simeq 0$。换句话说，我们正在引用第 1.4 节的简单函数假设：r 也应该与某个假定为简单的函数 $f(m_e/m_\mu)$ 成正比，因此 $f(0) \sim 1$。

因此，范伯格能够预测，分支比[3]应该是 $\alpha \sim 10^{-2}$ 的数量级。同时，实验学家确实在寻找辐射性缪子衰变。[4]他们没有看到任何东西，并得出结论：$r < 2 \times 10^{-5}$。

本书带给未来理论学家的主要信息

这里是本书的主要信息。许多本科物理专业的学生认为，理论物理学家整天都在做精确的计算，就像学生做家庭作业题一样。是的，有些理论家确实这样做，但真正的重大进展往往是在没有既定理论的情况下、在混乱的时期取得的，几乎是必然如此的。当然，到了现在，随着电弱理论的牢固确立，

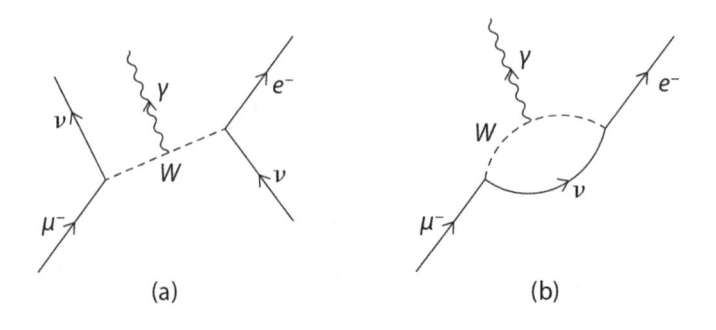

图 9.7 费曼图。(a) 参与 $\nu + \mu^- \to \nu + e^-$ 过程的 W 玻色子发出一个光子 (b) 缪子衰变为一个电子和一个光子

任何能读懂教科书的人，都能学会精确计算缪子辐射衰变的衰变率，但我要告诉学生们的是：没有人会觉得这有什么了不起。我们面临的挑战是对计算什么要有正确的想法，然后在人们弄清楚如何正确地进行计算之前 20 年，摸索出道路来。

两个中微子和家族问题的开始

实验的上限跟范伯格的理论估计有冲突，粒子理论学家面临两个选择。

自然的但是错误的选择是否认 W 的存在，这个想法得到当时许多理论学家的青睐。正确的选择似乎要牵强得多，即认为 W 存在，但与缪子相关的中微子（现在称为"缪子型中微子"ν_μ）和与电子相关的中微子（现在称为"电子型中微子"ν_e）不一样。[5] ν_μ 不能简单地蜕变为 ν_e。那么，图 9.7(b) 中的费曼图就被禁止了，与实验的上限也就没有矛盾了。

缪子实际上可以衰变为电子加上一个缪子型中微子和一个电子型反中微子：$\mu^- \to e^- + \nu_\mu + \bar{\nu}_e$。你应该回到第 9.2 节，给正文和图片（当然也包括图 9.7）里的中微子添加下标 e 和 μ。

电子和缪子都有自己专职专用的中微子，就像有钱人都有自己的司机一样。中微子是不能共享的。这种可能性在 1958 年看来是奢侈的、不可能的，但现在已经确认无疑了。[6]

在 1936 年发现缪子的时候，拉比（I. I. Rabi）恼怒地喊道："这是谁订的货？"宇宙显然可以在电子没有这个大胖子亲戚的情况下很好地运行。但是现在，这个看似多余的缪子甚至有了自己的中微子！这标志着粒子物理学中最深刻的问题之一——"家族问题（family problem）"的开始。我们现在知道，夸克和轻子有三个副本。[7] 大自然似乎奢侈得很不合理，这其中肯定有一个我们尚未掌握的深层原因！

守恒定律：电子数和缪子数

实验学家没有观察到 $\mu^- \to e^- + \gamma$ 的辐射衰变，这个事实也可以通过引入两个守恒定律来解决，分别是电子数 L_e 和缪子数 L_μ 的守恒定律。我们简单地把电子和电子型中微子的电子数定义为 $L_e = 1$（以及它们的反粒子的电子数定义为 $L_e = -1$），并令所有其他粒子（如缪子）的电子数 $L_e = 0$。同样地，把缪子和缪子型中微子的缪子数设定为 $L_\mu = 1$（还把它们的反粒子的缪子数设定为 $L_\mu = -1$），把所有其他粒子（如电子）的缪子数设定为 $L_\mu = 0$。那么，这两个守恒定律禁止 $\mu^- \to e^- + \gamma$（因为在初始状态下 $L_e = 0$ 和 $L_\mu = 1$，但在最终状态下 $L_e = 1$ 和 $L_\mu = 0$），同时允许 $\mu^- \to e^- + \nu_\mu + \bar{\nu}_e$。

敏锐的读者可以认识到，这些守恒定律只是方便的记账工具，并不能解释任何东西。为什么大自然这么大方呢？不仅对粒子，而且对守恒定律也这么大方。守恒定律是在搞大促销吗？

W 玻色子的耦合

让我们回到 1960 年左右，那时候，人们对存在 W 玻色子的信心稳步上升。与相互作用拉氏量 $\mathcal{L} = e\bar{\psi}\gamma^\lambda\psi A_\lambda$ 把光子耦合到带电的自旋为 $\frac{1}{2}$ 的场类似，我们可以写下相互作用的拉氏量：

$$\mathcal{L} = g\,\bar{\nu}_\mu \gamma^\lambda \mu W_\lambda + \text{h.c.} \tag{9.14}$$

这里使用标准的提示性的符号，用 μ 表示与缪子有关的场，用 ν_μ 表示与缪子型中微子有关的场。

还是从右往左看，我们看到 $\mathcal{L}$ 描述了一个 W 的发射和一个缪子的湮灭，然后是一个缪子型中微子的产生，用 g 表示这个过程发生的概率振幅。

(9.14) 中的缩写 h.c. 代表厄米共轭。在量子物理学中，哈密顿量必须是厄米的才能保持概率守恒，拉氏量也是如此。因此，我们必须在 (9.14) 中增加明确显示的厄米共轭项。$\mathcal{L}$ 中添加的项（即 $g\bar{\mu}\gamma^\lambda\nu_\mu W_\lambda^\dagger$）描述了吸收 W 和缪子型中微子湮灭后产生缪子，过程发生的概率振幅用 g 表示，简而言之，这是刚才描述的过程的共轭或者说逆过程。

请注意，在电磁学的情况下，没有必要将 $e\bar{\psi}\gamma^\lambda\psi A_\lambda$ 的厄米共轭项添加到 $\mathcal{L}$ 中，因为 A_λ 已经是厄米的（鉴于它在经典物理学中的起源，它实际上是实数），还因为 $\bar{\psi}$ 是 ψ 的共轭。

到目前为止，我们描述了第 9.2 节的图 9.5 和图 9.7(a) 中的费曼图左侧的顶点。为了描述右侧的顶点，我们必须将 W 与电子及其中微子耦合。因此，我们把 (9.14) 修改为

$$\mathcal{L} = g\left(\bar{\nu}_e \gamma^\lambda e W_\lambda + \bar{\nu}_\mu \gamma^\lambda \mu W_\lambda\right) + \text{h.c.} \tag{9.15}$$

第 9.2 节图 9.5 和图 9.7(a) 中的费曼图右侧的顶点由这样的项生成：它与 (9.15) 中实际显示的项共轭，即 $g\bar{e}\gamma^\lambda\nu_e W_\lambda^\dagger$，描述吸收 W 并湮灭一个电子型中微子，然后产生一个电子。[8]

"但是，等等"，精明的读者喊道。"为什么你在 (9.15) 中对缪子和电子使用相同的 g？"在我们的讨论中，这仅仅代表了一种合理的猜测：W 是公平的，它平等地对待电子和比它质量更大的亲戚缪子。这个假设被称为电子–缪子的普遍性，现在已经通过一系列的实验得到了明确的证实。[9]所以，这个问题的答案是：经验性的事实。

电弱统一性的提示

但所有这些关于 W 玻色子的讨论，真正令人兴奋的是，它暗示了电磁相互作用和弱相互作用可能是统一的。只要比较一下 (9.15) 与电磁场跟电子和缪子的耦合：

$$\mathcal{L} = e\left(\bar{e}\gamma^\lambda e A_\lambda + \bar{\mu}\gamma^\lambda \mu A_\lambda\right) \tag{9.16}$$

(9.15) 和 (9.16) 之间的相似性是惊人的。W 玻色子和光子似乎肯定是相关的。事实上，电子–缪子的普遍性受到了光子与带电粒子的普遍耦合的启发。光子与电子和缪子的耦合是一样的。20 世纪 50 年代末的一大难题（也是统一的主要绊脚石）是，光子严格来说是无质量的，W 玻色子的质量怎么这么大？[10]

W 玻色子的质量

疯狂的夜行法猜测甚至估计出了 W 玻色子可能的质量。好吧，猜一个合理的 g 值。

如果你说 $g \sim e$，你可能在 20 世纪 50 年代末做得很好！

现在回到第 9.2 节中的费曼图，$\mu^- \to e^- + \bar{\nu}_e + \nu_\mu$，如图 9.4(a) 所示。在有 W 的理论中，该图中的顶点被拉开（或者说，被放大以揭示其内部运作），形成了图 9.8 中的费曼图。

用 p_μ 表示缪子的动量，用 p_ν 表示缪子型中微子的动量。根据动量守恒，W 携带的动量 q 等于 $(p_\mu - p_\nu)$。但是你几乎不需要担心这些动量，因为在缪子衰变中与 M（100 GeV，见下文）相比，它们都是很小的（100 MeV 的数量级，与缪子的质量相当）。我们在第 9.2 节了解到，与表示 W 的虚线有关

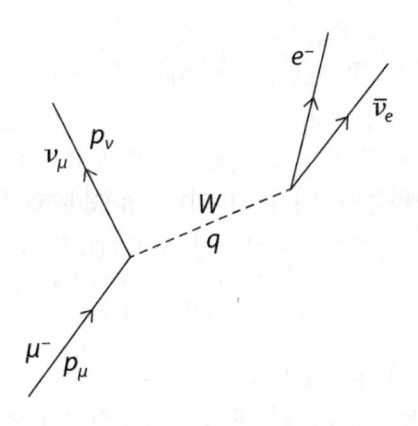

图 9.8 由 W 玻色子引导的缪子衰变

的传播子由 $\sim 1/(q^2 - M^2)$ 给出，其中 M 代表 W 的质量。在 $q^2 \ll M^2$ 的情况下，传播子变成[11] $1/M^2$。

图 9.8 中的每个顶点都有一个系数 g，因此与费曼图有关的振幅就是 g^2/M^2。让它等于费米理论中缪子衰变的振幅，就可以根据 W 玻色子的耦合常数和质量来确定费米常数 G：

$$G \sim \frac{g^2}{M^2} \tag{9.17}$$

因此，W 的未知质量应该大约是 $M \sim g/\sqrt{G}$。

有了这个猜测，即 $g \sim e$，我们甚至可以预测，W 的质量为 $M \sim e/\sqrt{G} \sim 10^2$ GeV。事实证明，确实如此！

费米理论在喊什么

现在我们可以看费米理论到底在喊什么了。回顾一下，在能量 $\sim 1/\sqrt{G} \sim M/e > M$ 时，它在哭诉自己预言的失败。事实上，这个能量足以产生 W 玻色子。这正是统一电磁和弱相互作用的电弱理论中发生的事情。费米理论告诉我们，新的物理将要出现！

我发现，与人类思想的其他一些领域的理论相比，物理学中的理论有能力宣布自己的最终失败，从而宣布自己的有效范围，这一点令人警醒。

即使现在，爱因斯坦的理论仍然在呼喊，正如第 4.4 节解释的那样。该理论告诉我们，在普朗克能量* $1/\sqrt{G_N} \sim M_P$ 处，新的物理一定会出现。费米的理论呼喊着，而新的物理学变成了电弱理论。爱因斯坦的理论现在也在呼喊。新的物理学会不会是弦论？[12]或者是其他什么？

夸克和轻子

到目前为止，我们讨论的弱相互作用涉及 e、ν_e、μ 和 ν_μ，它们统称为轻子。轻子没有强相互作用。如前所述，现在已知参与强相互作用的粒子是由夸克组成的。夸克和轻子具有 $\frac{1}{2}$ 的自旋，表现为费米子。

我在第 9.2 节还提到，中子和原子核的 β 衰变可以被认为是下夸克的弱衰变 $d \to u + e^- + \bar{\nu}$。这就需要引入相互作用的拉氏量

$$\mathcal{L} = g_1 \bar{u} \gamma^\lambda d W_\lambda + \text{h.c.} \tag{9.18}$$

相关的费曼图如图 9.8 所示，但顶点 $\mu^- \to \nu_\mu + W^-$ 被 $d \to u + W^-$ 取代。为了简明地给出我的主要论证，这里的表述必然有些脱离了时代的背景。夸克

---

*牛顿常数用 G_N 表示，以避免与费米常数 G 相混淆。

在 20 世纪 50 年代末当然是未知的，人们会用质子 p 和中子 n 来代替 (9.18) 中的 u 和 d。

你可能已经注意到，我在 (9.18) 中写的是 g_1，而不是 (9.15) 中的 g。事实上，在很长一段时间里，人们认为电子-缪子的普遍性可以推广，从而使 $g_1 = g$，但越来越精确的测量表明，g_1 略小于 g。由于中子与缪子不同，它是由三个夸克组成的强相互作用的束缚态，从实验中提取 g_1 并非易事。我会再回到为什么 $g_1 \lesssim g$ 的问题上来。

注释

[1] G. Feinberg, *Physical Review* **110** (1958), pp. 1482–1483 (letter to editor).

[2] 这是 1958 年，费曼图现在已经很有名了，没有人觉得他们需要为学术杂志的读者把费曼图分解成几个步骤。

[3] 我在这里省了点儿事，否则我将不得不偏离主题，告诉你关于相空间的事情。见第 9.2 节的练习 (1)。一个历史说明。事实上，范伯格确实用当时众所周知的费曼规则对图 9.7(b) 中的图做了按部就班的计算。他得到了 $r = \alpha X / 24\pi$，其中 X 由发散积分给出。然后，他认为 X 应该被设定为 1。X 在形式上是无穷大，这是费米理论有毛病的另一个征兆。当时，量子场论也没有被完全理解。因此，从某种意义上说，范伯格做的正规计算虽然精确，但不如夜行法的计算准确。如果你使用的是尚未最终形成的理论，你的计算很可能很精确，但是不准确。在某些情况下，计算的精确性可能被高估，或者至少是没有必要的。

[4] S. Lokanathan and J. Steinberger, *Physical Review* **98** (1955), pp. 240.

[5] 另一个历史说明。范伯格在他的论文中从来没有提到这种可能性。相反，他引用了马哈茂德（E. J. Mahmoud）和科诺宾斯基（H. M. Konopinski）以及施温格（J. Schwinger）的早期工作，这些工作提出了缪子数和电子数分别是守恒的。在现代人看来，从事后来看，这些建议似乎是建立在很不稳定的基础上。驱动它们的似乎是对中微子的四分量场的渴望。

[6] 错综复杂的粒子物理学历史远远超出了本书的范围，特别是因为我不是历史学家。我的同事帕克瓦萨（S. Pakvasa）告诉我，坂田昌一（S. Sakata）和井上健（T. Inoue）在 1943 年提出，缪子衰变为一个电子和两个不同的中微子，但由于战时条件，他们的论文直到 1946 年才发表。1962 年，坂田回到了两个中微子的话题，在与牧二郎（Z. Maki）和中川昌美（M. Nakagawa）合作的一篇出色的论文中，将 1959 年 Gell-Mann-Levy 论文的脚注（我在第 9.4 节提到）推广到轻子，从而提出了中微子振荡（neutrino flavor oscillation）的可能性。S. Sakata and T. Inoue, *Progress in Theoretical Physics* (Kyoto) **1** (1946), pp. 143; Z. Maki, M. Nakagawa, and S. Sakata, *Progress in Theoretical Physics* (Kyoto) **28** (1962), pp. 870.

[7] 事实上，τ 轻子是缪子和电子的另一个表亲，几十年以后才被发现，它也有专职专用的中微子。

[8] 随着粒子和场的增多，我们已经放弃了通用的符号 ψ，而用 e 来表示电子场。我说这些，只是为了安抚那些吹毛求疵的人。

[9] 例如，通过比较带电的 π 介子的衰变，$\pi^+ \to \mu^+ + \nu_\mu$ 和 $\pi^+ \to e^+ + \nu_e$。

[10] 正如你们可能知道的，这一点后来通过"希格斯机制"解决了。

[11] 顺便说一下，第 9.2 节讨论积分 $J = \int d^3 q\, e^{i\vec{q}\cdot\vec{x}}/(\vec{q}^2 + M^2)$ 时，已经暗示过这一点。

[12] J. Polchinski, *String Theory*, Cambridge University Press, 1998.

9.4 奇异性和粲夸克

奇异粒子真奇怪

在 20 世纪 50 年代初，人们发现了一大堆奇怪的粒子。说它们"奇怪"，是因为它们的行为很奇怪。"奇怪"意味着与当时的理论预期相反。

后来人们了解到，除了上夸克 u 和下夸克 d 以外，还有奇异夸克 s，它带的电荷与 d 相同。奇怪的粒子含有奇异夸克 s。（粒子物理学家取名字的方式真是幼稚得赏心悦目！）例如，奇异介子 $K^+ = \{\bar{s}u\}$。括号内的符号意味着带正电的 K 介子是反奇异夸克 $\bar{s}$ 和上夸克 u 的结合态。

奇异粒子通过弱相互作用进行衰变。正如下夸克的弱衰变 $d \to u + e^- + \bar{\nu}$ 负责中子衰变一样，奇异夸克的弱衰变 $s \to u + e^- + \bar{\nu}_e$（还有它的电荷共轭 $\bar{s} \to \bar{u} + e^+ + \nu_e$）负责奇异粒子衰变，例如，衰变 $K^+ \to \pi^0 + e^+ + \nu_e$，如图 9.9 所示。（这里的 π^0 指的是电中性的 π 介子（pion）。）

然后，观察到的衰变可以用奇异夸克的衰变解释如下。当 $K^+ = \{\bar{s}u\}$ 中的 $\bar{s}$ 夸克衰变为 $\bar{u} + e^+ + \nu_e$ 时，u 夸克只是待在那里（因此被称为旁观者夸克[1]）。然后，$\bar{u}$ 与旁观者 u 形成一个态 $\{\bar{u}u\}$，从而产生一个 π^0（因为中性 π 介子由 $\{\bar{u}u\}$ 组成）。总的来说，这些过程产生了上述的 K^+ 衰变。在第 9 章，通常我必须在几句话里把几十年的工作一笔带过。

现在，关于如何推广弱相互作用理论以适应奇异粒子的弱衰变，你实际上已经是专家了。只需在相互作用的拉氏量中加入以下的项，然后让 W 自行其是就行了：

$$\mathcal{L} = g_2 \bar{u}\gamma^\lambda s W_\lambda + \text{h.c.} \tag{9.19}$$

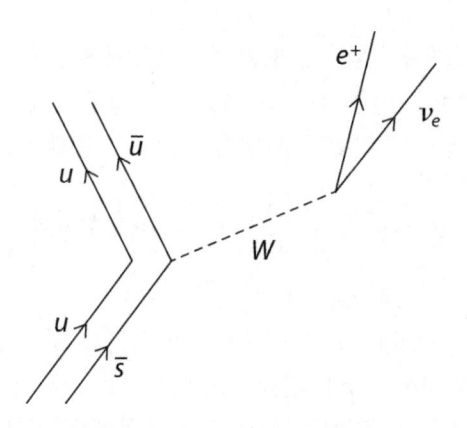

图 9.9 K^+ 中的 $\bar{s}$ 夸克衰变为 $\bar{u} + e^+ + \nu_e$，而 u 夸克只是旁观而已

正如 (9.18) 中的相互作用拉氏量 $\mathcal{L} = g_1 \bar{u} \gamma^\lambda d W_\lambda$ 产生顶点 $d \to u + W^-$ 一样，(9.19) 中的相互作用拉氏量产生顶点 $s \to u + W^-$。

但是，请仔细比较这两个相互作用的拉氏量。这里写的是 g_2，而不是 g_1。历史上，一些物理学家期望电子–缪子的普遍性在夸克这里可能表现为类似于 d–s 的普遍性，因此 $g_2 = g_1$，但事实并非如此，实验表明 g_2 要小得多，大约为 $0.23 g_1$。（从测得的奇异粒子的弱衰变的衰变率中提取 g_2，同样是高度复杂和困难的任务，最好留给循规蹈矩的专业人士。）

我们可以把两个相互作用的拉氏量结合起来，写成

$$\mathcal{L} = \left(g_1 \bar{u} \gamma^\lambda d + g_2 \bar{u} \gamma^\lambda s\right) W_\lambda + \text{h.c.} \tag{9.20}$$

对弱相互作用的定位

下一个重要步骤是在 1960 年由盖尔曼（Murray Gell-Mann）和列维（Maurice Lèvy）采取的，在他们发表的一篇论文[2]中有一个著名的脚注，提出了一个不同的但有些相关的主题：在 (9.20) 中，我们应该写出 $g_1 = g' \cos\theta$ 和 $g_2 = g' \sin\theta$。

那么，任何一个物理系大学生都可以告诉他们，这没有任何意义。他们只是在把 g_1 和 g_2 换成了 g' 和角度 θ——现在称为卡比博角。但是，盖尔曼（有时也被称为 MGM）在粒子物理学中的主导地位可不是白给的！

首先，通过定义"旋转的"夸克场 $d(\theta) = \cos\theta \, d + \sin\theta \, s$，我们可以把 (9.20) 写成

$$\mathcal{L} = g' \left(\cos\theta \bar{u} \gamma^\lambda d + \sin\theta \bar{u} \gamma^\lambda s\right) W_\lambda + \text{h.c.} = g' \bar{u} \gamma^\lambda d(\theta) W_\lambda + \text{h.c.} \tag{9.21}$$

尽管如此，你仍然可以说这只不过是重写，没有新物理。

当盖尔曼和列维猜测电子–缪子的普遍性可以推广为，g'（而不是 g_1）等于 (9.15) 中描述 W 与电子和缪子的耦合 g 时，物理就出现了。所以

$$g' = g, \quad g_1 = g\cos\theta, \quad g_2 = g\sin\theta \tag{9.22}$$

我们应该抹去 (9.21) 中的撇号。

鉴于 $g_2 \simeq 0.23 g_1$，因此 $\tan\theta \simeq 0.23$，我们得到 $g_1 = g\cos\theta \simeq 0.97 g$。记得我在第 9.3 节中提到过一个长期存在的难题，即，为什么从中子 β 衰变中提取的 W 耦合比从缪子衰变中提取的 W 耦合小一点。注意，这个难题就这样解决了！

有史以来最好的例子：吸引人的记号提出了新问题

根据卡比博角 $\theta \simeq 0.2$，我们看到 W 与 $d(\theta) = \cos\theta\, d + \sin\theta\, s$ 的耦合，主要是 d，混有一点儿 s。

总而言之，$g(\mu \to \nu) \gtrsim g(d \to u) > g(s \to u)$ 的观测事实现在转化为数学陈述 $g \gtrsim g\cos\theta > g\sin\theta$，其中 $\theta \simeq 0.2$。

为什么中子衰变的振幅比缪子衰变的振幅小一点？解决这个问题固然很好，但更重要的是，"单纯的符号" $d(\theta) = \cos\theta\, d + \sin\theta\, s$ 提出了问题：正交组合 $s(\theta) = -\sin\theta\, d + \cos\theta\, s$ 是怎么回事？是不是应该把 $s(\theta)$ 看作是 $d(\theta)$ 失散多年的兄弟呢？由于某种原因，它们在"出生时"就分离了。

这个问题的答案导致了粒子物理学的重大突破，我们很快就会看到。对我来说，盖尔曼和列维的改写是一个最好的例子：吸引人的符号提出了新的问题，然后导致了以前没有预见的物理学。

卡比博角表明，弱相互作用跟强相互作用和电磁相互作用不大一致。为什么在这三种相互作用之间存在着这样古怪的排列，这个谜团至今还没有被完全理解。[3]

K_L 衰变为一对缪子

遵循盖尔曼的著名论断（在量子世界中，凡是不被禁止的都可以发生），奇异粒子以各种方式衰变。其中包括 $K_L \to \mu^+ + \mu^-$：所谓的长寿命（因此下标为 L）中性 K 介子衰变[4]为一个缪子 μ^- 和一个反缪子 μ^+。

$K_L = \left\{\frac{1}{\sqrt{2}}(\bar{s}d - \bar{d}s)\right\}$ 是两个束缚态的线性组合，一个反 s 夸克和一个 d 夸克，一个反 d 夸克和一个 s 夸克。为什么会这样？这是粒子物理学里非常有趣的一个问题，但是我们这本书不关心该问题，我们的兴趣仅限于用夜行法做一个重要的计算。

关注束缚态 $\{\bar{s}d\}$。不知为何，$\bar{s}$ 和 d 消失了，变成了 μ^+ 和 μ^-。第一个要点是，在 (9.21) 中，d 和 s 并不通过弱相互作用直接耦合，而是通过 u "了解"对方。因此 W 必须作用两次才能产生衰变 $K_L \to \mu^+ + \mu^-$。这显示在图 9.10 的费曼图中，称为箱形图。

让我们读一下。如 (9.21) 所示，d 夸克通过发射一个 W^-，把自己转变为 u 夸克，振幅为 $g\cos\theta$。然后 u 夸克游荡到反 s 夸克的位置，在那里它们互相湮灭并变成一个 W^+，振幅为 $g\sin\theta$，也如 (9.21) 所示。然后这个 W^+ 将自己转化为一个 μ^+ 和一个缪子型中微子 ν_μ，振幅为 g，如 (9.15) 所示。最后，缪子型中微子 ν_μ 吸收了 W^-，变成了 μ^-，振幅为 g，也如 (9.15) 所示。

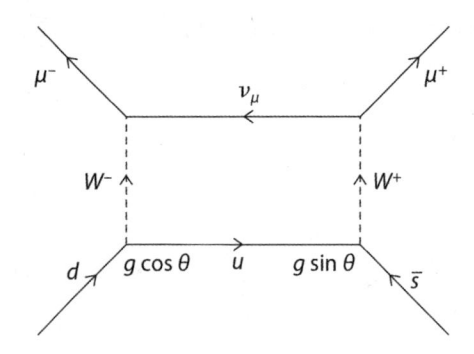

图 9.10 衰变 $K_L \to \mu^+ + \mu^-$ 的箱形图。反 s 夸克和 d 夸克只能通过 u 夸克进行相互转换

可以说，费曼图使我们能够看到这些量子过程一步一步地发生，因此它们很有用。一旦有了经验，你就可以省去我刚才费力写的那些字了。为了方便阅读费曼图，请记住，电荷（以及动量）必须在每个顶点处守恒。

阅读这个箱形图的另一种方法是将它切成两半[5]，即切断两条 W 线。然后可以认为 $K_L \to \mu^+ + \mu^-$ 的衰变分两个阶段发生：d 夸克和反 s 夸克碰撞产生了 W^+W^- 对，然后这个 W^+W^- 对碰撞产生了 $\mu^+\mu^-$ 对。[6]

大名鼎鼎而又臭名昭著的箱形图

由于 W 玻色子必须工作两次（也就是说，由于弱相互作用必须作用两次），你会期望 $K_L \to \mu^+ + \mu^-$ 的振幅为 G^2 阶。（如果有帮助的话，想想量子力学的二阶微扰。）确实，乘以四个顶点的耦合强度，给出 $g^4 \cos\theta \sin\theta \propto G^2$，但令人惊讶的是，我们马上就会看到，简单的计算得到了大得多的振幅。

我们以前从未计算过具有闭合环路*的费曼图。我们该如何处理这个圈里的动量呢？

要看到这种圈动量（circulating momentum），最简单方法是将 d、s̄、μ^+、μ^- 的外部动量 p_d、$p_{\bar{s}}$、p_{μ^+}、p_{μ^-} 分别设为 0。[7]无论如何，它们与 W 的质量 M 相比都很小。让 W^- 携带动量† $(-q)$。然后根据四个顶点的动量守恒，u 夸克、缪子型中微子和 W^+ 必须都有动量 q。换句话说，动量守恒断言，一个动量 q 在圈上循环。

q 等于什么呢？由于它不是由动量守恒决定的，它可能是任何东西。那么，我们该怎么做呢？

---

*我们只是对第 9.3 节图 9.7 中的缪子辐射衰变的图做了量纲分析。

†符号的选择纯粹是为了方便。

虽然这条规则可以用数学推导出来[8]，但对 q 做积分的想法在本质上是量子论的观点，也就是法无禁止皆可为：任何不被守恒定律禁止的东西都是允许的。所有的 q 值都是允许的。有道理吧？

但是，大的 q 值会被传播子抑制。我们知道 W 的传播子 $\sim 1/(q^2 - M^2)$，那么 u 夸克和缪子型中微子（都是自旋为 $\frac{1}{2}$ 的费米子）的传播子呢？我在此说明，它们的传播子都是 $\sim 1/q$，但是为了避免破坏叙述的流畅性，就不证明了。我保证很快就会给出夜行法的推导。

用夜行法计算费曼积分

现在，循规蹈矩的物理学家们研究量子场论的教科书，精确地学习费曼规则，写下带着所有 2 和 π 的积分，并使用各种技巧进行积分，有个技巧在《数学小插曲3》中提到过。我强烈建议感兴趣的读者也这样做，但我们现在要用夜行法来计算。实际上，我们在这里并不是要做野蛮人。这种粗暴的计算在粒子物理学中被广泛采用。正如我说的，当你理解了正在发生的事情以后，就可以自由地进行精确的积分。

把所有的东西放在一起，我们得到的振幅是

$$\mathcal{M} \sim g^4 \cos\theta \sin\theta \int \mathrm{d}^4 q \left(\frac{1}{q^2 - M^2}\right)^2 \frac{1}{q}\frac{1}{q} \tag{9.23}$$

这个积分可以用量纲分析来评估：分子是 q 的 4 次方，分母是 6 次方，因此量纲为 $\sim 1/q^2$，由于周围只有 M 这个家伙，所以积分 $\sim 1/M^2$。

我们也可以做得更仔细一些，认为被积函数[9]在 $q \gg M$ 时迅速下降，因此重要的贡献来自 $q \lesssim M$ 的区域，所以积分可以被替换为

$$\int^{q \lesssim M} \mathrm{d}^4 q \left(\frac{1}{q^2 - M^2}\right)^2 \frac{1}{q^2} \sim \frac{1}{M^4} \int^{q \lesssim M} \mathrm{d}^4 q \frac{1}{q^2} \sim \frac{1}{M^4} M^2 \sim \frac{1}{M^2} \tag{9.24}$$

在第一步中，我们用 $1/(q^2 - M^2) \sim -1/M^2$ 近似 W 传播子，因为 $q \lesssim M$。我们得到的答案当然与之前一样。

结论：$K_L \to \mu^+ + \mu^-$ 的振幅为

$$\mathcal{M} \sim g^4 \cos\theta \sin\theta / M^2 \sim (g^2/M^2) g^2 \sim Gg^2 \sim Ge^2 \sim G\alpha \tag{9.25}$$

换句话说，振幅 $\mathcal{M}$ 实际上是 $G\alpha$ 阶，即弱相互作用和电磁相互作用的一阶，而不是天真地期望的费米常数的平方，G^2。换句话说，q 的许多量子可能性产生了 M^2 的因子，它压倒了 G 的因子，把它变成了电磁的 $\alpha \simeq 10^{-2}$。衰变 $K_L \to \mu^+ + \mu^-$ 不是二阶的弱过程，与一阶弱衰变如 $K^+ \to \pi^0 + e^+ + \nu_e$ 相比，只是缩小了一个因子 α。

再一次，理论上的估计远远超过了实验者看到的情况。该怎么办呢？

费米子的传播子：$5 \neq 4$

为了保持悬念，现在我岔开话题，给你们一个夜行法的推导，正如承诺的那样，自旋为 $\frac{1}{2}$ 的费米子（如电子和中微子）的传播子 $\sim 1/q$，与光子的传播子 $1/q^2$ 或 W 的传播子 $1/(q^2 - M^2)$ 不一样。

回忆一下，电磁场的能量密度类似于 $\vec{E}^2 + \vec{B}^2$，而拉氏量密度类似于 $\mathcal{L} = \frac{1}{2}\left(\vec{E}^2 - \vec{B}^2\right)$。再回忆一下，$\vec{E}$ 和 $\vec{B}$ 可以打包成场强张量 $F_{\mu\nu} = \partial_\mu A_\nu - \partial_\nu A_\mu$，其中 A_μ 是电磁矢量势。最近，我们在第 9.1 节遇到了这一切。但是我不指望你们深入了解，你们只需要知道，电磁场 $\vec{E}$ 和 $\vec{B}$ 是通过对 A 求偏导得到的，因此 $F \sim \partial A$。由此可见，$\mathcal{L} = -\frac{1}{4} F_{\mu\nu} F^{\mu\nu} \sim (\partial A)^2$ 涉及导数的二次幂，这就是为什么电磁学方程 $\Box A_\mu = J_\mu$ 和格林函数方程 $\Box G(x) = \delta^{(4)}(x)$ 都涉及两个导数。（关于格林函数，见附录 Gr。）正如我们在第 7.3 节中所讨论的那样，导数既不能凭空消失，也不能从天上掉下来——导数是守恒的。[10]

我们在第 9.2 节了解到，传播子就是格林函数 $G(x)$ 的傅里叶变换。由于 $\Box$ 的傅里叶变换是 $\sim q^2$，所以光子的传播子就是 $\sim 1/q^2$。*

我们还在第 9.1 节学到，作用量 $S = \int \mathrm{d}^4 x \mathcal{L}$ 在粒子物理学单位中是无量纲的，因此 $[\mathcal{L}] = \mathrm{M}^4$。让我们检验一下。由于 $[A] = \mathrm{M}$，我们确实有 $[\mathcal{L}] = [\partial]^2 [A]^2 = (1/\mathrm{L})^2 \mathrm{M}^2 = \mathrm{M}^4$。

总之，电磁学、拉氏量密度、场和格林函数的方程都涉及两个时空导数[11]，导致了光子传播子的二次方依赖性 $\sim 1/q^2$。

有了这一切，现在就可以用夜行法推导电子的传播子。我们在第 9.1 节论证过，电子场 ψ 的量纲是 $[\psi] = \mathrm{M}^{\frac{3}{2}}$。由此可知，与光子场的拉氏量密度相比，电子场的拉氏量密度 $\mathcal{L}$ 不可能有 ∂ 的二次方，因为 $[\mathcal{L}] = \mathrm{M}^4$，而 $[\bar{\psi} \partial \partial \psi] = \mathrm{M}^2 \left(\mathrm{M}^{\frac{3}{2}}\right)^2 = \mathrm{M}^{2+3} = \mathrm{M}^5$。那么，$5 \neq 4$：只能有 ∂ 的一个幂。拉氏量密度被迫具有 $\mathcal{L} \sim \bar{\psi} \partial \psi$ 这样的形式。因此，场的狄拉克方程和定义格林函数的方程只涉及一个时空导数。因此，电子传播子的形式为 $\sim 1/q$，[12] 如 (9.23) 所示。

实际上，这种夜行法的推导并不太离谱。狄拉克在 1928 年之所以推导他著名的方程[13]，是因为他渴望得到只有一个时空导数的方程（现在只有历史的兴趣了）。更深入的推导是基于洛伦兹群的表示理论。[14]

我们甚至可以通过量纲分析，给这个场添加质量 m。由于 $[\bar{\psi}\psi] = \mathrm{M}^3$，如果拉氏量密度 $\mathcal{L}$ 的量纲为 M^4，那么唯一的可能性是 $m\bar{\psi}\psi$。

---

*因为 $\Box G(x) = \delta^{(4)}(x)$ 的傅里叶变换是 $q^2 \tilde{G}(q) \sim 1$。

事实上，为了记录完整起见，自旋为 $\frac{1}{2}$ 场的狄拉克拉氏量密度是

$$\mathcal{L} = \bar{\psi} \left(\mathrm{i} \gamma^\mu \partial_\mu - m \right) \psi \tag{9.26}$$

你又一次看到第 9.1 节提到但并没有解释的伽马矩阵 γ^μ。∂_μ 携带的洛伦兹指标 μ 必须与某些东西进行缩并。因此，电子传播子实际上是矩阵的逆，其定义为 $\sim 1/(\gamma^\mu q_\mu - m)$。（顺便说一下，费曼厌倦了写 $\gamma^\mu q_\mu$，所以发明了著名的斜线符号 $\not{q} \equiv \gamma^\mu q_\mu$。）

这也解开了你们可能有的一个困惑。如果 q 实际上是动量矢量，那么 $1/\not{q}$ 是什么意思？好吧，它意味着矩阵 $\not{q}$ 的逆。

粲夸克

回到 $K_L \to \mu^+ + \mu^-$ 的理论估计超过实验观测到的衰变率这个谜题！值得注意的是，解决方案还涉及前面提到的另一个难题，即为什么 W "看到" 的是组合 $d(\theta) = \cos\theta\, d + \sin\theta\, s$，并把它与 u 夸克联系起来，却忽略了与之正交的组合 $s(\theta) = -\sin\theta\, d + \cos\theta\, s$。

格拉肖（S. L. Glashow）、伊利奥普洛斯（J. Iliopoulos）和马亚尼（L. Maiani）[15]在 1970 年解决了这两个问题，他们提出，W 确实知道 $s(\theta)$，并将其转化为当时还不知道的夸克 c，他们称之为 "粲夸克"。他们推测，粲夸克 c 的质量比当时已知的三个夸克 u、d、s 大得多，因此是未知的。含有 c 的粒子质量太大，无法在加速器中产生。

因此，(9.21) 中给出的 W 与夸克的耦合需要被修正（记得吧，我们设定了 $g' = g$），通过加入这个项：

$$\mathcal{L} = g \left(-\sin\theta\, \bar{c}\gamma^\lambda d + \cos\theta\, \bar{c}\gamma^\lambda s \right) W_\lambda + \mathrm{h.c.} = g\, \bar{c}\gamma^\lambda s(\theta) W_\lambda + \mathrm{h.c.} \tag{9.27}$$

那么，$K_L \to \mu^+ + \mu^-$ 的衰变情况如何呢？现在，除了图 9.10 中描述这个衰变的费曼图以外，我们还有另一个图（见图 9.11），它是通过用粲夸克 c 取代上夸克 u 而得到的，但是有一个关键的区别。图 9.10 中的耦合 $g\cos\theta$ 在新图中被 $-g\sin\theta$ 取代，而耦合 $g\sin\theta$ 被 $g\cos\theta$ 取代，可以通过比较 (9.27) 和 (9.21) 看到。粲夸克对 $K_L \to \mu^+ + \mu^-$ 的衰变振幅有额外的贡献，由 (9.23) 给出，其中组合 $\cos\theta\sin\theta$ 被 $-\sin\theta\cos\theta$ 取代。换句话说，这个额外的贡献是通过反转 (9.23) 的整体符号得到的。

因此，虽然带有 u 夸克的图对衰变振幅 $\mathcal{M}$ 的贡献是 $g^4\cos\theta\sin\theta/M^2$，但带有 c 夸克的图的贡献是 $-g^4\sin\theta\cos\theta/M^2$。抵消了！这两个图完全抵消了。为方便起见，让我们写下 $\mathcal{M} = \mathcal{M}_\mathrm{u} + \mathcal{M}_\mathrm{c}$，显然，$\mathcal{M}_\mathrm{u}$ 和 $\mathcal{M}_\mathrm{c}$ 分别表示

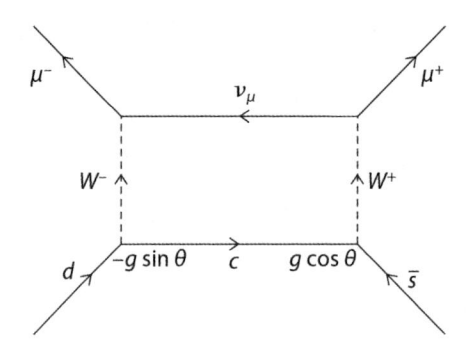

图 9.11 把这个图与图 9.10 做比较。找到关键的差异。上夸克 u 被粲夸克 c 取代，两个耦合常数交换了，还引入了一个重要的负号。这张图的发明为格拉肖的诺贝尔奖做出了贡献

u 夸克和 c 夸克对 $\mathcal{M}$ 的贡献。我们刚刚发现，$\mathcal{M}_c = -\mathcal{M}_u$，因此 $\mathcal{M} = 0$ ——$K_L \to \mu^+ + \mu^-$ 的衰变率就从太大变成了 0。

这很糟糕。实验者确实观察到了这种衰变，尽管其衰变率比预测的小得多。但我们记得，我们在 (9.23) 中没有包括 u 夸克的质量 m_u。我们必须把 m_u 放入 $\mathcal{M}_u$ 中，同样地，把 c 夸克的质量 m_c 放入 $\mathcal{M}_c$ 中。由于夸克的质量被假定为远小于 W 的质量 M（当然，这在当时是未知的），我们可以展开到 m/M 的领头阶。此外，由于 $\mathcal{M} = \mathcal{M}_u + \mathcal{M}_c$ 在 $m_c = m_u$ 的情况下将消失，我们期望 $\mathcal{M}$ 正比于 $(m_c - m_u)$，也就是 c 夸克和 u 夸克的质量差。实际上，由于一个简单的量子场论原因[16]，$\mathcal{M} \propto (m_c^2 - m_u^2) = (m_c - m_u)(m_c + m_u)$。因为根据假设，$m_u$ 相比于 m_c 可以忽略不计，所以我们有 $(m_c^2 - m_u^2) \simeq m_c^2$。

因此，我们可以预期，抵消以后的剩余是 $g^4 \cos\theta \sin\theta/M^2$ 乘以一个因子 $(m_c^2 - m_u^2)/M^2 \simeq m_c^2/M^2$。这种几乎彻底的抵消把振幅的净值减小到

$$\mathcal{M} \sim \left(g^4 \cos\theta \sin\theta/M^2\right)\left(m_c^2/M^2\right) \sim G^2 m_c^2 \cos\theta \sin\theta \quad (9.28)$$

符合实验的观测。格拉肖等人说，一切都干得很漂亮。

冒着重复的风险，总结一下：如果忽略 u 和 c 夸克的质量，它们的贡献加起来为零。因此，把它们的小质量包括进来，就意味着净贡献被因子 $(m_c^2 - m_u^2)/M^2 \simeq m_c^2/M^2 \ll 1$ 压低，远小于天真的预期。

这个大胆的建议特别吸引人的地方是，未知的粲夸克不能有太大的质量，否则就会让 $\mathcal{M}$ 变得很大，从而违背了发明它的目的。有可能存在第四种夸克，这可真是激动人心，并且这种兴奋在 1974 年发现含有粲夸克的粒子时达到顶峰。

另一个吸引人的特征，更多的是基于美学的考虑：有了四个夸克，轻子

和夸克之间就会有令人愉快的对称性。我们引入"二重态符号",用来表明 $W^\pm$ 可以将二重态的上态转化为下态,反之亦然。那么,弱相互作用的大部分内容就可以用以下内容来概括:

$$\begin{pmatrix} \nu_e \\ e \end{pmatrix} \begin{pmatrix} \nu_\mu \\ \mu \end{pmatrix} \quad \bigg| \quad \begin{pmatrix} u \\ d(\theta) \end{pmatrix} \begin{pmatrix} c \\ s(\theta) \end{pmatrix} \qquad (9.29)$$

换句话说,W 玻色子按照下述方式与轻子和夸克发生耦合:

$$\mathcal{L} = g\left(\bar{\nu}_e \gamma^\lambda e + \bar{\nu}_\mu \gamma^\lambda \mu + \bar{u}\gamma^\lambda d(\theta) + \bar{c}\gamma^\lambda s(\theta)\right) W_\lambda + \text{h.c.} \qquad (9.30)$$

事实上,在意识到 $\nu_e \neq \nu_\mu$ 之后,但是在解决 $K_L \to \mu^+ + \mu^-$ 衰变率难题的若干年之前,理论家们[17]已经通过诉诸美学的方式提出了有 4 种夸克存在。我猜,这是一种平衡感:4 个轻子和 4 个夸克。现在,我们有 6 个轻子和 6 个夸克,但仍然没有对"家族问题"的深刻理解。[18]为什么大自然要重复自己呢?

注释

[1] 当我们谈到中子的 β 衰变时,已经隐含了这一点。当其中一个 d 夸克发生衰变时,另一个 d 夸克和 u 夸克也会分开。

[2] M. Gell-Mann and M. Lèvy, *Il Nuovo Cimento* **16** (1960), pp. 705–726. 另见第 9.3 节的尾注。

[3] 关于解决这个问题的早期尝试,见 F. Wilczek and A. Zee, *Physical Review* D**15** (1977), p. 3701; *Physical Review Letter* **42** (1979), p. 421;及其引用的参考文献。

[4] 在大多数情况下,这个介子衰变为三个 π 介子:$K_L \to \pi^+ + \pi^0 + \pi^-$,但是我们在这里不关心。

[5] 称为 Cutkosky 切割。见 *QFT Nut*,第 215 页。

[6] 科普书的作者有时候觉得有义务为读者提供一幅漫画。例如,见 *Fearful*,第 238 页。但现在你知道了费曼图,你早就过了这个坎。

[7] 如果不这样做,我们多费些力气也能得出同样的结论。给 4 条内线中的每一条分配一个动量。在 4 个顶点中的每一个处,都有一个四维的 δ 函数强行保持动量守恒。其中的一个 δ 函数保证整体动量守恒 $p_d + p_{\bar{s}} = p_{\mu^+} + p_{\mu^-}$。其他的确定 4 个内部动量中的 3 个。剩下的那个自由的,可以用 q 表示。

[8] 例如,见 *QFT Nut*,第 57 页。这很容易。

[9] 有些读者可能会担心 $q^2 = M^2$ 处的极点。答案是,我们应该威克旋转(Wick rotate)到欧几里得时空。请参阅任何量子场论的教科书。

[10] 如第 7.3 节所述,在更高级的讨论中,例如关于 $\mathcal{L} \sim (\partial A)^2$ 形式的讨论,导数 ∂ 仍未执行。

[11] 关于这一点的更多讨论,请看附录 Eg。

[12] 为了真正地用手比划论证，你可以尝试说，由于电子具有自旋 $\frac{1}{2}$，而光子自旋为 1，电子的传播子应该像光子传播子的平方根 $\sim 1/q^2$，因此像 $\sqrt{1/q^2} \sim 1/q$。

[13] 例如，见 *QFT Nut*，第 93 页。

[14] 见 *Group Nut*，第 VII.4 章。

[15] S. L. Glashow, J. Iliopoulos, and L. Maiani, *Physical Review* D **2** (1970), pp. 1285–1292.

[16] 正如上一节所述，自旋为 $\frac{1}{2}$ 的有质量的费米子的传播子是 $\frac{1}{q-m}$。由于 $m \ll q \sim M$，我们可以展开 $\frac{1}{q-m} = \frac{1}{q} + \frac{1}{q} m \frac{1}{q} + \frac{1}{q} m \frac{1}{q} m \frac{1}{q} + \cdots$。$q$ 的奇数次项在积分后消失，因此被积函数的其余部分是 q 的偶数次项。（我们生活在四维时空中！）当我们把 u 和 c 夸克的贡献组合起来时，领头阶 $\frac{1}{q}$ 就消失了，因为它不知道夸克的质量。$\frac{1}{q} m \frac{1}{q} m \frac{1}{q} \propto m^2$ 的贡献与 $(m_c^2 - m_u^2)$ 成正比。

[17] 见牧二郎（Z. Maki）和原康夫（Y. Hara）的论文，以及比约肯（J. Bjorken）和格拉肖（S. Glashow）的论文。

[18] 糟糕，好莱坞经典电影《七兄弟和七个新娘》（*Seven Brides for Seven Brothers*，1954 年）在这里没有帮上什么忙。

附录

附录 Cp：临界点

附录 Del：δ 函数

附录 Eg：爱因斯坦引力——快速的复习

附录 ENS：从欧拉到纳维和斯托克斯

附录 FSW：有限深的方阱

附录 Gal：伽利略不变性和流体的流动

附录 Gr：格林函数

附录 Grp：群速度和相速度

附录 L：拉普拉斯算符的径向部分

附录 M：麦克斯韦方程——简要的复习

附录 N：牛顿的两个绝妙定理和第二个平方根警报

附录 VdW：从第一性原理出发严格推导范德华定律

附录 Cp：临界点

按照承诺，我们现在确定范德华气体的临界物理量 T_c、P_c 和 v_c。（请参考第 5.2 节中的符号。）

首先利用量纲分析，夜行法能够快速地确定。由于 $[a]=\mathrm{EL}^3$ 和 $[b]=\mathrm{L}^3$，我们立刻就得到 $T_\mathrm{c}\sim a/b$、$P_\mathrm{c}\sim a/b^2$ 和 $v_\mathrm{c}\sim b$。

接下来，我们就按部就班地计算。首先回顾一下

$$P=\frac{T}{v-b}-\frac{a}{v^2} \tag{Cp.1}$$

和

$$\left.\frac{\partial P}{\partial v}\right|_T=-\frac{T}{(v-b)^2}+\frac{2a}{v^3} \tag{Cp.2}$$

在物理上，v 必须大于 b。

这里是对相变背后的物理学的快速复习，正如第 5.2 节所讨论的那样。请看那里的图 5.2。对于足够高的温度 T，斜率 $\left.\frac{\partial P}{\partial v}\right|_T$ 是负的。但对于足够低的温度，当 v 增加到 b 以上时，斜率 $\left.\frac{\partial P}{\partial v}\right|_T$ 从负数变成正数，再回到负数，两次过零点：$P(v)$ 有一个最小值和一个最大值，如图所示。随着 T 的增加，这两个极值相互靠近，然后在某个临界温度 T_c 下合并然后消失。合并发生时的 P 和 v 的值分别用 P_c 和 v_c 表示。

牛顿和莱布尼茨告诉我们，当 $\left.\frac{\partial P}{\partial v}\right|_T=0$ 时，$P(v)$ 的最小值和最大值出现，也就是

$$Tv^3=2a(v-b)^2 \tag{Cp.3}$$

为了便于阐述，令 $f(v)\equiv Tv^3$ 和 $g(v)\equiv 2a(v-b)^2$。有可能搞错的是，认为三次方程 $f(v)=g(v)$ 应该有三个根，所以 $P(v)$ 会有三个极值，而不是两个，但稍加思考就会发现，当 $v<b$ 时只有一个根，这不符合实际。在低 T 下绘制 $f(v)$ 和 $g(v)$，就可以立即看到这一点。随着 v 的增加，与 $g(v)$ 相比，$f(v)$ 一开始很小，但 $g(v)$ 会减小，然后在 $v=b$ 时消失：显然，$f(b)>g(b)=0$。当 v 增加超过 b 时，两个函数都增加，但 $f(v)$ 增加得更慢，

因为根据假设，T 很小。最终，对于大的 v 来说，再一次 $f(v) > g(v)$。因此，在 $v > b$ 的区域内，$f(v)$ 一定与 $g(v)$ 相交了两次。一图胜千言：只要画个图，一切就清楚了。

因此，对于 $v > b$，两条曲线 $f(v)$ 和 $g(v)$ 相交两次，但随着 T 向临界值 T_c 增加，交点会越来越近，直到两条曲线在 $v_c > b$ 的某处刚刚接触。

因此，让这两个函数和它们的斜率分别相等，就可以确定临界值，也就是说，同时求解 $f(v) = g(v)$ 和 $f'(v) = g'(v)$。然后代入 (Cp.1) 来确定临界压力 P_c。我把它留给你们，让你们把这个计算进行到底，当然还要验证结果是否符合夜行法的预期。[1]

注释

[1] 但是在数值上差别挺大的：例如，$P_c = a/27b^2$。

附录 Del：δ 函数

狄拉克 δ 函数[1]，或简称 δ 函数，在理论物理学中几乎是必不可少的。这个简短的叙述是为那些可能需要补习的读者准备的。

考虑函数 $f(x)$，它在 $x=0$ 之前急剧上升，在 $x=0$ 处迅速达到最大值，然后快速下降到 0。除了 $x=0$ 附近的一个小区间，$f(x)$ 实际上在任何地方都是 0。

这个函数的精确形式并不重要。例如，我们可以让 $f(x)$ 在 $x=-a$ 处从 0 线性上升，在 $x=0$ 处达到 $1/a$ 的峰值，然后在 $x=a$ 处线性下降到 0。对于 $x<-a$ 和 $x>a$ 的区间，$f(x)$ 都定义为 0。作为另一个例子，考虑缩放的高斯函数

$$f(x) = \frac{1}{(2\pi)^{\frac{1}{2}}a} e^{-\frac{1}{2}x^2/a^2} \tag{Del.1}$$

在 $a\to 0$ 的极限下，这两个函数都是（无限）尖锐的峰值，随着宽度 $\sim a$ 趋于 0，峰值 $\sim 1/a$ 趋于无限大。除了 $-a \lesssim x \lesssim a$ 的区间外，缩放的高斯函数其实到处都是 0。这种急剧到达峰值极限的函数被物理学家称为 δ 函数[2] $\delta(x)$。δ 函数通常被归一化为

$$\int dx\, \delta(x) = 1 \tag{Del.2}$$

我们刚才选择的两个例子，都有 $\int dx\, f(x) = 1$。

大致地说，物理学家认为 $\delta(x)$ 是这样的函数，它的能量都集中在 $x=0$ 的点。这意味着，对于充分光滑的函数 $g(x)$，$\int_{-\infty}^{\infty} dx\, g(x) \delta(x-c) = g(c)$。换句话说，积分在任意点 $x=c$ 处挑选出函数 $g(x)$ 的值。

δ 函数可以追溯到傅里叶（Joseph Fourier），他给出了一种非常有用的[3]表示法：

$$\delta(x) = \int_{-\infty}^{\infty} \frac{dk}{2\pi} e^{ikx} \tag{Del.3}$$

（为了验证这一点，将上式中的被积函数从 $-K$ 到 K 积分，并研究在极限 $K\to\infty$ 下作为 x 的函数的结果。）

三维空间里的重要恒等式

由于大部分物理学都发生在三维空间中，因此很自然地就可以定义三维 δ 函数 $\delta^3(\vec{x}) \equiv \delta(x)\delta(y)\delta(z)$。例如，一个携带电荷 e 并位于空间里点 $\vec{c}$ 处的点粒子，其电荷密度 $\rho(\vec{x})$ 由 $\rho(\vec{x}) = e\,\delta^3(\vec{x}-\vec{c})$ 给出。

现在介绍一个非常重要的恒等式

$$\nabla^2 \left(\frac{1}{r}\right) = -4\pi\,\delta^3(\vec{x}) \tag{Del.4}$$

其中 $r^2 = x^2 + y^2 + z^2$，跟往常一样。

同样，引入指标很方便，$\vec{x} = (x^1, x^2, x^3) = (x, y, z)$。微分 $r^2 = \sum_i (x^i)^2$，我们得到 $r\,dr = \sum_i x^i\,dx^i$，因此 $\frac{\partial r}{\partial x^i} = \frac{x^i}{r}$。换言之，

$$\vec{\nabla} r = \frac{\vec{x}}{r} \tag{Del.5}$$

因此，在三维空间里，

$$\nabla^2 \frac{1}{r} = \vec{\nabla}\cdot\vec{\nabla}\frac{1}{r} = \sum_i \frac{\partial}{\partial x^i}\left(-\frac{1}{r^2}\frac{x^i}{r}\right) = \sum_i \left(\frac{3}{r^4}\frac{x^i}{r}x^i - \frac{1}{r^3}\frac{\partial x^i}{\partial x^i}\right) = \frac{3}{r^3} - \frac{3}{r^3} = 0 \tag{Del.6}$$

(Del.4) 的左边确实等于 0，除了在 $\vec{x} = 0$ 处。现在我们知道，$\nabla^2\left(\frac{1}{r}\right)$，等于某个常数乘以 δ 函数。

为了得到 (Del.4) 中的 (-4π)，只需在以 $\vec{x} = 0$ 为中心，半径为 a 的小球 B 上做积分。利用高斯定理，把体积分转化为以 S 为边界的球体 B 上的面积分，我们得到

$$\int_B d^3x\,\nabla^2\frac{1}{r} = \int_B d^3x\,\vec{\nabla}\cdot\vec{\nabla}\frac{1}{r} = \int_S d\vec{S}\cdot\left(-\frac{1}{r^2}\frac{\vec{x}}{r}\right)\bigg|_{r=a} = -4\pi \tag{Del.7}$$

这样就验证了 (Del.4)，并理解了 4π 来自单位球体的表面积。这个恒等式是电磁学的基础，并将在附录 Gr 和 M（以及第 9.2 节）中出现。

练习

(1) 把傅里叶的表示法推广到三维空间。

(2) 验证下面这个有用的表示法：

$$\frac{e^{-mr}}{4\pi r} = \int_{-\infty}^{\infty} \frac{d^3k}{(2\pi)^3}\,\frac{e^{i\vec{k}\cdot\vec{x}}}{\vec{k}^2 + m^2}$$

特别是，库仑势可以通过设置 m 为 0 来表示。我们在第 9.2 节需要这个练习的结果。

注释

[1] 除狄拉克外，也由柯西（Cauchy）、泊松（Poisson）、厄米（Hermite）、基尔霍夫（Kirchhoff）、开尔文（Kelvin）、亥姆霍兹（Helmholtz）和亥维赛德（Heaviside）等人引入。见 J. D. Jackson, *American Journal of Physics* **76** (2008), pp. 707–709。

[2] 严谨的数学家对物理学家在这里使用"函数"这个词感到愤怒——他们更愿意称它为分布，把它定义为函数的极限。但是，干活儿的物理学家们并不关心这些细节问题。无论如何，我也不知道有哪个理论物理学家因为把 $\delta(x)$ 称为函数，而受到了任何伤害。

[3] 在量子场论中几乎一直都要用。

附录 Eg：爱因斯坦引力——快速的复习

深刻的理论

显然，在短短的几页纸里，我只能让你对爱因斯坦引力浅尝辄止。[1]我只想告诉你夜行法需要些什么。如果你对下面的任何一句话感到困惑，你几乎肯定可以在我或其他任何人关于爱因斯坦引力的教科书中找到它的推广、阐述和详细的解释。

对于已经了解的读者，本附录是复习。对于不知道的人来说，这是为了吊起他们的胃口。

寓言故事：好奇的乘客

从一个寓言开始。[2]假设你想要从洛杉矶飞往台北，闲来无事看一下飞行地图。你可能会注意到，飞机沿着一条弧线向白令海峡飞去。白令海峡是否对飞机产生了神秘的吸引力呢？见图 Eg.1。

在下一次旅行中，你尝试另一家航空公司。飞行员沿着完全相同的弯曲路径。难道这些飞行员就没有一点儿个性或独创性吗？为什么他们不为了好玩而向南飞，在夏威夷上空飞？他们似乎更喜欢飞越[3]面无表情、毫无戒心的因纽特猎人，而不是欢快的波利尼西亚少女。

这种神秘的力量不仅有吸引力，而且是普遍的，与飞机的制造无关。你应该从身边的乘客那里寻求启迪吗？亲爱的读者，你肯定在笑。你很清楚墨卡托投影法扭曲了地球，而飞行员严格沿着洛杉矶和台北之间尽可能短的路径飞。至于普遍存在的神秘力量，它的答案不属于物理学，而是属于经济学。

引力的作用也是普遍的。我们在学校里了解到，伽利略在比萨斜塔上扔铁球，看它们是否会同时落地。现在只有一小部分学童长大了，但肯定包括

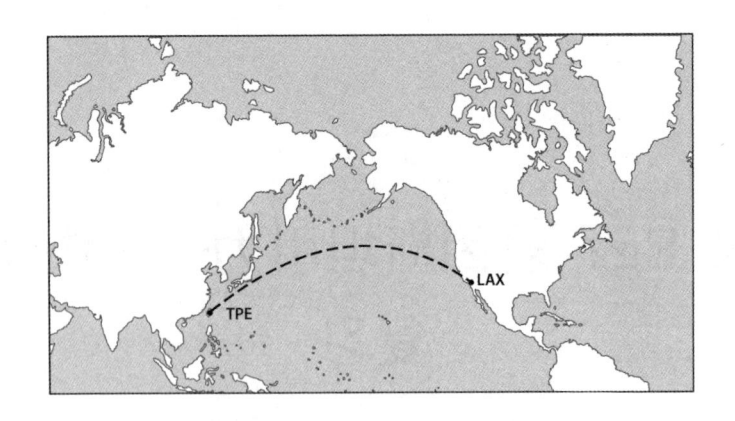

图 Eg.1　白令海峡是不是对从洛杉矶飞往台北的飞机产生了神秘的吸引力？摘自 Zee, A. *On Gravity: A Brief Tour of a Weighty Subject*, Princeton University Press, 2018

本书的读者，还记得他为什么这样做。其他同学会猜测，伽利略不是疯了就是喝高了。

但你我都知道，质量为 M、半径为 R 的地球对质量为 m 的铁球施加的引力由 $F = GMm/R^2$ 给出，因此，根据牛顿运动定律，铁球的加速度等于 $a = F/m = GM/R^2$。一个深刻而又基本的数学原理——"某物除以自身得到 1"（$m/m = 1$）表明，地球表面的所有下落物体都以同样的速度向地面加速[4]，这就是引力的普遍性。

没有引力，只有时空的曲率

对爱因斯坦来说，苹果和石头在引力场中以完全相同的方式落下，并不比各航空公司选择完全相同的路径从洛杉矶到台北更令人惊讶。我们可能会看到"明显"的联系，但是事后诸葛亮[5]当然很容易了。

三百年来，引力的普遍性一直在对我们低声说"弯曲的时空"。最后，爱因斯坦听到了。

正如白令海峡没有神秘的吸引力一样，我们也可以说没有引力，只有时空的曲率。我们观察到的引力是由于时空的曲率造成的。更准确地说，引力等同于时空的曲率——它们其实是一回事。

我们没有去找弯曲的时空，而是弯曲的时空找上门来了！

给洛伦兹讲牛顿

想象一下，在某个完全瞎扯淡的情况下，你要给洛伦兹讲讲[6]牛顿，而洛伦兹不接受任何非洛伦兹不变的东西。

牛顿万有引力大张旗鼓地违反洛伦兹不变性，令人恼火。特别是考虑到泊松方程，它决定了牛顿的引力势 ϕ，给定质量密度 ρ，

$$\vec{\nabla}^2 \phi \sim G\rho \tag{Eg.1}$$

这跟洛伦兹不变性发生了严重的冲突。

电磁学指明了出路。把这个方程跟给定电荷密度 ρ、确定库仑势 ϕ 的方程 $\vec{\nabla}^2 \phi \sim e\rho$ 做比较。这两个方程在结构上是相同的，只是用 e 代替了 G。物理学家甚至使用相同的字母。

好吧，你完全知道（如果你不知道，你可以在附录 M 中看到）电磁学是如何与洛伦兹不变性调和的。* 这个静电方程被替换为

$$\left(\vec{\nabla}^2 - \frac{\partial^2}{\partial t^2}\right) A^\mu \sim eJ^\mu \tag{Eg.2}$$

其中指标 $\mu = 0, 1, 2, 3$，时空坐标 $x^\mu = (x^0, x^i) = (t, \vec{x})$。

首先，电荷密度 ρ 在 (Eg.2) 中被提升为四矢量 J_μ 的时间分量 J_0，它的空间分量 J_i 形成通常的电流密度三矢量 $\vec{J}$。

如果伽利略了解电荷和电流，这一点即使对他来说也是显而易见的。考虑盒子里的电荷。对于一个相对于盒子运动的观察者来说，我们叫他普莱姆先生（Mr. Prime）[7]，电荷在运动，形成了电流。显而易见，ρ 和 $\vec{J}$ 一起出现。

对伽利略来说，完全不明显的是洛伦兹系数，例如狭义相对论特有的 $1/\sqrt{1 - \frac{v^2}{c^2}}$。但是你（21 世纪的读者）可以向伽利略解释，从物理上讲，这个盒子是洛伦兹收缩的。体积缩小了，所以密度变大。普莱姆先生认为，电荷密度增大了一个因子 $\left(1/\sqrt{1 - \frac{v^2}{c^2}}\right) > 1$。

为了匹配右侧的四矢量性质，左侧的静电势 ϕ 必须提升为四矢量势 $A^\mu = (A^0, A^i) = (\phi, \vec{A})$ 的时间分量 A^0。这个四矢量势的空间分量 A_i 形成了矢势 $\vec{A}$，19 世纪末一些理论物理学家反对矢势。[8]

最后是关于符号上的"小事"。在坐标 $x^\mu = (x^0, x^i) = (t, \vec{x})$ 的情况下，引入相应的偏导数很方便，即 $\partial_\mu \equiv \frac{\partial}{\partial x^\mu} = \left(\frac{\partial}{\partial x^0}, \frac{\partial}{\partial x^i}\right) = \left(\frac{\partial}{\partial t}, \frac{\partial}{\partial x}, \frac{\partial}{\partial y}, \frac{\partial}{\partial z}\right) = \left(\frac{\partial}{\partial t}, \vec{\nabla}\right)$。下面将使用这些导数。

---

*事实上，在历史上，电磁学产生了洛伦兹不变性。

引力和电磁学：关键的差别

现在我们有了电磁学的坚实基础，同样可以简单地描述引力。回到方程 (Eg.1)，用于牛顿引力。$\vec{\nabla}^2 \phi \sim G\rho$。首先，在狭义相对论中，质量密度 ρ 必须提升[9]为能量密度 ε。

我们在这里看到了引力和电磁学的关键差别，这种差别让引力变得更难。现在考虑一个盒子，里面包含一些有质量的粒子。以前，对普莱姆先生来说，电荷密度是增强的，因为盒子是洛伦兹收缩的。在这里，不仅盒子有洛伦兹收缩，而且盒子里构成 ρ 的质点也在运动。一个运动中的质点的能量从 m 增大到 $m/\sqrt{1-\frac{v^2}{c^2}}$。

运动的质点携带动能。与电荷密度只增大一次相比，质量密度增大了两次，有两个 $1/\sqrt{1-\frac{v^2}{c^2}}$ 的因子！

在数学上，这意味着，与电荷密度不同（电荷密度提升为四矢量 J^μ 的时间分量 J_0），质量密度提升为四张量 $T^{\mu\nu}$ 的时间分量，称为能量动量张量。具体而言，T_{00} 是能量密度 ε。（学习过流体动力学或弹性力学的读者已经熟悉了 T^{ij}，即 $T^{\mu\nu}$ 的空间–空间分量，在那些主题下称为应力张量。）

双倍增强，因此是张量而不是矢量。是两个指标而不是一个指标：明白吗？数学和物理携手并进，合作愉快。

事实上，细心的读者可能已经意识到，我们在第 7.2 节遇到过 $T^{\mu\nu}$，以及这里提出的物理论证。

张量在右边，张量在左边

但是，如果泊松方程 (Eg.1) 的右边像张量一样转换，那么左边，即 $\vec{\nabla}^2 \phi$，也必须用像张量一样变换的东西替代。特别是，$\vec{\nabla}^2$ 中的梯度算符 $\frac{\partial}{\partial x^i} \equiv \nabla_i$ 必须让它的朋友——时间导数 $\frac{\partial}{\partial t}$ 也发挥作用。在狭义相对论中，时间和空间导数被打包成一个四矢量 $\partial_\mu \equiv \frac{\partial}{\partial x^\mu}$，正如刚刚指出的那样，已经在 (Eg.2) 中使用了[10]。

另一条线索是，我们正在寻找的、放在左边的张量必须在牛顿极限下约化到 $\vec{\nabla}^2 \phi$。由于导数不能凭空出现[11]，这个张量必须包含 ∂_λ 的两个幂。此外，我们必须弄清楚 ϕ 被提升成了什么。

结论是，我们期望把牛顿方程推广为下面这样的形式：

$$(\cdots \partial \cdots \partial \cdots)^{\mu\nu} = GT^{\mu\nu} \qquad \text{(Eg.3)}$$

如果说爱因斯坦花了十年的时间才弄清楚 $(\cdots\partial\cdots\partial\cdots)^{\mu\nu}$ 这个神秘的表达式是什么，这个说法也只是略有夸张，所以你不可能在两秒钟内掌握它。

关于 ∂ 的二次幂这一点，在第 9 章中得到了体现，并且在某种意义上渗透进了物理学。

为什么地平说持续了这么久？

在这里，我们与飞机上那个想知道白令海峡是否有神秘吸引力的人取得了联系。那么，引力和时空的曲率有关系吗？

要理解时空的曲率，首先要理解空间的曲率。让我们从一个问题开始。你知道为什么人类花了这么长时间才认识到世界是圆的吗？

你当然知道答案。因为世界是局部平坦的，而人类走得不够快。在日常生活中，只要感兴趣的距离与地球的半径相比很小，我们就没必要知道世界实际上是圆的。如果你专注于任何光滑表面上的一个足够小的区域（事实上可以是任何维度的空间），它就会看起来很平坦，你可以研究它与平坦空间的微小偏差。这就是黎曼几何的核心思想，我们现在把它定量化。

首先，我们必须掌握度规的概念。在欧几里得平面上，毕达哥拉斯告诉我们，直角坐标为 (x, y) 和 $(x + dx, y + dy)$ 的两个相邻点之间的无限小距离 ds 由 $ds^2 = dx^2 + dy^2$ 给出。接下来，考虑一个半径为 1 的球。球面上的点用纬度[12] θ 和经度 φ 定位。坐标为 (θ, φ) 和 $(\theta + d\theta, \varphi + d\varphi)$ 的两个相邻点之间的距离 ds 由熟悉的 $ds^2 = d\theta^2 + \sin^2\theta \, d\varphi^2$ 给出。见图 Eg.2。

对于足够光滑的表面，(x, y) 是两个合适的坐标，不一定是笛卡尔坐标，这个表达式可以推广为 $ds^2 = g_{xx} dx^2 + g_{xy} dx \, dy + g_{yx} dy \, dx + g_{yy} dy^2$。（显然，$g_{xy} = g_{yx}$，因为根据定义，$dx \, dy = dy \, dx$。）

对于 D 维流形来说，这个表达式进一步推广为 $ds^2 = g_{\mu\nu}(x) dx^\mu dx^\nu$，重复指标 μ, ν 意味着在 $1, \cdots, D$ 上求和。例如，对于单位球体，$g_{\theta\theta} = 1$，$g_{\theta\varphi} = 0$ 和 $g_{\varphi\varphi} = \sin^2\theta$，度规是对角的，但不是常数的（当然如此）。通常可以认为，度规 $g_{\mu\nu}(x)$ 是 $D \times D$ 的实对称*矩阵。

1828 年，伟大的高斯发现，曲面的曲率完全由度规决定。他对这个事实的印象深刻，把它命名为 Theorema Egregium[13]，即"杰出的"或"非凡的"定理。黎曼（Bernhard Riemann）作为学生听了高斯的讲座（当高斯发现这个定理时，黎曼才两岁），迈出了深远的一步，把这个非凡的事实扩展到任意维。给定了度规 $g_{\mu\nu}$，黎曼就可以告诉我们曲率是什么。他发现了黎曼曲率张

---

*也就是说，$g_{\mu\nu}(x) = g_{\nu\mu}(x)$。

图 Eg.2　球上的度规。纬度相同但经度略微偏离 $\mathrm{d}\varphi$ 的两个相邻点之间的距离由 $\sin\theta\,\mathrm{d}\varphi$ 给出。请注意，$\sin\theta$ 在赤道上等于1，随着我们向北移动而稳定地减少，并在北极等于零。摘自 Zee, A. *On Gravity: A Brief Tour of a Weighty Subject*, Princeton University Press, 2018

量（现在的称呼）的表达式，由 $g_{\mu\nu}$ 构建而成。

不用说，我很难用一页或更少的篇幅向你解释这座数学的丰碑。[14]相反，我尽可能简明扼要地说，对于这里的目的，我们需要什么。

既然你同意球的曲率在任何地方都一样，我们可以选择考察一个计算起来特别简单的点，即赤道上的点 P，比如，$\theta = \frac{1}{2}\pi + \epsilon$，$\varphi = 0$。那么就有 $g_{\varphi\varphi} \simeq \left(1 - \frac{1}{2}\epsilon^2\right)^2 \simeq 1 - \epsilon^2$，因此 $\frac{\partial^2 g_{\varphi\varphi}}{\partial \theta^2} = -2$。除了某个符号和归一化，这就是球体的曲率。[15]当然，这并不能证明什么，因为表达式 $\frac{\partial^2 g_{\varphi\varphi}}{\partial \theta^2}$ 取决于 θ。不可能这么容易吧！否则，高斯就不会把它称为"杰出的定理"。本书这种用夜行法比比划划的讨论确实表明，一个涉及作用于度规 $g_{\mu\nu}$ 及其矩阵逆的两个偏导数的更复杂公式可能是可行的。

正如刚才预先提示的那样，关键的洞见是，在点 P 的足够小的邻域里，世界看起来很平坦，与平坦空间的偏差只出现在二阶（在这个例子中，是 ϵ^2）。

看看在直角坐标系中是怎么做的会很有启发。考虑半径为 L 的球，它的定义是 $x^2 + y^2 + z^2 = L^2$。由于球面上的所有点都是等价的，可以把注意力集中在与北极相切的平面，它还垂直于连接南北两极的 z 轴。北半球由 $z = +\sqrt{L^2 - x^2 - y^2}$ 定义。在北极的附近，$z \simeq L\left(1 - \frac{1}{2L^2}(x^2 + y^2) + \cdots\right)$：这个球在局部是倒着放的抛物面，而且可以用切平面很好地近似。该表面是局部平坦的，并且与平面的偏离是二阶的，所以，因纽特的猎人们长期以来都没有注意到。

一般来说，在黎曼流形[16]上的一个点 P 附近，为了书写的方便，我们先移动坐标 x，让点 P 标记为 $x = 0$，将 P 周围的度规展开到二阶[17]：$g_{\mu\nu}(x) = g_{\mu\nu}(0) + A_{\mu\nu,\lambda}x^\lambda + B_{\mu\nu,\lambda\sigma}x^\lambda x^\sigma + \cdots$。

线性代数的一个基本定理向我们保证，可以把矩阵 $g_{\mu\nu}(0)$ 对角化和缩放，这样就可以用单位矩阵[18] $\delta_{\mu\nu}$ 取代它。接下来，简单的计数论证表明，通过变换可以消除上面用 A 表示的线性偏差。[19]在点 P 附近，我们最终得到度规 $g_{\mu\nu}(x) = \delta_{\mu\nu}(0) + B_{\mu\nu,\lambda\sigma}x^\lambda x^\sigma + \mathrm{O}(x^3)$。

黎曼曲率张量（写成 $R_{\mu\nu\lambda\sigma}$）由膨胀系数 B 给出[20]，我们可以通过度规对 x 的二次微分来提取 B。因此，正如我们所预料的，曲率由 $(\cdots\partial\cdots\partial\cdots)$ 形式的表达式给出。虽然我们这里讨论的是弯曲的空间，但是可以立即推广到弯曲的时空。

现在是激动人心的时刻：物理学和数学胜利会师了。

把三条线索绑在一起

这里有很多东西要学，所以我总结一下。叙述包括三个方面：

(1) 受引力影响的物体在时空中沿着普适的路径走，说明起作用的是时空的曲率。

(2) 牛顿和洛伦兹告诉我们，引力场方程的左边必须涉及两个对时空坐标的偏导数，类似于 $(\cdots\partial\cdots\partial\cdots)^{\mu\nu}$。

(3) 高斯和黎曼告诉我们，曲率张量的形式是 $(\cdots\partial\cdots\partial\cdots)$。

爱因斯坦把这三条线索绑在一起，写下了他那著名的场方程

$$E^{\mu\nu} = GT^{\mu\nu} \tag{Eg.4}$$

其中，爱因斯坦张量 $E^{\mu\nu} \equiv R^{\mu\nu} - \frac{1}{2}g^{\mu\nu}R$ 由 $R^{\mu\nu}$ 和 R 给出（分别称为里奇张量和标量曲率），并由黎曼曲率张量 $R_{\mu\nu\lambda\sigma}$ 构成。同时，ϕ 已经提升为度规张量 $g_{\mu\nu}$。

把这个方程与 (Eg.1) 做比较。爱因斯坦方程虽然看起来更复杂，但是在逻辑上自然地推广了牛顿方程。在合适的极限下，爱因斯坦方程还原为牛顿方程，因为它必须如此。

能量动量张量

我们知道,能量动量张量 $T^{\mu\nu}$ 的时间–时间分量 T_{00} 对应于能量密度 ε,那么其他分量呢?

考虑由点粒子构成的气体,用四动量 p_a^μ 描述其运动,用 a 标记粒子。根据洛伦兹对称性,张量 $T^{\mu\nu}$ 必须由 $p_a^\mu p_a^\nu$ 给出,$p_a^\mu p_a^\nu$ 对 $\vec{x}$ 的某个邻域里的所有粒子求和,并在以 t 为中心的时间间隔内求平均。因为各向同性,$T^{0i} = 0$,平均而言,没有特殊的方向。T^{ij} 测量 $p_a^i p_a^j$ 的量,即在气体中动来动去的量。这只能对应于时空中该点的压强 P。[21]此外,还是因为各向同性,$T^{xx} = T^{yy} = T^{zz}$。或者,在更紧凑的记号下,$T^{ij} \propto \delta^{ij}$。我在第 4.2 节和第 7.3 节使用了这个结果。

注释

[1] 毕竟,我的关于爱因斯坦引力的教科书 *GNut* 长达 866 页。

[2] 部分改编自我的书 *On Gravity*。

[3] 我稍微滥用了下地理学。

[4] 读者肯定知道,我说的是惯性质量等于引力质量,这一点在实验中得到了验证,准确度令人印象深刻。

[5] 法语里也有一句俗语:Staircase wit, l'esprit d'escalier, Treppenwitz, 意为"等骑兵向你冲锋以后再开火"(firing the cannon after the cavalry had already charged by you)。

[6] 也许你想让洛伦兹考察牛顿适不适合当女婿,尽管历史上的牛顿反对婚姻,终生都是光棍。

[7] 他首次出现在 *GNut* 第 18 页,与安普莱姆夫人(Mrs. Unprime)一起。*

[8] 说的是,只有可测量的量 $\vec{E}$ 和 $\vec{B}$,才允许进入物理学。

[9] 事实上,这就是 $E = mc^2$ 背后的物理学。

[10] 事实上,见我们在第 2.1 节对电磁学的讨论。

[11] 见第 9.4 节关于导数守恒的尾注 10。这个论证表明,爱因斯坦方程至少要有一些包含 ∂ 的二次幂的项。可能还有一些在牛顿极限下消失的项。例如,各种时空导数可以作用于该极限下趋于常数的表达式。

[12] 与日常生活中的纬度不同,物理学家把纬度的 0 指定为北极,$\pi/2$ 指定为赤道。

[13] 这个拉丁语单词的含义在英语单词 "egregious" 中被大大扭曲了。希望你有一天能找到自己的 Theorema Egregium。

[14] 请查询任何书。有一个特别温和的介绍,见 *GNut*。特别是,请参考第 83 页。

[15] 你可能期望曲率取决于半径平方的倒数,但是要记得,我们已经通过设置半径为 1 而把它去掉了。

---

*译注:这两位分别对应于第 6.2 节里带撇号和不带撇号的观察者。

[16] 在本书中，我们把黎曼流形定义为一个空间，它的度规足够平滑，可以进行适当次数的微分。这可能需要找到一组适当的坐标。

[17] 我向初学者保证，没有什么深奥的事情发生。我们只是将 $g_{\mu\nu}(x)$ 展开为幂级数，其中的系数被命名为 $A_{\mu\nu,\lambda}$ 和 $B_{\mu\nu,\lambda\sigma}$。A 和 B 的下标中的逗号纯粹是为了让符号更清楚，用来区分两组指标。

[18] 这里 δ 指的是克罗内克 δ 符号（Kronecker delta）。

[19] 见 *GNut*，第 88 页。

[20] 如果你想看这个公式，它出现在 *GNut* 第 344 页，公式 (14)。

[21] 这一点在 *GNut* 第 226—231 页有精确和详细的阐述。

附录 ENS：从欧拉到纳维和斯托克斯

欧拉来自牛顿

欧拉方程

$$\frac{\partial \vec{v}}{\partial t} + (\vec{v} \cdot \vec{\nabla})\vec{v} = -\frac{1}{\rho}\vec{\nabla}P + \vec{f} \tag{ENS.1}$$

描述流体的流动，很容易用牛顿运动定律 $\vec{a} = \vec{F}/m$ 推导出来。我们在此简述其推导过程。

用 $\vec{v}(t,\vec{x})$ 表示流体的速度场。那么，在无穷小的时间间隔 δt 内，无穷小体积内流体的加速度决定于

$$\vec{v}(t+\delta t, \vec{x}+\vec{v}\delta t) - \vec{v}(t,\vec{x}) = \delta t \frac{\partial \vec{v}}{\partial t} + (\vec{v}\delta t \cdot \vec{\nabla})\vec{v} = \delta t \left(\frac{\partial \vec{v}}{\partial t} + (\vec{v} \cdot \vec{\nabla})\vec{v} \right) \tag{ENS.2}$$

随流导数 $\frac{D\vec{v}}{Dt} \equiv \frac{\partial \vec{v}}{\partial t} + (\vec{v} \cdot \vec{\nabla})\vec{v}$ 自然地出现在 (ENS.1) 的左边。$\frac{D\vec{v}}{Dt}$ 与 $\vec{v}$ 不是线性关系，这是流体动力学中所有困难的根本原因。显然，"额外的"项 $(\vec{v} \cdot \vec{\nabla})\vec{v}$ 的出现是因为流体元 δt 时间内从 $\vec{x}$ 移动到 $\vec{x} + \vec{v}\delta t$。

(ENS.1) 的右边是作用在流体上的每单位质量的力的总和。特别是考虑了作用在无穷小体积（长度为 δx，横截面积为 A）上的压力 P。见图 ENS.1。然后，力 $(P(t,x,y,z) - P(t,x+\delta x,y,z))A = -\frac{\partial P}{\partial x}\delta x\, A$ 就由压力梯度 $-\frac{\partial P}{\partial x}$ 决定。

在特定情况下，各种各样的外力也会进来。最常见的例子是：对于流体在地球引力场中的流动，我们必须将引力引起的加速度 $\vec{g}$ 纳入 $\vec{f}$ 中。

质量守恒由连续性方程表示：

$$\frac{\partial \rho}{\partial t} + \vec{\nabla} \cdot (\rho \vec{v}) = 0 \tag{ENS.3}$$

显然，我们还必须说明 (ENS.1) 和 (ENS.3) 中，ρ 是如何随 P 变化的，也就是说，我们必须确定表征流体的状态方程 $\rho(P)$。

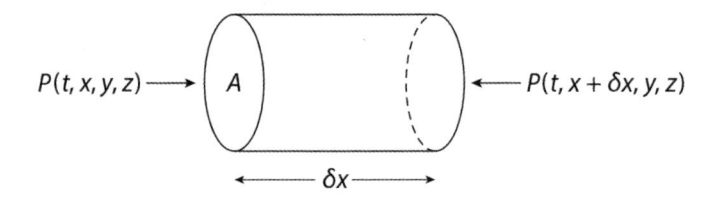

图 ENS.1　压力梯度产生的净力作用于流体元

请注意，如果流体是不可压缩的（这对普通条件下的水来说是成立的），也就是说，如果 ρ 是常数，那么 (ENS.3) 就意味着

$$\vec{\nabla} \cdot \vec{v} = 0 \qquad (\text{ENS.4})$$

如果在欧拉方程中加入黏度项 $\nu \nabla^2 \vec{v}$，就得到纳维–斯托克斯方程

$$\frac{\partial \vec{v}}{\partial t} + (\vec{v} \cdot \vec{\nabla}) \vec{v} = -\frac{1}{\rho} \vec{\nabla} P + \nu \nabla^2 \vec{v} + \vec{f} \qquad (\text{ENS.5})$$

我们在第 6.2 节和第 8.5 节讨论了黏度。

什么时候可以线性化？

读者肯定知道，在物理学中，信封背面的计算经常用来确定何时可以做各种近似计算。

通常（也就是在流体动力学的入门教科书中），我们可以丢弃纳维–斯托克斯方程 (ENS.5) 中讨厌的非线性项 $(\vec{v} \cdot \vec{\nabla}) \vec{v}$。例如，考虑[1]水波，其波长为 λ，频率为 ω，振幅为 a。流体元在特征时间（周期 $\tau \sim 1/\omega$）里振荡，因此 $v \sim a/\tau$。从而，这个讨厌的项就是 $(\vec{v} \cdot \vec{\nabla}) \vec{v} \sim (a/\tau)(a/\tau)/\lambda \sim a^2/(\tau^2 \lambda)$ 的量级，因为波在特征距离 λ 上变化。相比之下，(ENS.5) 左边的领头阶是 $\frac{\partial \vec{v}}{\partial t} \sim (a/\tau)/\tau \sim a/\tau^2$。因此，要求讨厌的项相比于第一项可以忽略，会导致非常合理的条件 $a \ll \lambda$，也就是振幅远小于波长。

请注意，这也意味着，流体速度 $v \sim a/\tau$ 就会远小于相速度或群速度 $v_{波} \sim \omega/k \sim \lambda/\tau$，真让人高兴。

ρ 应该放在外面还是里面？

本节回答了一些读者可能遇到的问题。初学者可以跳过它。

当然，你可以自由地将欧拉方程（或纳维–斯托克斯方程）乘以 ρ，得到方程 $\rho\frac{\partial \vec{v}}{\partial t}$。当我还是学生的时候，我困惑于为什么 ρ 在时间偏导数 $\frac{\partial}{\partial t}$ 的外面。它不应该待在里面，以便给出动量密度 $\frac{\partial(\rho\vec{v})}{\partial t}$ 的变化率吗？哪种形式正确呢？在继续阅读之前，请你先思考一分钟。

两种形式都正确！如果我们使用指标而不是矢量符号，就会更清楚一些。因此，(ENS.1) 乘以 ρ 就是 $\rho\frac{\partial v_i}{\partial t} + \rho v_j \nabla_j v_i = -\nabla_i P$，其中 $i = 1, 2, 3$ 或者 x, y, z。为了便于书写，我们放弃了外力——它只是随波逐流。所以，把 ρ 放在里面，然后继续做：

$$\begin{aligned}\frac{\partial \rho v_i}{\partial t} &= \rho\frac{\partial v_i}{\partial t} + \frac{\partial \rho}{\partial t}v_i = -\rho v_j \nabla_j v_i - \nabla_i P - v_i \nabla_j(\rho v_j) \\ &= -\nabla_j(\rho v_i v_j + \delta_{ij} P) \equiv -\nabla_j T_{ij}\end{aligned} \quad (\text{ENS.6})$$

第二个等式使用了连续性方程 (ENS.3)，第三个等式使用了克罗内克 δ 符号 δ_{ij}。这里定义的能量动量张量 T_{ij} 是自然而然地出现的。这个对象的相对论版本出现在第 4.2 节和附录 Eg 中。

注释

[1] 我们沿用朗道和栗弗席兹的 *Fluid Mechanics*，第 37 页。

附录 FSW：有限深的方阱

有限深方阱的基态波函数：简要的回顾

正如承诺的那样，这里对有限深方阱（对于 $L > x > -L$，$V(x) = -W < 0$；对于其他地方，$V(x) = 0$）的基态波函数进行极为简要的回顾。这个解当然是众所周知的，几乎可以在所有量子力学的入门课本中找到。我需要在这里快速回顾一遍，以便给出第 3.3 节需要的结果，同时也是为了向刚起步的理论物理学家传授一些经验。

对于 $L > x > -L$，我们有基态波函数[1] $\psi = \cos kx$，其中 $k^2 = \frac{2m}{\hbar^2}(E + W) = \frac{2m}{\hbar^2}(W - |E|)$，因为基态能量 E 是负的。相反，对于 $x > L$，$\psi = Ae^{-\kappa x}$，其中 $\kappa^2 = \frac{2m}{\hbar^2}|E| = \frac{2m}{\hbar^2}W - k^2$，A 为归一化常数。为方便起见，令 $a^2 \equiv \frac{2m}{\hbar^2}W > 0$，我们把它写为

$$k^2 + \kappa^2 = a^2 \tag{FSW.1}$$

既然必须在 $x = L$ 处匹配 ψ 和 $\psi' \equiv \frac{d\psi}{dx}$，我们不妨匹配 $\psi'/\psi = (\log \psi)'$。对于 $L > x > -L$，有 $\log \psi = \log \cos kx$，而对于 $x > L$，$\log \psi = -\kappa x + \log A$。在 $x = L$ 处匹配 $(\log \psi)'$，我们看到 A 消失了，从而得到

$$\kappa = k \tan kL \tag{FSW.2}$$

求解 (FSW.1) 和 (FSW.2)，可以确定束缚态能量 $|E| = \frac{\hbar^2}{2m}\kappa^2$。请注意，$a^2$ 测量的是势阱的深度，而 L 是势阱的宽度。

众所周知，由此产生的超越方程可以数值求解：绘制 (FSW.2) 的左右两边作为 k 的函数，并寻找交点。左边描述的是半径为 a 的四分之一圆（注意根据定义，$\kappa > 0$），而右边描述了在 $k = \pi/2L, 3\pi/2L, \cdots$ 处伸向天空的准垂直"正切"的树林。如果你觉得这句话讲得不太清楚，就画个草图吧。

浅阱和深阱

这一切都直截了当，而精确的数值解法也不是特别有趣。但是，当你轻松解决了一个物理问题以后，对结果取极限总是有启发性的。对于 $W \to \infty$，四分之一的圆（其半径 $a = \left(\frac{2m}{\hbar^2}W\right)^{\frac{1}{2}}$）非常大，并切开了"树的尖端"。[2]

更有趣的是，无论 W 多小，我们从几何上来看，总是有一个解。四分之一圆总是切过一棵树。

由此揭示的物理比所有这些超越方程更耐人寻味：无论这口井有多浅，都可以困住粒子。

你的直觉今天表现得怎么样？这个结果在三维空间中还能保持吗？嗯，也许不会——粒子可能会从侧面漏出去。答案将在适当的时候揭晓。

当 $W \to 0$ 时，束缚态的能量 $|E|$ 如何表现呢？

那么 $|E|$、κ 和 k 都趋近于 0。(FSW.2) 中的切线变得近似线性，因此 $\kappa \simeq k^2 L$。因此，(FSW.1) 成为 $k^2 + k^4 L^2 \simeq k^2 = a^2 = \frac{2m}{\hbar^2}W$，而且 $\kappa^2 \simeq (k^2 L)^2 \simeq \left(\frac{2m}{\hbar^2}WL\right)^2$。

我们得到

$$|E| = \frac{\hbar^2}{2m}\kappa^2 \simeq \frac{2m}{\hbar^2}(WL)^2 \qquad \text{(FSW.3)}$$

束缚态的能量以 W^2 的形式趋于零。

另一个教训。细心的读者可能会注意到 WL 的出现，有点像井的"面积"，但不完全是，因为 W 是能量，L 是长度。只要你保持 WL 不变，能量 $|E|$ 就不会在意你是把井变得窄而深，还是变得宽而浅。这个结果有什么意义吗？

关于这个问题的答案，见第 3.3 节。

在三维空间里，逃脱是更难了还是更容易呢？

我们看到，在一维的吸引性势阱里，无论多浅，都会有一个束缚态。我要求你们发挥直觉，确定在三维空间中是不是也这样。

考虑吸引性的球形势阱，对于 $r < L$，有 $V(r) = -W < 0$，而对于 $r > L$，有 $V(r) = 0$。我们在附录 L 中了解到，如果定义 $\psi(r) = u(r)/r$，角动量为零的态的薛定谔方程在 $r < L$ 处简化为，

$$\frac{\mathrm{d}^2 u}{\mathrm{d} r^2} = -\frac{2m}{\hbar^2}(E - V(r))u = -\frac{2m}{\hbar^2}(W - |E|)u = -k^2 u \qquad \text{(FSW.4)}$$

这看起来很像一维的薛定谔方程，但是有一个关键的区别，即 $u(r)$ 必须在 $r = 0$ 处消失。

所以，$u(r)$ 等于 $\sin kr$，而不是余弦 $\cos kr$。因此，在 $r = 0$ 时，$u(r)$ 上升，而势 $V(r)$ 必须有足够的力量使其向下弯曲，以满足 $r = L$ 处的 $e^{-\kappa r}$。如果势阱的吸引力不够大，就没有束缚态！

事实上，在 $r = L$ 处与 u'/u 相匹配，我们现在得到的不是 (FSW.2)，而是

$$\kappa = k \cot kL \tag{FSW.5}$$

有趣的是，正切 tan 变成了余切 cot。对于足够小的 W 来说，四分之一圆太小，无法与"余切"树相交。

注释

[1] 根据第 3.1 节的定理，由于 $V(x) = V(-x)$，波函数要么是偶的，即 $\psi(x) = \psi(-x)$，要么是奇的，即 $\psi(x) = -\psi(-x)$。此外，基态波函数不能有节点。

[2] 我们重新得到了无穷深方阱的能谱的一半。

附录 Gal：伽利略不变性和流体的流动

纳维–斯托克斯方程是伽利略不变的

让我们检验一下，纳维–斯托克斯方程是伽利略不变的，正如第 6.2 节承诺的那样。

首先，必须弄清楚纳维–斯托克斯方程中的各种偏导数如何转换。为了做到这一点，需要反转第 6.2 节给出的伽利略变换，因此 $t = t'$，$x = x' - ut'$，$y = y'$，$z = z'$。接下来重要的是要搞清楚，当我们做微分时，什么是保持不变的（就像在热力学中一样，如第 5.1 节所述）。所以，

$$\left.\frac{\partial}{\partial t'}\right|_{x'} = \left.\frac{\partial t}{\partial t'}\right|_{x'} \left.\frac{\partial}{\partial t}\right|_x + \left.\frac{\partial x}{\partial t'}\right|_{x'} \left.\frac{\partial}{\partial x}\right|_t = \left.\frac{\partial}{\partial t}\right|_x - u\left.\frac{\partial}{\partial x}\right|_t \quad \text{(Gal.1)}$$

和

$$\left.\frac{\partial}{\partial x'}\right|_{t'} = \left.\frac{\partial x}{\partial x'}\right|_{t'} \left.\frac{\partial}{\partial x}\right|_t + \left.\frac{\partial t}{\partial x'}\right|_{t'} \left.\frac{\partial}{\partial t}\right|_x = \left.\frac{\partial}{\partial x}\right|_t \quad \text{(Gal.2)}$$

类似地有，$\left.\frac{\partial}{\partial y'}\right|_{t'} = \left.\frac{\partial}{\partial y}\right|_t$ 和 $\left.\frac{\partial}{\partial z'}\right|_{t'} = \left.\frac{\partial}{\partial z}\right|_t$。

随流导数 $\frac{\partial \vec{v}}{\partial t} + (\vec{v} \cdot \vec{\nabla})\vec{v}$ 在附录 ENS 中得出。我们现在证明，正如第 6.2 节所述，这种特殊形式也是由伽利略不变性规定的，并不奇怪。

为了让运算简单，我们只考虑一维的流动，$\vec{v}(t, x) = (v(t, x), 0, 0)$ 指向 x 方向，只依赖于 t，x，而不依赖于 y，z。然后 $v'(t', x') = v(t, x) + u$。应用 (Gal.1)，我们得到，因为 u 是常数，$\left.\frac{\partial v'}{\partial t'}\right|_{x'} = \left.\frac{\partial v}{\partial t}\right|_x - u\left.\frac{\partial v}{\partial x}\right|_t$。更简单的是，应用 (Gal.2)，我们得到 $\left.\frac{\partial v'}{\partial x'}\right|_{t'} = \left.\frac{\partial v}{\partial x}\right|_t$。

为了看起来不要太乱，我们现在去掉竖线。现在应该很明显，每个偏导数里什么是保持不变的。我们看到，虽然 $\frac{\partial v'}{\partial x'} = \frac{\partial v}{\partial x}$，所以是不变的，但 $\frac{\partial v'}{\partial t'} \neq \frac{\partial v}{\partial t}$ 不是不变的。

但我们也有 $v'\frac{\partial v'}{\partial x'} = (v+u)\frac{\partial v}{\partial x} \neq \frac{\partial v}{\partial x}$，因而

$$\frac{\partial v'}{\partial t'} + v'\frac{\partial v'}{\partial x'} = \frac{\partial v}{\partial t} - u\frac{\partial v}{\partial x} + v\frac{\partial v}{\partial x} + u\frac{\partial v}{\partial x} = \frac{\partial v}{\partial t} + v\frac{\partial v}{\partial x} \tag{Gal.3}$$

是伽利略不变的。看吧，纳维–斯托克斯方程的左侧是不变的。物理真有用！

伽利略不变性和旋转不变性

我要求你们检查一般情况下的伽利略不变性[1] $\vec{v}(t,x,y,z) = (v_x, v_y, v_z)$。换句话说，流速 $\vec{v}$ 的大小和方向，随空间和时间变化。请注意，伽利略不变性使得纳维–斯托克斯方程左边两个项的相对系数固定为 1，如第 6.2 节所述。

假设你要计算出流体方程的左边除了 $\frac{\partial \vec{v}}{\partial t}$ 以外，还可以包含什么。你会意识到，考虑 P、T 和旋转不变性，你可以添加两项，$(\vec{v} \cdot \vec{\nabla})\vec{v}$ 和 $\vec{\nabla}(\vec{v} \cdot \vec{v})$。为什么欧拉、纳维和斯托克斯那些聪明的家伙不包括第二项呢？因为它不是伽利略不变的，你们应该检查这一点。

最后，请你们检查一下，由纳维和斯托克斯添加的黏度项 $\nabla^2 \vec{v}$ 是伽利略不变的。

注释

[1] 同样，为了减少混乱，我没有提到 v_x、v_y、v_z 对 t、x、y、z 的依赖性。

附录 Gr：格林函数

拜托，怎么废话这么多？

当我还是学生的时候，一旦我理解了格林函数，[1]我就为一些标准教科书对于这么简单（而且极其美妙）的想法说那么多的话感到困惑。当然，这些教科书必须处理各种复杂的边界条件，等等。但是，基本思想仍然是，对于线性方程，我们可以把解加起来。

考虑下面这个方程：
$$\nabla^2 \varphi(\vec{x}) = -4\pi \rho(\vec{x}) \tag{Gr.1}$$
确定由给定的电荷分布 $\rho(\vec{x})$ 产生的静电势 $\varphi(\vec{x})$。如果 $\nabla^2 \varphi_1(\vec{x}) = -4\pi \rho_1(\vec{x})$ 和 $\nabla^2 \varphi_2(\vec{x}) = -4\pi \rho_2(\vec{x})$，那么很明显，$\nabla^2 (\varphi_1(\vec{x}) + \varphi_2(\vec{x})) = -4\pi (\rho_1(\vec{x}) + \rho_2(\vec{x}))$。我们唯一的要求是，$\nabla^2$ 的作用是线性的。

附录 M 解释了电磁学里的 4π 们应该放在哪里。与那里的讨论相反，这里对麦克斯韦方程的解更感兴趣，而不是方程本身，因此在这个附录中，我们把 4π 放在方程中，如 (Gr.1) 所示，但你肯定会看到，在这里 4π 并不是问题所在。

线性叠加、对称性和量纲分析，团结起来！

特别是，让 $\rho(\vec{x}) = \delta^{(3)}(\vec{x})$ 描述一个位于原点的单位点电荷。你我都知道，它产生了静电势 $\varphi(\vec{x}) = 1/r$，其中径向坐标 $r = |\vec{x}|$。

但是如果我们不知道，方程 $\nabla^2 \varphi = -4\pi \delta^{(3)}(\vec{x})$ 就突然出现了呢？

夜航物理学家仍然可以利用对称性和量纲分析来求解 (Gr.1)！

由于 $[\nabla^2] = 1/L^2$ 和 $[\delta^{(3)}(\vec{x})] = 1/L^3$，我们有 $[\varphi(\vec{x})] = 1/L$，因此 $\varphi(\vec{x}) \sim 1/r$（根据旋转不变性的要求）。这当然重现了基本结果：在点电荷周围的静电势是 $\varphi \sim 1/r$，从而得到电场 $\vec{E} = -\vec{\nabla}\varphi$，以 $1/r^2$ 的形式减小。（总体系数可以通过积分来计算。见附录 Del 和附录 M。）

根据平移不变性，位于 $\vec{x}_1$ 的单位点电荷产生的静电势 $\varphi(\vec{x}) = 1/|\vec{x} - \vec{x}_1|$。同样，位于 $\vec{x}_2$ 的单位点电荷产生了静电势 $\varphi(\vec{x}) = 1/|\vec{x} - \vec{x}_2|$。

那么，尊敬的读者，两个单位电荷产生的静电势是什么呢？其中一个位于 $\vec{x}_1$，另一个位于 $\vec{x}_2$。

如果你说 $\varphi(\vec{x}) = \frac{1}{|\vec{x} - \vec{x}_1|} + \frac{1}{|\vec{x} - \vec{x}_2|}$，就重新回答。

接下来，在这个婴儿问题之后，是一个儿童问题：分别位于 $\vec{x}_a$（其中 $a = 1, \ldots, N$）的 N 个单位电荷产生的静电势是多少呢？答案是 $\varphi(\vec{x}) = \sum_{a=1}^{N} \frac{1}{|\vec{x} - \vec{x}_a|}$。只要继续求和。

在 $N \to \infty$ 的极限下，随着分立的电荷逐渐变为连续的电荷分布 $\rho(\vec{x})$，正如牛顿和莱布尼茨教我们的那样，求和就变为积分：

$$\varphi(\vec{x}) = \int d^3 x' \frac{\rho(\vec{x}')}{|\vec{x} - \vec{x}'|} \tag{Gr.2}$$

位于 $\vec{x}'$ 处的无穷小体积 $d^3 x'$ 含有的电荷量等于 $d^3 x' \rho(\vec{x}')$。

格林函数

(Gr.2) 中的结果完全解决了如 (Gr.1) 中所述确定由任何电荷分布 $\rho(\vec{x})$ 产生的静电势 $\varphi(\vec{x})$ 的问题。你可能会问，还有什么可说的呢？事实上，基本没有了，但在物理学中，制定一种可以推广的语言，并把它用于其他情况，往往是很有用的。格林函数就是一个例子。

回头看看我们是怎么解决的这个问题。关键是要知道，位于原点的单位点电荷（对应于分布 $\rho(\vec{x}) = \delta^{(3)}(\vec{x})$）产生的静电势等于 $\varphi(\vec{x}) = 1/r$。因此，将 $G(\vec{x})$（也就是所谓的格林函数）定义为如下方程的解

$$\nabla^2 G(\vec{x}) = -4\pi \delta^{(3)}(\vec{x}) \tag{Gr.3}$$

但是你大呼小叫，我们已经知道 $G(\vec{x})$ 是什么了——$G(\vec{x}) = 1/r$。我们只是给点电荷的静电势换了一个名字。

发明一个名字有什么用呢？这意味着我们可以将一般的解 (Gr.2) 改写为

$$\varphi(\vec{x}) = \int d^3 x' G(\vec{x} - \vec{x}') \rho(\vec{x}') \tag{Gr.4}$$

以前没见过这个的读者，可以把 ∇^2 作用在等式的两边，并使用 (Gr.3) 验证这个方程：$\nabla^2 \varphi(\vec{x}) = \int d^3 x' \nabla^2 G(\vec{x} - \vec{x}') \rho(\vec{x}') = -4\pi \int d^3 x' \delta^3(\vec{x} - \vec{x}') \rho(\vec{x}') = -4\pi \rho(\vec{x}')$。

就这么简单。

要点是，格林的这种方法对任何线性方程都有效。

让时间进来

要讨论辐射，我们必须让时间参与游戏。把 (Gr.1) 推广*为[2]

$$\Box A_\mu(t,\vec{x}) \equiv \left(\nabla^2 - \frac{1}{c^2}\frac{\partial^2}{\partial t^2}\right) A_\mu(t,\vec{x}) = -\frac{4\pi}{c} J_\mu(t,\vec{x}) \qquad \text{(Gr.5)}$$

首先注意，φ 和 ρ 已经被提升为两个四矢量，它们自己分别是 $A_\mu = (A_0, A_i) = (\varphi, A_i)$ 和 $J_\mu = (J_0, J_i) = (c\rho, J_i)$ 的时间分量。其次，拉普拉斯的 ∇^2 已经提升为达朗贝尔的 $\Box \equiv \nabla^2 - \frac{1}{c^2}\frac{\partial^2}{\partial t^2}$，也就是说，它已经被推广为包括时间的变化。

相应的格林函数由下式决定：

$$\Box G(t,\vec{x}) = \left(\nabla^2 - \frac{1}{c^2}\frac{\partial^2}{\partial t^2}\right) G(t,\vec{x}) = -4\pi\,\delta(t)\,\delta^{(3)}(\vec{x}) \qquad \text{(Gr.6)}$$

时间进来了！

在物理学里，格林函数描述了原点（$\vec{x} = 0$）的点电荷在 $t = 0$ 的瞬间突然出现和消失的影响。必须向天真无邪的学生们强调，点电荷不是在移动，而是在做一些在物理上并不可怕的事情，但我们写下的是数学方程，而不是物理方程。

确定随时间变化的格林函数

同样，对称性和量纲分析让我们能够确定依赖于时间的格林函数 $G(t,\vec{x})$，并给出一定程度的物理意义。由于光速有限，在时间和空间的原点，电荷突然出现和消失的影响在 $\vec{x}$ 处无法感受到，直到时间 $t = |\vec{x}|/c$。

因此，$G(t,\vec{x})$ 必须与 δ 函数 $\delta(t - |\vec{x}|/c)$ 成正比。此外，对 (Gr.6) 做时间的积分，我们看到 $\int dt\, G(t,\vec{x})$ 必须等于此前的格林函数 $G(\vec{x}) = 1/|\vec{x}|$。

此时此刻，夜航物理学家甚至不需要我们的老朋友——量纲分析。我们已经确定，[3]

$$G(t,\vec{x}) = \frac{\delta\left(t - \frac{r}{c}\right)}{r} \qquad \text{(Gr.7)}$$

其中 $r = |\vec{x}|$。我们用量纲分析检查一下。由于 $[\Box] = 1/L^2$ 和 $[\delta(t)\,\delta^{(3)}(\vec{x})] = 1/(TL^3)$，直接从 (Gr.6) 中得到 $[G(t,\vec{x})] = 1/(TL)$，我们的解当然也就成立了。

为了记录完整起见，通过时间和空间的平移（也就是在 (Gr.7) 中让 $t \to t - t'$，$\vec{x} \to \vec{x} - \vec{x}'$），让我们写下，

$$G(t - t', \vec{x} - \vec{x}') = \frac{\delta\left(t - t' - \frac{1}{c}|\vec{x} - \vec{x}'|\right)}{|\vec{x} - \vec{x}'|} \qquad \text{(Gr.8)}$$

---

*见附录 M。

其中 t' 的值是由 δ 函数的消失而规定的,即

$$t'_{\text{R}}(t, |\vec{x} - \vec{x}\,'|) \equiv t - \frac{1}{c}|\vec{x} - \vec{x}\,'| \tag{Gr.9}$$

称为推迟时间。它强调了因果关系：信号的影响源于地点 $\vec{x}\,'$，如果要在时间 t 在地点 $\vec{x}$ 感觉到,它必须在更早的时间 $t'_{\text{R}}(t, |\vec{x} - \vec{x}\,'|)$ 从地点 $\vec{x}\,'$ 离开。

光彩夺目的电磁学

有了格林函数,我们可以一般性地求解 (Gr.5),

$$\begin{aligned}
A_\mu(t, \vec{x}) &= \frac{1}{c} \int \mathrm{d}^3 x' \int \mathrm{d}t'\, G(t - t', \vec{x} - \vec{x}\,') J_\mu(t', \vec{x}\,') \\
&= \frac{1}{c} \int \mathrm{d}^3 x' \int \mathrm{d}t'\, \frac{\delta\left(t - t' - \frac{1}{c}|\vec{x} - \vec{x}\,'|\right)}{|\vec{x} - \vec{x}\,'|} J_\mu(t', \vec{x}\,') \\
&= \frac{1}{c} \int \frac{\mathrm{d}^3 x'}{|\vec{x} - \vec{x}\,'|} J_\mu(t'_{\text{R}}, \vec{x}\,')
\end{aligned} \tag{Gr.10}$$

其中,t'_{R} 是 t 和 $|\vec{x} - \vec{x}\,'|$ 的函数,如 (Gr.9) 所示。

这个结果总结了光彩夺目的电磁学。给定了任何电荷和电流的分布 $(\rho, \vec{J})$,我们只需计算这个积分,就可以确定电磁势 $(\varphi, \vec{A})$。

有些学生可能认为,这种表达方式看起来很可怕,但事实上,它简单得不能再简单了。

J_μ 参数的符号让结果看起来很笨拙,但我们只是对 t' 等于 $t'_{\text{R}}\left(t, \frac{1}{c}|\vec{x} - \vec{x}\,'|\right)$ 时的所有的源电流 $J_\mu(t', \vec{x}\,')$ 做积分。

重复和总结：观测点 $\vec{x}$ 在时刻 t 的电磁势由电流 J_μ 在 $\vec{x}\,'$ 在延迟时间 t'_{R} 产生,以便电磁波有足够的时间以光速 c 从 $\vec{x}\,'$ 传播到 $\vec{x}$。因子 $1/|\vec{x} - \vec{x}\,'|$ 必须包括 (Gr.10),才能重现基本结果 (Gr.4),而电荷分布只是坐在那里,也就是说,其中,$J_i = 0$,而且 $J_0(t', \vec{x}\,') = c\rho(\vec{x}\,')$ 与时间无关。

量子力学的格林函数

从 (Gr.7) 中的格林函数,可以生成物理学的其他领域,例如量子力学中的散射所需要的格林函数。对 (Gr.6) 做时间积分,得到

$$\int \mathrm{d}t\, \mathrm{e}^{ickt}\left(\nabla^2 - \frac{1}{c^2}\frac{\partial^2}{\partial t^2}\right) G(t, \vec{x}) = (\nabla^2 + k^2) \int \mathrm{d}t\, \mathrm{e}^{ickt} G(t, \vec{x}) = \delta^{(3)}(\vec{x}) \tag{Gr.11}$$

第一个等式用分部积分得到。第二个等式简单地说明了在对 (Gr.6) 的右边做积分时，$\int \mathrm{d}t\, \mathrm{e}^{ickt} \delta(t) = 1$。

因此，不费吹灰之力，我们就找到了方程

$$\left(\nabla^2 + k^2\right) g(\vec{x}) = \delta^{(3)}(\vec{x}) \tag{Gr.12}$$

的格林函数，即

$$g(\vec{x}) = \int \mathrm{d}t\, \mathrm{e}^{ickt} \frac{\delta\left(t - \frac{r}{c}\right)}{r} = \frac{\mathrm{e}^{ikr}}{r} \tag{Gr.13}$$

汤川势

接下来可以看出，对于

$$\left(\nabla^2 - m^2\right) \phi(\vec{x}) = \delta^{(3)}(\vec{x}) \tag{Gr.14}$$

通过替换 $k \to im$，可以给出它的解，

$$\phi(\vec{x}) = \frac{\mathrm{e}^{-mr}}{r} \tag{Gr.15}$$

这在核物理和粒子物理学中被称为汤川势，是非常重要的基本结果。

我们只需动几下手指，就能推导出物理学若干领域的重要结果，读者对此可能会印象深刻。

注释

[1] 格林（George Green, 1793—1841）是面包师的儿子，几乎完全是自学成才。从我收到的电子邮件来看，我知道很多自学的人都读过我的教科书。

[2] 学识渊博的读者会认识到，我隐含地选择了洛伦茨规范，其中 $\partial_\mu A^\mu = 0$。我提醒你，这不是关于电磁学的教科书，但可参见附录 M。

[3] 关于 (Gr.7) 的另一个推导，见 *GNut* 第 573 页给出的简易方法。

附录 Grp：群速度和相速度

形成波包：快速的复习

我在这里快速地复习相速度与群速度。我假设你们学过电磁学或量子力学，熟悉线性理论中通过叠加平面波形成波包的可能性。

为了简化符号，我们讨论一维的情况。（你们可以很容易地将其推广到三维。）波包的定义是

$$\psi(t,x) = \int dk\, e^{i(\omega(k)t - kx)} f(k) \tag{Grp.1}$$

其中 $f(k)$ 是在某个 k_* 附近达到峰值的函数。(Grp.1) 中的积分是对波矢为 k 接近 k_* 的无数个平面波的求和。

现在，循规蹈矩的物理学家会用高斯分布来近似 $f(k)$，展开积分项，再做积分。事实上，这正是标准教科书里的做法。[1]

做加法而不是做积分

相反，我们夜航物理学家只是简单地将两个 k 值几乎相同的波加在一起，看看是怎么回事。从三角函数的恒等式 $\cos A' + \cos A = 2\cos\frac{A'+A}{2}\cos\frac{A'-A}{2}$ 开始，设定 $A = \omega(k)t - kx$ 和 $A' = \omega(k')t - k'x$，其中 $k' = k + \Delta k$ 和 $\omega(k') = \omega(k) + \frac{\Delta\omega}{\Delta k}\Delta k \simeq \omega(k) + \frac{d\omega}{dk}\Delta k$。因此，

$$\cos(\omega(k')t - k'x) + \cos(\omega(k)t - kx)$$
$$\simeq 2\cos(\omega(k)t - kx)\cos\left(\frac{1}{2}\left[x - \frac{d\omega}{dk}t\right]\Delta k\right) \tag{Grp.2}$$

画这个草图，对你们可能有帮助。我们得到了快速变化的波 $\cos(\omega(k)t - kx)$，波数 k 大，波长相应地就短，它被缓慢变化的包络波所调制。

$$\cos\left(\frac{1}{2}\left[x - \frac{d\omega}{dk}t\right]\Delta k\right) \quad \text{（缓慢变化的包络）} \tag{Grp.3}$$

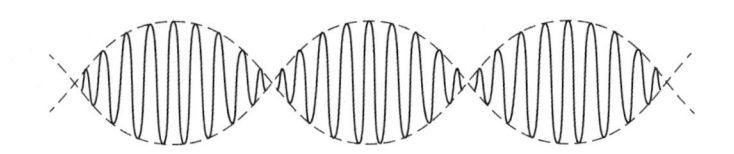

图 Grp.1　低频 $\Delta\omega$ 包络以群速度 $\frac{\Delta\omega}{\Delta k}$ 移动，它包围的高频 ω 波以相速度 $\frac{\omega}{k}$ 移动

波数 Δk 小，所以波长就长。见图 Grp.1。

在快速变化的波上，一个点（例如，$\cos(\omega(k)t - kx)$ 的参数等于零的地方）在时空中按照 $x = \frac{\omega}{k}t$ 移动，在 (Grp.3) 的包络上的点按照 $x = \frac{\mathrm{d}\omega}{\mathrm{d}k}t$ 移动。这个简单的例子抓住了相速度

$$v_\mathrm{p} = \frac{\omega}{k} \tag{Grp.4}$$

和群速度

$$v_\mathrm{g} = \frac{\mathrm{d}\omega}{\mathrm{d}k} \tag{Grp.5}$$

背后基本的物理学原理。

注释

[1] 这并不难做到。按照上述步骤，我们可以得到

$$\sim \mathrm{e}^{\mathrm{i}(\omega_* t - k_* x)} f(k_*) \left(\int \mathrm{d}k\, \mathrm{e}^{\mathrm{i}\left(\frac{\mathrm{d}\omega}{\mathrm{d}k}\big|_* t - x\right)(k - k_*)} \mathrm{e}^{-\frac{1}{2}a(k - k_*)^2} \right)$$

不需要做积分。为了清楚起见，变换积分变量，$k \to k + k_*$，你可以看到，积分定义了 $\left(x - \frac{\mathrm{d}\omega}{\mathrm{d}k}\big|_* t\right)$ 的函数。波包上的某一点以群速度 $\frac{\mathrm{d}\omega}{\mathrm{d}k}\big|_*$ 移动。

附录 L：拉普拉斯算符的径向部分

从第一性原理推导，而不是查书

当我还是大学生的时候，一位教授告诉我，任何需要的表达式都要从第一性原理中推导出来，而不是去查书。这个建议很好。但是，在用蛮力计算出球面坐标系中的拉普拉斯算符后，也许是第一百次吧，我确定自己明白这一切是如何成功的。你们知道这个程序：$\frac{\partial \psi(r,\theta,\varphi)}{\partial x} = \frac{\partial r}{\partial x}\frac{\partial \psi}{\partial r} + \frac{\partial \theta}{\partial x}\frac{\partial \psi}{\partial \theta} + \frac{\partial \varphi}{\partial x}\frac{\partial \psi}{\partial \varphi}$，精确计算 $\frac{\partial r}{\partial x}$、$\frac{\partial \theta}{\partial x}$、$\frac{\partial \varphi}{\partial x}$，然后以同样的程序将 $\frac{\partial}{\partial x}$ 作用于这三个项，接下来重复 $x \to y$，再重复 $x \to z$，把所有的结果加起来，[1]就得到球面坐标系里的 $\vec{\nabla}^2 \psi \equiv \frac{\partial^2 \psi}{\partial x^2} + \frac{\partial^2 \psi}{\partial y^2} + \frac{\partial^2 \psi}{\partial z^2}$。这当然是很乏味的。

后来，在学习广义相对论的时候，我意识到黎曼处理弯曲空间的方法[2]也适用于平直空间（因为它一定适用），还提供了一种获得拉普拉斯算符的简单方法，尤其是如果我们不关心角度部分的话。让我吃惊的是，知道这种方法的人并不多。

给那些不了解微分几何的人

事实上，如果只想得到拉普拉斯算符的径向部分（本书中只用到这个），你甚至不需要知道广义相对论或微分几何。关键是使用积分而不是微分形式，如第 3.1 节公式 (3.4) 的例子所示。

拉普拉斯算符在物理学中出现的地方很多。为了确定起见，我们把重点放在薛定谔方程：$-\frac{\hbar^2}{2m}\vec{\nabla}^2\psi + V(x)\psi = E\psi$。省略像 $\frac{\hbar^2}{2m}$ 这样与我们的目标无关的因子，注意这个微分方程是这样得到的：把能量泛函 $\int d^3x\, \vec{\nabla}\psi^* \cdot \vec{\nabla}\psi + \cdots$ 对 ψ^* 做变分，然后再做分部积分 $\delta \int d^3x\, \vec{\nabla}\psi^* \cdot \vec{\nabla}\psi = \int d^3x\, \vec{\nabla}\delta\psi^* \cdot \vec{\nabla}\psi = -\int d^3x\, \delta\psi^* \vec{\nabla}^2\psi$。

在球坐标系中，

$$\int d^3x \vec{\nabla}\psi^* \cdot \vec{\nabla}\psi = \int_0^\infty dr\, r^2 \int_{-1}^{+1} d\cos\theta \int_0^{2\pi} d\varphi \left(\frac{\partial \psi^*}{\partial r} \frac{\partial \psi}{\partial r} + \cdots \right) \quad (L.1)$$

因此，如果只关心径向部分，我们有简单的 $\int_0^\infty dr\, r^2 \frac{\partial \psi^*}{\partial r} \frac{\partial \psi}{\partial r}$。对 ψ^* 做变分，通过分部积分，就可以得到

$$\int_0^\infty dr\, r^2 \frac{\partial \delta\psi^*}{\partial r} \frac{\partial \psi}{\partial r} = -\int_0^\infty dr\, \delta\psi^* \left(\frac{\partial}{\partial r} r^2 \frac{\partial \psi}{\partial r} \right) = -\int_0^\infty dr\, r^2 \delta\psi^* \left(\frac{1}{r^2} \frac{\partial}{\partial r} r^2 \frac{\partial \psi}{\partial r} \right) \quad (L.2)$$

在第二步，要记得把 r^2 放回积分的测度中。因此，当当当当：

$$\nabla^2 \psi = \frac{1}{r^2} \frac{\partial}{\partial r} r^2 \frac{\partial \psi}{\partial r} + \cdots = \frac{\partial^2 \psi}{\partial r^2} + \frac{2}{r} \frac{\partial \psi}{\partial r} + \cdots \quad (L.3)$$

尽管这里的推导看起来针对的是量子力学，但拉普拉斯算符就是拉普拉斯算符。

三维的薛定谔方程

读者可能知道，拉普拉斯算符的径向部分还有第三种形式，在处理三维的薛定谔方程时非常有用：

$$\nabla^2 \psi = \frac{1}{r} \frac{\partial^2}{\partial r^2} r\psi + \cdots \quad (L.4)$$

当然，你可以把它微分，证明 (L.4) 与 (L.3) 一致，但还是那句话，我更喜欢用积分的形式看这个问题。写出

$$\int_0^\infty dr \frac{\partial (r\psi^*)}{\partial r} \frac{\partial (r\psi)}{\partial r} = \int_0^\infty dr \left(r\frac{\partial \psi^*}{\partial r} + \psi^* \right)\left(r\frac{\partial \psi}{\partial r} + \psi \right)$$

$$= \int_0^\infty dr \left(r^2 \frac{\partial \psi^*}{\partial r} \frac{\partial \psi}{\partial r} + \psi^* r \frac{\partial \psi}{\partial r} + r\frac{\partial \psi^*}{\partial r}\psi + \psi^*\psi \right) \quad (L.5)$$

对右侧的第二项 $\psi^* r \frac{\partial \psi}{\partial r}$ 做分部积分，我们看到它干掉了第三项和第四项。因此，我们得到 $\int_0^\infty dr\, r^2 \frac{\partial \psi^*}{\partial r} \frac{\partial \psi}{\partial r} = \int_0^\infty dr \frac{\partial (r\psi^*)}{\partial r} \frac{\partial (r\psi)}{\partial r}$，通过分部积分，变成 $-\int_0^\infty dr\, r^2 \left(\frac{\psi^*}{r} \right) \frac{\partial^2 (r\psi)}{\partial r^2}$。回到 (L.1)，并对其左边做分部积分，我们看到 (L.4) 成立。

(L.4) 中的拉普拉斯算符的形式让我们能够确定

$$\psi \equiv \frac{u}{r} \quad (L.6)$$

因此，$\nabla^2 \psi = \frac{1}{r}\frac{\partial^2 u}{\partial r^2}$。对于球对称的势，我们看到，基态波函数满足一维的薛定谔方程

$$-\frac{\hbar^2}{2m}\frac{\mathrm{d}^2 u(r)}{\mathrm{d}r^2} + V(r)\, u(r) = E\, u(r) \tag{L.7}$$

但是有一个关键的区别，即，边界条件 $u(r=0) = 0$。

当我还是大学生的时候，我不太记得应该用 u/r 还是 ru 来代替 ψ。我们看到，这只是 ψ^* 和 ψ 之间如何分享测度 r^2 的问题。

简单的记忆法是，三维的测度和一维的测度相差一个 r^2 的因子，因此，

$$\int \mathrm{d}r\, r^2 \psi^* \psi = \int \mathrm{d}r\, u^* u \tag{L.8}$$

刚才说的边界条件来自于概率守恒。$\vec{J} \propto \left(\psi^* \vec{\nabla}\psi - \left(\vec{\nabla}\psi^*\right)\psi\right)$ 是概率流的形式，因此径向流 $J_r \sim \psi \frac{\mathrm{d}\psi}{\mathrm{d}r} \sim (u/r)(1/r)(u/r) \sim u^2/r^3$。对于半径为 $r \sim 0$ 的小球，流入或流出的概率为 $J_r(4\pi r^2) \sim u^2/r$。因此，当 $r \to 0$ 时，$u(r)$ 消失的速度一定比 $r^{\frac{1}{2}}$ 快。

矢量场的散度

现在我们说明，这种"分部积分"的技巧也适用于矢量场的散度。考虑对函数 $\int \mathrm{d}^3 x\, \vec{\nabla}\phi \cdot \vec{V} = -\int \mathrm{d}^3 x\, \phi\, \vec{\nabla}\cdot \vec{V}$ 做分部积分。在球坐标系中，对于不依赖于 θ 和 φ 的径向矢量场 $\vec{V} = (V_r, 0, 0)$，我们有

$$\int_0^\infty \mathrm{d}r\, r^2\, \vec{\nabla}\phi \cdot \vec{V} = \int_0^\infty \mathrm{d}r\, r^2 \frac{\mathrm{d}\phi}{\mathrm{d}r} V_r = -\int_0^\infty \mathrm{d}r\, \phi\, \frac{\mathrm{d}}{\mathrm{d}r}\left(r^2 V_r\right) \tag{L.9}$$

由此可得，

$$\vec{\nabla}\cdot \vec{V} = \frac{1}{r^2}\frac{\mathrm{d}}{\mathrm{d}r}\left(r^2 V_r\right) \tag{L.10}$$

再说一遍，它"仅仅是"积分的测度。这个散度实际上有一个很好的物理解释，你能看出来吗？

不久前，我给高年级大学生的期末考试出了一道题，涉及球对称情况下不可压缩流体的流动。只有少数人能够回忆起散度的适当表达式（尽管是开卷考试）。但事实上，不可压缩的条件 $\vec{\nabla}\cdot \vec{V} = 0$ 在物理上对应于流体的守恒。对于球形不可压缩流体，$r^2 V_r$ 不能依赖于 r。见练习 2。

一点儿微分几何

了解黎曼处理微分几何的方法的人都知道，各种坐标系中所有那些困扰着典型的大学生的算符（拉普拉斯算符、散度，等等）都可以用度规来表示。

事实上，量纲分析基本上就够你用了。

从积分开始，
$$I = \int d^D x \, \vec{\nabla}\varphi \cdot \vec{\nabla}\varphi \tag{L.11}$$

在由曲线坐标 x^μ（其中 $\mu = 1, 2, \ldots, D$）所描述的弯曲空间或平直空间中，这可以被推广为[3]

$$I = \int d^D x \sqrt{g} \, g^{\mu\nu} \, \partial_\mu \varphi \, \partial_\nu \varphi \tag{L.12}$$

其中 g 和 $g^{\mu\nu}$ 分别表示度规矩阵 $g_{\mu\nu}$ 的行列式和它的逆。

例如，对于三维的球坐标，度规的定义为 $ds^2 = dr^2 + r^2 (d\theta^2 + \sin^2\theta d\phi^2) = g_{\mu\nu} dx^\mu dx^\nu$。因此，$g_{rr} = 1$，$g_{\theta\theta} = r^2$，$g_{\phi\phi} = r^2 \sin^2\theta$，所以，$g = g_{rr} g_{\theta\theta} g_{\phi\phi} = 1 \cdot r^2 \cdot r^2 \sin^2\theta = r^4 \sin^2\theta$，而且 $g^{rr} = 1$，等等。如果不关心角度部分，那么在 (L.12) 中，我们可以将 $\sqrt{g}$ 设为 $\sqrt{r^4} = r^2$，只保留 g^{rr} 项。（不懂微分几何的人请注意：回忆一下，根据定义，$d^D x = dr \, d\theta \, d\phi$）。因此，

$$J = \int_0^\infty dr \, r^2 \frac{\partial\varphi}{\partial r} \frac{\partial\varphi}{\partial r} \tag{L.13}$$

事实上，我们甚至不需要用到黎曼几何的全部知识。只要求助于量纲分析，并与 (L.12) 做量纲的比较，就可以得到 D 维空间的情况

$$J = \int_0^\infty dr \, r^{D-1} \frac{\partial\varphi}{\partial r} \frac{\partial\varphi}{\partial r} \tag{L.14}$$

对 (L.11) 中的 I 做变分，得到 $\delta I = \int d^D x \, (\vec{\nabla}\delta\varphi) \cdot (\vec{\nabla}\varphi)$。通过分部积分，我们得到 $\delta I = -\int d^D x \, \delta\varphi \, \vec{\nabla} \cdot \vec{\nabla}\varphi = -\int d^D x \, \delta\varphi \, \nabla^2 \varphi$。另一方面，把这个程序应用于 (L.14)，得到

$$\delta J = \int_0^\infty dr \, r^{D-1} \frac{\partial \delta\varphi}{\partial r} \frac{\partial\varphi}{\partial r} = -\int_0^\infty dr \, r^{D-1} \delta\varphi \left(\frac{1}{r^{D-1}} \frac{\partial}{\partial r} r^{D-1} \frac{\partial\varphi}{\partial r} \right) \tag{L.15}$$

通过比较，我们得到

$$\nabla^2 \varphi = \frac{1}{r^{D-1}} \frac{\partial}{\partial r} r^{D-1} \frac{\partial\varphi}{\partial r} + \text{角度部分} = \frac{\partial^2 \varphi}{\partial r^2} + \frac{D-1}{r} \frac{\partial\varphi}{\partial r} + \text{角度部分} \tag{L.16}$$

对于柱坐标，只需设置 $D = 2$：z 坐标只是随大溜而已。

为了完整起见，我要提一下，一般情况下的拉普拉斯算符由下式给出：[4]

$$\nabla^2 \varphi = \frac{1}{\sqrt{g}} \partial_\mu \sqrt{g} \, g^{\mu\nu} \partial_\nu \varphi \tag{L.17}$$

这个结果很容易得到：只要对 (L.12) 做分部积分，并遵循上述同样的程序。与 (L.16) 比较，并注意 (L.17) 中的表达式包括角度部分。

练习

(1) 对于 $V=0$，求解 (L.7)，并从物理的角度解释 u 和 ψ。

(2) 证明对于球形不可压缩流，$r^2 V_r$ 不依赖于 r。

注释

[1] 对于熟悉健力士黑啤酒的人来说，每个瓶子上都有的公司标志使用的是腓尼基或希伯来竖琴。符号 ∇ 实际上是希腊语中的 νάβλα，代表腓尼基竖琴。见 https://en.wikipedia.org/wiki/Nabla_symbol。

竖琴的希伯来语是"nevel"，这个词在圣经中经常出现，尤其是在赞美诗中。你不必是语言学家，就能认识到"nabla"和"nevel"具有相同的闪米特语源。我很感谢范伯格指出了这种有趣的联系。

[2] 见 *GNut*，第 78 页。

[3] 如果你不熟悉这些东西或需要复习，请参阅 *GNut*，第 I.5 章，那里有详细的解释。

[4] 关于更详细的解释，见 *GNut*，第 78—79 页。

附录 M：麦克斯韦方程——简要的复习

毋庸赘言，这本书不是电磁学的教科书，而且我必须假设读者熟悉麦克斯韦方程。这里仅仅提供简要的回顾，部分是为了解释单位和确定符号。

亥维赛德–洛伦兹单位制

杰克逊的经典教材有一个附录，列出了至少五种单位制。[1]如第 2.1 节所述，每个人都有权选择自己的偏好。我倾向于亥维赛德–洛伦兹单位制，这是粒子理论和量子场论的标准单位制。在没有介质的情况下（没有 $\vec{D}$，也没有 $\vec{H}$），麦克斯韦方程是[2]

$$\vec{\nabla} \cdot \vec{E} = \rho \tag{M.1}$$

$$\vec{\nabla} \times \vec{B} - \frac{1}{c}\frac{\partial \vec{E}}{\partial t} = \frac{1}{c}\vec{J} \tag{M.2}$$

$$\vec{\nabla} \times \vec{E} + \frac{1}{c}\frac{\partial \vec{B}}{\partial t} = 0 \tag{M.3}$$

$$\vec{\nabla} \cdot \vec{B} = 0 \tag{M.4}$$

请注意，由于这个附录的主要目标是表明，在选择恰当的规范下，$\Box A_\mu = -\frac{1}{c}J_\mu$（见下面的 (M.17)）这些方程的形式更紧凑，这里把电磁耦合常数 e 吸收到 ρ 和 $\vec{J}$ 中，以免推导过于杂乱。e 的数值依赖于所使用的单位制，将在这个附录的结论里讲述。

在静电学中，(M.3) 意味着 $\vec{\nabla} \times \vec{E} = 0$，因此对于某个势 φ，有 $\vec{E} = -\vec{\nabla}\varphi$。然后 (M.1) 变成 $\nabla^2\varphi = -\rho$，这意味着，在位于原点的点粒子（它的 $\rho = \delta^3(\vec{x})$）周围，静电势[3]等于

$$\varphi = \frac{1}{4\pi r} \quad \text{（亥维赛德–洛伦兹单位制）} \tag{M.5}$$

其中 $r = |\vec{x}|$ 为径向坐标，这是众所周知的，并且已经在附录 Del 给出。

高斯单位制

高斯单位制与亥维赛德–洛伦兹单位制的区别仅在于麦克斯韦方程中有没有 4π。为了转为高斯单位，让 $\rho \to 4\pi\rho$ 和 $\vec{J} \to 4\pi\vec{J}$，这样，(M.1) 和 (M.2) 就被分别替换为

$$\vec{\nabla} \cdot \vec{E} = 4\pi\rho \quad \text{（高斯单位制）} \tag{M.6}$$

和

$$\vec{\nabla} \times \vec{B} - \frac{1}{c}\frac{\partial \vec{E}}{\partial t} = \frac{4\pi}{c}\vec{J} \quad \text{（高斯单位制）} \tag{M.7}$$

不用说，因为另外两个麦克斯韦方程 (M.3) 和 (M.4) 不涉及电荷和电流，它们在高斯单位制或亥维赛德–洛伦兹单位制里都是一样的。

因此，对于原点上的同一个点粒子，也就是 $\rho = \delta^3(\vec{x})$，我们有

$$\varphi = \frac{1}{r} \quad \text{（高斯单位制）} \tag{M.8}$$

哪里放 4π 呢？有时候这里，有时候那里

从这个讨论中，我们看到，来自单位球的表面积的 4π 不可避免。你要么把 4π 塞进麦克斯韦方程，要么塞进这些方程的解。你认为哪个更"神圣"：方程还是它的解？

因此，我在亥维赛德–洛伦兹和高斯之间摇摆，需要看情况而定。例如，这个附录正在研究某个特定规范下的电磁学理论，我当然不希望在方程中到处都有 4π。然而，在第 1.3 节讨论玻尔原子的时候，当然最好是让电子和质子之间的静电势能简单地等于 e^2/r，而没有 4π。（因此，量子物理学的大多数初级讨论，例如关于玻尔原子的讨论，都是采用高斯制。）

麦克斯韦方程的变换：洛伦兹规范

现在我们处理好了 4π，准备解麦克斯韦方程。在事后看来，我们认识到，两个无源方程 (M.3) 和 (M.4) 与其他两个方程，即 (M.1) 和 (M.2) 不同——(M.3) 和 (M.4) 仅仅是对 $\vec{B}$ 和 $\vec{E}$ 的约束，因此我们先解决它们。

根据 (M.4) 的指示，$\vec{B}$ 可以写成矢势 $\vec{A}$ 的旋度：$\vec{B} = \vec{\nabla} \times \vec{A}$。关键是要注意，$\vec{A}$ 不是由 $\vec{B}$ 唯一决定的。给定 $\vec{A}$，我们总是可以不改变 $\vec{B}$，而是让 $\vec{A} \to \vec{A} + \vec{\nabla}\Lambda$，其中 Λ 为旋转下的某个标量函数。这就是所谓的规范变换。

使用 $\vec{B} = \vec{\nabla} \times \vec{A}$，我们可以把 (M.3) 改写为

$$\vec{\nabla} \times \left(\vec{E} + \frac{1}{c}\frac{\partial \vec{A}}{\partial t}\right) = 0 \tag{M.9}$$

这意味着 $\vec{E} + \frac{1}{c}\frac{\partial \vec{A}}{\partial t}$ 是某个函数 $-\varphi$ 的梯度（负号是标准的惯例），因此

$$\vec{E} = -\vec{\nabla}\varphi - \frac{1}{c}\frac{\partial \vec{A}}{\partial t} \tag{M.10}$$

在规范变换 $\vec{A} \to \vec{A} + \vec{\nabla}\Lambda$ 下，我们希望保持电场 $\vec{E}$ 以及磁场 $\vec{B}$ 不发生变化。这就要求我们对 $\varphi \to \varphi - \frac{1}{c}\frac{\partial \Lambda}{\partial t}$ 做变换，以抵消 $\vec{A} \to \vec{A} + \vec{\nabla}\Lambda$ 的变换。

现在看看方程 (M.1) 和 (M.2)，这两个方程确实涉及电荷和电流。我们将 $\vec{E} = -\vec{\nabla}\varphi - \frac{1}{c}\frac{\partial \vec{A}}{\partial t}$ 放入 (M.1)，可以得到

$$\nabla^2\varphi + \frac{1}{c}\frac{\partial}{\partial t}\vec{\nabla}\cdot\vec{A} = -\rho \tag{M.11}$$

(M.11) 中的第二项涉及了一个挺讨厌的算符 $\frac{\partial}{\partial t}\vec{\nabla}$，混合了时间和空间的导数。如果没有这个项，(M.11) 就会简化为静电方程 $\nabla^2\varphi = -\rho$，但我们不想局限于静电学——我们希望 φ 既依赖于时间，也依赖于空间。

盯着这个看，我们可能会意识到，如果我们施加所谓的洛伦茨*条件[4]

$$\vec{\nabla}\cdot\vec{A} = -\frac{1}{c}\frac{\partial \varphi}{\partial t} \tag{M.12}$$

那么 (M.11) 就变成了看起来更漂亮的

$$\left(\nabla^2 - \frac{1}{c^2}\frac{\partial^2}{\partial t^2}\right)\varphi = -\rho \tag{M.13}$$

定义了达朗贝尔算子 $\Box \equiv \nabla^2 - \frac{1}{c^2}\frac{\partial^2}{\partial t^2}$，我们可以把它更紧凑地写成

$$\Box\varphi = -\rho \tag{M.14}$$

这推广了静电方程 $\nabla^2\varphi = -\rho$。

现在，你应该证明，利用规范的自由度，我们总是可以用洛伦茨条件 (M.12)，明智地选择 Λ。

---

*以卢兹维·洛伦茨（Ludvig Lorenz）的名字命名，不要与更著名的亨德里克·洛伦兹（Hendrik Lorentz）混淆，但是人们经常搞混了！

将 $\vec{B} = \nabla \times \vec{A}$ 和 $\vec{E} = -\nabla \varphi - \frac{1}{c}\frac{\partial \vec{A}}{\partial t}$ 放进 (M.2)，我们得到

$$\vec{\nabla} \times (\vec{\nabla} \times \vec{A}) + \frac{1}{c^2}\frac{\partial^2 \vec{A}}{\partial t^2} + \frac{1}{c}\vec{\nabla}\frac{\partial \varphi}{\partial t} = \frac{1}{c}\vec{J} \qquad (\text{M.15})$$

对第一项应用矢量恒等式（见下文）$\vec{\nabla} \times (\vec{\nabla} \times \vec{A}) = -\nabla^2 \vec{A} + \vec{\nabla}(\vec{\nabla} \cdot \vec{A})$，对第三项施加洛伦茨条件 (M.12)，抵消了一些项以后，就得到

$$\Box \vec{A} = -\frac{1}{c}\vec{J} \qquad (\text{M.16})$$

将各种量打包成两个四矢量，$A_\mu \equiv (\varphi, \vec{A})$ 和 $J_\mu \equiv (c\rho, \vec{J})$，我们最终可以写出

$$\Box A_\mu = -\frac{1}{c}J_\mu \qquad (\text{M.17})$$

其中 $\Box$、A_μ 和 J_μ 的出现，意味着麦克斯韦方程是洛伦兹不变的，并且在本质上包含了狭义相对论。

给定 J_μ，我们在原则上可以求解 (M.17)，得到 A_μ，由此确定 $\vec{E}$ 和 $\vec{B}$。

在 $(t, \vec{x})$ 和 $(\omega, \vec{k})$ 之间转换

大学生需要掌握的一项重要技能是在"位置空间"和[5]"动量空间"之间轻松转换。因此，麦克斯韦方程 $\vec{\nabla} \times \vec{E} + \frac{1}{c}\frac{\partial \vec{B}}{\partial t} = 0$ 变成 $\omega \vec{B} = c\vec{k} \times \vec{E}$，这使我们能够立即将平面波中的磁场与电场联系起来。同样，在动量空间中，(M.17) 的解也能立即得出：$\left(c^2 \vec{k}^2 - \omega^2\right) A_\mu(\omega, \vec{k}) = cJ_\mu(\omega, \vec{k})$。

矢量恒等式

为了完整起见，这里推导我们用来获得 (M.16) 的矢量恒等式。

我还记得，在我上电磁学本科课程的第一天，教授在黑板上写下了 $\vec{V} \equiv \vec{A} \times (\vec{B} \times \vec{C})$ 的恒等式，告诉我们要记住它。亲爱的读者们，其实没有必要死记硬背。

由于矢量 $\vec{V}$ 垂直于 $\vec{B} \times \vec{C}$，而 $\vec{B} \times \vec{C}$ 又垂直于 $\vec{B}$ 和 $\vec{C}$ 张成的平面，所以矢量 $\vec{V}$ 一定位于 $\vec{B}$ 和 $\vec{C}$ 所张成的平面内。因此，它可以写成：$\vec{V} = b\vec{B} + c\vec{C}$。这些系数可以用标度（缩放）的论证来确定。

做缩放，$\vec{A} \to \alpha \vec{A}$，$\vec{B} \to \beta \vec{B}$，$\vec{C} \to \gamma \vec{C}$，使得 $\vec{V} \to \alpha\beta\gamma\vec{V}$。然后 $b \to \alpha\gamma b$，从而意味着 $b = \vec{A} \cdot \vec{C}$，整体系数*由 $\alpha \to \infty$ 确定。根据 $\vec{B} \leftrightarrow \vec{C}$ 下的反

---

*它也可以很容易地通过采取一种特殊的情况来确定，如 $\vec{B} \perp \vec{C}$ 和 $\vec{A} = \vec{B}$。

对称性，我们得到[6]

$$\vec{A} \times (\vec{B} \times \vec{C}) = (\vec{A} \cdot \vec{C})\vec{B} - (\vec{A} \cdot \vec{B})\vec{C} \tag{M.18}$$

（还要注意的是，标度论证相当于量纲分析——我们简单地给 $\vec{A}$、$\vec{B}$、$\vec{C}$ 分配不同的量纲。）

这样就得到了麦克斯韦方程中需要的恒等式 $\vec{\nabla} \times (\vec{\nabla} \times \vec{A}) = \vec{\nabla}(\vec{\nabla} \cdot \vec{A}) - \nabla^2 \vec{A}$，只要适当地注意 $\vec{\nabla}$ 和 $\vec{A}$ 不对易的事实。

精细结构常数

在这个附录中，为了集中讨论电磁学的规范结构，我选择了吸收 e，正如开头提到的那样。现在，按照承诺，我们讨论 e 的数值。

两个电子之间的库仑势衡量了电磁耦合常数 e 的强度，意味着 e^2 的量纲为能量乘以长度：$[e^2] = \mathrm{EL}$，正如第 2.1 节强调的那样。因此，通常的大学普通物理学对电荷的定义涉及两个先前规定的带电球之间的力，这两个球相隔的距离按惯例选择。

到目前为止，我们还没有看到量子。现在让量子登场。根据普朗克的假设，即一个光子携带能量 $\hbar\omega$，我们看到 $[\hbar] = \mathrm{ET}$，因此，$[\hbar c] = \mathrm{EL}$：$\hbar c$ 的量纲与 e^2 相同。

当当当当！大自然为我们提供了衡量电磁相互作用强度的无量纲标准，即 $e^2/\hbar c$。值得高兴的是，在量子世界里，我们可以测量电磁的强度，而不必依赖任意的人类惯例。*在量子物理学中[7]，在这里提到的两个不同的单位制中，精细结构常数 $\alpha \simeq 1/137$ 被定义为

$$\alpha = \frac{e^2}{4\pi\hbar c} \quad \text{（亥维赛德–洛伦兹单位制）} \tag{M.19}$$

或者

$$\alpha = \frac{e^2}{\hbar c} \quad \text{（高斯单位制）} \tag{M.20}$$

在量子场论和粒子物理学中，使用亥维赛德–洛伦兹单位[8]（如前所述），$\hbar$ 和 c 都设置为 1。在这种情况下，

$$e = \sqrt{4\pi\alpha} \simeq 0.303 \tag{M.21}$$

同样，采用高斯单位制，就有

$$e = \sqrt{\alpha} \simeq 0.0854 \tag{M.22}$$

---

*这是有些理论物理学家在量子世界中感到更舒适的另一个原因。

显然，不要盲目地把 e 代入任何给定的公式，你必须弄清楚该公式是用什么单位制推导出来的，是亥维赛德–洛伦兹还是高斯。[9]例如，在第 2.3 节对汤姆孙截面做数值评估时，我们注意到相关的公式是在高斯单位制下推导的。*

注释

[1] J. Jackson, *Classical Electrodynamics*，第 618 页，表 2。鉴于物理学专业的学生在处理电磁学中的单位时经历的所有痛苦和烦恼，有必要回顾一下这些不同单位的历史必要性。关键是，测量两根载流导线之间的力要比测量两个电荷之间的力容易得多。因此，实验学家和工程师们更倾向于使用国际单位，即安培和静电库仑。相反，在基础物理学层面，量子场论中的真空就是真空，像 ϵ_0 和 μ_0 这样的概念完全不合适。一个特别清晰的讨论可以在樱井纯（Sakurai）和拿波里塔诺（Napolitano）的量子力学书的附录 A 中找到。(Sakurai and Napolitano, *Modern Quantum Mechanics*，第 519 页。)

[2] 严格来说，(M.3) 右边的 0 应该是三维的 $\vec{0} = (0,0,0)$，因为这是循规蹈矩的附录，与正文不同。

[3] 我故意用有点迂回的方式说这句话，从而避免偏离到讨论 e 的量纲，这已在第 2.1 节讨论。

[4] 见 *QFT Nut*，第 II.7 章和第 III.4 章，特别是第 144 页的脚注。关于引力的类似条件，见 *GNut*，第 564 页。

[5] 在某些圈子里这样叫，因为 $(\hbar\omega, \hbar\vec{k})$ 表示四动量，而且 $\hbar$ 通常被设置为 1。

[6] 值得一提的还有，(M.18) 也很容易从这个由两个反对称符号的乘积所满足的恒等式中得出（我相当肯定我是在同一课程中学到的）：$\varepsilon_{ijk}\varepsilon_{klm} = \delta_{il}\delta_{jm} - \delta_{im}\delta_{jl}$。因此，$\vec{V}$ 的第 i 个分量等于 $V_i = \varepsilon_{ijk}A_j(\vec{B}\times\vec{C})_k = \varepsilon_{ijk}A_j\varepsilon_{klm}B_lC_m = (\vec{A}\cdot\vec{C})B_i - (\vec{A}\cdot\vec{B})C_i$。这是个人的品味问题，但我通常喜欢使用指标。

[7] 例如，见第 1.3 节和第 3.5 节。

[8] 粒子理论家不希望在拉氏量中出现 4π，这将使费曼规则变得混乱，例如，在计算电子的反常磁矩时。见 *QFT Nut*，第 198 页。

[9] 或者其他某种任意的单位制，我要么没有学过，要么已经忘记了。

---

*在费曼规则被编入法典之前，这种情况肯定更普遍。

附录 N：牛顿的两个绝妙定理和第二个平方根警报

超越通常的平方根警报

这里简述牛顿的两个绝妙定理，在第 6.3 节提到过的。

我们都知道平方根警告：一定要看看平方根里面的小的数值，检查它有没有可能变成负数。这被称为第一个平方根警报。这里将看到，一个更微妙的平方根警报开始发挥作用了。

为了计算球对称物体在 $\vec{r}$ 处的引力势，我们将对

$$1/\left|\vec{r}-\vec{r'}\right| = 1/\sqrt{r^2+r'^2-2rr'\cos\theta}$$

积分，其中 $\vec{r'}$ 在物体上取值。符号如图 N.1 所示。

对 φ 的积分很简单，所以

$$\int d^3\vec{r'}\rho(r')\frac{1}{\left|\vec{r}-\vec{r'}\right|} = 2\pi\int_0^\infty dr'(r')^2\rho(r')\int_{-1}^{+1}d\cos\theta\frac{1}{\sqrt{r^2+r'^2-2rr'\cos\theta}} \tag{N.1}$$

事实上，对 $\vec{r'}$ 的积分也与这里的讨论无关；特别是，我们可以设定 $\rho(r')\propto\delta(r'-s)$，这样，物体实际上是一个半径为 s 的壳，而 r 可以大于也可以小于 s。一般的球对称物体总是可以用球壳构建起来（这就是 (N.1) 中对 r' 的积分的意思）。

因此，我们只需要关注对 θ 的积分

$$\int_{-1}^{+1}d\cos\theta\frac{1}{\sqrt{r^2+s^2-2rs\cos\theta}} \tag{N.2}$$

注意，在两个极限 $\cos\theta=\pm 1$ 下，平方根分别成为 $\sqrt{(r+s)^2}=r+s$ 和 $\sqrt{(r-s)^2}=?$。

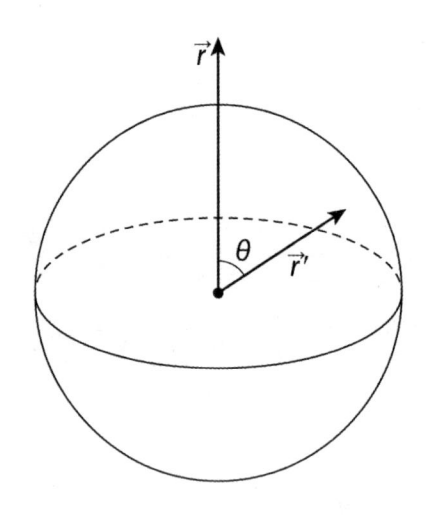

图 N.1 球对称物体在 $\vec{r}$ 处产生的引力势

问号是提示你在这里写下答案。第一个平方根的警告没有出现：在 (N.1) 中，平方根内的量，$\left(\vec{r}-\vec{r'}\right)^2$，显然是正数。

第二个平方根警报

微妙之处在于，平方根本身明显是正数，因为它最开始以 $\left|\vec{r}-\vec{r'}\right|$ 的形式出现：如果 $r > s$，答案就是 $r - s$；如果 $r < s$，就是 $s - r$。显然，这有完美的几何意义。（顺便说一下，这里的第二种情况只用在第二个绝妙定理。）你搞对了吗？

第二个平方根警报：平方根可以取不同的值！请注意，这并不是在提醒你说，平方根可以是正数或负数。在这个问题里，平方根总是正的。

将 (N.2) 中的积分变量改为 $u = \cos\theta$，并设定 $a = r^2 + s^2$ 和 $b = 2rs$。我们的积分就变成，对于 $r > s$，

$$\int_{-1}^{+1} \frac{du}{(a-bu)^{\frac{1}{2}}} \propto -\left.\frac{(a-bu)^{\frac{1}{2}}}{b}\right|_{-1}^{+1} = \frac{(a+b)^{\frac{1}{2}} - (a-b)^{\frac{1}{2}}}{b} \\ = \frac{(r+s) - (r-s)}{2rs} = \frac{1}{r} \tag{N.3}$$

它不依赖于 s！

对于 $r < s$ 的情况，这涉及地狱的位置，但不用担心苹果、卫星和行星，积分给出 $((r+s) - (s-r))/2rs = 1/s$。它与观察者离原点的距离 r 无关！

在球壳外，引力势的表现就像球壳的质量被压缩到原点。在球壳内部，引力势是恒定的。

由于引力是由引力势对 r 求导数给出的，这表明没有力存在。因此，地狱里没有烈焰飞腾。

附录 VdW：从第一性原理出发严格推导范德华定律

第 5.2 节利用物理论证和量纲分析，从分子之间的势 $v(r)$ 中得到两个范德华参数 a 和 b。对于了解统计力学的读者，我们现在来推导范德华定律。我把这些严格的东西放在讲夜行法的书里，是因为其中的一些步骤很有启发性，非常好。

从配分函数 $Z = \mathrm{Tr}\, e^{-\beta H}$ 开始，其中 $H = H_0 + \sum_{i<j} v(x_i - x_j)$。用 Z_0 表示关闭相互作用 v 时 Z 的值。那么在半经典近似中，我们有

$$\begin{aligned}
Z &\simeq \frac{1}{h^{3N}} \int \mathrm{d}^3 p_1 \cdots \mathrm{d}^3 p_N \mathrm{d}^3 x_1 \cdots \mathrm{d}^3 x_N e^{-\beta E(\cdots)} \\
&= Z_0 \left(\frac{1}{V^N} \int \mathrm{d}^3 x_1 \cdots \mathrm{d}^3 x_N e^{-\beta \sum_{i<j} v(x_i - x_j)} \right) \\
&= Z_0 \left(1 + \frac{1}{V^N} \int \mathrm{d}^3 x_1 \cdots \mathrm{d}^3 x_N \left[e^{-\beta \sum_{i<i} v(x_i - x_j)} - 1 \right] \right)
\end{aligned} \quad \text{(VdW.1)}$$

在第二个等式中，我们加上并减去了 1。这样做的意义在于，在低密度下，我们预计偶尔会有两个分子靠近对方，但三个分子不太可能聚到一起。关注积分里的方括号 $\left[\prod_{i<j} e^{-\beta v(x_i - x_j)} - 1 \right]$。当 x_i 和 x_j 相距很远时，$v(x_i - x_j)$ 等于零，因此 $e^{-\beta v(x_i - x_j)} \simeq 1$。因此，在乘积 $\prod_{i<j}$ 中，我们可以将 $\simeq N^2/2$ 的因子全都设为 1，除了一个因子以外。

我们不妨把彼此接近的两个分子称为 $i = 1$ 和 $j = 2$，并在 $\mathrm{d}^3 x_3 \cdots \mathrm{d}^3 x_N$ 上做积分，得到 V^{N-2}。那么 (VdW.1) 中大圆括号里的表达式就变成

$$\begin{aligned}
(\cdots) &= 1 + \frac{V^{N-2} N^2/2}{V^N} \int \mathrm{d}^3 x_1 \mathrm{d}^3 x_2 \left[e^{-\beta v(x_1 - x_2)} - 1 \right] \\
&= 1 + \frac{4\pi N^2}{2V} \int_0^\infty \mathrm{d}r\, r^2 \left[e^{-\beta v(r)} - 1 \right]
\end{aligned} \quad \text{(VdW.2)}$$

其中，$r = |x_1 - x_2|$。

对于第 5.2 节图 5.1 中示意给出的势，(VdW.2) 中的积分 $\int_0^\infty [\cdots]$ 分成了两个部分。首先，$\int_0^{r_0}[\cdots] \simeq \int_0^{r_0}[-1] \simeq -r_0^3$，因为在这个积分范围里有 $v \sim +\infty$。其次，$\int_{r_0}^\infty [\cdots] \simeq \int_{r_0}^\infty dr\, r^2 [1 - \beta v(r) - 1] \simeq -\frac{1}{T} \int_{r_0}^\infty dr\, r^2 v(r) \propto -$ 常数 $/T$，在这里，对于 $r > r_0$，我们把 $\beta v(r)$ 当作小的。

因此，$Z = Z_0 \left(1 - \frac{N^2}{V}\left(B - \frac{A}{T}\right) + \cdots\right)$，其中 A 和 B 是气体的两个特征常数。

现在只要用通常的热力学步骤：根据自由能的定义 $-\beta F = \log Z$，我们得到 $F \simeq F_0 + \frac{N^2}{V}(BT - A)$，并且由于 $dF = -SdT - PdV$，我们可以确定压强为

$$P = -\left.\frac{\partial F}{\partial V}\right|_T \simeq nT\left(1 + nB - \frac{nA}{T} + \cdots\right) \tag{VdW.3}$$

与 (5.9) 比较，我们看到 $a = A$, $b = B$。我们已经把范德华参数与分子特性联系起来。

作为奖励，我们发现熵

$$S = -\left.\frac{\partial F}{\partial T}\right|_V \simeq S_0 - NnB + \cdots \tag{VdW.4}$$

正如预期的那样，硬核排斥势让熵减小了。在这一阶的近似上，更大范围的吸引没有任何作用。

这个故事的教训是：先加 1 再减 1，往往是个好办法。

生卒年

按：每个条目的最后一个数字列出了大致的死亡年龄，死亡年龄没有考虑出生和死亡的月份。

伽利略	Galileo Galilei	1564—1642	78
开普勒	Johannes Kepler	1571—1630	59
鲍尔	Henry Power	1623—1668	45
玻意耳	Robert William Boyle	1627—1691	64
胡克	Robert Hooke	1635—1703	68
牛顿	Isaac Newton	1642—1726/27	85
哈雷	Edmond Halley	1656—1742	86
华伦海特	Daniel Gabriel Fahrenheit	1686—1736	50
欧拉	Leonhard Euler	1707—1783	76
米歇尔	John Michell	1724—1793	69
卡文迪什	Henry Cavendish	1731—1810	79
库仑	Charles-Augustin de Coulomb	1736—1806	70
拉格朗日	Joseph-Louis Lagrange	1736—1813	77
拉普拉斯	Pierre-Simon, marquis de Laplace	1749—1827	78
傅里叶	Jean-Baptiste Joseph Fourier	1768—1830	62
索德纳	Johann Georg von Soldner	1776—1833	57
格林	George Green	1793—1841	48
斯托克斯	George Stokes	1819—1903	84
洛伦茨	Ludvig Valentin Lorenz	1829—1891	62
麦克斯韦	James Clerk Maxwell	1831—1879	48
范德华	Johannes Diderik van der Waals	1837—1923	86
雷诺	Osborne Reynolds	1842—1912	70
瑞利勋爵	John William Strutt, Lord Rayleigh	1842—1919	77

玻尔兹曼	Ludwig Eduard Boltzmann	1844—1906	62
厄缶	Baron Loránd Eötvös de Vásárosnamény	1848–1919	71
坡印亭	John Henry Poynting	1852—1914	62
洛伦兹	Hendrik Antoon Lorentz	1853—1928	75
里德伯	Johannes Rydberg	1854—1919	65
拉莫尔	Joseph Larmor	1857—1942	85
普朗克	Max Karl Ernst Ludwig Planck	1858—1947	89
勒纳德	Alfred-Marie Liénard	1869—1958	89
斯里弗	Vesto Melvin Slipher	1875—1969	94
金斯	James Jeans	1877—1946	69
爱因斯坦	Albert Einstein	1879—1955	76
诺德斯托姆	Gunnar Nordström	1881—1923	42
玻恩	Max Born	1882—1970	88
玻尔	Niels Henrik David Bohr	1885—1962	77
薛定谔	Erwin Rudolf Josef Alexander Schrödinger	1887—1961	74
赫马森	Milton La Salle Humason	1891—1972	81
德布罗意	Louis Victor Pierre Raymond de Broglie	1892—1987	95
玻色	Satyendra Nath Bose	1894—1974	80
泡利	Wolfgang Ernst Pauli	1900—1958	58
费米	Enrico Fermi	1901—1954	53
海森堡	Werner Karl Heisenberg	1901—1976	75
狄拉克	Paul Adrien Maurice Dirac	1902—1984	82
维格纳	Eugene Wigner	1902—1995	93
托马斯	Llewellyn Hilleth Thomas	1903—1992	89
布隆斯坦	Matvei Petrovich Bronstein	1906—1938	32
朗道	Lev Davidovich Landau	1908—1968	60
欧拉	Hans Heinrich Euler	1909—1941	32
惠勒	John Archibald Wheeler	1911—2008	97
珀塞尔	Edward Mills Purcell	1912—1997	85
费曼	Richard Feynman	1918—1988	70
施温格	Julian Schwinger	1918—1994	76
盖尔曼	Murray Gell-Mann	1929—2019	90
霍金	Stephen William Hawking	1942—2018	76
贝肯斯坦	Jacob David Bekenstein	1947—2015	68

部分练习解答

第 1.1 节

(1) $[a] = \text{L}/\text{T}^2$，根据量纲分析可知，因为加速而多走的距离是 $\sim at^2$。这里有两项，可以通过考虑两个极端情况（$v_0 = 0$ 或者 $a = 0$）来论证。$\frac{1}{2}$ 这个因子比较棘手。它来自于平均速度，即初始速度 v_0 和最终速度 $v_\text{f} = v_0 + at$ 的一半。换句话说，$\Delta x = \frac{1}{2}(v_0 + v_\text{f})t$。

(4) $[k] = [F]/\text{L} = (\text{ML}/\text{T}^2)/\text{L} = \text{M}/\text{T}^2$。因此，（圆）频率 $\omega \sim \sqrt{k/m}$。众所周知，这个系数实际上等于 1。

第 1.3 节

(2) $v \sim e^2/\hbar \sim (e^2/\hbar c)\,c \sim \alpha c$，因此，可以忽略狭义相对论。

(3) 在 (1.17) 里，把 e^2 替换为 Ze^2，所以，$v \sim Z\alpha c$。当 $Z \gtrsim 10$ 时，你就可以开始担心了（但是也因人而异）。

第 1.5 节

(1) $\simeq 50\,000$ 年。见 D. Maoz, *Astrophysics in a Nutshell*, Princeton University Press, 2007, 第 39 页。

第 1.6 节

(1) 首先注意，压强的量纲是单位面积的压力：$[P] = (\text{ML}/\text{T}^2)/\text{L}^2 = \text{M}/(\text{LT}^2)$。然后写下 $P \sim E^a \rho_0^b t^c$。让 M、L 和 T 的幂匹配，那么对于三个未知数，我们有三个方程：$1 = a + b$，$-1 = 2a - 3b$，$-2 = -2a + c$。由此得到 $a = \frac{2}{5}$，$b = \frac{3}{5}$，$c = -\frac{6}{5}$，也就得到了陈述的结果。

第 1.7 节（数学小插曲1）

(3) R 和 A 都是循环不变的。注意，R 不会像 $a+b-c \to 0$ 那样消失，但实际上趋于 ∞。从 abc 开始。观察一个 $b=c$ 而 $a \to 0$ 的三角形，使得 $R \to b/2$，我们看到，分母必须像 a 一样消失。这也确定了这个系数。

第 2.2 节

(1) 除了辐射功率对 ω^4 的依赖关系以外，还要考虑太阳的光谱分布（见第 3.5 节）以及人眼对光的敏感性。

第 2.3 节

(1) 在这里使用的高斯单位中，$e^2 = \hbar c \alpha \simeq \hbar c/137$（见附录 M）。根据基本数据表，得到 $\hbar c/m_e c^2 \simeq 3.85 \times 10^{-11}$ cm。因此，

$$\sigma_{汤姆孙} \simeq (8\pi/3) \left(3.85 \times 10^{-11}/137\right)^2 \text{ cm}^2 \simeq 6.6 \times 10^{-25} \text{ cm}^2$$

(2) 克莱因–仁科截面看起来很像

$$\sigma_{\text{KN}} \sim \sigma_{汤姆孙} \left(\frac{mc^2}{\hbar\omega}\right) \left(\log \frac{\hbar\omega}{mc^2} + \cdots\right)$$

高频的下降 $\frac{mc^2}{\hbar\omega} \to 0$ 符合预期，因为如正文所述，$\gamma + e^- \to \gamma + e^- + e^+ + e^-$ 这样的过程开始启动。熟悉量子场论的读者都知道，到处都是对数。因此，当 $x \to 0$ 时的高频行为 $f(x) \sim x \log x$ 确实是我首选的猜测。从数值上讲，对数不太重要，任何得到 $\frac{mc^2}{\hbar\omega}$ 因子的学生，我都会给满分。我在这本书的其他地方说过，我们这里追求的是理解，而不是精确到 n 位有效数字。

第 3.1 节

(2) 定义 $f(E) \equiv \sqrt{\frac{E_G}{E}} + \frac{E}{T}$。$f(E)$ 的最小值是 $E_*^{\frac{3}{2}} = \frac{1}{2} E_G^{\frac{1}{2}} T$，这样就给出了 E_* 对 T 的依赖关系。$f(E)$ 在 E_* 处的二次导数给出 $1/\Gamma^2$，也就给出了 Γ 对 T 的依赖关系。

(4) 我们有

$$\frac{\mathrm{d}^2 u}{\mathrm{d}r^2} \left(\frac{m}{\hbar^2}\right) \left(\frac{e^2}{r}\right) u = \varepsilon u$$

因此，$[\varepsilon] = 1/\text{L}^2$ 和 $\left[\frac{me^2}{\hbar^2}\right] = 1/\text{L}$。立即可以得到，$\varepsilon \sim \left(\frac{me^2}{\hbar^2}\right)^2$，因此，$E = \left(\frac{\hbar^2}{m}\right) \varepsilon \sim \frac{me^4}{\hbar^2}$，这就是著名的玻尔结果。

第 3.2 节

(2) 清理以后，对能量的第一阶修正 $\Delta \varepsilon$ 就是 $\int_0^\infty \mathrm{d}y\, y^4 (y^n + \cdots)^2 \mathrm{e}^{-y^2}$ 除以波函数的归一化。所以，$\Delta \varepsilon \propto g \int_0^\infty \mathrm{d}y\, y^{2n+4}\, \mathrm{e}^{-y^2} / \int_0^\infty \mathrm{d}y\, y^{2n}\, \mathrm{e}^{-y^2}$。让 $\int_0^\infty \mathrm{d}y\, \mathrm{e}^{-ay^2}$（根据量纲分析，它等于 $a^{-\frac{1}{2}}$）对 a 微分 n 次，就可以得到分母中的积分，这样就给出* $(2n-1)(2n-3)\cdots 5\cdot 3\cdot 1$，然后把 a 设定为 1。但是我们连这个也不想做。为了得到 $\Delta \varepsilon$ 表达式里的分子，我们必须对 a 再做两次微分。这又带来两个 n 的幂，所以 $\Delta \varepsilon \propto n^2$。

为了得到这个结果但不做积分，设定 $y^2 \sim \varepsilon \propto n$，这个粒子深入势区直到 $y \propto \sqrt{n}$。因此，微扰的势 $y^4 \propto n^2$。

(4) 写下 $u = (\rho^n + a\rho^{n-1} + \cdots)\mathrm{e}^{-\sqrt{\varepsilon}\rho}$。那么，

$$\frac{\mathrm{d}^2 u}{\mathrm{d}\rho^2} + \frac{1}{\rho}u = \{\varepsilon(\rho^n + a\rho^{n-1} + \cdots) - 2\sqrt{\varepsilon}(n\rho^{n-1} + \cdots) +$$
$$(\cdots) + (\rho^{n-1} + \cdots)\}\mathrm{e}^{-\sqrt{\varepsilon}\rho}$$
$$= \varepsilon u = \varepsilon(\rho^n + a\rho^{n-1} + \cdots)\mathrm{e}^{-\sqrt{\varepsilon}\rho}$$

注意，不需要对这个多项式微分两次。还要注意，ρ^n 的系数要匹配。匹配 ρ^{n-1} 的系数，我们得到 $\sqrt{\varepsilon} = \frac{1}{2n}$ 和精确的答案 $\varepsilon = \frac{1}{4n^2}$。

(6) 对于大 x，写下微分方程 $x^{\frac{1}{2}}\frac{\mathrm{d}^2\zeta}{\mathrm{d}x^2} = \zeta^{\frac{3}{2}}$，用夜行法得到 $\frac{1}{x^{\frac{3}{2}}} \sim \zeta^{\frac{1}{2}}$，因此 $\zeta \sim 1/x^3$。（检验我们可以这样做。）对于 $x \to 0$，施加边界条件 $\zeta(0) = 1$，展开为 $x^{\frac{1}{2}}$ 的幂，并代入以得到 $\zeta \to 1 - cx + c'x^{\frac{3}{2}}$，其中 c、c' 是某些常数。

第 4.3 节

(1) 由于唯一具有能量量纲的量是加速度的大小，所以我们得到了所述的结果。这里给出夜行法的论证。[†]做加速运动的观察者携带一个探测器，检测电磁场的量子涨落。探测器可以由能级为 E_i（其中 $i = 0, 1, 2, \ldots$）的量子力学系统组成。每当电磁场引起从某个能级 i 到某个能级 j 的跃迁时，探测器就会发出哔哔声。现在，如果这个探测器由匀速移动的观测者携带，我们知道什么也不会发生，因为根据洛伦兹不变性，它跟静止不动是一样的。原因是在量级为 $\hbar/|E_i - E_j|$ 的时间（我们假设比探测器的反应时间短得多）以内，波动导致从 i 到 j 的跃迁之后很快就有一个从 j 回到 i 的反向的涨落。但是如果探测器被加速，那么当反向涨落出现时，它将以不同的速度移动，也就是说，它的静止参考系与此前不同。当洛伦兹变换到新坐标系时，电磁场

---

*精确的结果，见 *QFT Nut*，第 523 页。

[†]我从昂鲁（Bill Unruh）那里（私人通信）听说了这个论证。

$\vec{E}(t,\vec{x})$ 和 $\vec{B}(t,\vec{x})$ 就会略有不同,这将导致从 j 回到 i 的跃迁速率略有不同。由于这种不匹配,探测器将显示出辐射背景的存在。(什么?这还不足以说服你?我确实告诉过你,这里给出的是用手比划的论证。)

第 6.2 节

(4) 像上一个练习那样,简单地把纳维–斯托克斯方程展开到领头阶。另外,请注意,黏度的量纲为 $[\nu] = L^2/T$。我们周围可以用来摆脱长度单位,从而获得比率的唯一物理量是声速 $[c_s] = L/T$。因此,$[\nu/c_s^2] = T$。但我们知道,当 ν 等于零时,衰减率 Γ 就等于零。因此,我们得出结论

$$\Gamma \sim \frac{\nu \omega^2}{c_s^2}$$

随着频率 ω 趋于零,Γ 以 ω^2 的形式趋于零。或者等价地,使用波长来去掉长度的单位 L,然后转换为频率。

第 6.3 节

(2) 设 x 表示从隧道中点到火车的距离,a 表示从隧道中点到地球中心的距离。见图 S.1。根据勾股定理,从火车到地球中心的距离等于 $r = (a^2 + x^2)^{\frac{1}{2}}$。设 M 和 R 分别表示地球的质量和半径。然后给出沿着隧道作用于质量为 m 的火车上的引力

$$-\left(G\left\{M\left(\frac{r}{R}\right)^3\right\}m\right)\frac{1}{r^2}\left(\frac{x}{r}\right) = -\frac{GMm}{R^3}x$$

为了方便,我把各种因子分了组:因子 $\left(\frac{r}{R}\right)^3$ 来自于两个绝妙定理,而因子 $\frac{x}{r}$ 是由于沿 x 方向分解的力。

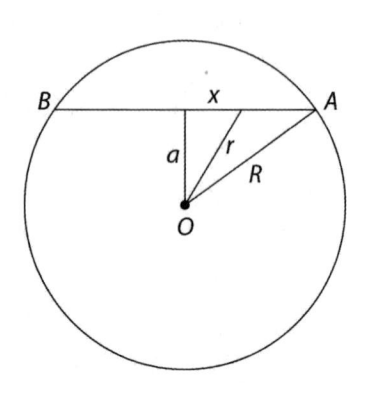

图 S.1 计算穿越时间

牛顿运动定律 $ma = F$ 告诉我们，

$$\ddot{x} = -\frac{GMx}{R^3}$$

代入 $x(t) = x_0 \cos \omega t$，就得到 $\omega^2 = GM/R^3 = 4\pi G\rho/3$，因而得到穿越时间

$$T = \frac{\pi}{\omega} = \pi\sqrt{\frac{R^3}{GM}} = \pi\sqrt{\frac{R}{g}} \simeq \pi\sqrt{\frac{6.4 \times 10^3 \text{ km}}{10 \text{ m/s}^2}} \simeq 40 \text{ 分钟}$$

注意，我们把 M 换成了 g。距离 a 确实不见了。简单函数的假设是正确的。

第 7.1 节

(2) 使用 $l = 1/n\sigma$。回忆一下：太阳的密度跟水大致相同，$\rho \sim 1 \text{ g/cm}^3$，也可以计算 $\rho = M_\odot/(4\pi R_\odot^3/3) \simeq 1.4 \text{ g/cm}^3$。因此，电子的数密度 $n \simeq \rho/m_p \sim (1.4/1.6) \times 10^{24}/\text{cm}^3$。接下来，代入第 2.3 节的汤姆孙截面 $\sigma_{汤姆孙} \simeq 6.6 \times 10^{-25} \text{ cm}^2$，得到 $l \sim 1 \text{ cm}$。实际的平均自由程大约比这个值小一个数量级，$\sim 1 \text{ mm}$，因为太阳的密度不是均匀的。

第 7.3 节

(1) 把这个物态方程代入 (7.31)，得到 $\mathrm{d}(\rho a^3) + w\rho \mathrm{d}a^3 = 0$，我们发现 $\rho \propto a^{-3(1+w)}$，因此，根据 (7.29) 得到 $a \propto t^{\frac{2}{3(1+w)}}$，所以，我们以前的结果就是一种特殊情况。

(3) 对 (7.32) 做量纲分析，我们得到 $\frac{1}{t^2} \sim G\rho$，这就是我们在第 1.2 节得到的结果。

第 7.4 节

(1) 采用量纲分析：$[E] = \text{ML}^2/\text{T}^2$ 和 $[J] = \text{M}(\text{L}/\text{T})\text{L} = [E]\text{T}$。因此，我们得到角动量的损失率 $\frac{\mathrm{d}J}{\mathrm{d}t} \sim \frac{\mathrm{d}\mathcal{E}}{\mathrm{d}t} \times$ 特征时间尺度 $\sim \frac{1}{\omega}\frac{\mathrm{d}\mathcal{E}}{\mathrm{d}t}$。如果你想更进一步（我觉得并不好），当然可以用开普勒定律（见 (7.46) 和第 1.2 节）消除 $\omega \sim \sqrt{Gm/r^3}$，并代入 (7.54) 的 $\frac{\mathrm{d}\mathcal{E}}{\mathrm{d}t} \sim \frac{G^4 m^5}{c^5 r^5}$，得到 $\frac{\mathrm{d}J}{\mathrm{d}t} \sim \frac{G^{\frac{7}{2}} m^{\frac{9}{2}}}{c^5 r^{\frac{7}{2}}}$。最后，你就得到了"精确的"公式

$$\frac{\mathrm{d}J}{\mathrm{d}t} = \frac{32}{5}\frac{G^{\frac{7}{2}}}{c^5 r^{\frac{7}{2}}}(m_1 m_2)^2 (m_1 + m_2)^{\frac{1}{2}}$$

有些人记住了这个公式，惊叹于奇怪的幂指数 $\frac{7}{2}$，却不知道它就是来自于开普勒定律的平方根。最好先用夜行法，然后再研究严格的精确推导。这只是个人看法。

(2) 粗略地说，$\mathcal{E} \sim -Gm^2/r$ 与势能具有相同的数量级。把它代入 (7.54)，（在我们能够承受的时候，可以对符号马虎些，）我们得到 $\frac{d\mathcal{E}}{dt} \sim (Gm^2/r^2)\frac{dr}{dt}$，因此，$\frac{dr}{dt} \sim \frac{G^3 m^3}{c^5 r^3}$。通过消去 d（就像我们从第 1.1 节就开始做的那样）来求解微分方程，我们找到了特征时间尺度

$$t \sim \frac{c^5 r^4}{G^3 m^3}$$

第 8.2 节

(1) 海啸的周期是 $2\pi/T = \omega = \sqrt{gh}k \sim (720 \text{ km/h})(2\pi/10^2 \text{ km})$，给出 $T \sim 10$ 分钟。假设这个波的振幅为 ~ 1 m。一艘现代的远洋船在 10 分钟左右上下起伏 1 米，算不上什么大事情，不值得告诉家里人。

第 8.5 节

(3) 根据阿基米德定律，$v_t \sim \left(\frac{\rho_b}{\rho_f} - 1\right)\left(\frac{ga^2}{\nu}\right)$。对于浮游生物来说，这几乎等于零，但它们仍然在稳步地下沉。波的作用引起湍流的混合，它有两方面的影响：使一些浮游生物上升，同时把另一些浮游生物带下去。一旦某个浮游生物落入阳光区下，它就会死亡。因此，根据丹尼（Denny）的说法（*Air and Water*，第 121—122 页），浮游生物在最终死亡之前，必须迅速地繁殖。

(4) $(4\pi/3)/6\pi = 2/9$。没有 π！我说要了解 π 到哪里去了，就是这个意思。

第 9.1 节

(1) 这个过程涉及 4 个光子，因此对应于 $\mathcal{L} \sim KF^4$，其中 K 是常数。把这个项与 F^2 做比较，我们发现 $[K] = 1/M^4$。这个过程与 e^4 成正比，因为涉及 4 个 QED 顶点。因此，$K \sim e^4/m^4$，其中 m 是电子的质量。

附录 Del

(2) 你可以直接计算这个积分。（如果需要帮助，见 *QFT Nut*，第 31 页。）有一种更优雅的方法，考虑

$$(-\nabla^2 + m^2)\left(\frac{e^{-mr}}{4\pi r}\right) = \int_{-\infty}^{\infty} \frac{d^3 k}{(2\pi)^3} \frac{(-\vec{\nabla}^2 + m^2)e^{i\vec{k}\cdot\vec{x}}}{\vec{k}^2 + m^2} = \int_{-\infty}^{\infty} \frac{d^3 k}{(2\pi)^3} e^{i\vec{k}\cdot\vec{x}} = \delta^3(\vec{x})$$

(1)

(Del.4) 中的恒等式是这个一般性结果的特殊情况。

附录 L

(1) $u = \sin kr = \left(e^{ikr} - e^{-ikr}\right)/2i$ 表示入射波被砖墙反射，相位改变了 $180°$。类似地，ψ 等于入射波带上负号与出射的球面波 $e^{\pm ikr}/r$ 叠加。

推荐阅读

由于这本书的性质，我在编纂书目时遇到了一些困难。例如，在我写的万有引力教科书里，我只是列出了一些关于爱因斯坦引力的知名教科书。但是，关于夜航物理学的标准教科书并不存在。我写的是我所知道的，是我几十年来阅读和学习的东西。毫无疑问，我从许多不同的来源吸收了一些东西。正如序言提到的，我确实翻阅了一些关于信封背面物理学的书籍，但我承认，并不是所有的书都让我感到欣喜。我也不打算详细阅读，以免它们对我产生不良影响。相比之下，当我写量子场论或爱因斯坦引力时，我当然受到许多标准文本的影响（而且将来还会受到影响）。

其他作者的书

T. P. Cheng, *Einstein's Physics: Atoms, Quanta, and Relativity—Derived, Explained, and Appraised*, Oxford University Press, 2013.

D. Clayton, *Principles of Stellar Evolution and Nucleosynthesis*, University of Chicago Press, 1983.

E. Commins and P. Bucksbaum, *Weak Interactions of Leptons and Quarks*, Cambridge University Press, 1983.

M. Denny, *Air and Water*, Princeton University Press, 1995.

A. Garg, *Electromagnetism in a Nutshell*, Princeton University Press, 2012.

J. Jackson, *Classical Electrodynamics*, Wiley, 1962.

L. D. Landau and E. M. Lifshitz, *Fluid Mechanics*, Pergamon, 1959.

D. Maoz, *Astrophysics in a Nutshell*, Princeton University Press, 2007.

J. J. Sakurai and J. Napolitano, *Modern Quantum Mechanics*, Cambridge University Press, 2017.

J. Trefil, *Introduction to the Physics of Fluids and Solids*, Pergamon, 1975.

S. Weinberg, *Gravitation and Cosmology*, Wiley, 1972.

A. Zangwill, *Modern Electrodynamics*, Cambridge University Press, 2012.

本书作者的著作

除了上面列出的书，我还经常提到我写的三本教科书和三本科普书，自然是按照以下的方式缩写：*QFT Nut*, *GNut*, *Group Nut*, *Fearful*, *Toy*, *G*。

Quantum Field Theory in a Nutshell, Princeton University Press, 2003, 2010. (*QFT Nut*)

中译本：《果壳中的量子场论》，[美] 徐一鸿（A. Zee）著，超理汉化组 译，中国科学技术大学出版社，2022。

Einstein Gravity in a Nutshell, Princeton University Press, 2013. (*GNut*)

Group Theory in a Nutshell for Physicists, Princeton University Press, 2016. (*Group Nut*)

Fearful Symmetry: The Search for Beauty in Modern Physics, Macmillan 1986; Princeton University Press, 2016. (*Fearful*)

中译本：《可畏的对称：探寻现代物理学的美丽》，[美] 徐一鸿（A. Zee）著，张礼 译，清华大学出版社，2013；《可怕的对称：现代物理学中美的探索》，[美] 阿·热（A. Zee）著，荀坤，劳玉军 译，湖南科学技术出版社，2002。

An Old Man's Toy: Gravity at Work and Play in Einstein's Universe, Macmillan, 1989; retitled as *Einstein's Universe: Gravity at Work and Play*, Oxford University Press, 2001. (*Toy*)

中译本：《爱因斯坦的玩具：探寻宇宙和引力的秘密》，[美] 徐一鸿（A. Zee）著，张礼 译，清华大学出版社，2014。

Unity of Forces in the Universe, World Scientific, 1982.

On Gravity: A Brief Tour of a Weighty Subject, Princeton University Press, 2018. (*G*)

中译本：《引力：爱因斯坦的时空二重奏》，[美] 徐一鸿（A. Zee）著，李轻舟 译，科学出版社，2021。

译后记：夜航人自有夜行法

徐一鸿教授（A. Zee）是美国著名的华裔物理学家、科普作家和教科书作者。他把自己几十年来的科研、教学和科普经验，应用到最近几年讲授的本科生专题课程，最终总结为《物理夜航船：直觉和猜算》这本书（Fly by Night Physics: How Physicists Use the Backs of Envelopes）。

物理夜航船指的是这样一种不利的思考环境：你没有资料，不能演算，不仅无人交流，周围还吵闹得很，但是你仍然坚持思考物理问题，所以必须粗线条地勾勒问题，大刀阔斧地删减枝节，依靠直觉和猜算来解决问题。喜欢思考物理的夜航人困在红眼航班的狭小座位上，面对的就是这样的情况。

夜航物理学是信封背面的物理学和骑马思考时的物理学的现代版，也就是我们经常说的定性和半定量物理学，用直觉和猜算来解决现实世界中的问题。在科学前沿的探索就仿佛在黑暗中摸索前进，更多依靠的是物理直觉，经常需要做各种各样的估算、猜测和开脑洞。这就是徐老师说的"Fly by night physics"。

夜航物理学当然不是教你在黑夜里开飞机的，夜航物理学家或者夜航人通常也没有机会坐在宽敞的驾驶舱里。所以，我们并不愿意把他们思考物理的方式称为夜航术，而是称为夜行法，用直觉和猜算帮助自己在黑暗中摸索前进。

在物理学前沿工作的人，自觉或者不自觉地都会用一些夜行法，只是有些人挟技自重，"鱼不可脱于渊，国之利器不可以示人"，有些人却认为秘而不宣者仿佛"富贵不还乡，如锦衣夜行"，他们更愿意共享，"独乐乐不如众乐乐"——比如说徐老师，我们也因为他而了解到一些做物理的诀窍。

我毕业于物理系，算得上是物理科班出身了。除了各种专业课程以外，对我影响最大的是赵凯华的《定性和半定量物理学》和费曼的《费曼物理学讲义》，以及一些物理科普书比如伽莫夫的《物理世界奇遇记》和阿·热的《可怕的对称》。我从事的是物理学研究，以及与物理相关的教学工作，有时候也写一些物理科普的小文章，一直希望能够自己写一本介绍物理思考方法的书。

几年前我找了些这方面的书翻了翻，觉得自己可以写得更好一些（至少是有些新意），很有了要大干一场的意思。但不幸的是，很快我就发现了一本书，也就是徐老师的这本 Fly by Night Physics，看了以后我的心情很复杂，该怎么说呢？我也不是谦虚……后来我念了两句诗："眼前有景道不得，崔颢题诗在上头。"

所以，我的书是不打算写了。但是我觉得，徐老师的这本书应该让更多的人看到，也许可以把它翻译过来。那时候已经是 2022 年了，我把书又读了一两遍，然后开始翻译它。我当然知道，这种书肯定会有人翻译了，也不差我这一个，但是反正闲着也是闲着，就算借此机会认真学习一次吧。我断断续续地翻译了一两遍，年底的时候还在网上听了徐老师专门介绍这本书的讲座"物理直觉是如何养成的？"，并且写了一篇书评《推荐〈夜行指南：培养物理学的直觉〉》，2023 年发表在《自然杂志》第 45 卷第 2 期。

2023 年 5 月，我把第二份打印稿校对完了，觉得勉强可以读了。正好有个机会，就请科学新传媒"返朴"的潘颖老师帮我问一问，徐老师这本书是否有出版中译本的意向，并且附上了我翻译的两三章内容。我很高兴得知，徐老师对译稿的质量和翻译的理念还是认可的，我还了解到，世界图书出版公司有意出版中文版，而且确实有一个翻译团队打算翻译了——好在他们尚处于打算的阶段，应该还没有浪费太多的工夫。8 月份徐老师一家访问北京的时候，我有幸受邀参加了一次晚餐，大家相谈甚欢，第二天我还在北京大学的暑期学校现场听了徐老师的报告。

接下来的一年里，发生了很多事情，包括我调到浙江大学物理学院工作了。我把译稿又改了两遍（包括一份新的打印稿），觉得现在很像是"徐老师自己用中国话讲他的故事"了。在原版的序言里，徐老师说："以前有人抱怨我写的教科书不够严谨（但是专家们可是称赞我写得很好），可是我现在这本书追求的就是不严谨！"我也可以很高兴地告诉大家："以前有人抱怨我翻译的书像讲段子（但是读者们可是称赞我译得很好），可是我现在翻译这本书追求的就是讲段子！"

《物理夜航船》主要讲如何培养物理学的直觉，以及如何应用物理学的直觉来解决实际问题。这本书适合物理系高年级本科生或任何想要熟练运用物理学的人，读者需要了解大学普通物理学的基本内容，更重要的是愿意用物理学解决现实问题。徐老师说得对：学习物理重要的不是学很多的知识，而是要培养物理学的直觉。这也是很多物理学工作者的共识。《物理夜航船》这本书能够帮助我们更快更好地实现这个目标，更有准备地适应人工智能和大数据的时代，更有信心地应对这个千年未有之大变局。由于精力和能力所限，翻译难免有疏漏之处。如果您发现有翻译不当，请多加指正。来信请发送至 jiyang2024@zju.edu.cn 或者 jiyang@semi.ac.cn。

  感谢徐老师和夫人在我翻译过程中提供的各种支持和帮助。感谢科学新传媒"返朴"潘颖老师的帮助。感谢世界图书出版公司陈亮老师和王艺霖老师在出版和校对过程中的帮助。感谢妻女长期以来的忍耐和支持，感谢中国科学院半导体研究所多年以来对我工作的支持，最后还要感谢浙江大学物理学院对我工作的支持。

姬 扬

浙江大学物理学院

2024 年 8 月于浙江大学紫金港校区

巴黎奥运会正进行得如火如荼，

杭州的气温连续几天超过 40°C 了。